大学物理学（第二版）

上册

廖旭　范云霞　张伟　主编

高等教育出版社·北京

内容提要

本书根据教育部高等学校物理学与天文学教学指导委员会编制的《理工科类大学物理课程教学基本要求》(2010年版),结合编者多年来的教学实践经验修订而成。全书分为上、下两册,上册内容包括:力学、狭义相对论、机械振动、机械波和热学;下册内容包括:电磁学、波动光学和量子物理学基础。本书体系完整、内容简练、难度适中、深入浅出,注重物理过程的分析,尽量避免繁琐和冗长的数学推导,具有较好的可读性。

本书可作为普通高等学校理科非物理学类专业和工科各专业的大学物理课程教材,也可供其他读者参考。

图书在版编目(CIP)数据

大学物理学. 上册 / 廖旭,范云霞,张伟主编. -- 2版. -- 北京 : 高等教育出版社, 2019.9(2020.9重印)
ISBN 978-7-04-051605-0

Ⅰ. ①大… Ⅱ. ①廖… ②范… ③张… Ⅲ. ①物理学-高等学校-教材 Ⅳ. ①O4

中国版本图书馆CIP数据核字(2019)第042750号

DAXUE WULIXUE

策划编辑 忻 蓓　　责任编辑 忻 蓓　　封面设计 王 洋　　版式设计 徐艳妮
插图绘制 于 博　　责任校对 刘娟娟　　责任印制 耿 轩

出版发行	高等教育出版社	网　　址	http://www.hep.edu.cn
社　　址	北京市西城区德外大街4号		http://www.hep.com.cn
邮政编码	100120	网上订购	http://www.hepmall.com.cn
印　　刷	北京鑫海金澳胶印有限公司		http://www.hepmall.com
开　　本	787 mm×1092 mm　1/16		http://www.hepmall.cn
印　　张	22.75	版　　次	2015年3月第1版
字　　数	500千字		2019年9月第2版
购书热线	010-58581118	印　　次	2020年9月第2次印刷
咨询电话	400-810-0598	定　　价	41.20元

物 料 号　51605-00

大学物理学

（第二版）上册

主编 廖 旭
范云霞
张 伟

1 计算机访问http://abook.hep.com.cn/1249435，或手机扫描二维码、下载并安装Abook应用。
2 注册并登录，进入“我的课程”。
3 输入封底数字课程账号（20位密码，刮开涂层可见），或通过Abook应用扫描封底数字课程账号二维码，完成课程绑定。
4 单击“进入课程”按钮，开始本数字课程的学习。

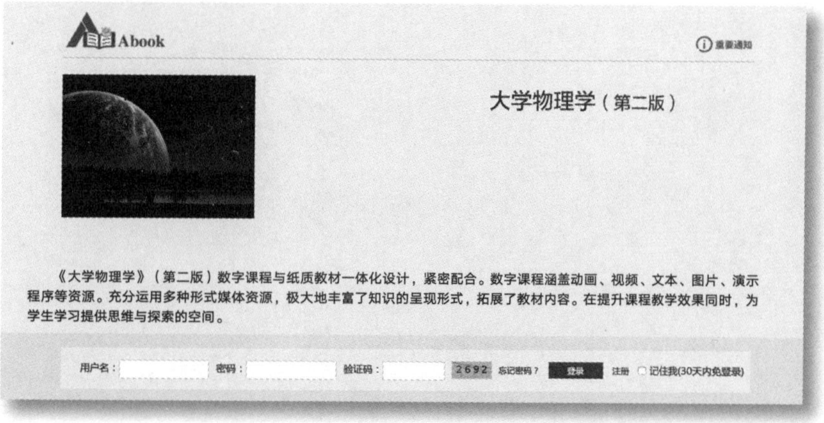

课程绑定后一年为数字课程使用有效期。受硬件限制，部分内容无法在手机端显示，请按提示通过计算机访问学习。

如有使用问题，请发邮件至abook@hep.com.cn。

http://abook.hep.com.cn/1249435

第二版前言

《大学物理学》(上、下册)自 2015 年出版发行以来至今已经历了四个春秋，在此期间，我们在教学实践中广泛征求了教师和学生们对教材的意见，从教材定位到知识体系、逻辑结构以及文字表述的科学性和可接受性等方面听取他们的意见和建议。同时，我们利用各种大学物理教学和教材建设研讨会的机会，与各高校的同行专家交流。他们大多认为《大学物理学》(上、下册)定位比较准确，知识体系、逻辑结构合理，适合应用型专业对大学物理课程的要求。

《大学物理学》第二版仍然保持了教育部高等学校物理学与天文学教学指导委员会编制的《理工科类大学物理课程教学基本要求》(2010 年版)中规定的基本内容，在注重物理概念、物理规律的准确性和科学性的基础上，力求以相对简约的方式陈述物理概念、物理定律的含义，着重使学生明了物理学的基本概念、基本思想、基本方法。全书在内容安排上，力求做到适当压缩经典物理、简化近代物理、削枝强干、突出重点，并适当加强了现代物理学的新进展和对科学技术影响的介绍。

再版过程中，除更正书中的不妥之处外，还进行了如下的一些修改：

(1) 对全书进行了文字梳理，对部分内容的演绎方式进行了适当修改，力求做到语言更加流畅，通俗易懂。在各章的开头，简要介绍本章的基本内容以及研究思路与方法，提高了教材的可读性。

(2) 将原来的第 9 章“静电场”分为第 9 章“真空中的静电场”和第 10 章“静电场中的导体和电介质”，删除了“波动光学”中部分基本要求之外的内容，使整体结构更加合理。

(3) 对教材例题进行了重新审视，替换了部分较难或运算较为繁琐的题目，选用了一些重在物理思想和方法应用的题目。

(4) 对书中思考题、习题以及各章单元测验题作了适当的调整，删除一些难度较大、运算较为繁琐或存在歧义的题目以及个别重复的题目。

(5) 根据最新的科技进展，增加和更新了部分阅读材料。

(6) 所有物理量和单位的名称和符号都以 1993 年国家技术监督局发布的国家标准《量和单位》、1996 年全国自然科学名词审定委员会公布的《物理学名词》为准。所有物理常量值均采用 2014 年国际科学联合会理事会科学技术数据委员会公布的物理学常量的推荐值。

参加本书第二版编写工作的有：廖旭(第 1—4 章)，张伟(第 5—6 章)，范云霞(第 7—8 章)，邝向军(第 9—12 章)，刘昌富(第 13 章)，任学藻(第 14 章)。马延琴、马佩杰、朱军芳、高坤、覃珍珍等人对习题和思考题进行了修订，阅读材料由高坤(1)、张伟(2、8)、马佩杰(3、5)、覃珍珍(4、9、13)、郭晓波(6)、朱军芳(7)、邝向军(10)、贾连宝(11)、马延琴(12)编写。

本书第二版的编写和出版得到了西南科技大学教务处和理学院的大力支持和帮助，高等教育出版社的编辑和有关人员在本书的编辑出版过程中付出了大量的劳动，在此一并表示诚挚的感谢！

尽管编者在修订中做了大量的工作，但仍存在问题和不足，恳请老师和同学们批评指正。

编 者

2019 年 2 月

第一版前言

本书是为了适应当前教学改革的需要，根据教育部高等学校物理学与天文学教学指导委员会编制的《理工科类大学物理课程教学基本要求》(2010 年版)的精神，结合多年来精品课程建设成果及教学改革实践经验编写而成。在编写过程中，我们参考了当前部分国内外优秀教材，借鉴了其中的一些思路与方法，力求做到既反映当前国内外教学改革成果又具有自己鲜明的特点。本书的理论体系简洁而完整，同时加强了与工程技术的结合以及现代高新科技专题介绍，使全书的内容更为丰富，更符合工科大学物理教学的需要，对于拓宽学生视野，强化与生产实践和生活实际相结合，提高学生的学习兴趣都具有十分积极的意义。这套教材的主要特点是：

1. 精选和优化内容体系，更新教学内容。如在力学中削减了部分中学已经熟悉的内容，加强矢量性、守恒定律等重要内容的阐述，注重变化的物理量的处理方法，突出了大学物理的特点，使学生对大学物理的学习产生新鲜感。教材将狭义相对论纳入到力学部分，使牛顿力学的经典时空观与相对论时空观紧密相连、相互对比，有助于学生学习和理解。针对一般高校学生的实际情况，删除了部分偏深、偏难的内容。本书体系完整、内容简练、难度适中。

2. 具有较强的可读性。为了便于学生自学，采用学生更容易理解的方式深入浅出地诠释和推导物理概念及物理规律。注重物理过程的分析，突出物理思想和物理图像，尽量避免繁琐和冗长的数学推导过程，使教材更为通俗易懂、更贴近学生的实际水平和认知能力。为了更形象地展示物理现象，我们将表现物理现象的各种动画通过二维码的形式链接到教材的恰当位置。

3. 加强现代物理学重要思想的介绍，力图使教学内容与近、现代物理最新发展相结合，促进教学内容的现代化。适当介绍了一些当前新技术领域中的基础性物理原理，如激光技术、纳米技术、混沌等，在阅读材料中介绍了反常量子霍尔效应、电流基准、复杂网络系统、相对论中的质量以及时空对称性与守恒定律之间的关系等，使读者能尽早接触到现代高新科技发展的脉搏和现代物理的前沿课题，具有鲜明的时代特色。

4. 精选例题和习题。舍弃了一些偏难、偏深的题目，重点选择与教材中的基本概念、基本规律紧密联系、对理解和掌握这些概念和规律有明显帮助的习题。同时，加强了例题、习题与工程技术的结合，通过这些题目，既能培养学生的分析问题、解决问题的能力，又能使学生了解这些知识是如何应用于工程技术之中的。例题的解答中注意对解题方法的分析，使学生能够触类旁通，避免陷于题海之中。

本书的教学参考学时数为 128 学时，对部分章节的内容教师可自行取舍，特别是一些延伸性的内容即使除去，也不影响教材的完整性。

参加本书编写工作的有：廖旭(第 1—6 章)，范云霞(第 7—8 章)，邝向军(第 9—11 章)，刘昌富(第 12 章)，任学藻(第 13 章)。阅读材料由张伟(1、7)、马佩杰(2、6)、覃珍珍(3、5、11)、朱军芳(4)、邝向军(8)、贾连宝(9)、马延琴(10)编写。马延琴、余元斌、马佩杰、朱军芳、张伟等人编写了习题和思考题。贾连宝、覃珍珍对全书的例题进行了计算和核对。本书的编写和出版得到西南科技大学理学院和教务处的大力支持和帮助,获得西南科技大学本科教材建设基金资助,高等教育出版社的编辑和有关人员在本书的编辑出版过程中付出了大量的劳动,编者在此一并表示诚挚的感谢!

编写一本符合时代发展需要的教材是一种探索,加之编者水平所限,难免有不妥、疏漏甚至错误之处,恳请读者批评指正。

编 者

2014 年 9 月

力学、机械振动、机械波和热学的量和单位

量		单位	
名称	符号	名称	符号
长度	l, L	米	m
质量	m	千克	kg
时间	t	秒	s
速度	v, u	米每秒	$m \cdot s^{-1}$
加速度	a	米每二次方秒	$m \cdot s^{-2}$
角	$\alpha, \beta, \gamma, \theta$	弧度	rad
		度	°
角速度	ω	弧度每秒	$rad \cdot s^{-1}$
角加速度	α	弧度每二次方秒	$rad \cdot s^{-2}$
（旋）转速（度）	n	转每秒	$r \cdot s^{-1}$
		转每分	$r \cdot min^{-1}$
力	F	牛顿	N
摩擦因数	μ	—	1
动量	p	千克米每秒	$kg \cdot m \cdot s^{-1}$
冲量	I	牛顿秒	$N \cdot s$
功	W	焦耳	J
能量，热量	E, E_k, E_p, Q	焦耳	J
功率	P	瓦特	W
力矩	M	牛顿米	$N \cdot m$
转动惯量	J	千克二次方米	$kg \cdot m^2$
角动量	L	千克二次方米每秒	$kg \cdot m^2 \cdot s^{-1}$
劲度系数	k	牛顿每米	$N \cdot m^{-1}$
周期	T	秒	s
频率	ν	赫兹	Hz
角频率	ω	弧度每秒	$rad \cdot s^{-1}$

续表

量		单位	
名称	符号	名称	符号
波长	λ	米	m
角波数	k	每米	m^{-1}
振动位移	x,y	米	m
振动速度	v	米每秒	$m\cdot s^{-1}$
声强	I	瓦特每平方米	$W\cdot m^{-2}$
压强	p	帕斯卡	Pa
体积	V	立方米	m^3
		升	L(l)
热力学温度	T	开尔文	K
摄氏温度	t	摄氏度	℃
气体分子质量	m_0	千克	kg
气体质量	m	千克	kg
分子数密度	n	每立方米	m^{-3}
物质的量	ν	摩尔	mol
摩尔质量	M	千克每摩尔	$kg\cdot mol^{-1}$
平均自由程	λ	米	m
平均碰撞频率	Z	次每秒	s^{-1}
黏度	η	千克每米秒	$kg\cdot m^{-1}\cdot s^{-1}$
热导率	κ	瓦每米开尔文	$W\cdot m^{-1}\cdot K^{-1}$
摩尔定压热容	$C_{p,m}$	焦耳每摩尔开尔文	$J\cdot mol^{-1}\cdot K^{-1}$
摩尔定容热容	$C_{V,m}$	焦耳每摩尔开尔文	$J\cdot mol^{-1}\cdot K^{-1}$
熵	S	焦耳每开尔文	$J\cdot K^{-1}$
摩尔气体常量	R	焦耳每摩尔开尔文	$J\cdot mol^{-1}\cdot K^{-1}$
阿伏伽德罗常量	N_A	每摩尔	mol^{-1}
玻耳兹曼常量	k	焦耳每开尔文	$J\cdot K^{-1}$

常用物理常量表

物理量	符号	数值	单位	相对标准不确定度
真空中的光速	c	299 792 458	$m \cdot s^{-1}$	精确
真空磁导率	μ_0	$4\pi \times 10^{-7}$	$N \cdot A^{-2}$	精确
真空电容率	ε_0	$8.854\ 187\ 817 \cdots \times 10^{-12}$	$F \cdot m^{-1}$	精确
引力常量	G	$6.674\ 08(31) \times 10^{-11}$	$m^3 \cdot kg^{-1} \cdot s^{-2}$	4.7×10^{-5}
普朗克常量	h	$6.626\ 070\ 040(81) \times 10^{-34}$	$J \cdot s$	1.2×10^{-8}
约化普朗克常量	$h/2\pi$	$1.054\ 571\ 800(13) \times 10^{-34}$	$J \cdot s$	1.2×10^{-8}
元电荷	e	$1.602\ 176\ 620\ 8(98) \times 10^{-19}$	C	6.1×10^{-9}
电子质量	m_e	$9.109\ 383\ 56(11) \times 10^{-31}$	kg	1.2×10^{-8}
质子质量	m_p	$1.672\ 621\ 898(21) \times 10^{-27}$	kg	1.2×10^{-8}
中子质量	m_n	$1.674\ 927\ 471(21) \times 10^{-27}$	kg	1.2×10^{-8}
电子比荷	$-e/m_e$	$-1.758\ 820\ 024(11) \times 10^{11}$	$C \cdot kg^{-1}$	6.2×10^{-9}
精细结构常数	α	$7.297\ 352\ 566\ 4(17) \times 10^{-3}$		2.3×10^{-10}
里德伯常量	R_∞	$1.097\ 373\ 156\ 850\ 8(65) \times 10^7$	m^{-1}	5.9×10^{-12}
阿伏伽德罗常量	N_A	$6.022\ 140\ 857(74) \times 10^{23}$	mol^{-1}	1.2×10^{-8}
摩尔气体常量	R	$8.314\ 459\ 8(48)$	$J \cdot mol^{-1} \cdot K^{-1}$	5.7×10^{-7}
玻耳兹曼常量	k	$1.380\ 648\ 52(79) \times 10^{-23}$	$J \cdot K^{-1}$	5.7×10^{-7}
斯特藩-玻耳兹曼常量	σ	$5.670\ 367(13) \times 10^{-8}$	$W \cdot m^{-2} \cdot K^{-4}$	2.3×10^{-6}
维恩位移定律常量	b	$2.897\ 772\ 9(17) \times 10^{-3}$	$m \cdot K$	5.7×10^{-7}
原子质量常量	m_u	$1.660\ 539\ 040(20) \times 10^{-27}$	kg	1.2×10^{-8}
法拉第常量	F	$96\ 485.332\ 89(59)$	$C \cdot mol^{-1}$	6.2×10^{-9}
康普顿波长	λ_C	$2.426\ 310\ 236\ 7\ (11) \times 10^{-12}$	m	4.5×10^{-10}
玻尔半径	a_0	$5.291\ 772\ 106\ 7(12) \times 10^{-11}$	m	2.3×10^{-10}
经典电子半径	r_e	$2.817\ 940\ 322\ 7(19) \times 10^{-15}$	m	6.8×10^{-10}
洛施密特常量 ($T=273.15$ K, $p=101.325$ kPa)	n_0	$2.686\ 781\ 1(15) \times 10^{25}$	m^{-3}	5.7×10^{-7}

注：表中的数据为国际科学联合会理事会科学技术数据委员会(CODATA)2014 年的国际推荐值。

目　录

第1章 质点运动学

自然界中的物质都处于永不停息的运动和变化之中。物质运动的形式多种多样，其中，最直观、最简单的形式是物体与物体之间或物体各部分之间相对位置随时间的变化，这称为机械运动。对于机械运动问题的研究，通常分为两个方面：一是描述物体的位置随时间的变化规律，主要讨论物体在空间的位置、速度、加速度、运动轨道等问题，称为运动学；二是考虑物体间的相互作用，以及由此引起物体运动状态变化的规律，称为动力学。

本章讨论质点运动学，在引入质点、参考系、坐标系等概念的基础上，首先定义描写质点运动的物理量，如位置矢量、位移、速度、加速度等，讨论它们随时间的变化及其相互关系，然后讨论曲线运动中的切向和法向加速度，讨论圆周运动的角量描述，最后介绍相对运动问题。

1-1 物理模型 参考系 运动方程

一、物理模型

大多真实的物理过程都是极其复杂的，为了突出所研究问题的主要方面，寻找过程中最本质、最基本的规律，物理学常常对其真实的过程进行简化，保留主要特征，忽略次要因素，使之抽象为理想化的模型可供数学描述。此类理想模型称之为“物理模型”。如质点、刚体、理想气体等，都是大学物理中主要的物理模型。

一般来说，在描述实际物体的运动时，其形状和大小都是需要考虑的。然而，如果物体的形状和大小对所研究问题没有影响（例如：物体上各部分具有相同的轨道、速度、加速度）或影响很小而可以忽略的情况下，这时，可以忽略物体的形状、大小，而把它看成一个具有一定质量的点，称之为**质点**。质点是一个只有质量而没有形状和大小的抽象的物理点，它保留了物体的两个主要特征：物体的质量和在空间的位置。

一个物体是否能当成质点，关键并不在于物体的大小，而在于所研究问题是否与物体的大小、形状无关。例如，我们讨论地球的公转的时候，尽管地球那么大，我们仍把它当作质点来处理，而几乎不会引起什么误差。如果我们讨论的是分子的自转，尽管分子那么小，我们是不能把它当作质点来处理的，因为质点是无从考虑自转的。质点模型的优点是能使复杂问题在一定的条件下得以简化，使我们能够忽略那些次要因素而专注于问题的主要方面。

如果所研究的实际物体不能当成一个质点来处理，我们可以将其视为多个或无限多个质点的组合——质点组，研究其中每一个质点的运动情况，整个物体的运动也就清楚了。事实上，任何物体都能看作质点的集合。因此，讨论质点的运动规律，也就构成了讨论任何复杂事物运动规律的基础。

二、参考系 坐标系

动画 参考系

运动是绝对的，是物质的固有属性及存在形式。但是，对物体运动情况的描述则具有相对性。例如，在匀速直线运动的火车车厢中，一物体自由下落，相对于车厢该物体作直线运动，相对于地面却是作抛体运动，其描述结果是完全不一样的。因此，在描述物体的位置及位置变化时，必须选择一个或者若干个无相对运动的物体群作基准。这个被选作基准的物体或物体群，称为**参考系**。

被选作参考系的物体，必须能够用来描述物体的运动，包括物体的空间位置和方位。依据研究问题的方便，参考系可以任意选择，选择不同的参考系，得到的物体运动参量可以是不同的，但不同参考系下得到的物体运动规律，必须是相同的，这称为物理规律的不变性。按照是否满足牛顿运动定律，参考系分为惯性参考系与非惯性参考系。满足牛顿三大定律的参考系，称为惯性参考系，反之称为非惯性参考系。

要想定量地描述运动，必须在参考系之上固定数学坐标，称为**坐标系**。坐标系是定量化的参考系，常见的坐标系有直角坐标系、自然坐标系、极坐标系、球坐标系与柱坐标系等。依据研究问题的方便，对物体不同的运动，需要选择不同类型的坐标系。下面，我们介绍最常见的直角坐标系与自然坐标系。

1. 直角坐标系

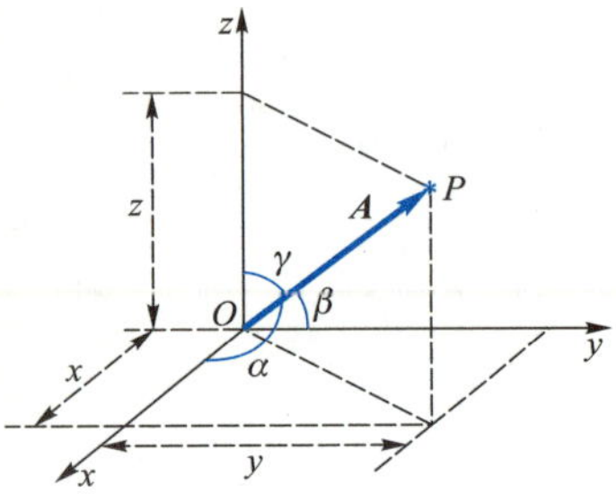

图 1-1-1 直角坐标系

直角坐标系也称笛卡儿坐标系，它由三条共点且互相垂直的射线组成，如图 1-1-1 所示。三条射线的交点 O 称为坐标系的原点，每一条射线分别称为坐标系的 x、y、z 坐标轴，三个坐标轴的方向分别由三个单位常矢量 $\boldsymbol{i}$、$\boldsymbol{j}$、$\boldsymbol{k}$ 表示。

在直角坐标系中，任意矢量 $\boldsymbol{A}$ 可以表示为

$$\boldsymbol{A}=A_x\boldsymbol{i}+A_y\boldsymbol{j}+A_z\boldsymbol{k} \tag{1-1-1}$$

矢量的大小或模表示为

$$|\boldsymbol{A}|=\sqrt{A_x^2+A_y^2+A_z^2} \tag{1-1-2}$$

矢量的方向可以用它与三个坐标轴之间的夹角 α、β、γ 来表示，因此，这三个夹角的余弦也称矢量的方向余弦。在直角坐标系中，方向余弦满足关系

$$\cos^2\alpha+\cos^2\beta+\cos^2\gamma=1 \tag{1-1-3}$$

同时，直角坐标系中坐标轴的单位矢量是常矢量，因此满足

$$\frac{\mathrm{d}\boldsymbol{i}}{\mathrm{d}t}=\boldsymbol{0},\quad \frac{\mathrm{d}\boldsymbol{j}}{\mathrm{d}t}=\boldsymbol{0},\quad \frac{\mathrm{d}\boldsymbol{k}}{\mathrm{d}t}=\boldsymbol{0} \tag{1-1-4}$$

2. 自然坐标系

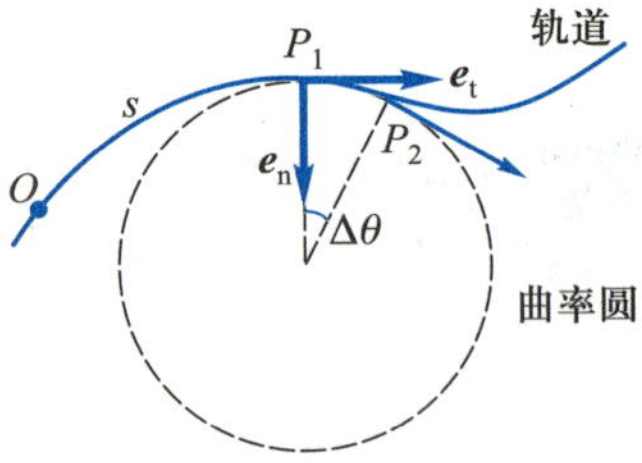

图 1-1-2 自然坐标系

质点作平面运动时，如果其运动轨道是已知的。在这种情况下，常常采用如下方法来描述质点的运动。如图 1-1-2 所示，在运动轨道上任取一点 O 为坐标原点，沿轨道的某一方向为正方向，以质点距离原点的轨道曲线长度 s 作为质点的坐标位置（以 O 点为界，质点在正方向一侧 $s>0$，反之，$s<0$），用轨道切向和法向的单位矢量（$\boldsymbol{e}_t$、$\boldsymbol{e}_n$）作为其独立的坐标方向。这样的坐标系称为**自然坐标系**，s 称为**自然坐标**。以后将会看到，用自然坐标描述轨道固定的平面曲线运动是非常方便的。

自然坐标系将矢量分解到法向和切向进行研究，法向分量与轨道的曲率有关。设轨道上 P_1 点和邻近的 P_2 点之间的路程为 Δs，两条切线之间的夹角为 $\Delta\theta$，按几何关系，两点法线间的夹角亦

为 $\Delta\theta$。则曲线在 P_1点的曲率为

$$k=\lim_{\Delta s\to 0}\frac{\Delta\theta}{\Delta s}=\frac{\mathrm{d}\theta}{\mathrm{d}s} \tag{1-1-5}$$

P_1点的曲率半径为

$$\rho=\frac{1}{k}=\frac{\mathrm{d}s}{\mathrm{d}\theta} \tag{1-1-6}$$

过轨道上一点 P_1,可以作很多与轨道相切的圆,如果圆的曲率半径与 P_1点的曲率半径相等,称这个圆为 P_1点的曲率圆。曲率和曲率半径反映了曲线的弯曲程度。

在自然坐标系中,矢量 $\boldsymbol{A}$ 可以表示为

$$\boldsymbol{A}=A_n\boldsymbol{e}_n+A_t\boldsymbol{e}_t \tag{1-1-7}$$

随着物体的运动,单位矢量 $\boldsymbol{e}_n$ 和 $\boldsymbol{e}_t$ 的方向不断地发生变化,显然,法向单位矢量 $\boldsymbol{e}_n$ 始终指向曲率圆的圆心。那么,切向单位矢量 $\boldsymbol{e}_t$ 又怎么样变化呢?如图 1-1-3 所示,在较小的时间改变量 Δt 以内,$\Delta\theta$ 较小,所以 $\Delta\boldsymbol{e}_t$ 的方向近似与 $\boldsymbol{e}_t$ 垂直,而 $\Delta\boldsymbol{e}_t$ 的大小可以近似表示为 $|\Delta\boldsymbol{e}_t|\approx|\boldsymbol{e}_t|\Delta\theta=\Delta\theta$,即 $\Delta\boldsymbol{e}_t\approx\Delta\theta\boldsymbol{e}_n$。因此,切向单位矢量 $\boldsymbol{e}_t$ 的变化率可以表示为

$$\frac{\mathrm{d}\boldsymbol{e}_t}{\mathrm{d}t}=\lim_{\Delta t\to 0}\frac{\Delta\boldsymbol{e}_t}{\Delta t}=\lim_{\Delta t\to 0}\frac{\Delta\theta}{\Delta t}\boldsymbol{e}_n=\frac{\mathrm{d}\theta}{\mathrm{d}t}\boldsymbol{e}_n \tag{1-1-8}$$

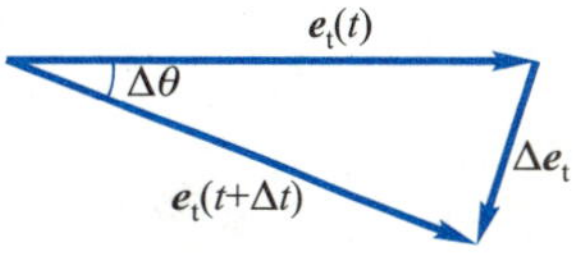

图 1-1-3 切向单位矢量的变化

三、运动方程

1. 位置矢量

对质点作机械运动规律的描述,最基本的就是指明某一时刻质点所处的空间位置以及位置随时间的变化规律。因此,首先需要确定质点的位置。在选定了坐标系后,质点的空间位置可以由坐标原点指向质点的有向线段来表示,这条有向线段称为该质点的**位置矢量**,简称**位矢**,用 $\boldsymbol{r}$ 表示。如图 1-1-4 所示,在直角坐标系中,质点 P 的位置矢量 $\boldsymbol{r}$ 可表示为

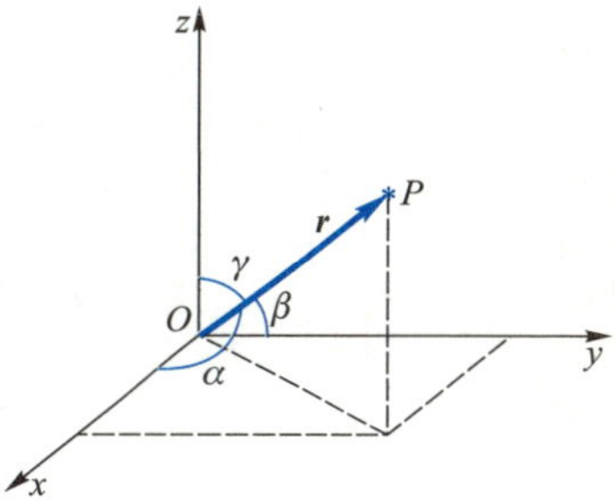

图 1-1-4 位置矢量

$$\boldsymbol{r}=x\boldsymbol{i}+y\boldsymbol{j}+z\boldsymbol{k} \tag{1-1-9}$$

位置矢量 $\boldsymbol{r}$ 的大小为

$$r=|\boldsymbol{r}|=\sqrt{x^2+y^2+z^2} \tag{1-1-10}$$

位置矢量 $\boldsymbol{r}$ 的方向由以下三个方向余弦确定:

$$\cos\alpha=x/r \quad \cos\beta=y/r \quad \cos\gamma=z/r \tag{1-1-11}$$

2. 运动方程与轨道方程

质点运动时,其位置矢量随时间的变化而变化,即位置矢量 $\boldsymbol{r}$ 是时间 t 的函数,其函数关系 $\boldsymbol{r}=\boldsymbol{r}(t)$ 称为质点的运动方程。在直角坐标系中,运动方程表示为

$$\boldsymbol{r}=\boldsymbol{r}(t)=x(t)\boldsymbol{i}+y(t)\boldsymbol{j}+z(t)\boldsymbol{k} \tag{1-1-12}$$

其中，

$$x=x(t),\quad y=y(t),\quad z=z(t) \tag{1-1-13}$$

反映了三个坐标轴方向的运动规律，称为运动方程的分量形式。

质点在空间运动的路径称为轨道，轨道为直线的称直线运动，轨道为曲线的称曲线运动。从分量式(1-1-13)中消去时间参量 t，可以得到质点的轨道方程 $f(x,y,z)=0$，所以，它们也是轨道方程的参量形式。

例 1-1 某质点的运动方程为：$\boldsymbol{r}=3\cos(\pi t)\boldsymbol{i}+3\sin(\pi t)\boldsymbol{j}$(SI 单位)，求质点的轨道方程。

解：运动方程的分量形式为

$$x=3\cos\pi t,\quad y=3\sin\pi t,\quad z=0$$

从以上分量表示式中消去时间 t，得到质点运动的轨道方程为

$$x^2+y^2=3^2,\quad z=0$$

表明质点在 $z=0$ 的平面内，作半径为 3 m 的圆周运动。

应当明确，运动学的重要任务之一就是找出各种具体运动所遵循的运动方程。

四、国际单位制和量纲

1. 国际单位制

物理量是量度物理属性或描述物体运动状态及其变化过程的量，物理量的描述要同时用数字和单位，否则没有任何意义。然而大部分物理量之间有一定的联系，因此，没有必要对每一个物理量都规定一个单位。我们可以选取几个物理量作为基本量，并为每个基本量规定一个单位，称为基本单位。而其他物理量的单位可以通过它们与基本单位之间的关系导出，称为导出单位。

1960 年第 11 届国际计量大会确定了国际通用的国际单位制，简称 SI。国际单位制选择了七个基本量，即长度、时间、质量、电流、温度、发光强度和物质的量，规定其基本单位分别为 m(米)、s(秒)、kg(千克)、A(安培)、K(开尔文)、cd(坎德拉)、mol(摩尔)。1984 年国务院把国际单位制的单位定为我国的法定计量单位。

在国际单位制中，平面角的单位 rad(弧度)和立体角的单位 sr(球面度)，称为辅助单位。辅助单位亦可参与构成导出单位。

2. 量纲

选定了基本单位，通过物理量的定义或物理规律可以导出其他物理量的单位，即导出单位。例如速度的 SI 单位是 $\mathrm{m\cdot s^{-1}}$，力的 SI 单位是 $\mathrm{kg\cdot m\cdot s^{-2}}$。由于导出单位是基本单位导出的，所以导出量可以用基本量的某些组合(乘、除、幂等)表示。这种由基

本量的组合来表示物理量的式子称为该物理量的量纲式。如果用L、M 和 T 分别表示长度、质量和时间，则力学中其他物理量的量纲式可以表示为

$$[Q]=L^pM^qT^r \tag{1-1-14}$$

式(1-1-14)称为物理量 Q 的量纲式，简称量纲，其中 p、q、r 称为量纲指数。例如速度、力和机械能的量纲分别为

$$[v]=LT^{-1},\quad [F]=LMT^{-2},\quad [E]=L^2MT^{-2}$$

量纲在物理学中很有用处，只有量纲相同的量才能相加、减，只有量纲相同的表达式才能用等式连接，这种法则称为量纲法则。利用量纲法则，可以有效进行单位换算，可以检验公式或新建的方程是否正确，可以通过确定未知量的量纲进而确定未知量的性质，还可以为探索复杂的物理规律提供线索。量纲分析在科学研究中具有重要的作用。

1-2 位移 速度 加速度

一、位移与路程

位置矢量给出了任意时刻质点所在的空间位置，要描述质点的运动，更重要的是知道某段时间以内质点位置的变化情况。如图 1-2-1 所示，设质点沿一确定的轨道运动，t 时刻质点位于 P_1 点，在 $t+\Delta t$ 时刻运动至 P_2点，我们用 P_1 点指向 P_2 点的有向线段 $\overrightarrow{P_1P_2}$表示 Δt 时间内质点的位置矢量变化，称为质点在 Δt 时间以内的**位移**。由图可知，位移矢量与初、末时刻位置矢量的关系为 $\overrightarrow{P_1P_2}=\boldsymbol{r}_2-\boldsymbol{r}_1$，即位移是位置矢量的改变量，用 $\Delta\boldsymbol{r}$ 表示，所以，位移矢量可以表述为

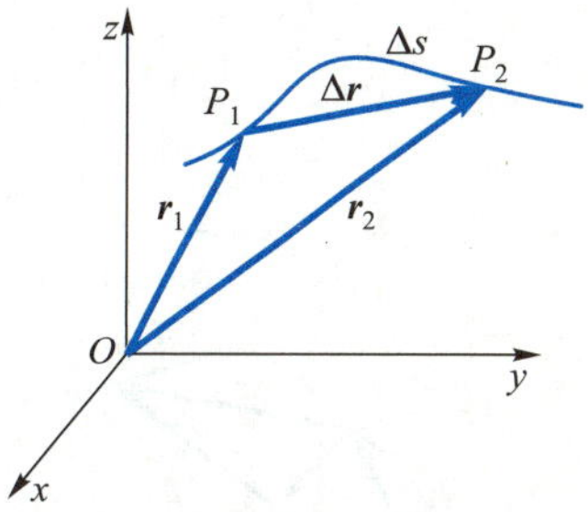

图 1-2-1 位移矢量

$$\Delta\boldsymbol{r}=\boldsymbol{r}_2-\boldsymbol{r}_1 \tag{1-2-1}$$

在直角坐标系中，

$$\boldsymbol{r}_1=x_1\boldsymbol{i}+y_1\boldsymbol{j}+z_1\boldsymbol{k}$$

$$\boldsymbol{r}_2=x_2\boldsymbol{i}+y_2\boldsymbol{j}+z_2\boldsymbol{k}$$

$$\Delta\boldsymbol{r}=(x_2-x_1)\boldsymbol{i}+(y_2-y_1)\boldsymbol{j}+(z_2-z_1)\boldsymbol{k}=\Delta x\boldsymbol{i}+\Delta y\boldsymbol{j}+\Delta z\boldsymbol{k} \tag{1-2-2}$$

位移矢量的模为

$$|\Delta\boldsymbol{r}|=\sqrt{\Delta x^2+\Delta y^2+\Delta z^2} \tag{1-2-3}$$

位移的方向为

$$\cos\alpha=\Delta x/|\Delta\boldsymbol{r}|,\quad \cos\beta=\Delta y/|\Delta\boldsymbol{r}|,\quad \cos\gamma=\Delta z/|\Delta\boldsymbol{r}| \tag{1-2-4}$$

应当明确，位移是描述质点位置变化的物理量，它表示的是

Δt 时间内质点位置变化的结果，而并非质点经历的实际路径。在图 1-2-1 中，曲线 $\overset{\frown}{P_1P_2}$ 所示的路径是 Δt 时间以内质点实际运动的轨道，该曲线的长度称 Δt 时间以内质点运动的**路程**，用 Δs 表示。位移与路程分别描述了在给定时间范围内，质点总体的位置改变结果与所经历的实际轨道。

讨论：

(1) 位移 $\Delta\boldsymbol{r}$ 和路程 Δs 的区别与联系

位移 $\Delta\boldsymbol{r}$ 是矢量，路程 Δs 是标量，一般地，$|\Delta\boldsymbol{r}|\neq\Delta s$，当且仅当质点作单向直线运动时，$|\Delta\boldsymbol{r}|=\Delta s$。然而，对一般的曲线运动在 $\Delta t\to0$ 时，$|\Delta\boldsymbol{r}|\to\Delta s$，曲线 $\overset{\frown}{P_1P_2}$ 的长度与直线 P_1P_2 的长度趋于一致，$\lim\limits_{\Delta t\to0}\dfrac{|\Delta\boldsymbol{r}|}{\Delta t}=\lim\limits_{\Delta t\to0}\dfrac{\Delta s}{\Delta t}\Rightarrow\dfrac{|\mathrm{d}\boldsymbol{r}|}{\mathrm{d}t}=\dfrac{\mathrm{d}s}{\mathrm{d}t}$，即

$$|\mathrm{d}\boldsymbol{r}|=\mathrm{d}s \tag{1-2-5}$$

(2) $|\Delta\boldsymbol{r}|$ 与 Δr 的区别与联系

$|\Delta\boldsymbol{r}|$ 是位移矢量的大小，在直角坐标系中，$|\Delta\boldsymbol{r}|=|\boldsymbol{r}_2-\boldsymbol{r}_1|=\sqrt{\Delta x^2+\Delta y^2+\Delta z^2}$，而 Δr 表示位置矢量大小的增量，即 $\Delta r=|\boldsymbol{r}_2|-|\boldsymbol{r}_1|=\sqrt{x_2^2+y_2^2+z_2^2}-\sqrt{x_1^2+y_1^2+z_1^2}$，前者是矢量差的大小，后者是矢量大小的差。一般地，$|\Delta\boldsymbol{r}|\neq\Delta r$。即使在 $\Delta t\to0$ 的情况下两者也不相等，即 $|\mathrm{d}\boldsymbol{r}|\neq\mathrm{d}r$。事实上：$\mathrm{d}r=|\mathrm{d}\boldsymbol{r}|\cos\theta=\boldsymbol{e}_r\cdot\mathrm{d}\boldsymbol{r}$，$\boldsymbol{e}_r$ 为位置矢量 $\boldsymbol{r}$ 的单位矢量，即 $\boldsymbol{r}=r\boldsymbol{e}_r$，下面对此进行分析。

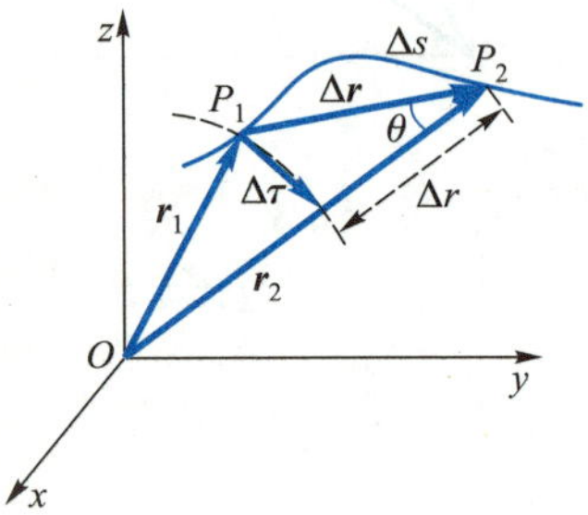

图 1-2-2　位移与路程

如图 1-2-2 所示，如果将位移矢量 $\Delta\boldsymbol{r}$ 沿 $\boldsymbol{e}_r$ 方向和与其垂直的 $\boldsymbol{e}_t$ 方向分解，即

$$\Delta\boldsymbol{r}=\Delta r\,\boldsymbol{e}_r+\Delta\tau\,\boldsymbol{e}_t$$

这里 $\boldsymbol{e}_t$ 表示位置矢量法线方向的单位矢量，则位移矢量的模为

$$|\Delta\boldsymbol{r}|=\sqrt{(\Delta r)^2+(\Delta\tau)^2}$$

在 $\Delta t\to0$ 的情况下有 $\Delta r=|\Delta\boldsymbol{r}|\cos\theta$，即

$$\mathrm{d}r=|\mathrm{d}\boldsymbol{r}|\cos\theta=\boldsymbol{e}_r\cdot\mathrm{d}\boldsymbol{r} \tag{1-2-6}$$

可见，仅在 $\theta=0$ 的情况下，才有 $|\mathrm{d}\boldsymbol{r}|=\mathrm{d}r$。

视频　牛奶皇冠

二、速度与速率

描述质点的运动，不仅需要知道质点的位移或路程，还需要知道发生这段位移或路程的快慢。速度就是描述质点运动快慢和运动方向的物理量。

1. 平均速度

设质点在 t 到 $t+\Delta t$ 时间间隔内，发生了位移 $\Delta\boldsymbol{r}$，我们把 $\Delta\boldsymbol{r}$ 与 Δt 的比值，定义为质点在这段时间内的**平均速度**，用 $\overline{\boldsymbol{v}}$ 表示，即

$$\overline{\boldsymbol{v}}=\frac{\Delta \boldsymbol{r}}{\Delta t} \qquad (1-2-7)$$

在直角坐标中,

$$\overline{\boldsymbol{v}}=\frac{\Delta \boldsymbol{r}}{\Delta t}=\frac{\Delta x}{\Delta t}\boldsymbol{i}+\frac{\Delta y}{\Delta t}\boldsymbol{j}+\frac{\Delta z}{\Delta t}\boldsymbol{k}=\overline{v}_x\boldsymbol{i}+\overline{v}_y\boldsymbol{j}+\overline{v}_z\boldsymbol{k} \qquad (1-2-8)$$

其中,$\overline{v}_x$、$\overline{v}_y$、$\overline{v}_z$分别表示平均速度在三个坐标轴 x、y、z 上的分量。

平均速度是位置矢量在 Δt 时间内的平均变化率,也是矢量,它的方向与位移 $\Delta \boldsymbol{r}$ 的方向相同,大小为

$$|\overline{\boldsymbol{v}}|=\left|\frac{\Delta \boldsymbol{r}}{\Delta t}\right|=\sqrt{\overline{v}_x^2+\overline{v}_y^2+\overline{v}_z^2} \qquad (1-2-9)$$

2. 瞬时速度

用平均速度反映质点运动的快慢程度是比较粗糙的,它反映的只是位矢在一段时间内的平均变化快慢。要精确地知道质点在某一时刻或某一位置的运动快慢,应使 $\Delta t\to 0$,因此,我们定义平均速度的极限值为瞬时速度,简称速度,以反映位矢瞬时变化快慢。用 $\boldsymbol{v}$ 表示,即

$$\boldsymbol{v}=\lim_{\Delta t\to 0}\frac{\Delta \boldsymbol{r}}{\Delta t}=\frac{\mathrm{d}\boldsymbol{r}}{\mathrm{d}t} \qquad (1-2-10)$$

在直角坐标中,

$$\boldsymbol{v}=\frac{\mathrm{d}\boldsymbol{r}}{\mathrm{d}t}=\frac{\mathrm{d}x}{\mathrm{d}t}\boldsymbol{i}+\frac{\mathrm{d}y}{\mathrm{d}t}\boldsymbol{j}+\frac{\mathrm{d}z}{\mathrm{d}t}\boldsymbol{k}=v_x\boldsymbol{i}+v_y\boldsymbol{j}+v_z\boldsymbol{k} \qquad (1-2-11)$$

速度是位矢对时间的变化率,同样也是矢量,其方向为 $\Delta t\to 0$ 时位移矢量 $\Delta \boldsymbol{r}$ 的极限方向。如图 1-2-3 所示,当 $\Delta t\to 0$ 时,位移 $\Delta \boldsymbol{r}$ 的极限方向就是轨道的切线方向(通常用 $\boldsymbol{e}_t$ 表示轨道的切线方向的单位矢量),即速度的方向沿该点处轨道的切线并指向质点前进的方向。速度的大小为

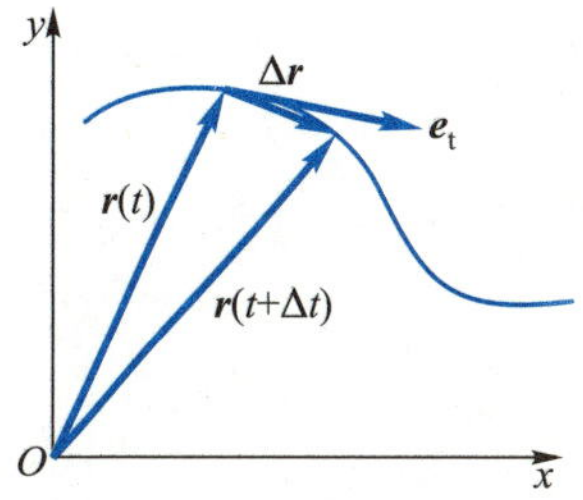

图 1-2-3 速度方向

动画 速度方向

$$|\boldsymbol{v}|=\left|\frac{\mathrm{d}\boldsymbol{r}}{\mathrm{d}t}\right|=\sqrt{\left(\frac{\mathrm{d}x}{\mathrm{d}t}\right)^2+\left(\frac{\mathrm{d}y}{\mathrm{d}t}\right)^2+\left(\frac{\mathrm{d}z}{\mathrm{d}t}\right)^2}=\sqrt{v_x^2+v_y^2+v_z^2} \qquad (1-2-12)$$

3. 平均速率与速率

在 Δt 时间间隔内,质点运动的路程 Δs 与 Δt 的比值,称为**平均速率**。用 $\overline{v}$ 表示,即

$$\overline{v}=\frac{\Delta s}{\Delta t} \qquad (1-2-13)$$

当 $\Delta t\to 0$ 时,$\Delta s/\Delta t$ 的极限称为**瞬时速率**,简称速率,用 v 表示,即

$$v=\lim_{\Delta t\to 0}\frac{\Delta s}{\Delta t}=\frac{\mathrm{d}s}{\mathrm{d}t} \qquad (1-2-14)$$

平均速率与平均速度分别是用一定时间内的路程与位移来反

映质点运动的快慢，前者是标量，后者是矢量。

由本节“讨论（1）”知道，在一般情况下，$|\Delta \boldsymbol{r}| \neq \Delta s$，所以，$|\overline{\boldsymbol{v}}|=\frac{|\Delta \boldsymbol{r}|}{\Delta t} \neq \frac{\Delta s}{\Delta t}=\bar{v}$，即平均速度的大小不等于平均速率。例如，某质点沿一闭合路径运动一周，显然，质点的位移为零，因此平均速度为零，而路程不为零，则平均速率不等于零。当且仅当质点作单向直线运动时 $|\Delta \boldsymbol{r}|=\Delta s$，此时，$|\overline{\boldsymbol{v}}|=\bar{v}$。

另一方面，由式（1-2-5）知 $|\mathrm{d} \boldsymbol{r}|=\mathrm{d} s$，因此，$|\boldsymbol{v}|=\frac{|\mathrm{d} \boldsymbol{r}|}{\mathrm{d} t}=\frac{\mathrm{d} s}{\Delta t}=v$，这表明速度的大小等于速率。事实上，正因为如此，习惯上把速度的大小称为速率。

4. 自然坐标系下的速度

在自然坐标系中，由于质点运动轨道已知，其运动方程通常采用 $s=s(t)$ 来表示，下面讨论在自然坐标系下速度的表达式。

按速度的定义 $\boldsymbol{v}=\frac{\mathrm{d} \boldsymbol{r}}{\mathrm{d} t}$，一方面由式（1-2-5）知道 $|\mathrm{d} \boldsymbol{r}|=\mathrm{d} s$，另一方面，$\mathrm{d} \boldsymbol{r}$ 的方向为 $\Delta t \rightarrow 0$ 时位移 $\Delta \boldsymbol{r}$ 的极限方向，即轨道的切线方向，如图 1-2-3 所示。用 $\boldsymbol{e}_{\mathrm{t}}$ 表示轨道的切线方向的单位矢量，则 $\mathrm{d} \boldsymbol{r}=\mathrm{d} s \boldsymbol{e}_{\mathrm{t}}$。因此，在自然坐标系中，速度可以表示为

$$\boldsymbol{v}=\frac{\mathrm{d} \boldsymbol{r}}{\mathrm{d} t}=\frac{\mathrm{d} s}{\mathrm{d} t} \boldsymbol{e}_{\mathrm{t}}=v \boldsymbol{e}_{\mathrm{t}} \tag{1-2-15}$$

可见，在自然坐标系下，直观地表示出了矢量的大小和方向。

三、加速度

1. 平均加速度与加速度

位矢 $\boldsymbol{r}$ 和速度 $\boldsymbol{v}$ 是确定质点运动状态的物理量，即如果已知质点的位矢 $\boldsymbol{r}$ 和速度 $\boldsymbol{v}$，则质点的运动状态就确定了。然而，为反映质点运动状态的变化，还需要引入加速度。加速度是反映质点的速度矢量随时间变化快慢的物理量。

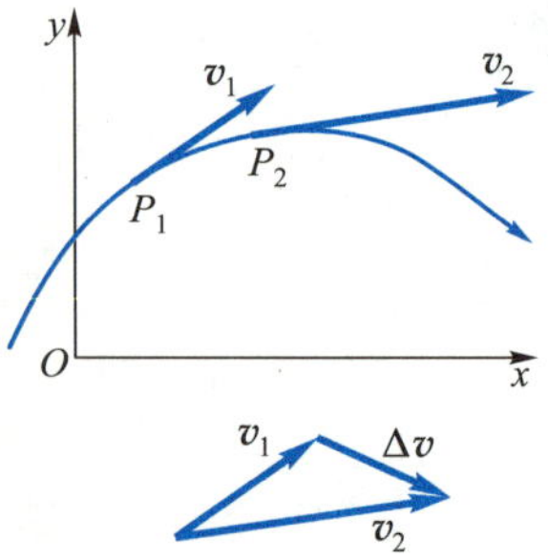

图 1-2-4 加速度

在一般曲线运动中，质点的速度是随时间变化的，这个变化可以是大小的变化，也可以是方向的变化，或者速度的大小和方向都发生变化。如图 1-2-4 所示，设质点在 Δt 时间内沿某一轨道由 P_1 点运动至 P_2 点，速度由 $\boldsymbol{v}_1$ 变化为 $\boldsymbol{v}_2$，其速度增量为 $\Delta \boldsymbol{v}=\boldsymbol{v}_2-\boldsymbol{v}_1$，与平均速度的定义类似，将 $\Delta \boldsymbol{v}$ 与 Δt 的比值定义为在这段时间以内质点的平均加速度，用 $\overline{\boldsymbol{a}}$ 表示，即

$$\overline{\boldsymbol{a}}=\frac{\Delta \boldsymbol{v}}{\Delta t} \tag{1-2-16}$$

平均加速度的方向为其速度增量的方向，与速度本身的方向没有必然的联系。

平均加速度只能粗略地反映 Δt 时间内质点速度的变化情况，当 $\Delta t\to 0$ 时，平均加速度的极限值称为**瞬时加速度**，简称**加速度**，用 $\boldsymbol{a}$ 表示，即

$$\boldsymbol{a}=\lim_{\Delta t\to 0}\frac{\Delta \boldsymbol{v}}{\Delta t}=\frac{\mathrm{d}\boldsymbol{v}}{\mathrm{d}t}=\frac{\mathrm{d}^2\boldsymbol{r}}{\mathrm{d}t^2} \tag{1-2-17}$$

可见，加速度是速度对时间的一阶导数，亦即位矢对时间的二阶导数。

加速度反映了在某一时刻或某一位置处质点的速度随时间的变化率，其方向为 $\Delta t\to 0$ 时质点速度增量的极限的方向。质点作一般曲线运动时，加速度的方向总是指向轨道曲线凹侧一方，如图 1-2-5所示。

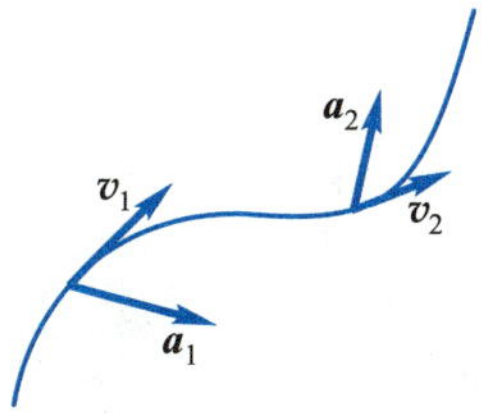

图 1-2-5 加速度的方向

在直角坐标系下，加速度可以表示为

$$\begin{aligned}\boldsymbol{a}&=a_x\boldsymbol{i}+a_y\boldsymbol{j}+a_z\boldsymbol{k}\\&=\frac{\mathrm{d}v_x}{\mathrm{d}t}\boldsymbol{i}+\frac{\mathrm{d}v_y}{\mathrm{d}t}\boldsymbol{j}+\frac{\mathrm{d}v_z}{\mathrm{d}t}\boldsymbol{k}\\&=\frac{\mathrm{d}^2x}{\mathrm{d}t^2}\boldsymbol{i}+\frac{\mathrm{d}^2y}{\mathrm{d}t^2}\boldsymbol{j}+\frac{\mathrm{d}^2z}{\mathrm{d}t^2}\boldsymbol{k}\end{aligned} \tag{1-2-18}$$

加速度的大小为

$$a=|\boldsymbol{a}|=\sqrt{a_x^2+a_y^2+a_z^2} \tag{1-2-19}$$

加速度的方向可用其方向余弦表示。

2. 自然坐标系下的加速度

前面定义了加速度，并给出了在直角坐标系下的表达式。下面讨论质点作平面运动时加速度在自然坐标系下的表达形式。

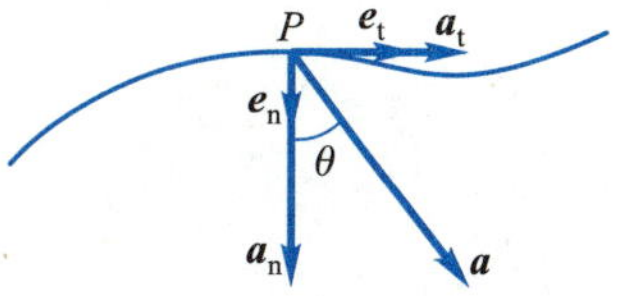

图 1-2-6 自然坐标系下的加速度

如图 1-2-6 所示，作平面运动的质点在给定轨道上运动至 P 点，其运动速度为

$$\boldsymbol{v}=v\boldsymbol{e}_t$$

v 是质点的速率，$\boldsymbol{e}_t$ 表示轨道的切线方向的单位矢量。这样在自然坐标系下质点的加速度可以表示为

$$\boldsymbol{a}=\frac{\mathrm{d}\boldsymbol{v}}{\mathrm{d}t}=\frac{\mathrm{d}v}{\mathrm{d}t}\boldsymbol{e}_t+v\frac{\mathrm{d}\boldsymbol{e}_t}{\mathrm{d}t} \tag{1-2-20}$$

其中第一项 $\frac{\mathrm{d}v}{\mathrm{d}t}\boldsymbol{e}_t$：$\boldsymbol{e}_t$ 为速度方向，沿轨道切线，故称为切向加速度，用 $\boldsymbol{a}_t$ 表示，即 $\boldsymbol{a}_t=\frac{\mathrm{d}v}{\mathrm{d}t}\boldsymbol{e}_t$，$\boldsymbol{a}_t$ 在 $\boldsymbol{e}_t$ 方向的投影 $\frac{\mathrm{d}v}{\mathrm{d}t}$ 反映了速度大小随时间的变化率，用 a_t 表示。即

$$\boldsymbol{a}_{\mathrm{t}}=a_{\mathrm{t}}\boldsymbol{e}_{\mathrm{t}}=\frac{\mathrm{d}v}{\mathrm{d}t}\boldsymbol{e}_{\mathrm{t}} \tag{1-2-21}$$

第二项 $v\frac{\mathrm{d}\boldsymbol{e}_{\mathrm{t}}}{\mathrm{d}t}$:由式(1-1-8)知 $\frac{\mathrm{d}\boldsymbol{e}_{\mathrm{t}}}{\mathrm{d}t}=\frac{\mathrm{d}\theta}{\mathrm{d}t}\boldsymbol{e}_{\mathrm{n}}$,$\boldsymbol{e}_{\mathrm{n}}$ 为指向轨道凹侧的法线方向单位矢量,所以,$v\frac{\mathrm{d}\boldsymbol{e}_{\mathrm{t}}}{\mathrm{d}t}=v\frac{\mathrm{d}\theta}{\mathrm{d}t}\boldsymbol{e}_{\mathrm{n}}=v\frac{\mathrm{d}\theta}{\mathrm{d}s}\frac{\mathrm{d}s}{\mathrm{d}t}\boldsymbol{e}_{\mathrm{n}}=v^2\frac{\mathrm{d}\theta}{\mathrm{d}s}\boldsymbol{e}_{\mathrm{n}}$,考虑到式(1-1-6)即 $\frac{\mathrm{d}\theta}{\mathrm{d}s}=\frac{1}{\rho}$,第二项可以表示为

$$v\frac{\mathrm{d}\boldsymbol{e}_{\mathrm{t}}}{\mathrm{d}t}=v^2\frac{\mathrm{d}\theta}{\mathrm{d}s}\boldsymbol{e}_{\mathrm{n}}=\frac{v^2}{\rho}\boldsymbol{e}_{\mathrm{n}}$$

$\boldsymbol{e}_{\mathrm{n}}$ 沿轨道法线方向,故将$\frac{v^2}{\rho}\boldsymbol{e}_{\mathrm{n}}$ 称为**法向加速度**,用 $\boldsymbol{a}_{\mathrm{n}}$ 表示,即

$$\boldsymbol{a}_{\mathrm{n}}=v\frac{\mathrm{d}\boldsymbol{e}_{\mathrm{t}}}{\mathrm{d}t}=\frac{v^2}{\rho}\boldsymbol{e}_{\mathrm{n}} \tag{1-2-22}$$

法向加速度 $\boldsymbol{a}_{\mathrm{n}}$ 沿轨道法线并指向轨道凹侧,其大小为 $a_{\mathrm{n}}=\frac{v^2}{\rho}$。

由 $\boldsymbol{a}_{\mathrm{n}}=v\frac{\mathrm{d}\boldsymbol{e}_{\mathrm{t}}}{\mathrm{d}t}$应该知道,法向加速度反映速度方向变化的快慢,但同时还与质点的速度大小 v 有关,它是由速度大小 v 与方向变化率$\frac{\mathrm{d}\boldsymbol{e}_{\mathrm{t}}}{\mathrm{d}t}$的乘积所决定的。

将式(1-2-21)、式(1-2-22)代入式(1-2-20)得总加速度为

$$\begin{aligned}\boldsymbol{a}&=\boldsymbol{a}_{\mathrm{t}}+\boldsymbol{a}_{\mathrm{n}}\\&=\frac{\mathrm{d}v}{\mathrm{d}t}\boldsymbol{e}_{\mathrm{t}}+\frac{v^2}{\rho}\boldsymbol{e}_{\mathrm{n}}\end{aligned} \tag{1-2-23}$$

其总加速度的大小为

$$a=|\boldsymbol{a}|=\sqrt{a_{\mathrm{t}}^2+a_{\mathrm{n}}^2}=\sqrt{\left(\frac{\mathrm{d}v}{\mathrm{d}t}\right)^2+\left(\frac{v^2}{\rho}\right)^2} \tag{1-2-24}$$

方向为

$$\tan\theta=\frac{a_{\mathrm{n}}}{a_{\mathrm{t}}} \tag{1-2-25}$$

以上我们讨论了质点的位矢 $\boldsymbol{r}$、速度 $\boldsymbol{v}$ 和加速度 $\boldsymbol{a}$,其中位矢 $\boldsymbol{r}$ 和速度 $\boldsymbol{v}$ 是反映质点运动状态的物理量,称为运动状态量;加速度 $\boldsymbol{a}$ 则是反映运动状态变化的物理量,称为状态变化量。质点运动学所研究的问题就是确定任意时刻质点的 $\boldsymbol{r}$、$\boldsymbol{v}$ 和 $\boldsymbol{a}$。

四、运动学中的两类问题

一般地,把质点运动学所研究的问题分为两类。

(1) 已知质点的运动方程求质点的速度和加速度。这类问题常常称为运动学中的第一类问题,解决这一问题的方法是求导,即

$$\boldsymbol{v}=\frac{\mathrm{d}\boldsymbol{r}}{\mathrm{d}t},\quad \boldsymbol{a}=\frac{\mathrm{d}\boldsymbol{v}}{\mathrm{d}t}=\frac{\mathrm{d}^2\boldsymbol{r}}{\mathrm{d}t^2}$$

例 1-2 已知质点位矢随时间变化的函数形式为 $\boldsymbol{r}=4t^2\boldsymbol{i}+(3+2t)\boldsymbol{j}$(SI 单位)。求:(1)质点的轨道;(2)从 $t=0$ 到 $t=1$ s 的位移大小及方向;(3)$t=1$ s 时刻的切向加速度和法向加速度大小。

解:(1) 由 $\boldsymbol{r}=4t^2\boldsymbol{i}+(3+2t)\boldsymbol{j}$ (SI 单位)可知

$$x=4t^2$$

$$y=3+2t$$

消去 t 得轨道方程为 $x=(y-3)^2$

(2) $\Delta\boldsymbol{r}=(4\boldsymbol{i}+5\boldsymbol{j}-3\boldsymbol{j})\ \mathrm{m}=(4\boldsymbol{i}+2\boldsymbol{j})\ \mathrm{m}$

其大小为

$$|\Delta\boldsymbol{r}|=\sqrt{4^2+2^2}\ \mathrm{m}=2\sqrt{5}\ \mathrm{m}$$

方向为

$$\tan\alpha=\frac{\Delta y}{\Delta x}=\frac{2}{4}=0.5$$

α 为位移 $\Delta\boldsymbol{r}$ 与 x 轴正方向的夹角。

(3) 由 $\boldsymbol{v}=\frac{\mathrm{d}\boldsymbol{r}}{\mathrm{d}t}=8t\boldsymbol{i}+2\boldsymbol{j}$ (SI 单位)得速度大小为

$$v=\sqrt{(8t)^2+4}=2\sqrt{16t^2+1}$$

故

$$a_{\mathrm{t}}=\frac{\mathrm{d}v}{\mathrm{d}t}=\frac{32t}{\sqrt{16t^2+1}}$$

$$a_{\mathrm{t}}(1)=\frac{32\sqrt{17}}{17}\ \mathrm{m/s^2}\approx 7.76\ \mathrm{m/s^2}$$

又

$$\boldsymbol{a}=\frac{\mathrm{d}\boldsymbol{v}}{\mathrm{d}t}=8\boldsymbol{i}\ \mathrm{m/s^2}$$

所以

$$a_{\mathrm{n}}=\sqrt{a^2-a_{\mathrm{t}}^2}=\sqrt{8^2-a_{\mathrm{t}}^2}$$

$$a_{\mathrm{n}}(1)=\sqrt{8^2-\frac{32^2}{17}}\ \mathrm{m/s^2}=\frac{8\sqrt{17}}{17}\ \mathrm{m/s^2}\approx 1.94\ \mathrm{m/s^2}$$

例 1-3 如图 1-2-7 所示,在离水面高 h 的岸上,有人用绳子拉船靠岸,绳与水面成 θ 角,当人以 v_0 的速率收绳时,试求船运动的速度大小。

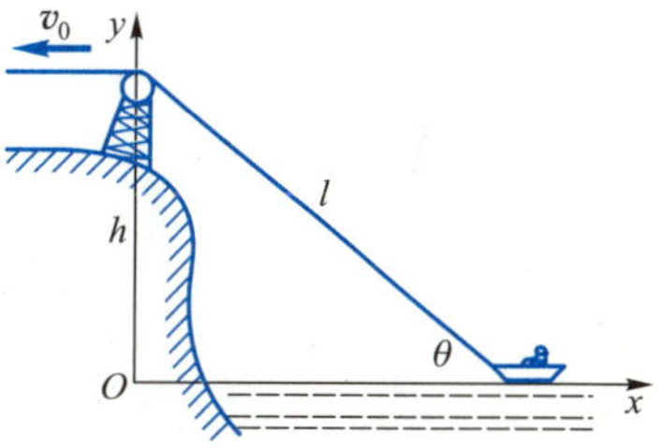

图 1-2-7 例 1-3 题图

解:以船到岸的距离为 x 轴,岸高为 y 轴建立坐标如图所示。设人到船之间绳的长度为 l,则船到岸的距离满足

$$x^2=l^2-h^2$$

将上式对时间 t 求导，并考虑到岸高 h 为一常量，有

$$2x\frac{dx}{dt}=2l\frac{dl}{dt}$$

动画 小船靠岸

显然，$\frac{dx}{dt}$就是船在水平方向的速度分量，这里也即船的速度。因此，

$$v_{船}=\frac{dx}{dt}=\frac{l}{x}\frac{dl}{dt}$$

其中，$\frac{dl}{dt}$是绳长 l 对时间的变化率，其大小即人收绳的速率 v_0，即 $\left|\frac{dl}{dt}\right|=v_0$，由于人到船之间绳的长度 l 在缩短，$\frac{dl}{dt}<0$，所以，

$$\frac{dl}{dt}=-v_0$$

代入前式即得

$$v_{船}=\frac{l}{x}\frac{dl}{dt}=-\frac{l}{x}v_0=-\frac{v_0}{\cos\theta}$$

负号表明小船沿坐标轴反方向，即朝着岸边运动。

例 1-4 质点沿半径为 R 的圆周按 $s=v_0t+bt^2$ 的规律运动，式中 s 为质点离圆周上某点的弧长，v_0、b 都是常量，求质点在任意时刻的速度和加速度。

解：质点的速度大小为

$$v=\frac{ds}{dt}=v_0+2bt$$

方向沿圆周切线方向。切向加速度大小为

$$a_t=\frac{dv}{dt}=2b$$

法向加速度大小为

$$a_n=\frac{v^2}{R}=\frac{(v_0+2bt)^2}{R}$$

加速度大小为

$$a=\sqrt{a_t^2+a_n^2}=\sqrt{4b^2+\frac{(v_0+2bt)^4}{R^2}}$$

加速度与半径的夹角为

$$\theta=\arctan\frac{2bR}{(v_0+2bt)^2}$$

（2）已知质点的加速度及其初始条件，求质点的速度和运动

方程，这类问题常常称为运动学中的第二类问题，解决这一问题的方法是积分。

若加速度 $\boldsymbol{a}=\boldsymbol{a}(t)$ 已知，且 $t=0$ 时刻其位置为 $\boldsymbol{r}_0$，速度为 $\boldsymbol{v}_0$。

按 $\boldsymbol{a}(t)=\dfrac{\mathrm{d}\boldsymbol{v}}{\mathrm{d}t}$，有 $\mathrm{d}\boldsymbol{v}=\boldsymbol{a}(t)\mathrm{d}t$，两边积分：

$$\int_{\boldsymbol{v}_0}^{\boldsymbol{v}}\mathrm{d}\boldsymbol{v}=\int_{t_0}^{t}\boldsymbol{a}(t)\mathrm{d}t$$

得

$$\boldsymbol{v}=\boldsymbol{v}_0+\int_0^t\boldsymbol{a}(t)\mathrm{d}t \tag{1-2-26a}$$

用分量表示为

$$\begin{aligned}v_x&=v_{0x}+\int_0^t a_x(t)\mathrm{d}t\\ v_y&=v_{0y}+\int_0^t a_y(t)\mathrm{d}t\\ v_z&=v_{0z}+\int_0^t a_z(t)\mathrm{d}t\end{aligned} \tag{1-2-26b}$$

式(1-2-26)称为速度公式。

同样由 $\boldsymbol{v}(t)=\dfrac{\mathrm{d}\boldsymbol{r}}{\mathrm{d}t}$，有 $\mathrm{d}\boldsymbol{r}=\boldsymbol{v}(t)\mathrm{d}t$，两边积分：

$$\int_{\boldsymbol{r}_0}^{\boldsymbol{r}}\mathrm{d}\boldsymbol{r}=\int_{t_0}^{t}\boldsymbol{v}(t)\mathrm{d}t$$

得

$$\boldsymbol{r}=\boldsymbol{r}_0+\int_0^t\boldsymbol{v}(t)\mathrm{d}t \tag{1-2-27a}$$

用分量表示为

$$\begin{cases}x=x_0+\displaystyle\int_0^t v_x(t)\mathrm{d}t\\ y=y_0+\displaystyle\int_0^t v_y(t)\mathrm{d}t\\ z=z_0+\displaystyle\int_0^t v_z(t)\mathrm{d}t\end{cases} \tag{1-2-27b}$$

式(1-2-27)称为位移公式。

例 1-5 如图 1-2-8 所示，在地球表面附近，一质点以初速度 $\boldsymbol{v}_0$ 在 Oxy 平面内与 Ox 轴正向成 α 角抛出，略去空气的阻力作用。求质点的运动方程。

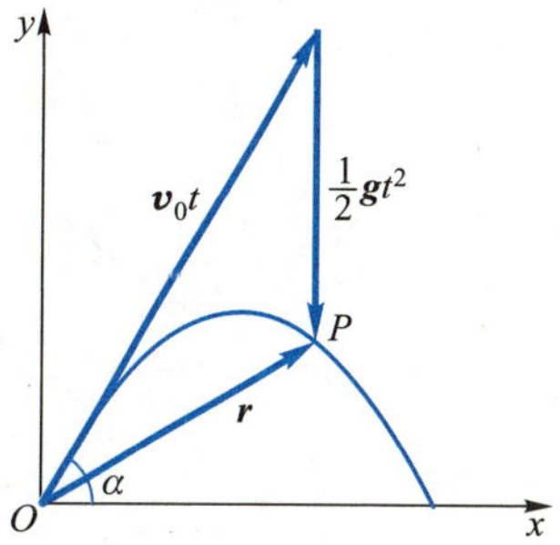

图 1-2-8 例 1-5 题图

解 由于质点仅受重力作用，故其加速度为 $\boldsymbol{a}=\boldsymbol{g}=-g\boldsymbol{j}$，取质点抛出时刻为计时起点，即 $t=0$ 时，质点位于原点 O，其位矢 $\boldsymbol{r}_0=0$。

由速度公式 $\boldsymbol{v}=\boldsymbol{v}_0+\int_0^t\boldsymbol{a}(t)\mathrm{d}t$ 有

$$\boldsymbol{v}=\boldsymbol{v}_0+\int_0^t \boldsymbol{g}\,\mathrm{d}t=\boldsymbol{v}_0+\boldsymbol{g}t$$

其分量式为

$$v_x=v_0\cos\alpha$$

$$v_y=v_0\sin\alpha-gt$$

将速度代入位移公式 $\boldsymbol{r}=\boldsymbol{r}_0+\int_0^t \boldsymbol{v}(t)\,\mathrm{d}t$ 并考虑到 $\boldsymbol{r}_0=0$ 得到

$$\boldsymbol{r}=\int_0^t(\boldsymbol{v}_0+\boldsymbol{g}t)\,\mathrm{d}t$$

$$=\boldsymbol{v}_0t+\frac{1}{2}\boldsymbol{g}t^2$$

其分量式为

$$x=v_0t\cos\alpha$$

$$y=v_0t\sin\alpha-\frac{1}{2}gt^2$$

这就是该质点的运动方程。

矢量式比分量式更加简单而意义明确，由图 1-2-8 可以直观地看到，质点从原点到达 P 点，其位移 $\boldsymbol{r}$ 是 $\boldsymbol{v}_0t$ 和 $\frac{1}{2}\boldsymbol{g}t^2$ 两个矢量之和，事实上，这是运动叠加原理的必然结果。

若加速度是速度或坐标的函数时，上述方法不再适用，这时可以采用分离变量法来完成积分。

例 1-6 已知一个质点作直线运动，其加速度为 $a=3v+2$（SI 单位），在 $t=0$ 的初始时刻其位置在 $\boldsymbol{r}_0=\boldsymbol{0}$ 处，速度 $\boldsymbol{v}_0=\boldsymbol{0}$。试求任意时刻质点运动的速度和位置。

解：在直线运动中 $a=\frac{\mathrm{d}v}{\mathrm{d}t}$，即 $\mathrm{d}t=\frac{\mathrm{d}v}{a}=\frac{\mathrm{d}v}{3v+2}$，两边积分：

$$\int_0^t \mathrm{d}t=\int_{v_0}^{v}\frac{\mathrm{d}v}{3v+2}$$

得

$$t=\int_{v_0}^{v}\frac{\mathrm{d}v}{3v+2}=\frac{1}{3}\ln(3v+2)\Big|_0^v$$

$$=\frac{1}{3}\ln\frac{3v+2}{2}$$

求反函数得

$$v=\frac{2}{3}(\mathrm{e}^{3t}-1)$$

又按式(1-2-27)有 $x=x_0+\int_0^t v(t)\,\mathrm{d}t$，将上式代入，得

$$x=\int_0^t \frac{2}{3}(e^{3t}-1)\mathrm{d}t$$
$$=\frac{2}{3}\left(\frac{1}{3}e^{3t}-t\right)\Big|_0^t$$
$$=\frac{2}{3}\left(\frac{1}{3}e^{3t}-\frac{1}{3}-t\right)$$

例 1-7 一质点沿 x 轴运动,其加速度与位置的关系为 $a=2+6x^2$(SI 单位),若质点在 $x=0$ 处时的速度大小为 v_0,试求质点在任意坐标处的速度大小。

解:按题意有 $a=\frac{\mathrm{d}v}{\mathrm{d}t}=2+6x^2$,作变换

$$\frac{\mathrm{d}v}{\mathrm{d}t}=\frac{\mathrm{d}v}{\mathrm{d}x}\frac{\mathrm{d}x}{\mathrm{d}t}=v\frac{\mathrm{d}v}{\mathrm{d}x}$$

则

$$a=\frac{\mathrm{d}v}{\mathrm{d}t}=v\frac{\mathrm{d}v}{\mathrm{d}x}=2+6x^2$$

分离变量有

$$v\mathrm{d}v=(2+6x^2)\mathrm{d}x$$

对方程两边积分有

$$\int_{v_0}^{v} v\mathrm{d}v=\int_0^x(2+6x^2)\mathrm{d}x$$

积分得

$$v=\sqrt{4x+4x^3+v_0^2}$$

1-3 圆周运动及其描述

一、圆周运动的加速度

质点作圆周运动时,其轨道的曲率半径 R 和曲率中心 O 保持不变。因此,作为对平面曲线运动的特例——圆周运动的描述,仍然可以采用自然坐标系。考虑到曲率半径 $\rho\equiv R$,由式(1-2-23)可得质点作圆周运动的加速度为

$$\boldsymbol{a}=\frac{\mathrm{d}v}{\mathrm{d}t}\boldsymbol{e}_{\mathrm{t}}+\frac{v^2}{R}\boldsymbol{e}_{\mathrm{n}} \tag{1-3-1}$$

其中 $a_{\mathrm{t}}=\frac{\mathrm{d}v}{\mathrm{d}t}$为切向加速度大小,$a_{\mathrm{n}}=\frac{v^2}{R}$为法向加速度大小,也称向心加速度大小。

对圆周运动的描述除了用线量(位移、速度、加速度)以外,还常常采用角量(角位移、角速度、角加速度)来描述,事实上,角量

描述更能反映圆周运动的特性。

二、圆周运动的角量描述

1. 圆周运动的角参量

我们知道,在一维直线运动中只需要一个坐标就可描述质点的位置,同样在圆周运动中,只需要一个坐标(即角位置 θ)就可描述质点的位置,因此,可以把圆周运动看成一维转动。

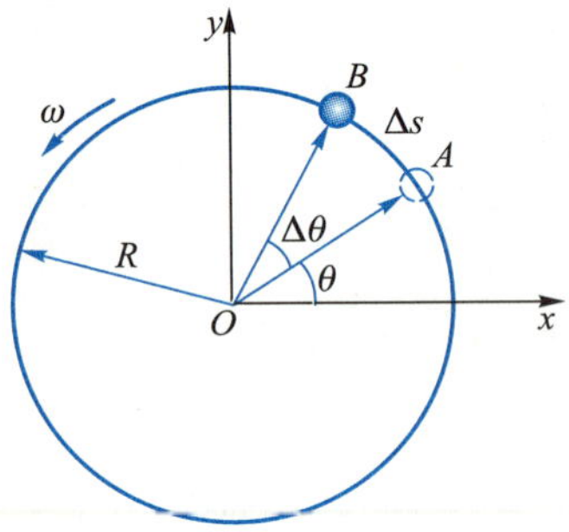

图 1-3-1 圆周运动的角量描述

如图 1-3-1 所示,某质点在一平面内作半径为 R 的圆周运动。以圆心 O 为原点,向右为正方向建立坐标轴 Ox,设 t 时刻质点位于 A 点,其位置矢量 $\overrightarrow{OA}$ 与 x 轴正方向的夹角称为角位置,用 θ 表示。在国际单位制中,角位置的单位为弧度(rad)。

角位置与时间的函数关系为

$$\theta=\theta(t) \tag{1-3-2}$$

称为运动方程的角量形式。

经过时间 Δt,质点由 A 点运动到 B 点,其位置矢量由 $\overrightarrow{OA}$ 改变为 $\overrightarrow{OB}$,位置矢量转过的角度 $\Delta\theta$ 定义为时间 Δt 内的角位移,显然

$$\Delta\theta=\theta(t+\Delta t)-\theta(t)$$

角位移有正负之分,质点作平面圆周运动时,一般规定逆时针转动的角位移为正,而顺时针转动的角位移为负。

角位置 θ 对时间的变化率定义为角速度,用 ω 表示,即

$$\omega=\frac{\mathrm{d}\theta}{\mathrm{d}t} \tag{1-3-3}$$

在国际单位制中,角速度的单位为弧度每秒($\mathrm{rad\cdot s^{-1}}$)。

角速度 ω 对时间的变化率定义为角加速度,用 α 表示,即

$$\alpha=\frac{\mathrm{d}\omega}{\mathrm{d}t}=\frac{\mathrm{d}^2\theta}{\mathrm{d}t^2} \tag{1-3-4}$$

在国际单位制中,角加速度的单位为弧度每二次方秒($\mathrm{rad\cdot s^{-2}}$)。

反过来,由 $\omega=\dfrac{\mathrm{d}\theta}{\mathrm{d}t}$ 可得 $\mathrm{d}\theta=\omega\mathrm{d}t$,把此式对过程积分,并设 $t=0$ 时质点角位置在 θ_0,t 时刻角位置在 θ,则角位移公式为

$$\theta=\theta_0+\int_0^t\omega\mathrm{d}t \tag{1-3-5}$$

同样由 $\alpha=\dfrac{\mathrm{d}\omega}{\mathrm{d}t}$ 得到角速度公式:

$$\omega=\omega_0+\int_0^t\alpha\mathrm{d}t \tag{1-3-6}$$

其中 ω_0 和 ω 分别为 $t=0$ 及 t 时刻的角速度。

当角加速度是角速度的函数,即 $\alpha=\alpha(\omega)$ 或者角加速度是角

位置的函数,即 $\alpha=\alpha(\theta)$ 时,求解角速度和角位移的积分处理方法与直线运动情况的例 1-6 和例 1-7 相类似,这里不再重述。对匀角加速度圆周运动有

$$\omega=\omega_0+\alpha t$$

$$\theta=\theta_0+\omega_0 t+\frac{1}{2}\alpha t^2$$

$$\omega^2-\omega_0^2=2\alpha\Delta\theta$$

2. 角参量与线参量的关系

对于圆周运动,如图 1-3-1 所示,弧长 s 与圆心角 θ 的关系为

$$s=R\theta \tag{1-3-7}$$

质点从 A 点运动到 B 点,所经过的路程 Δs 与角位移 $\Delta\theta$ 的关系为

$$\Delta s=R\Delta\theta \tag{1-3-8}$$

将式(1-3-7)两边对时间求导,得速率与角速度大小的关系:

$$v=\frac{\mathrm{d}s}{\mathrm{d}t}=R\frac{\mathrm{d}\theta}{\mathrm{d}t}=R\omega \tag{1-3-9}$$

再对时间求导,得切向加速度与角加速度的关系:

$$a_\mathrm{t}=\frac{\mathrm{d}v}{\mathrm{d}t}=R\frac{\mathrm{d}\omega}{\mathrm{d}t}=R\alpha \tag{1-3-10}$$

圆周运动的法向加速度大小为

$$a_\mathrm{n}=\frac{v^2}{R}=v\omega=R\omega^2 \tag{1-3-11}$$

三、角速度矢量

与速度一样,角速度同样是矢量。尽管在一维转动中可以用代数量来表示,但是,在讨论一些较复杂的问题时,尤其是在解决一般情况下角速度与线速度的关系以及角速度合成等问题时,需要把角速度当作矢量来处理。

角速度的方向由右手螺旋法则确定,即右手的四指沿着质点转动方向弯曲,大拇指的指向即角速度矢量 $\boldsymbol{\omega}$ 的方向,如图1-3-2 所示。在一般空间转动时,线速度与角速度的关系可以表示为

$$\boldsymbol{v}=\boldsymbol{\omega}\times\boldsymbol{r} \tag{1-3-12}$$

其大小为

$$v=\omega r\sin\theta=\omega R$$

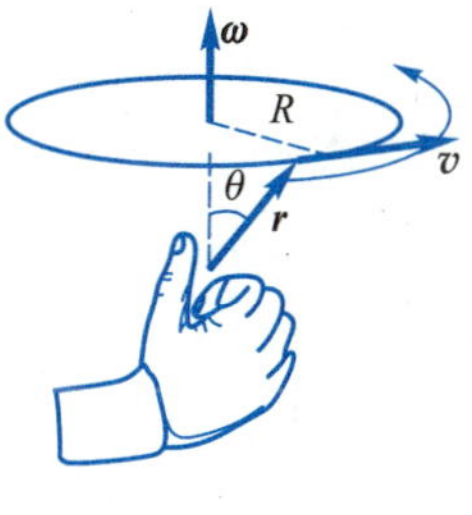

图 1-3-2 角速度矢量

动画 角速度矢量

例 1-8 一飞轮受摩擦力矩作用作减速转动的过程中,其角加速度 α 与角位置 θ 的关系为 $\alpha=-k\theta$,式中 k 为大于零的常量,且 $t=0$ 时,$\omega=\omega_0$,$\theta=0$,求:(1)角速度 ω 与 θ 的函数关系;(2)最大角位移。

解:(1) 由 $\alpha=\frac{d\omega}{dt}=\frac{d\omega}{d\theta}\frac{d\theta}{dt}=\omega\frac{d\omega}{d\theta}=-k\theta$

分离变量得

$$\omega d\omega=-k\theta d\theta$$

两边积分,且考虑到 $t=0$ 时,$\omega=\omega_0$,$\theta=0$,有

$$\int_{\omega_0}^{\omega}\omega d\omega=\int_0^{\theta}-k\theta d\theta$$

得

$$\frac{\omega^2}{2}-\frac{\omega_0^2}{2}=-\frac{1}{2}k\theta^2$$

即

$$\omega=\sqrt{\omega_0^2-k\theta^2}\quad(\text{取正值})$$

(2) 最大角位移发生在 $\omega=0$ 时,所以

$$\theta=\sqrt{\frac{1}{k}}\omega_0\quad(\text{取正值})$$

例 1-9 一质点以 $\boldsymbol{v}_0$ 的初始速度沿与水平线成 θ_0 的方向斜向上抛出,忽略空气阻力,求质点在任意时刻 t 所在处轨道的曲率半径。

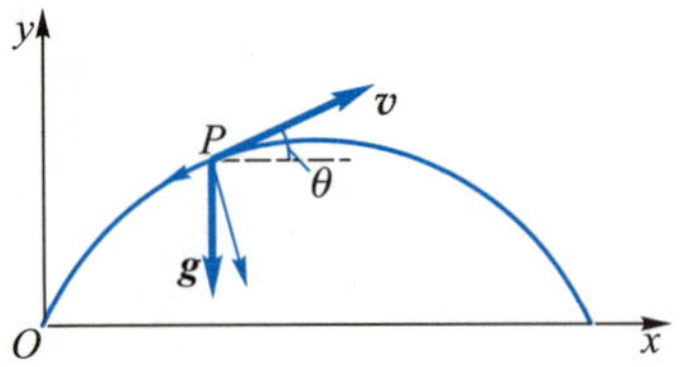

图 1-3-3 例 1-9 题图

解:如图 1-3-3 所示,设时刻 t 质点速度 $\boldsymbol{v}$ 与水平方向成 θ 角,则

$$a_n=g\cos\theta$$

按 $a_n=\frac{v^2}{\rho}$ 可得

$$\rho=\frac{v^2}{a_n}=\frac{v^2}{g\cos\theta}$$

由于

$$v=\sqrt{(v_0\cos\theta_0)^2+(v_0\sin\theta_0-gt)^2}=\sqrt{v_0^2-2v_0gt\sin\theta_0+g^2t^2}$$

$$\cos\theta=\frac{v_x}{v}=\frac{v_0\cos\theta_0}{v}$$

所以,t 时刻质点所在处轨道的曲率半径为

$$\rho=\frac{v^2}{g\cos\theta}=\frac{v^3}{gv_0\cos\theta_0}=\frac{(v_0^2-2v_0gt\sin\theta_0+g^2t^2)^{3/2}}{gv_0\cos\theta_0}$$

1-4 相对运动问题

在生活中常常有这样的体会,一个人站在作匀速运动的车上竖直向上抛出一小球,车上的观察者看到小球作竖直上抛运动,然而,地面上的另一个观察者却看到小球作抛体运动,两观察者的描

述是不同的。在不同的参考系中考察同一物体的运动时，其描述的结果是不相同的，这反映了运动描述的相对性。

一、坐标变换

如图 1-4-1 所示，设有两个相对运动的参考系 S 系和 S′系，将 S 系视为静止，S′系相对于 S 系以速度 $\boldsymbol{u}$ 作匀速直线运动。运动质点 P 在 S 系和 S′系中的位矢、速度、加速度分别为 $\boldsymbol{r}$、$\boldsymbol{v}$、$\boldsymbol{a}$ 和 $\boldsymbol{r}'$、$\boldsymbol{v}'$、$\boldsymbol{a}'$，S′系中原点 O'在 S 系中的位矢为 $\boldsymbol{r}_0$。由矢量加法有

$$\boldsymbol{r}=\boldsymbol{r}_0+\boldsymbol{r}' \tag{1-4-1}$$

$\boldsymbol{r}=\boldsymbol{r}(t)$ 和 $\boldsymbol{r}'=\boldsymbol{r}'(t)$ 分别是两个参考系中的运动方程，式(1-4-1)反映了两个不同描述之间位矢的关系，称为坐标变换式。

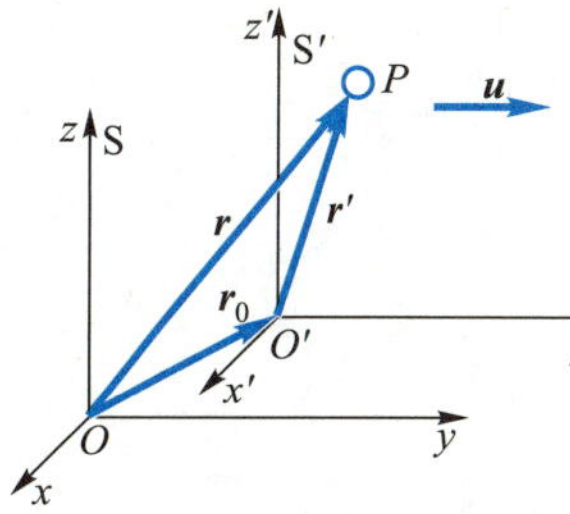

图 1-4-1 不同参考系的描述

二、速度变换

将式(1-4-1)两边对时间 t 求导，可得

$$\frac{\mathrm{d}\boldsymbol{r}}{\mathrm{d}t}=\frac{\mathrm{d}\boldsymbol{r}_0}{\mathrm{d}t}+\frac{\mathrm{d}\boldsymbol{r}'}{\mathrm{d}t}$$

式中$\frac{\mathrm{d}\boldsymbol{r}}{\mathrm{d}t}$是质点相对于 S 系（视为静止系）的速度 $\boldsymbol{v}$，称为绝对速度；$\frac{\mathrm{d}\boldsymbol{r}'}{\mathrm{d}t}$是质点相对于 S′系的速度 $\boldsymbol{v}'$，称为相对速度；$\frac{\mathrm{d}\boldsymbol{r}_0}{\mathrm{d}t}$则是 S′系相对于 S 系的速度 $\boldsymbol{u}$，称为牵连速度。因此，运动质点在两个作相对运动的参考系中的速度关系为

$$\boldsymbol{v}=\boldsymbol{u}+\boldsymbol{v}' \tag{1-4-2}$$

上式称为速度变换式。

将式(1-4-2)两边对时间 t 再求导，可得

$$\frac{\mathrm{d}\boldsymbol{v}}{\mathrm{d}t}=\frac{\mathrm{d}\boldsymbol{u}}{\mathrm{d}t}+\frac{\mathrm{d}\boldsymbol{v}'}{\mathrm{d}t}$$

式中$\frac{\mathrm{d}\boldsymbol{v}}{\mathrm{d}t}$是质点相对于 S 系的加速度 $\boldsymbol{a}$；$\frac{\mathrm{d}\boldsymbol{v}'}{\mathrm{d}t}$是质点相对于 S′系的加速度 $\boldsymbol{a}'$；$\frac{\mathrm{d}\boldsymbol{u}}{\mathrm{d}t}$则是 S′系相对于 S 系的加速度 $\boldsymbol{a}_0$。因此，运动质点在两个作相对运动的参考系中的加速度关系为

$$\boldsymbol{a}=\boldsymbol{a}_0+\boldsymbol{a}' \tag{1-4-3}$$

上式称为加速度变换式。当 S′系相对于 S 系以速度 $\boldsymbol{u}$ 作匀速直线运动时，$\boldsymbol{a}_0=\boldsymbol{0}$，则有

$$\boldsymbol{a}=\boldsymbol{a}' \tag{1-4-4}$$

应该强调，在进行矢量叠加时，各矢量必须是在同一参考系中测得的，否则没有意义。然而，在式(1-4-1)中，$\boldsymbol{r}_0$ 是 S 系中的测

量值，$\boldsymbol{r}'$是S′系中的测量值，是不同参考系中测得的，因此，两者相加没有意义。假设在两个不同的参考系S和S′中，对同一空间距离的测量结果是相同的，即在S系中认可$\boldsymbol{r}'$同时也是S系对$\overrightarrow{O'P}$的测量值，那么，$\boldsymbol{r}=\boldsymbol{r}_0+\boldsymbol{r}'$才代表$P$点在S系中的位矢。因此，在给出式(1-4-1)时，我们已经假设：空间两点间的距离无论从哪个参考系来测量，其结果都是相同的，与参考系无关。这一假设称为**空间间隔的绝对性**。

同样，对于时间也有类似的假设：对两个物理事件的时间间隔的测量，在不同参考系中的结果是相同的，这一假设称为**时间间隔的绝对性**。只有假设了时间间隔的绝对性，才能由$\boldsymbol{r}=\boldsymbol{r}_0+\boldsymbol{r}'$两边对时间$t$求导$\frac{\mathrm{d}\boldsymbol{r}}{\mathrm{d}t}=\frac{\mathrm{d}\boldsymbol{r}_0}{\mathrm{d}t}+\frac{\mathrm{d}\boldsymbol{r}'}{\mathrm{d}t}=\frac{\mathrm{d}\boldsymbol{r}_0}{\mathrm{d}t}+\frac{\mathrm{d}\boldsymbol{r}'}{\mathrm{d}t'}$，得到式(1-4-2)。在牛顿力学范围内，空间间隔的绝对性和时间间隔的绝对性是被默认的，构成了牛顿力学的绝对时空观。这种绝对的时空观在相当长一段时间内被人们当作客观真理，直到1905年狭义相对论的诞生，人们才逐渐认识到空间和时间都是相对的，与物体的运动状态有关。这种相对性在物体作高速（与真空中的光速可以比拟）运动时表现得较为明显。因此，本节中得到的结论只适用于低速运动的物体。

当讨论处于同一参考系内，不同质点间的相对运动时，利用上述结论，可以得到质点间的相对位矢和相对速度关系。

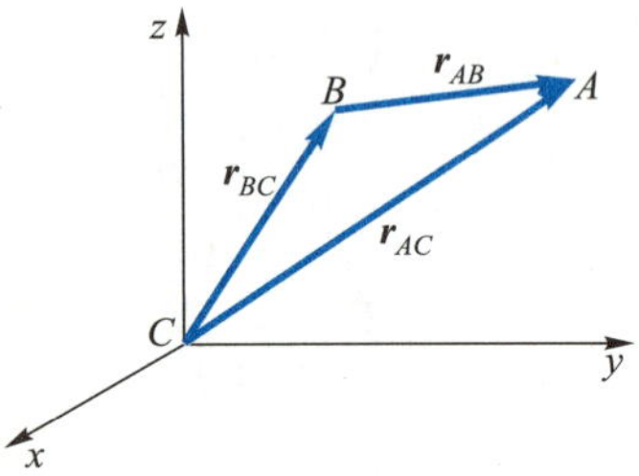

图1-4-2 不同质点间的相对运动

动画 相对运动

如图1-4-2所示，设质点A、B在参考系C中的位矢分别为$\boldsymbol{r}_{AC}$和$\boldsymbol{r}_{BC}$，质点A在参考系B中的位矢用$\boldsymbol{r}_{AB}$表示，即由B指向A的矢量，称为A对B的相对位矢。由矢量三角形法则，有

$$\boldsymbol{r}_{AC}=\boldsymbol{r}_{AB}+\boldsymbol{r}_{BC} \tag{1-4-5}$$

即

$$\boldsymbol{r}_{AB}=\boldsymbol{r}_{AC}-\boldsymbol{r}_{BC}$$

由于C为一任意参考系，上式通常简写为

$$\boldsymbol{r}_{AB}=\boldsymbol{r}_{A}-\boldsymbol{r}_{B} \tag{1-4-6}$$

$\boldsymbol{r}_A$、$\boldsymbol{r}_B$为质点A、B在同一参考系中的位矢，式(1-4-6)表明：A对B的位矢等于A的位矢减去B的位矢。

将式(1-4-5)两边对时间求导，可得

$$\boldsymbol{v}_{AC}=\boldsymbol{v}_{AB}+\boldsymbol{v}_{BC} \tag{1-4-7}$$

即

$$\boldsymbol{v}_{AB}=\boldsymbol{v}_{AC}-\boldsymbol{v}_{BC}$$

通常简单表述为

$$\boldsymbol{v}_{AB}=\boldsymbol{v}_{A}-\boldsymbol{v}_{B} \tag{1-4-8}$$

即质点A对质点B的相对速度等于A的速度减去B的速度。

例1-10 飞机罗盘显示飞机机头以速度215 km/h向正东飞

行，风速为 65 km/h，风速方向为正北。求：(1) 飞机相对地面的速度；(2) 飞机欲向正东飞行，机头应指向什么方位？

解：如图 1-4-3 所示，以正东方为 x 轴正方向，正北方为 y 轴正方向建立坐标系。

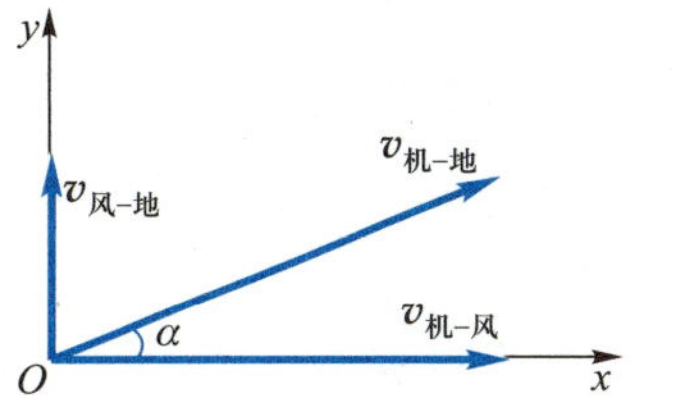

图 1-4-3 例 1-10 题图 1

(1) 飞机相对地面的速度

按题意，飞机相对于风的速度为

$$\boldsymbol{v}_{机-风}=215\boldsymbol{i}\ \text{km/h}$$

风相对于地面的速度为

$$\boldsymbol{v}_{风-地}=65\boldsymbol{j}\ \text{km/h}$$

由相对速度关系，得飞机相对地面的速度为

$$\boldsymbol{v}_{机-地}=\boldsymbol{v}_{机-风}+\boldsymbol{v}_{风-地}=(215\boldsymbol{i}+65\boldsymbol{j})\ \text{km/h}$$

其速度的大小和方向分别为

$$v=\sqrt{215^2+65^2}\ \text{km/h}=225\ \text{km/h},\quad \alpha=\arctan\frac{65}{215}=16.8°$$

(2) 飞机欲向正东飞行，机头应指向什么方位

飞机欲向正东飞行，即要求飞机对地的速度方向指向正东。风对地的速度大小和方向保持不变，同时飞机相对于风的速度大小也保持不变，因此需要调整飞机相对于风的速度方向。设飞机速度方向与 x 轴正向夹角为 θ，如图 1-4-4(a) 所示，按

$$\boldsymbol{v}'_{机-地}=\boldsymbol{v}'_{机-风}+\boldsymbol{v}'_{风-地}$$

其中

$$\boldsymbol{v}'_{机-风}=(215\cos\theta\boldsymbol{i}+215\sin\theta\boldsymbol{j})\ \text{km/h},\quad \boldsymbol{v}_{风-地}=65\boldsymbol{j}\ \text{km/h}$$

所以，

$$\begin{aligned}\boldsymbol{v}'_{机-地}&=\boldsymbol{v}'_{机-风}+\boldsymbol{v}'_{风-地}\\&=[(215\cos\theta)\boldsymbol{i}+(215\sin\theta+65)\boldsymbol{j}]\ \text{km/h}\end{aligned}$$

因为沿 y 轴正方向的合速度为 0，于是，

$$v'_{机-地y}=215\sin\theta+65=0$$

$$\theta=-\arcsin\frac{65}{215}=-17.6°$$

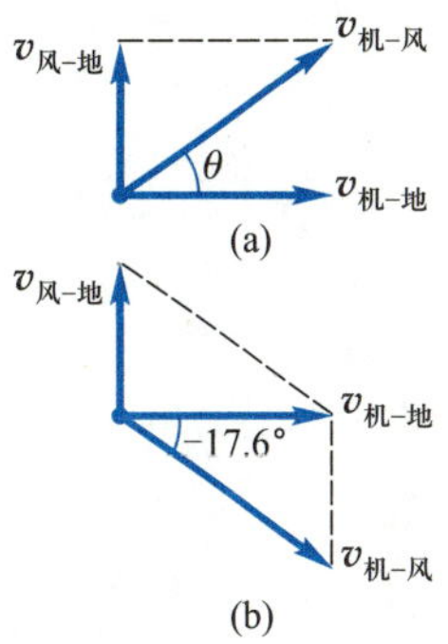

图 1-4-4 例 1-10 题图 2

因此，飞机相对于风的速度的实际方向如图 1-4-4(b) 所示。

例 1-11 某人骑摩托车向东前进，其速率为 10 m/s 时觉得有南风，当其速率为 15 m/s 时，又觉得有东南风，试求风的速度。

解：取风为研究对象，骑车人和地面作为两个相对运动的参考系。

按题意并根据 $\boldsymbol{v}_{风-地}=\boldsymbol{v}_{风-车}+\boldsymbol{v}_{车-地}$，作出速度关系图，如图 1-4-5所示。由图 1-4-5(a) 可知

$$v_{风-地x}=v_{车-地}=10\ \text{m/s}$$

由图 1-4-5(b) 可知

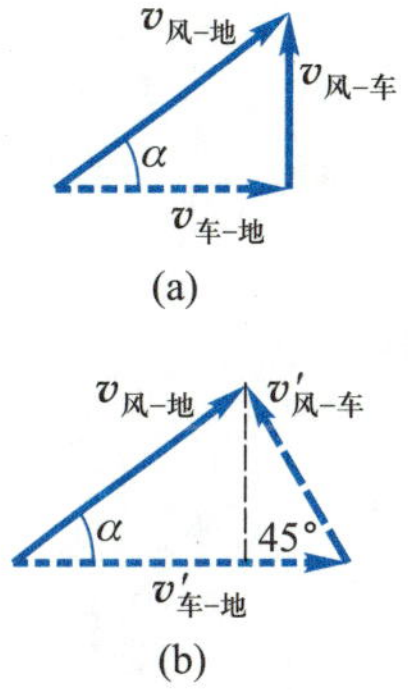

图 1-4-5 例 1-11 题图

$$v_{风-地y} = (v'_{车-地} - v_{车-地}) \cdot \tan 45° = 5\ \text{m/s}$$

风速的大小为

$$v_{风} = \sqrt{10^2+5^2}\ \text{m/s} = 11.2\ \text{m/s}$$

方向为

$$\alpha = \arctan\frac{5}{10} = 26°34'$$

即东偏北 26°34′。

内容概要

一、描述质点运动的四个物理量

位矢 $\boldsymbol{r}$，位移 $\Delta\boldsymbol{r}=\boldsymbol{r}_2-\boldsymbol{r}_1$，速度 $\boldsymbol{v}=\dfrac{\mathrm{d}\boldsymbol{r}}{\mathrm{d}t}$，加速度 $\boldsymbol{a}=\dfrac{\mathrm{d}\boldsymbol{v}}{\mathrm{d}t}=\dfrac{\mathrm{d}^2\boldsymbol{r}}{\mathrm{d}t^2}$

1. 在直角坐标系中

位矢 $\boldsymbol{r}=x\boldsymbol{i}+y\boldsymbol{j}+z\boldsymbol{k}$，大小 $|\boldsymbol{r}|=\sqrt{x^2+y^2+z^2}$；方向余弦

$$\cos\alpha = x/|\boldsymbol{r}|$$

$$\cos\beta = y/|\boldsymbol{r}|$$

$$\cos\gamma = z/|\boldsymbol{r}|$$

运动方程 $\boldsymbol{r}=\boldsymbol{r}(t)=x(t)\boldsymbol{i}+y(t)\boldsymbol{j}+z(t)\boldsymbol{k}$

运动方程的分量形式 $x=x(t)$，$y=y(t)$，$z=z(t)$

位移 $\Delta\boldsymbol{r}=\boldsymbol{r}_2-\boldsymbol{r}_1=\Delta x\boldsymbol{i}+\Delta y\boldsymbol{j}+\Delta z\boldsymbol{k}$

速度 $\boldsymbol{v}=\dfrac{\mathrm{d}x}{\mathrm{d}t}\boldsymbol{i}+\dfrac{\mathrm{d}y}{\mathrm{d}t}\boldsymbol{j}+\dfrac{\mathrm{d}z}{\mathrm{d}t}\boldsymbol{k}=v_x\boldsymbol{i}+v_y\boldsymbol{j}+v_z\boldsymbol{k}$

位移公式 $\boldsymbol{r}-\boldsymbol{r}_0=\displaystyle\int_0^t \boldsymbol{v}(t)\,\mathrm{d}t$

加速度
$$\boldsymbol{a}=\frac{\mathrm{d}v_x}{\mathrm{d}t}\boldsymbol{i}+\frac{\mathrm{d}v_y}{\mathrm{d}t}\boldsymbol{j}+\frac{\mathrm{d}v_z}{\mathrm{d}t}\boldsymbol{k}=\frac{\mathrm{d}^2x}{\mathrm{d}t^2}\boldsymbol{i}+\frac{\mathrm{d}^2y}{\mathrm{d}t^2}\boldsymbol{j}+\frac{\mathrm{d}^2z}{\mathrm{d}t^2}\boldsymbol{k}=a_x\boldsymbol{i}+a_y\boldsymbol{j}+a_z\boldsymbol{k}$$

速度公式 $\boldsymbol{v}-\boldsymbol{v}_0=\displaystyle\int_0^t \boldsymbol{a}(t)\,\mathrm{d}t$

2. 在自然坐标系中

位矢 $\boldsymbol{r}=\boldsymbol{r}(s)$

运动方程 $s=s(t)$

位移 $\mathrm{d}\boldsymbol{r}=\mathrm{d}s\boldsymbol{e}_t$

速度 $\boldsymbol{v}=\dfrac{\mathrm{d}\boldsymbol{r}}{\mathrm{d}t}=\dfrac{\mathrm{d}s}{\mathrm{d}t}\boldsymbol{e}_t=v\boldsymbol{e}_t$

加速度 $\boldsymbol{a}=\dfrac{\mathrm{d}\boldsymbol{v}}{\mathrm{d}t}=\dfrac{\mathrm{d}v}{\mathrm{d}t}\boldsymbol{e}_t+\dfrac{v^2}{\rho}\boldsymbol{e}_n=a_t\boldsymbol{e}_t+a_n\boldsymbol{e}_n$，$a^2=a_t^2+a_n^2$

二、运动学中的两类问题

1. 已知质点的运动方程求质点的速度和加速度。这类问题常常称为运动学中的第一类问题，解决这一问题的方法是求导。

2. 已知质点的加速度及其初始条件，求质点的速度和运动方程，这类问题常常称为运动学中的第二类问题，解决这一问题的方法是积分。

三、圆周运动的两种描述

1. 线量描述（与自然坐标相同）

2. 角量描述

角位置（角量运动方程）　$\theta=\theta(t)$

角速度　$\omega=\dfrac{\mathrm{d}\theta}{\mathrm{d}t}$

角位移公式　$\theta-\theta_0=\int_0^t\omega\mathrm{d}t$

角加速度　$\alpha=\dfrac{\mathrm{d}\omega}{\mathrm{d}t}=\dfrac{\mathrm{d}^2\theta}{\mathrm{d}t^2}$

角速度公式　$\omega-\omega_0=\int_0^t\alpha\mathrm{d}t$

3. 角量与线量的关系

路程和角位移的关系　$\mathrm{d}s=R\mathrm{d}\theta$

速率和角速度的关系　$v=\dfrac{\mathrm{d}s}{\mathrm{d}t}=R\omega$

切向加速度　$a_{\mathrm{t}}=\dfrac{\mathrm{d}v}{\mathrm{d}t}=R\alpha$

法向加速度　$a_{\mathrm{n}}=\dfrac{v^2}{R}=R\omega^2$

4. 角速度矢量　$\boldsymbol{v}=\boldsymbol{\omega}\times\boldsymbol{r}$

四、相对运动

1. 不同参考系下的描述关系（S′系相对于 S 系以速度 $\boldsymbol{u}$ 沿着 x 轴平动）

位置关系　$\boldsymbol{r}=\boldsymbol{r}'+\boldsymbol{r}_0$

位移关系　$\Delta\boldsymbol{r}=\Delta\boldsymbol{r}'+\Delta\boldsymbol{r}_0$

速度关系　$\boldsymbol{v}=\boldsymbol{v}'+\boldsymbol{u}$

加速度关系　$\boldsymbol{a}=\boldsymbol{a}'+\boldsymbol{a}_0$

其中 $\boldsymbol{r}_0$ 是 S′的坐标原点 O' 在 S 系中的位置矢量。

2. 对同一参考系内，不同质点间的相对运动

位移关系　$\Delta\boldsymbol{r}_{AC}=\Delta\boldsymbol{r}_{AB}+\Delta\boldsymbol{r}_{BC}$

速度关系　$\boldsymbol{v}_{AC}=\boldsymbol{v}_{AB}+\boldsymbol{v}_{BC}\Rightarrow\boldsymbol{v}_{AB}=\boldsymbol{v}_A-\boldsymbol{v}_B$

阅读材料1 时间和空间的尺度

要描述物体的运动，必须要用到时间和空间这两个概念。一方面时间和空间可以说是最平凡的概念，在日常生活中也常常用到；而另一方面，如果要从物理学的角度去严格定义这两个物理量，却又是一件相当困难的事情。尽管有不少人曾经尝试过给出关于时间和空间的定义，但大都不能令人感到满意。一种或许可以接受的说法是：时间和空间是物理事件之间的一种次序，时间用以表述事件的顺序，而空间则用以表述事件相互之间的位形。

难以从理论上"严格"定义时间和空间，并不妨碍我们在物理学中对二者的使用。因为物理学是一门基于实验的学科，考察一个物理学概念的时候，首先应当注重的是它是否与实验之间存在着明确的对应关系。所以对于时间和空间这两个基本概念来说，首要的问题还不是去追求它们"纯粹"的定义，而是了解在实际问题中是如何对它们进行量度的。

一、时间的量度

很多人都把伽利略(Galileo Galilei，1564—1642)在距今约400年前所做的工作看作是物理学的开端，并称其为第一个物理学家。在伽利略之前，研究运动是哲学上的事情，主要依靠观察和臆想。伽利略采取怀疑的态度，通过实验来研究运动：他让小球从斜面上滚下，而后观察其运动，测量并记录小球在多长的时间段内跑了多远的距离。

在伽利略之前很久，人们已经很好地掌握了测量距离的方法，然而对于时间的测量，特别是相对较短的时间的测量，还没有精确的方法。伽利略在做实验的时候，是通过数自己的脉搏来确定大致相等的时间间隔的。测量时间的一种方法，便是利用某种似乎是以规则的方式一再发生的事情作为参照，也就是所谓的"周期性事件"。例如，一昼夜是地球自转一周所耗费的时间——昼夜看起来的确是反复出现，并且大致一样长短的。我们可以通过对比昼夜与其他的周期性现象，例如沙漏所产生的周期来近似确定这一点。并且，我们还可以通过调整沙漏或其他周期性装置的周期长短来实现把昼夜以相等的长度划分成若干份。例如，划分成24份的话，我们就得到了"小时"这个单位。1583年，伽利略观察到了小角度单摆的等周期特性，断定只要一个摆的摆动幅度始终很小，它就总是以相等的时间间隔来回摆动。这样我们就可以利用周期很小的摆把时间单位进一步细化，例如设计一个1小时内摆动3 600次的摆，就可以定出1秒钟的时间。应用同样的原理还可以把秒分割成更小的时间间隔——可以想象这种方法存在的局限性，因为制造一个摆动得任意快的机械摆显然是不现实的。然而今天我们已经能够制造一种称为振荡器的“电学摆”，可以提供周期很短的“摆动”，足以让我们定出 10^{-12} 秒量级的短时间。

确定更短的时间，可以使用另外一种测量技术，这里需要利用**时间的运动学定义**。例如，π^0 介子在感光乳剂中以接近光速的速度运动。在其发生蜕变之前，大约会走过 10^{-7} 米的距离，由此我们可以推算出它的寿命大约在 10^{-16} 秒量级。需要注意的是，这里我们所使用的时间的定义，与前面利用周期性事件给出的定义其实是不同的。然而只要这两种定义在我们的理解方面不会产生矛盾和不协调，我们就应该有充分的信心认为它们是足够等效的。

利用更新的技术，我们可以确定更短的物理事件所持续的时间。例如奇异共振态粒子的寿命，只有 10^{-24} 秒的时间。目前物理学中涉及的最短的时间是 10^{-48} 秒，称为普朗克时间。普朗克时间被认为是最小的时间，在比普朗克时间还要小的时间范围内，目前人类所理解的时间的概念，可能就不再适用了。

另一方面，测量较长的时间相对比较容易，只需要让周期性事件反复发生，然后数出所经过的周期数即可。例如，一年大约是 365 天，就是地球的自转周期重复了约 365 次所经过的时间间隔；再如树木的年轮显示了树木所经历过的季节周期数（即年数）。然而当要测量的时间间隔长到很难用数周期的办法来计算的时候，就需要转而寻求其他的测量方法，或者寻找新的时间周期（时钟）作为基准。例如，放射性材料发生衰变的时候，通常会在一个固定的时间周期里减少到原来的一半，称为“半衰期”，例如碳 14 的半衰期大约是 5 000 年，而铀 238 的半衰期则长达 10^9 年。在某些情况下，我们可以利用放射性元素的半衰期作为“时钟”，测量矿石中残留的放射性物质的含量，就可以定出“地质年份”这样长的时间间隔。利用这种方法，人类推测地球的年龄约为 55 亿年，而我们身处的这部分宇宙，大约起源于 100～120 亿年前，比这更早的时间是否有意义，暂时还是未知的。目前物理学中涉及的最长时间的尺度约为 10^{38} 秒，它是质子寿命的下限。

图 1 给出了物质世界的各种时间尺度。

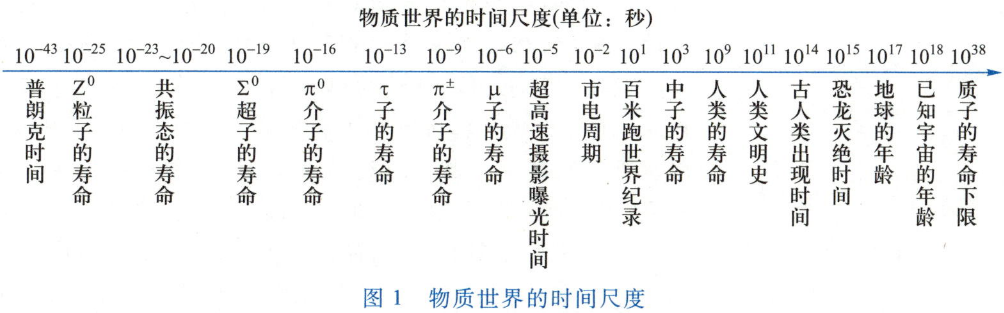

图 1　物质世界的时间尺度

前面我们已经说过，时间的标度是首先通过某种周期性现象确定一个基准单位（称为“标准钟”），然后将基准单位分割成若干个等份，或令其重复一定的次数，来确定更小或者更大的时间单位的。而标准钟的选择，对于时间的计量精度将会有很大的影响。例如用人类的脉搏作为标准钟，由于脉搏的跳动速度并不完全均一，当测量的时间较长时，将会带来较大的测量误差。在人类历史上，很长一段时间里，利用地球自转周期作为标准钟，其效果要明显好于其他基准。直到晚近时期，人类才开始使用比地球自转更为稳定的振荡器作为新的标准钟，例如原子钟利用原子的振动周期作为时间基准，可以使时间的测量精度达到 10^{-9} 秒甚至更高。1967 年 10 月，第十三届国际计量大会上通过了新的标准钟，它对 1 秒的时间规定如下：秒是铯-133 原子基态的两个超精细能级之间跃迁所对应的辐射的 9 192 631 770 个周期的持续时间。

※ 芝诺佯谬：时标选择的重要性

芝诺佯谬（也称为“芝诺悖论”）是古希腊数学家芝诺提出的一系列悖论中，流传至今的最著名的几个悖论之一。芝诺（Zeno of Elea）生于意大利半岛南部的埃利亚城邦，是埃利亚学派的著名哲学家巴门尼德（Parmenides）的学生和朋友。据说他在母邦度过了一生，仅在成名之后到过雅典。芝诺的生平事迹已经大多不可考，著作也早已失传，现在人们仅仅只能通过亚里士多德的《物理学》一书和辛普里西奥斯为该书所作的注解，以及极少量零散的文献来了解芝诺悖论。芝诺所提出的悖论里涉及对无穷的思考，其功绩在于把动和静的关系、无限和有限的关系、连续和离散的关系以醒目的方式提了出来，并进行了辨证的考察。在哲学上，芝诺被亚里士多德誉为辩证法的发明人，黑格尔在他的《哲学史演录》中指出：“芝诺主要是客观的、辨证的考察了运动”，并称芝诺为“辩证法的创始人”。

芝诺佯谬提出了这样一个论证：希腊神话中跑得最快的英雄阿基里斯（也译为阿喀琉斯）永远也追不上跑得最慢的东西，例如一只龟，只要最开始的时候他让龟领先一段距离。其论证过程如下：因为一开始龟领先阿基里斯一段距离，当阿基里斯跑到龟的出发点的时候，龟也已经往前行进了一小段距离；当阿基里斯跑过这一小段距离到达龟刚才待过的位置的时候，龟又已经往前行进了一段距离（虽然这段距离比刚才的距离更短）。如此周而复始，每当阿基里斯跑到龟之前停留过的位置时，龟都已经到达了更前方的一点，因此阿基里斯永远也追不上龟。

以今天的观点来看，芝诺佯谬之所以“佯”是因为它混用了两种不同的时标，偷换了“永远”的概念。如图 2 所示，假设阿基里斯和龟跑动的速率分别是 v_1 和 v_2，初始时龟领先 L 的距离。那么阿基里斯跑到龟的出发点需要 L/v_1 的时间，此时龟已经前进了 Lv_2/v_1 的距离；阿基里斯再跑过这段距离，所需的时间为 Lv_2/v_1^2。以此类推，阿基里斯每次跑到龟的上一个停留点所需要的时间分别是：

$$\frac{L}{v_1},\quad \frac{Lv_2}{v_1^2},\quad \frac{Lv_2^2}{v_1^3},\quad \frac{Lv_2^3}{v_1^4},\quad \cdots$$

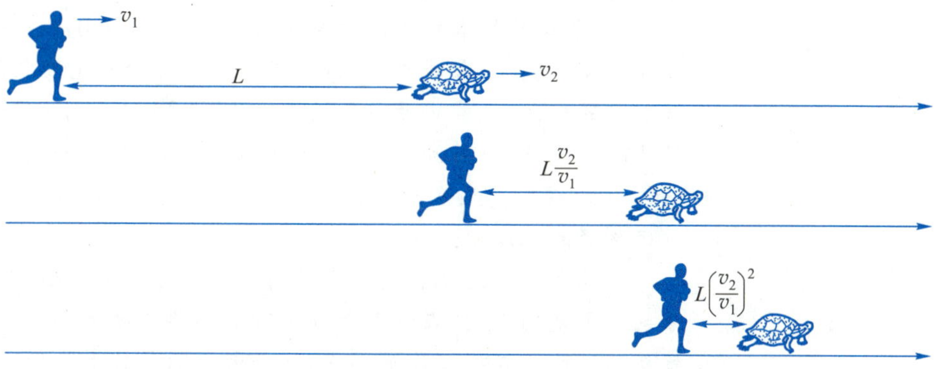

图2 芝诺佯谬

这是一个无穷级数，项数无穷多，但各项的总和却是有限的——无穷多项加起来的总和恰为 $L/(v_1-v_2)$，这正是我们所知道的阿基里斯追上龟需要的时间。按照我们上文的说法，任何一种具有重复性的过程，都可以当作计时的“钟”来使用。芝诺佯谬中，正是把阿基里斯每次到达龟的上一个停留点当作周期性事件来计时的，所对应的钟称为“芝诺钟”。而我们日常所使用的钟（例如以人体脉搏或地球自转为周期），称为“日常钟”或“标准钟”。芝诺钟的一个周期，对应到标准钟上，是一个以等比例不断缩短的时间周期。芝诺把芝诺钟的时间趋向于无穷理解为“永远”，认为这以后就没有时间了；但是在标准钟的观点来看，芝诺钟的“永远”只不过覆盖了标准钟的一个有限的时段而已，这之后还有时间存在，但是用芝诺钟却已经无法度量它们了。所以芝诺佯谬，其实来源于芝诺钟的局限性，即芝诺钟无法度量阿基里斯追上龟以后的时间。

芝诺佯谬给我们的启示是，时标的选择对于时间的计量是至关重要的，当一种时间度量达到无限，从其他度量的角度来看，可能还只是有限的。这启发我们思考一个更深的问题，即我们所谓的标准钟，是否也具有芝诺钟那样的局限性？当标准钟指向永远的时候，是否仍有时间存在？是否存在标准钟无法度量的时间？

诸如此类的疑问，都是现代物理学感兴趣的前沿课题。

二、空间的量度

长度是空间的基本性质，空间度量的基本内容就是测量长度。现实生活中，人类选择了与自身的身体长度相适应的“米”作为长度的基本单位。1889 年第一届国际计量大会通过了用铂铱合金制作的“国际米原器”作为长度基准单位的决议。把标准米尺分割成若干等份，或者用它重复测量多次，就可以定出比一米更小或者更大的长度。近来，为了克服合金制作的米原器难以保存的问题，一米长度的标准已经通过光来加以定义。1960 年第十一届国际计量大会规定：米等于氪-86 原子的 $2p_{10}$ 和 $5d_5$ 能级之间跃迁所辐射出的光，在真空中的波长的 1 650 763 73 倍。而 1983 年 10 月召开的第十七届国际计量大会则通过了新的米的标准以代替 1960 年的规定，即：米是光在真空中(1/299 792 458)s 时间间隔内所经路径的长度。

但是我们不能把长度的测量简单化为总是使用标准米尺进行分割或重复的测量，在特别大或者特别小的尺度上，我们都需要寻找新的方法。在小尺度范围内，把一米分割成若干等份，这一任务随着份数的增多变得越来越困难。特别是，到了比微米(一米的百万分之一)还小的量级上，进一步分割已经几乎不可能进行，因为要分割的尺度已经小于可见光的波长(约 0.4~0.8 微米)，我们已经“看不见”它了。

所以在微观世界里(通常物理学把原子尺度的客体称为微观系统)，我们需要更小的，更精密的“尺子”去测量长度。我们不再局限于可见光，而应考虑使用比可见光波长更短的电磁辐射或者微观粒子作为尺子去进行测量。这里面用到的技术包括晶格衍射，这是光学上的一种现象：我们先利用某种分子间隔已知的晶格样品对某种波长很短的电磁辐射如 X 射线进行衍射，根据衍射图样可以推算出 X 射线的波长(相当于利用衍射效应把波长这一要素放大地展示出来)。然后用 X 射线去照射未知的晶格样品，根据第二次衍射的图样，就可以计算晶格样品中的分子间隔。我们还可以使用高速运动的微观粒子去轰击某种材料制成的薄板，通常这些微观粒子可以近乎无阻碍地通过原子周围的电子云区域，但是当粒子碰上原子核的时候，就会被阻挡或者偏转。我们只需要测量被阻挡或者被偏转的粒子的比例，就可以得到原子核的投影在整块材料的截面上所占的比例，从而可以推算原子核的直径。我们测出原子的尺度一般在 10^{-10} 米这个数量级上，而原子核的直径一般在 10^{-15} 米量级。10^{-15} 米这个单位被称为“费米”，以纪念著名的物理学家恩里科 · 费米

(Fermi E,1901—1954)。

另一方面,大尺度范围内的长度测量,通常也难以使用标准米尺来进行。因此天文学上定义了诸如“光年”和“秒差距”这样大的单位来衡量星系尺度上的长度。光年是光在一个“儒略年”(Julian year,即 365.25 天)里所走过的路程长度,约为 10^{16} 米量级。而要理解“秒差距”,则必须先了解天文学上测量距离的一种重要方法——三角视差法。三角视差法的原理如图 3 所示,它是在两个不同的观测点观察同一对象,利用不同观测点相对观察对象的视线的角度差,结合两个观测点之间的直线(称为基准线)距离,利用几何学关系即可推算出每个观测点到观测对象的距离(即图中三角形左右两边的边长)。利用这种方法,我们可以测量诸如山体的高度、人造卫星的高度等长距离,甚至可以测量地球到月球的距离。然而要在天文学上测量地球到某恒星的距离,地面上的基准线就显得太短了,我们需要更长的基准线。例如我们可以使用地球公转轨道的半长轴(约等于地球到太阳的最远距离)作为基准线,通过地球的两个远日点观察到的同一恒星的视角差,即可推算地球到该恒星的距离。天文学上规定,以地球公转轨道的半长轴作为基准线(其长度称为一个 AU,即“天文单位”,约为 1.5×10^{11} 米),当相对某恒星产生的视角差恰为一秒角度的时候,地球到该恒星的距离即为一个“秒差距”(1 pc)。可以算得,一秒差距约为 3×10^{16} 米。

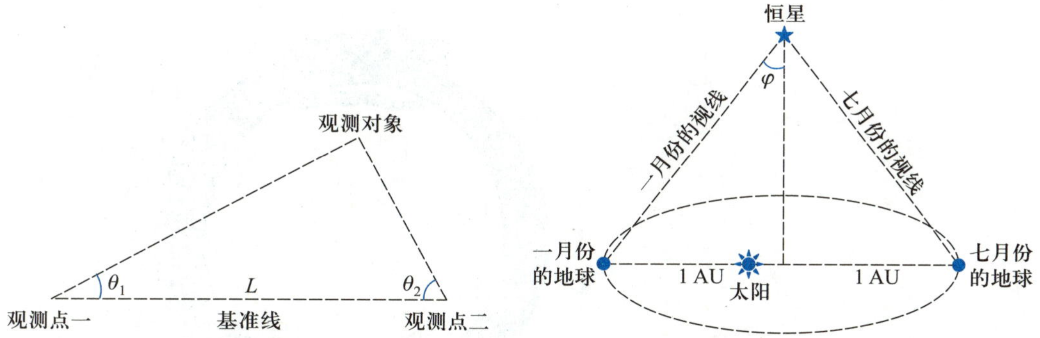

(a) 三角视差法的测距原理

(b) 利用地球公转轨道的半长轴作为基准线测量到恒星的距离

图 3　三角视差法的原理

我们所在的太阳系,直径约为 10^{13} 米;太阳系只是银河系中很小的一部分,银河系的直径达到了 10^{21} 米量级;距离银河系最近的星系是小麦哲伦星云,到我们的距离也是 10^{21} 米量级。此外还有更大的天体系统,如星系团和超星系团,尺度可达 $10^{22}\sim10^{24}$ 米量级。目前人类能够观测的极限是哈勃半径,约为 10^{26} 米。图 4 给出了不同物理对象的空间尺度。

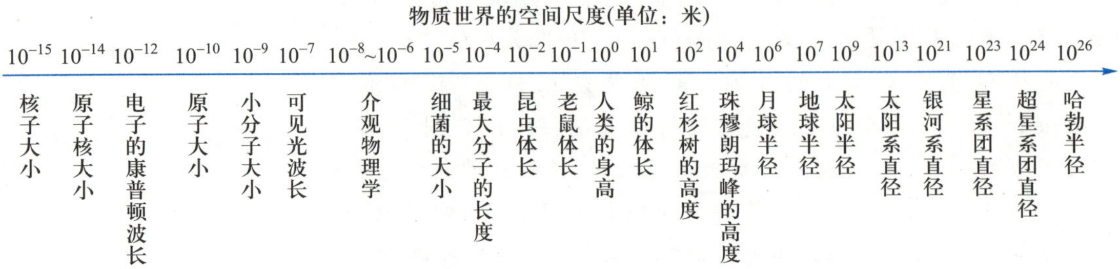

图 4 物质世界的空间尺度

※ **蛇吞尾图:极小与极大的交接**

上文中我们分别讨论了微观、宏观乃至宇观世界中,如何选用不同的方法和基准(即“尺子”)来度量长度。但读者不应该留下这样的印象:认为所探测的尺度越小,所用的仪器就越小。事实上刚好相反,为了探索微观世界的精细结构,人类建立起了越来越庞大的加速器。当代最大的加速器占地已经超过几十千米,规模堪比地铁隧道。大规模加速器使人类获得能量足够高的粒子去打破微观世界,窥探其中的秘密——而微观粒子的基本性质同时又是人类了解宇宙起源,揭开宇宙奥秘所必备的钥匙。于是在物理世界中,研究极小的粒子物理学与研究极大的宇宙学巧妙的交接在了一起。有人画出了图 5 所示的这幅“蛇吞尾”图来形象地描绘物质世界的空间尺度,以及极小与极大的巧妙交接。

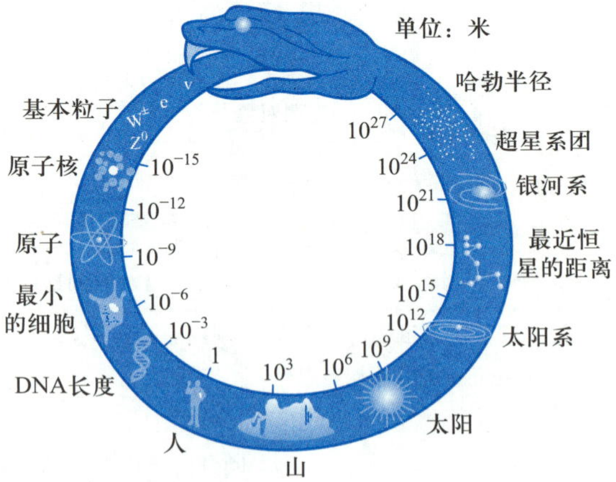

图 5 “蛇吞尾”图

参考文献

[1] 赵凯华,罗蔚茵.新概念物理教程:力学[M].北京:高等教育出版社,1995.

[2] 费曼等.费恩曼物理学讲义:第一卷[M].上海:上海科学技术出版社,2005.

[3] 郑永令,贾起民,方小敏.力学[M].北京:高等教育出版社,2002.

[4] 杨维纮.力学[M].合肥:中国科学技术大学出版社,2002.

思考题

1-1. 质点作曲线运动,在时刻 t 质点的位矢为 $\boldsymbol{r}$,速度为 $\boldsymbol{v}$,速率为 v,t 到 $t+\Delta t$ 时间内的位移为 $\Delta\boldsymbol{r}$,路程为 Δs,位矢大小的变化量为 Δr(或称为 $\Delta|\boldsymbol{r}|$),平均速度为 $\overline{\boldsymbol{v}}$,平均速率为 $\overline{v}$。

(1) 根据上述情况则必有(　　)

A. $|\Delta\boldsymbol{r}|=\Delta s=\Delta r$

B. $|\Delta\boldsymbol{r}|\neq\Delta s\neq\Delta r$,当 $\Delta t\to0$ 时,有 $|\mathrm{d}\boldsymbol{r}|=\mathrm{d}s=\mathrm{d}r$

C. $|\Delta\boldsymbol{r}|\neq\Delta s\neq\Delta r$,当 $\Delta t\to0$ 时,有 $|\mathrm{d}\boldsymbol{r}|=\mathrm{d}s\neq\mathrm{d}r$

D. $|\Delta\boldsymbol{r}|\neq\Delta s\neq\Delta r$,当 $\Delta t\to0$ 时,有 $|\mathrm{d}\boldsymbol{r}|\neq\mathrm{d}s=\mathrm{d}r$

(2) 根据上述情况则必有(　　)

A. $|\boldsymbol{v}|=v,\ |\overline{\boldsymbol{v}}|=\overline{v}$　　B. $|\boldsymbol{v}|\neq v,\ |\overline{\boldsymbol{v}}|=\overline{\boldsymbol{v}}$

C. $|\boldsymbol{v}|=v,\ |\overline{\boldsymbol{v}}|\neq\overline{v}$　　D. $|\boldsymbol{v}|\neq v,\ |\overline{\boldsymbol{v}}|\neq\overline{v}$

1-2. 一个质点作圆周运动时,有(　　)

A. 切向加速度一定改变,法向加速度也改变

B. 切向加速度可能不变,法向加速度一定改变

C. 切向加速度可能不变,法向加速度不变

D. 切向加速度一定改变,法向加速度不变

1-3. 已知质点沿半径为 $R=1$ m 的圆作圆周运动,其角位置 $\theta=2t+4t^2$(SI 单位),则在 $t=2$ s 时,它的速度的大小为(　　)

A. 20 m/s　　B. 18 m/s　　C. 9 m/s　　D. 12 m/s

1-4. 质点的 $x-t$ 关系如图所示,图中 a,b,c 三条线表示三个速度不同的运动。问它们属于什么类型的运动?哪一个速度大?哪一个速度小?

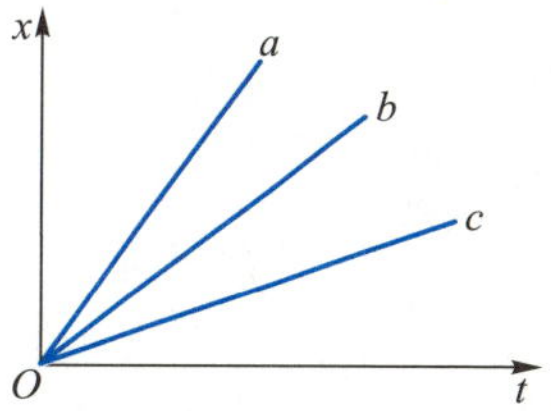

思考题 1-4 图

1-5. 若质点限于在平面上运动,试指出符合下列条件的各应是什么样的运动?

(1) $\dfrac{\mathrm{d}r}{\mathrm{d}t}=0,\dfrac{\mathrm{d}\boldsymbol{r}}{\mathrm{d}t}\neq\boldsymbol{0}$;(2) $\dfrac{\mathrm{d}v}{\mathrm{d}t}=0,\dfrac{\mathrm{d}\boldsymbol{v}}{\mathrm{d}t}\neq\boldsymbol{0}$。

1-6. 一质点作斜抛运动,

(1) 若抛出时为计时起点,落地时为时刻 t_1。说明下面三个积分的意义:

$$\int_0^{t_1}v_x\mathrm{d}t,\quad \int_0^{t_1}v_y\mathrm{d}t,\quad \int_0^{t_1}v\mathrm{d}t$$

(2) 分别用 A 和 B 代表抛出点和落地点的位置,说明下面三

个积分的意义：

$$\int_A^B \mathrm{d}\boldsymbol{r},\quad \int_A^B |\mathrm{d}\boldsymbol{r}|,\quad \int_A^B \mathrm{d}r$$

1-7. 当一列火车以 10 m/s 的速率水平向东行驶时，相对于地面匀速竖直下落的雨滴，在列车的窗子上形成的雨迹与竖直方向成 30°角。则雨滴相对于地面的速率为(　　)

A. 5 m/s　　B. 10 m/s　　C. 17.3 m/s　　D. 20 m/s

习题

1-1. 一质点沿 x 轴作直线运动，其运动方程为 $x=2+6t^2-2t^3$ (SI 单位)。求：(1) 质点开始运动后 4 s 内位移的大小；(2) 质点在该时间内通过的路程；(3) $t=4$ s 时的速度和加速度。

1-2. 已知质点的运动方程为 $\boldsymbol{r}=2t\boldsymbol{i}+(2-t^2)\boldsymbol{j}$ (SI 单位)。求：(1) 质点的运动轨道方程；(2) $t=0$ 及 $t=2$ s 时质点的位矢；(3) 由 $t=0$ 到 $t=2$ s 内质点的位移和径向增量 Δr；(4) 2 s 内质点所走过的路程。

1-3. 已知质点位矢随时间变化的函数形式为 $\boldsymbol{r}=4t^2\boldsymbol{i}+(3+2t)\boldsymbol{j}$ (SI 单位)。求：(1) 质点的轨迹；(2) 从 $t=0$ 到 $t=1$ s 的位移；(3) $t=0$ 和 $t=1$ s 两时刻的速度。

1-4. 已知质点位矢随时间变化的函数形式为 $\boldsymbol{r}=t^2\boldsymbol{i}+2t\boldsymbol{j}$ (SI 单位)。求：(1) 任一时刻的速度和加速度；(2) 任一时刻的切向加速度和法向加速度。

1-5. 已知一质点作直线运动，其加速度为 $a=4+3t$ (SI 单位)。开始运动时，$x=5$ m，$v=0$，求该质点在 $t=10$ s 时的速度和位置。

1-6. 跳水运动员自 10 m 跳台自由下落，入水后因受水的阻碍而减速，设加速度 $a=-kv^2$，$k=0.4\ \mathrm{m^{-1}}$。求运动员速度减为入水速度的 10%时的入水深度。

1-7. 质点沿 x 轴运动，其加速度和位置的关系为 $a=-6x$ (SI 单位)。质点在 $x=0$ 处，速度为 $10\ \mathrm{m\cdot s^{-1}}$，试求质点在任何坐标处的速度值。

1-8. 如图所示，以初速度 $v_0=20\ \mathrm{m\cdot s^{-1}}$ 抛出一小球，抛出方向与水平面成 60°的夹角，求：(1) 球轨道最高点的曲率半径 R_1；(2) 落地处的曲率半径 R_2。

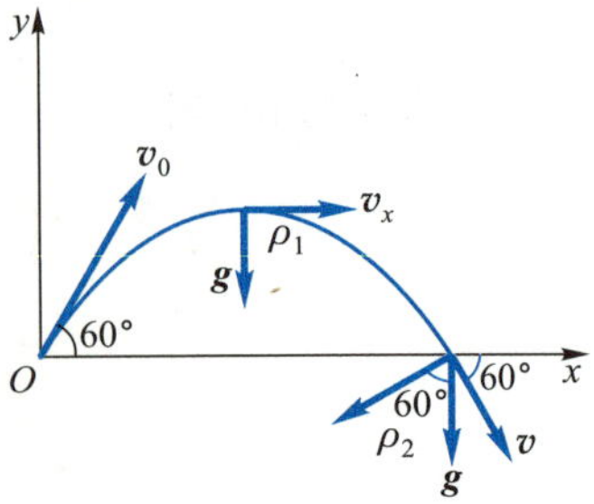

习题 1-8 图

1-9. 质点沿半径为 R 的圆周按 $s=v_0t-\dfrac{1}{2}bt^2$ 的规律运动，式中 s 为质点离圆周上某点的弧长，v_0，b 都是常量，求：(1) t 时刻质点的加速度；(2) t 为何值时，加速度在数值上等于 b。

1-10. 一半径为 0.5 m 的飞轮在启动的短时间内，其角速度与时间的平方成正比。在 $t=2$ s 时测得轮缘一点的速度值为 4.0 m/s。求：(1) 该轮在 $t=0.5$ s 时的角速度，轮缘一点的切向加速度和总加速度；(2) $t=2$ s 时飞轮所转过的角度。

1-11. 一船以速率 $v_1=30\ \mathrm{km\cdot h^{-1}}$ 沿直线向东行驶，另一小艇在其前方以速率 $v_2=40\ \mathrm{km\cdot h^{-1}}$ 沿直线向北行驶，问在船上看小艇的速度为何？在艇上看船的速度又为何？

1-12. 当一轮船在雨中航行时，它的雨篷遮着篷的垂直投影后 2 m 的甲板上，篷高 4 m。但当轮船停航时，甲板上干湿两部分的分界线却在篷前 3 m，如雨滴的速度大小为 $8\ \mathrm{m\cdot s^{-1}}$，求轮船的速率。

第 2 章

动力学基本规律

运动学的任务是研究如何描述质点的运动,并未涉及出现这些运动状态的原因以及引起这些状态变化的规律。运动是物质的固有属性,物质如何运动,既与自身的内在因素有关,又取决于物质间的相互作用。在力学中将物体间的相互作用称为力。研究物体在力的作用下的运动规律称为动力学。

针对动力学问题,本章从三个层面讨论力与物体运动状态变化之间的关系。首先从牛顿定律出发讨论力的瞬时效应,进而研究了力的空间累积效应和时间累积效应,引出动能定理、动量定理及其守恒定律,最后介绍质点的角动量定理及角动量守恒定律。

2-1 牛顿运动定律

古希腊哲学家亚里士多德(Aristotle,公元前 384—前 322)认为“力是维持物体运动状态的原因”,这种观点源于直接经验,是一种直觉和臆想。直到 17 世纪,伽利略(Galileo G,1564—1642)通过一个简单的斜面实验否定了亚里士多德的观点,认为“力并不是维持物体运动状态的原因”。牛顿(Newton I,1643—1727)在前人工作的基础上,对机械运动的规律做了深入研究,并于 1687 年出版了著名的《自然哲学的数学原理》,提出了力学的三大定律,称为牛顿三定律。该书详细地阐述了物体的惯性、加速度和相互作用力三者的关系,定量地描述了机械运动的普遍规律。在本节中,我们首先简要介绍牛顿三定律及其相关概念,然后讨论牛顿三定律的基本应用,最后简单讨论惯性系与非惯性系问题。

文档 亚里士多德、伽利略与牛顿

一、牛顿运动定律

1. 牛顿第一定律

牛顿第一定律:**任何物体,在没有受到其他物体作用的情况下,都将保持其相对静止或匀速直线运动的状态**。

牛顿第一定律蕴涵着如下重要的物理信息:

一是指出任何物体都有惯性。物体都具有保持自身运动状态不变并且反抗外界改变这种状态的内禀属性,这种内禀属性称为物体的**惯性**,因此,牛顿第一定律也称为惯性定律。

二是指出改变物体运动状态的原因是“力”。力是物体与物体间的相互作用,是使物体产生加速度的原因。

三是指出了一类特殊的参考系——惯性系。当不受外界作用时,物体将保持相对静止或匀速直线运动状态,称为**惯性状态**。但是,并不是在任何参考系下,不受力的物体都能保持其惯性状态,或者说牛顿第一定律并不是在任何参考系下都一定成立。因此,那些能保证牛顿第一定律成立的参考系,就构成了一类特殊的参考系,称为**惯性参考系**。而那些不满足牛顿第一定律的参考系,称为非惯性参考系。在一般的力学问题中,地面参考系就是一个(较好的)惯性参考系,其他任何相对于地面静止或作匀速直线运动的参考系也是惯性系。

2. 牛顿第二定律

牛顿第二定律:**物体受到外力作用时,它所获得的加速度的大小与合外力的大小成正比,与物体的质量成反比,加速度的方向与合外力方向相同**。在国际单位制中,其数学表达式为

$$\boldsymbol{F}=m\boldsymbol{a} \tag{2-1-1}$$

牛顿第一定律说明了任何物体都具有惯性,但没有给出惯性的量度,牛顿第二定律指出,同一个外力作用下的不同物体,质量大的物体所获得的加速度小,质量小的物体所获得的加速度大,这意味着质量大的物体状态改变比较困难(惯性大),质量小的物体状态改变比较容易(惯性小),因此,质量是物体惯性大小的量度。这里的质量也常被称为惯性质量,牛顿第二定律给出了力、惯性质量与加速度之间的定量关系。

关于牛顿第二定律,还需注意以下几个问题:

(1) **瞬时性** 加速度与外力同时存在,同时改变、同时消失。一旦作用在物体上的外力被撤去,物体的加速度立即消失。这正是物体惯性的体现。

(2) **矢量性** 力和加速度都是矢量,牛顿第二定律是矢量方程。对于矢量方程,常常在分量形式下求解,下面是牛顿第二定律在具体坐标系中的分量形式。

在直角坐标系中,分解成 x、y、z 三个分量式,即

$$
\begin{aligned}
F_x &= ma_x = m\frac{\mathrm{d}^2x}{\mathrm{d}t^2}\\
F_y &= ma_y = m\frac{\mathrm{d}^2y}{\mathrm{d}t^2}\\
F_z &= ma_z = m\frac{\mathrm{d}^2z}{\mathrm{d}t^2}
\end{aligned}
\tag{2-1-2}
$$

即

$$\boldsymbol{F} = ma_x\boldsymbol{i}+ma_y\boldsymbol{j}+ma_z\boldsymbol{k}$$

物体作平面运动时,在自然坐标系中分解成切向和法向两个分量式,即

$$
\begin{aligned}
\boldsymbol{F}_\mathrm{t} &= m\boldsymbol{a}_\mathrm{t} = m\frac{\mathrm{d}v}{\mathrm{d}t}\boldsymbol{e}_\mathrm{t}\\
\boldsymbol{F}_\mathrm{n} &= m\boldsymbol{a}_\mathrm{n} = m\frac{v^2}{\rho}\boldsymbol{e}_\mathrm{n}
\end{aligned}
\tag{2-1-3}
$$

(3) **独立性与叠加性原理** 式(2-1-1)中的力 $\boldsymbol{F}$ 表示作用在物体上的合外力。实验表明,每个力对物体产生的加速度,与是否存在别的力无关,这称为**力的独立性**。**几个力同时作用在一个物体上时,合力所产生的加速度等于每个分力单独作用时所产生加速度的叠加(矢量和)**,这一性质称为**力的叠加原理**。显然,独立性是叠加原理的前提,叠加原理是独立性的必然结果。

3. 牛顿第三定律

牛顿第三定律:**两个物体之间的作用力 $\boldsymbol{F}$ 和反作用力 $\boldsymbol{F}'$,大小相等,方向相反,作用在同一条直线上**。或者说,当物体 A 以力

$\boldsymbol{F}$ 作用在物体 B 上时，物体 B 必定以力 $\boldsymbol{F}'$ 作用于物体 A 上，这两个力大小相等，方向相反，且在同一直线上。其数学表达式为

$$\boldsymbol{F}=-\boldsymbol{F}' \tag{2-1-4}$$

理解牛顿第三定律，应该注意以下几点：

(1) 作用力与反作用力分别作用于两个不同物体上，各自产生效应，绝不会是一对平衡力。

(2) 作用力与反作用力是属于同一性质的力。如果作用力是摩擦力，那么反作用力也是摩擦力；如果作用力是弹力，那么反作用力也是弹力。

(3) 作用力与反作用力同时存在，同时消失，总是一一对应的，或者说总是成对出现，成对消失。

力是物体间的相互作用，施力者与受力者是两个不同的物体，牛顿第三定律说明了物体间的这种相互作用关系。

4. 牛顿运动定律的适用条件

自 1687 年牛顿发表他的《自然哲学的数学原理》以来，牛顿力学的应用已经深入到人类认识自然活动的各个方面，其正确性已经为无数人类实践活动所证实，直到 1905 年，爱因斯坦创立“狭义相对论”后，人们才开始注意到牛顿力学的局限性(或适用条件)。

(1) 牛顿运动定律仅对惯性系成立。严格地讲，自然界中不存在真正意义上的惯性系，在如地面这样的近似惯性系中，利用牛顿运动定律讨论某些力学问题(如航空航天)时会产生一定的误差，事实上，实际应用中的惯性系都具有一定的近似性。

(2) 牛顿运动定律只适用于物体的运动速度远小于光速的情况。当物体的运动速度接近光速时，必须采用相对论力学方程。

(3) 牛顿运动定律只适用于宏观物体运动规律的描述。对微观系统(几何尺寸通常在 $10^{-15}\sim10^{-10}$ m 量级)，需要用量子力学来描述。

(4) 只有在系统内物体间的距离比较近，物体运动速度远小于“场”的传播速度时，牛顿第三定律才能成立。在牛顿力学中，物体与物体间相互作用力的传递，是不需要时间的，这种观点称为力的**超距作用**。20 世纪中上叶，“场论”建立后，人们认识到，任何作用力的传播是通过场的传递来实现的，是需要时间的，如果这一时间不能被忽略，这时牛顿第三定律的这种表述就失效了，取而代之的是动量守恒定律(包含场的动量)。例如，考虑两个高速运动的电荷间的电磁相互作用问题时，由于电荷间的电磁相互作用要通过场来传递，而这种传递需要的时间又不能被忽略，因此，两个高速运动的电荷间的电磁相互作用不满足牛顿第三定律，但系统(包含场在内)的总动量仍然是守恒的，因此，有人说牛顿第三定

律只是动量守恒定律在经典力学中的一种推论。在普通物理中，因为物体相对运动速度远小于光速，而且相距通常很近，牛顿第三定律才总是成立的。

二、常见的几种力

力的作用形式多种多样，在我们周围的宏观领域，常见的力有万有引力和重力、弹性力、摩擦力及流体曳力等，它们分属不同性质的力。

1. 万有引力和重力

牛顿认为，宇宙中任何两个物体之间都存在相互作用的引力，引力的方向沿着两个物体（质点）的连线方向，大小与两个物体的质量 m_1、m_2 的乘积成正比，与它们的距离 r 的平方成反比。这种力称为**万有引力**，可以表示为

$$\boldsymbol{F}=-G\frac{m_1m_2}{r^2}\boldsymbol{e}_r \qquad (2-1-5)$$

式中 $\boldsymbol{F}$ 表示物体所受的万有引力，G 为比例系数称引力常量，m_1、m_2 为两个物体的引力质量，是引力大小的量度，它与反映物体惯性大小的惯性质量在物理意义上是不同的，$\boldsymbol{e}_r$ 为从施力物体指向受力物体的单位矢量。

实验表明，同一地点任何物体的自由落体都具有相同的加速度，这意味着引力质量与惯性质量之比值对任何物体来说都是相同的（更精密的实验进一步证明了这一点）。由于引力常量 G 是一个比例常量，因此，可以通过选择 G 的值以使引力质量与惯性质量相等。在国际单位制中，取 $G=6.67\times10^{-11}\ \mathrm{N\cdot m^2\cdot kg^{-2}}$，则对任何物体引力质量与惯性质量相等。因此，在牛顿力学的讨论中不再区别引力质量与惯性质量。在广义相对论中，引力质量与惯性质量相等是其基本出发点之一。

地球表面附近的物体都受到地球的吸引作用，**重力**是由于地球吸引而使物体受到的力，用 $\boldsymbol{W}$ 表示，重力的大小称为重量。由于地球自转的影响，重力并非地球对物体的引力，而是地球对物体引力的一个分力，另一个分力提供物体随地球自转的向心力。当物体被支持（或被悬挂）而静止于地球时，重力是地面支持力（或悬线拉力）的平衡力。通常情况下，地球自转的影响较小，可以忽略，因此，物体所受的重力近似等于它所受到的地球对它的万有引力。

设物体的质量为 m，位于地面附近高度为 h 处（地球的质量和半径分别为 m_E、R），在重力 $\boldsymbol{W}$ 的作用下获得加速度 $\boldsymbol{g}$，根据牛顿第二定律及式（2-1-5）有

视频 太空失重

$$W=mg=G\frac{mm_E}{(R+h)^2}$$

在地球表面附近，$h\ll R$，即

$$g=G\frac{m_E}{R^2} \tag{2-1-6}$$

称为重力加速度，通常取 $g=9.8\ \text{m}\cdot\text{s}^{-2}$。

2. 弹性力

固体发生形变时，由于要恢复原状，对与它接触的物体产生力的作用，这种力叫作**弹性力**。弹性力的表现形式有很多种，下面讨论常见的三种形式。

(1) 弹簧的弹性力　弹簧是弹性体的理想模型，如图 2-1-1 所示，把弹簧的一端固定，取弹簧未被拉伸或压缩时另一端的位置为坐标原点 O，建立坐标系 Ox，O 点称为弹簧的平衡位置。在弹性限度内，弹性力遵从胡克(Hooke R)定律：

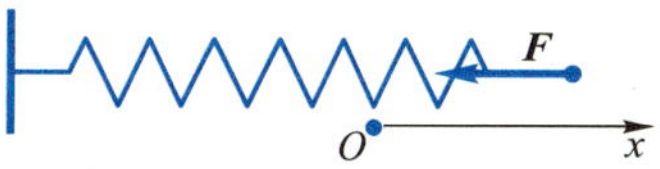

图 2-1-1　弹簧的弹力

$$\boldsymbol{F}=-kx\boldsymbol{i} \tag{2-1-7}$$

式中 x 为弹簧端点相对于平衡位置的位移，其大小即弹簧的伸长(或压缩)量，k 称为弹簧的劲度系数，表征弹簧的力学性能；负号表示弹性力的方向总是和弹簧端点位移的方向相反，即弹性力总是指向恢复它原长的方向。

(2) 正压力与支撑力　物体间相互挤压而引起的弹性力。由于挤压力总是垂直于物体间的接触面，也常常称为**正压力**(或**支撑力**)，它们的方向总是垂直于接触面而指向对方。例如，当重物放在桌面上时，桌面与重物相互挤压而发生形变，从而产生了一对相互的挤压力，即重物对桌面的正压力与桌面对重物的支撑力。

(3) 绳子的张力　绳子内的张力也是一种弹性力。柔软的绳子在受到外力拉伸发生形变时，绳的内部各段之间也会产生弹性力的作用，这种绳子之间存在的弹性拉力，称为**张力**。通常，绳中各处张力大小并不相等，只有当绳的质量可以忽略时，绳中各处的张力大小才处处相等。

3. 摩擦力

当两个相互接触的物体在沿接触面方向具有相对运动趋势时，在它们的接触面上将产生一对阻碍这种相对运动趋势的力，称为**静摩擦力**。这是一对作用力和反作用力，分别作用在直接接触的两个面上。所谓相对运动趋势，是指如果没有这一对静摩擦力，两个物体将产生相对滑动，正因为静摩擦力的存在，阻止了相对滑动的出现。每个物体所受的静摩擦力的方向沿两物体接触面的切线方向，并且与该物体相对于另一物体运动趋势的方向相反。

静摩擦力的大小随引起相对运动趋势的外力的变化而变化，介于零和某一最大值之间，这一最大值称为**最大静摩擦力**，用 $F_{f,max}$ 表示。实验证明，最大静摩擦力与接触面间的正压力的大小 F_N 成正比，即

$$F_{f,max}=\mu_0 F_N \tag{2-1-8}$$

式中 μ_0 称为静摩擦因数，它与两物体接触面的材料、表面粗糙程度和干湿状况有关，通常由实验测定。

当外力超过最大静摩擦力时，物体间即产生相对运动，这时仍然存在一对阻碍相对运动的摩擦力，称为**滑动摩擦力**，用 F_k 表示。滑动摩擦力的大小除与物体接触面的材料、表面情况以及正压力等因素有关，一般还与物体的相对运动速率有关。实验证明，在相对速率不是太大或太小的时候，可以认为滑动摩擦力也与接触面间的正压力的大小 F_N 成正比，即

$$F_k=\mu F_N \tag{2-1-9}$$

式中 μ 称为**动摩擦因数**，通常比静摩擦因数稍小一些。

4. 流体阻力

物体在流体(液体或气体)中运动时会受到流体的阻力，这种阻力可以归结为由摩擦引起的阻力和由压力差产生的阻力，其方向与物体相对于流体的速度方向相反，其大小和相对速度的大小有关。在相对速率较小时，流体可以从物体周围平稳地流过，这时阻力主要来于流体作用于物体表面的摩擦阻力，也称黏性力，黏性力的大小 F_d 和相对速率成正比。球形物体在流体中所受黏性力可以表述为

$$F_d=6\pi\eta rv \tag{2-1-10}$$

式中 η 为黏度，r 为球体半径，v 为球体运动速度。在相对速率较大以至物体后方出现漩涡时，作用于运动物体各部分的压力差显著加大，这时阻力主要来自压力差形成的压差阻力，其大小 F_d 和相对速率的平方成正比。对于物体在空气中运动的情况，压差阻力的大小可以表示为

$$F_d=\frac{1}{2}C\rho Av^2 \tag{2-1-11}$$

式中 ρ 为空气的密度，A 是物体的有效横截面积，C 为曳引系数，一般在 0.4~1.0 之间(随速率而变)。

当物体运动速度更大(接近流体中弹性波的传播速度)时，流体阻力将按

$$f\propto v^3 \tag{2-1-12}$$

迅速增大。

物体在流体中下落时，受到的阻力随速率增大而增大，当阻力和重力平衡时，物体将匀速下落。物体在流体中下落的最大速率

称为终极速率,又称收尾速率。

三、基本自然力

自然界中力的表现形式多种多样、形形色色,人们按力的表现形式不同,习惯地将其分别称为重力、弹性力、摩擦力、电场力、磁场力、核力……但是究其本质而言,所有的这些力都来源于四种基本的自然力。除前述万有引力外,还有电磁力、强相互作用和弱相互作用,下面作一简单介绍。

1. 电磁力

存在于静止电荷之间的电场力以及存在于运动电荷之间的电场力和磁场力,总称为电磁力。电磁力是长程力,由于原子、分子是电荷组成的系统,他们之间的作用基本上是电荷之间的电磁相互作用,它在原子系统中起主导作用,电磁力使原子分子聚集成实物。生活中常见的摩擦力源于接触面分子原子之间的电磁相互作用;弹性力本质上是物体内部原子间电磁相互作用力的宏观表现;还有流体的压力、浮力、黏性力等等都是其相邻原子或分子之间相互作用的表现,归根到底是电磁力。

2. 强相互作用

原子核内部质子之间存在电磁排斥力,但它们并没因此而分离,这是质子之间强相互作用的结果,这种原子核内部质子、中子、介子等强子之间的相互作用力,称为强相互作用。在原子核的尺度内强相互作用比电磁力大得多,两个相邻质子之间的强相互作用比电磁力大 10^2 倍。但强相互作用是一种短程力,核子之间的距离太大时,强相互作用很快下降,当核子之间的距离超过 10^{-15} m 时,强相互作用几乎消失。在核子之间的距离小于 10^{-15} m 时,强相互作用占主要支配地位,直到距离减小到 0.4×10^{-15} m 时,它都表现为引力,距离再小,强相互作用就表现为斥力。

3. 弱相互作用

在基本粒子之间人们还发现另一种短程相互作用,但仅在粒子间的某些反应(如放射性衰变现象)中才显示它的重要性,这种力很弱,称为弱相互作用。弱相互作用的作用距离比强相互作用更短,作用强度也比强相互作用小得多(两个相邻质子之间的弱相互作用约为 10^{-2} N,而它们之间的强相互作用约为 10^4N)。

迄今为止,人类发现自然界中存在四种基本作用力——弱相互作用、强相互作用、电磁力和万有引力,任何其他作用力,都可以归属于这四种基本作用力的范畴。

表 2-1-1 列出了四种基本力的特征,其中,力的强度是指质子中心的距离等于它们直径时的相互作用力。

表 2-1-1 4种基本自然力的特征

力的种类	相互作用的物体	力程	力的强度
万有引力	全部粒子	无限远	10^{-34} N
弱相互作用	大多数(基本)粒子	$<10^{-17}$ m	10^{-2} N
电磁力	带电粒子	无限远	10^{2} N
强相互作用	核子、介子等	$<10^{-15}$ m	10^{4} N

物理学的基本思想认为:不同性质的力,遵守不同的相互作用规律,任何自然现象,都可以用某种力的相互作用规律加以说明。如果可以假设,自然界中只存在为数不多的相互作用力,那么,所有自然现象就可以用几条基本规律加以解释。更进一步,如果自然界中只存在一种性质的相互作用力,那么,纷繁复杂的自然现象,就可以用一条基本规律加以说明。自然现象在最基本的原则上就是简单的,这种认为复杂的自然现象是由一条或少数几条最基本规律支配的信念,称为自然界的**简单性原理**。而认为自然界中的相互作用力在最基本的层面上都是同一种性质的力,四种基本作用力也仅仅是同一种性质的力在宇宙不同演化阶段的分裂结果,这种思想,称为**统一场论思想**,相应的理论,称为**统一场论**。认识到基本自然力只有四种,是20世纪30年代物理学的重大成就。20世纪60年代,弱相互作用与电磁相互作用的"弱电统一理论",被提出20世纪80年代被实验所证实。现在"强、弱、电大统一理论"已出现一些理论,某些预言已被实验间接探索过,但因目前加速器能量不够而无法得到实验证实。科学家们还期望将四种基本相互作用力完全统一起来,建立所谓"超大统一理论"。但是,这个努力遇到了很大的困难,困难的关键是强、弱、电三种相互作用力都具有规范对称性,而万有引力则不遵守规范对称性。

四、牛顿运动定律的应用

运用牛顿运动定律解决质点瞬时效应问题的基本思路是:选定研究物体并跟踪其运动过程,对运动过程中的任一瞬时进行动力学分析,建立动力学微分方程并求解。其具体步骤可以概括为如下四步:

(1) 明确对象,认清状态。

根据具体问题选定一个物体作为研究对象,如果问题涉及多个物体,那就一个一个地作为对象,分析认清选定物体的运动状态(轨道、速度、加速度)。

(2) 隔离物体,受力分析。

将选定对象与周围物体隔离开来，分析受到的所有外力的情况，画出该物体受力简图（示力图）。

（3）选定坐标，建立方程。

选定合适的坐标，用牛顿第二定律的分量形式将物体的质量、加速度与所受的合外力联系起来，并列出方程式。如果问题涉及多个物体，针对每个物体逐一建立方程组，同时找出它们之间运动的联系。

（4）求解方程，讨论结果。

在方程式足够的情况下就可以解方程组求解未知量，并对结果进行分析和讨论，舍去不合题意以及没有物理意义的结果。

动力学问题通常也被分为两类：一类是已知作用在物体上的力求物体的运动规律；另一类是已知物体的运动规律求作用在物体上的力（或部分未知的力）。这两类问题的分析方法是一样的，都可以按上述的步骤进行，所不同的只是已知、未知条件不同而已。下面通过几个实例具体地说明。

例 2-1 如图 2-1-2 所示，A 为轻质定滑轮，B 为轻质动滑轮。质量为分别 m_1、m_2 和 m_3 的三个物体悬挂于绳端。设绳不能伸长且绳与滑轮也无相对滑动，求各物体的加速度及绳中的张力。

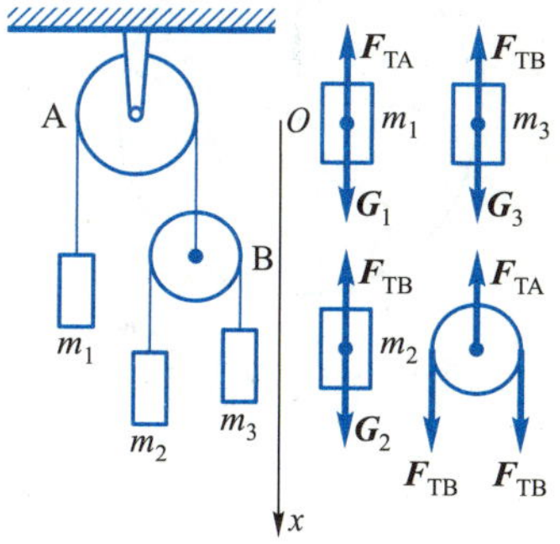

图 2-1-2 例 2-1 题图

解： 选定三个物体 m_1、m_2 和 m_3 与动滑轮 B 为研究对象，隔离物体、受力分析、建立坐标如图 2-1-2 所示，其中 F_{TA}、F_{TB} 分别为滑轮 A、B 上两根绳上的拉力。

将牛顿第二定律分别应用于 m_1、m_2、m_3 与动滑轮 B，并考虑到 A、B 均为轻质动滑轮，有

$$m_1g-F_{TA}=m_1a_1 \quad (1)$$

$$m_2g-F_{TB}=m_2a_2 \quad (2)$$

$$m_3g-F_{TB}=m_3a_3 \quad (3)$$

$$F_{TA}-2F_{TB}=0 \quad (4)$$

式中 a_1、a_2、a_3 为各物体相对于地面的加速度。四个方程中五个未知量不能满足求解的需要，还应该寻找其他的关系。显然，绳子是它们之间的约束条件，通过绳子可以得到各物体加速度之间的关系。

设 m_1、m_2、m_3 和动滑轮 B 的坐标分别为 x_1、x_2、x_3 和 x_B，绕过定滑轮 A 与动滑轮 B 的两根绳长分别为 L_1、L_2，则

$$x_1+x_B=L_1, \quad x_2-x_B+x_3-x_B=L_2$$

用后式加上 2 倍前式得

$$x_2+x_3+2x_1=2L_1+L_2=C$$

将上式对时间求二阶导数，并考虑到绳不能伸长，得

$$a_2+a_3+2a_1=0 \quad (5)$$

联立求解方程组(1)—(5)可得

$$a_1=\frac{m_1m_2+m_1m_3-4m_2m_3}{m_1m_2+m_1m_3+4m_2m_3}g$$

$$a_2=\frac{m_1m_2-3m_1m_3+4m_2m_3}{m_1m_2+m_1m_3+4m_2m_3}g$$

$$a_3=\frac{m_1m_3-3m_1m_2+4m_2m_3}{m_1m_2+m_1m_3+4m_2m_3}g$$

$$F_{TA}=\frac{8m_1m_2m_3}{m_1m_2+m_1m_3+4m_2m_3}g$$

$$F_{TB}=\frac{4m_1m_2m_3}{m_1m_2+m_1m_3+4m_2m_3}g$$

例 2-2 在光滑水平桌面上固定一半径为 R 的竖直圆筒，一物体紧靠圆筒内壁在水平桌面上运动。设物体与圆筒内壁间的动摩擦因数为 μ，$t=0$ 时物体的速率为 v_0，求任意时刻物体的速率和物体运动的路程。

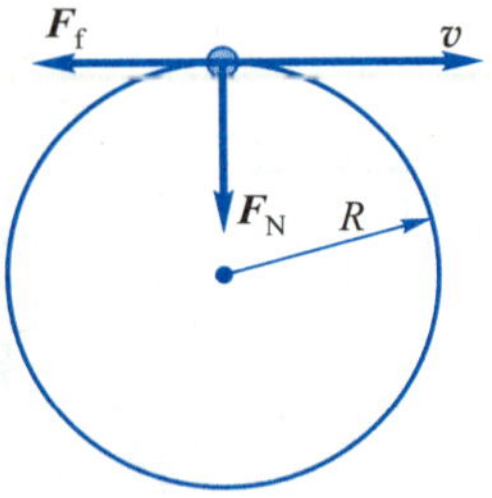

图 2-1-3 例 2-2 题图

解：以小球为研究对象。显然，在竖直方向上，重力与桌面支持力平衡。在水平面上，小球受内壁压力 F_N 及摩擦力 F_f 作用，如图 2-1-3 所示。因小球作曲线运动，故建立自然坐标。

(1) 任意时刻物体的速率。

分别沿法向与切向列出动力学方程：

$$F_N=\frac{mv^2}{R} \tag{1}$$

$$-\mu F_N=m\frac{dv}{dt} \tag{2}$$

将(1)代入(2)并化简，得

$$\frac{dv}{v^2}=-\frac{\mu}{R}dt$$

因为 $t=0$ 时，物体的速率为 v_0，对上式两边积分，即

$$\int_{v_0}^{v}\frac{dv}{v^2}=\int_0^t-\frac{\mu}{R}dt$$

积分得

$$v=\frac{v_0R}{R+\mu v_0t}$$

(2) 物体运动的路程。

$$s=\int_0^t v\,dt=\int_0^t\frac{v_0R}{R+\mu v_0t}dt=\frac{R}{\mu}\ln\left(1+\frac{\mu v_0t}{R}\right)$$

例 2-3 雨滴下落过程受到空气黏性力作用，满足关系 $F_f=-kv$，试求雨滴下落时的运动规律。

解：设雨滴初始时刻静止于原点，即 $t_0=0$、$x_0=0$、$v_0=0$。

以雨滴为对象，受重力、空气黏性力作用。取竖直向下为正方向建立直角坐标系，按牛顿第二定律，雨滴的动力学方程为

$$mg-kv=m\frac{\mathrm{d}v}{\mathrm{d}t}$$

即

$$\frac{\mathrm{d}v}{mg-kv}=\frac{\mathrm{d}t}{m}$$

因为 $t=0$ 时，颗粒速度 $v_0=0$，两边积分得

$$\int_0^v\frac{\mathrm{d}v}{mg-kv}=\int_0^t\frac{\mathrm{d}t}{m}$$

解得

$$v=\frac{mg}{k}(1-\mathrm{e}^{-kt/m})$$

又按

$$\mathrm{d}x=v\mathrm{d}t=\frac{mg}{k}(1-\mathrm{e}^{-kt/m})\mathrm{d}t$$

并考虑到 $t_0=0$、$x_0=0$，对其两边积分得

$$\int_0^x\mathrm{d}x=\int_0^t\frac{mg}{k}(1-\mathrm{e}^{-kt/m})\mathrm{d}t$$

即

$$x=\frac{mg}{k}\left[t-\frac{m}{k}(1-\mathrm{e}^{-kt/m})\right]$$

讨论：当 $t\to\infty$ 时，$v_\mathrm{T}=\dfrac{mg}{k}$，称为终极速度。事实上，雨滴达到终极速度时，重力与空气黏性力平衡，即 $mg-kv_\mathrm{T}=0$，$v_\mathrm{T}=\dfrac{mg}{k}$。与上述结论一致。

五、非惯性系　惯性力

从描述运动的角度来说，参考系可以任意选取，但是，牛顿运动定律并不是对所有参考系都成立的。我们把牛顿运动定律成立的参考系称为惯性系；而把牛顿运动定律不成立的参考系称为非惯性系。下面讨论非惯性系的相关概念以及非惯性系下的牛顿第二定律。

1. 非惯性系

我们首先来看一个实例。设火车以加速度 $\boldsymbol{a}$ 在水平地面上作匀加速直线运动，火车车厢内有一光滑的水平桌面，桌面上放置一小球，如图 2-1-4 所示。地面上的观察者看到小球与地面保持相对静止，这是因为小球在水平方向所受合力为零，按牛顿第一定

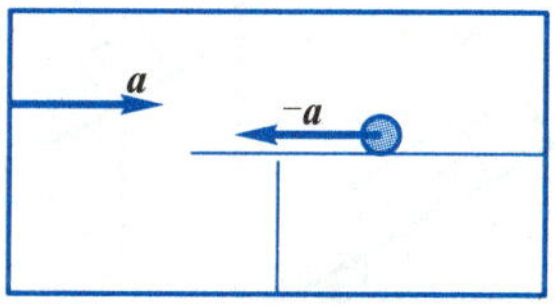

图 2-1-4　非惯性系

律，小球应当与地面保持相对静止。火车车厢里的观察者发现小球在水平方向所受合力为零，但小球却以加速度 $-\boldsymbol{a}$ 相对火车运动（以火车前进方向为正），这就是说，小球在没有受任何外力作用下产生了加速度，即牛顿运动定律在加速运动的火车参考系中不再成立了。人们把牛顿运动定律严格成立的参考系，称为**惯性系**，牛顿运动定律不成立的参考系，称为**非惯性系**。上述火车参考系是非惯性系。显然。相对于惯性系作匀速运动的参考系是惯性系，而相对于惯性系作加速运动的参考系是非惯性系。

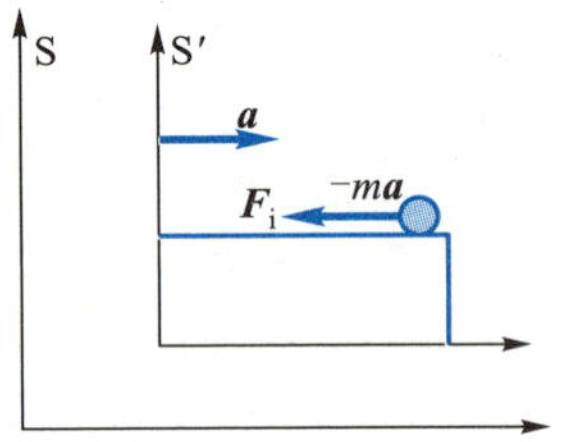

图 2-1-5 非惯性系中的牛顿第二定律

2. 惯性力

在非惯性系中，由于参考系的加速度，物体在不受外力的情况下将作加速运动，加速度大小与参考系的加速度相同，但方向与参考系加速度相反。按照牛顿第二定律的观点，物体具有的这种反向加速度，相当于在非惯性系中物体受到一个假想力 $\boldsymbol{F}_{\mathrm{I}}$，如图 2-1-5 所示。

$$\boldsymbol{F}_{\mathrm{I}}=-m\boldsymbol{a} \tag{2-1-13}$$

式中，负号表示力的方向与参考系加速度方向相反。

把在非惯性系中来自参考系本身加速度效应的力称为**惯性力**。应该注意，惯性力是假想力，没有施力物体，也没有反作用力，它的实质是物体的惯性在非惯性系中的表现。或者说，是为了在非惯性系中处理力学问题时仍然可以运用牛顿第二定律人为虚构的力。

视频 惯性力

3. 非惯性系中的牛顿第二定律

引入惯性力后，在非惯性系中牛顿第二定律仍然保持相同的形式，可以写为

$$\sum_i \boldsymbol{F}_i+\boldsymbol{F}_{\mathrm{I}}=m\boldsymbol{a} \tag{2-1-14}$$

其中，$\boldsymbol{F}_i$ 表示物体所受到的真实力，$\boldsymbol{F}_{\mathrm{I}}$ 表示物体所受的惯性力，$\boldsymbol{a}$ 表示物体相对于非惯性系的加速度。

用牛顿第二定律求解非惯性系中物体运动状态的基本方法是：首先，在分析物体受到的真实力的基础上，增加分析物体所受到的惯性力，把惯性力与真实力等同对待并计算物体受到的合外力，然后，用牛顿第二定律列动力学方程并求解，得到物体关于非惯性参考系的运动状态；最后，用相对运动的相关公式求解物体相对于惯性系的运动状态。

例 2-4 加速上升的升降机内有一光滑斜面，求斜面上木块相对于地面和升降机的加速度。

解：设升降机相对于地面的加速度为 $\boldsymbol{a}_1$，木块相对于升降机的加速度为 $\boldsymbol{a}_2$，选择升降机为参考系并建立坐标系。

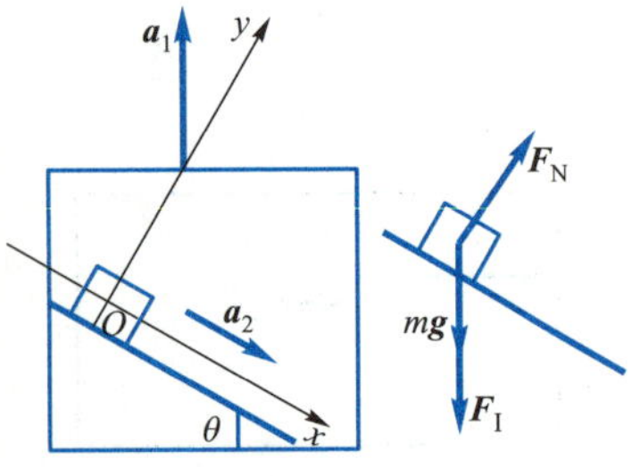

图 2-1-6 例 2-4 题图

如图 2-1-6 所示，对物体受力分析，由式(2-1-14)，有

$$F_N-(F_1+mg)\cos\theta=0$$

$$(F_1+mg)\sin\theta=ma_2$$

解得木块相对于升降机的加速度大小

$$a_2=(g+a_1)\sin\theta$$

木块对于地面的加速度

$$\boldsymbol{a}_{木-地}=\boldsymbol{a}_{木-机}+\boldsymbol{a}_{机-地}$$

即

$$\boldsymbol{a}=\boldsymbol{a}_2+\boldsymbol{a}_1$$

$$a_x=a_2-a_1\sin\theta=g\sin\theta$$

$$a_y=a_1\cos\theta$$

其大小为

$$a=\sqrt{g^2\sin^2\theta+a_1^2\cos^2\theta}$$

方向 $\tan\alpha=\dfrac{a_y}{a_x}=\dfrac{a_1}{g}\cot\theta$（与斜面的夹角）。

2-2 功和能

上一节讨论了力的瞬时效应，本节讨论力的空间累积效应。我们首先讨论单质点的功与能，在此基础上，研究质点系的功能原理与机械能守恒及其应用。

一、功和功率

在外力的作用下，物体从初态经历一个过程变化到末态，在这一过程中，物体的机械能发生了变化，这种变化的根源是外力在此过程中做了功，功表征了力对空间的累积效应。

1. 恒力的功

如图 2-2-1 所示，物体在恒力 $\boldsymbol{F}$ 作用下作直线运动，如果发生位移 $\Delta\boldsymbol{r}$，则恒力 $\boldsymbol{F}$ 对物体所做的功 W 定义为力沿物体位移方向的投影与物体所发生的位移大小的乘积，即

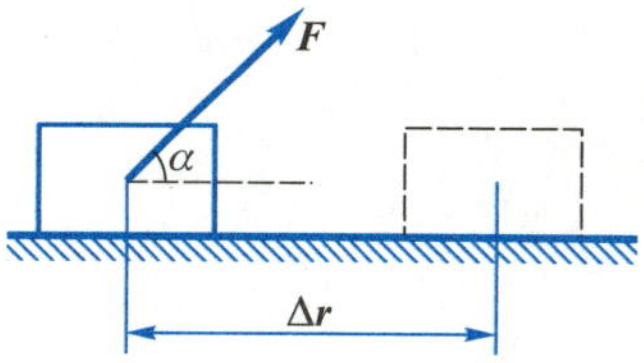

图 2-2-1 恒力的功

$$W=F\cos\alpha\,|\Delta\boldsymbol{r}|$$

式中 θ 为力 $\boldsymbol{F}$ 与物体所发生的位移 $\Delta\boldsymbol{r}$ 之间的夹角。

由于 $\boldsymbol{F}$ 与 $\Delta\boldsymbol{r}$ 都是矢量，按矢量标积的定义，上式可以简写为

$$W=\boldsymbol{F}\cdot\Delta\boldsymbol{r} \tag{2-2-1}$$

显然，采用这种标积的形式在数学上更加简洁。

在国际单位制中，功的单位是牛顿米，称为焦耳，用符号 J 表示，1 J=1 N · m。

2. 变力的功

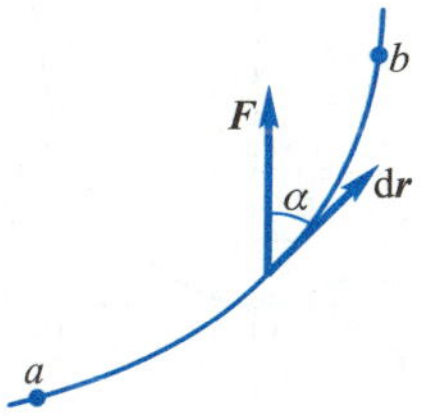

图 2-2-2 变力的功

一般的，物体在变力作用下作曲线运动，如图 2-2-2 所示。为了求得变力的功，可以将运动曲线分割成许多足够小的元位移

$\mathrm{d}\boldsymbol{r}$，由于对应的变化足够小，相应的力 $\boldsymbol{F}$ 可以视为恒力，则力 $\boldsymbol{F}$ 在这段元位移上所做的元功为

$$\mathrm{d}W=\boldsymbol{F}\cdot\mathrm{d}\boldsymbol{r}=F|\mathrm{d}\boldsymbol{r}|\cos\alpha$$

如果质点在外力作用下沿曲线 L 从 a 点运动到 b 点，则在这个过程中，外力所做的功应该为各位移元中的元功之和，即

$$W_{ab}=\int_a^b\mathrm{d}W=\int_a^b\boldsymbol{F}\cdot\mathrm{d}\boldsymbol{r}\tag{2-2-2}$$

讨论：

（1）功是标量，如果 $W>0$，我们说力对物体做正功；如果 $W<0$，我们说力对物体做负功，或者说物体反抗该力做功。

（2）功是过程量，由于功是力与位移的标积沿运动路径的曲线积分，一般与物体运动过程有关。因此，功是过程量，而不是状态量。

（3）功是相对量，因为位移的大小与参考系的选择有关，在不同参考系中观察同一质点运动发生的位移是不相同的，因而功的大小也与参考系的选择有关，所以，在计算力对质点做功时，应指明所选择的参考系。

（4）功的独立性与叠加原理。

若质点同时受到多个力的作用，**每一个力做的功与其他力的存在无关**，称为**功的独立性**。**合力所做的功等于各分力所做功的代数和**，称为**功的叠加原理**，即

$$W=\int_a^b\left(\sum_{i=1}^n\boldsymbol{F}_i\right)\cdot\mathrm{d}\boldsymbol{r}=\sum_{i=1}^n\int_a^b\boldsymbol{F}_i\cdot\mathrm{d}\boldsymbol{r}=\sum_{i=1}^n W_i\tag{2-2-3}$$

（5）在不同坐标系中功有不同的计算形式。

在直角坐标系中，

$$\mathrm{d}W=\boldsymbol{F}\cdot\mathrm{d}\boldsymbol{r}=F_x\mathrm{d}x+F_y\mathrm{d}y+F_z\mathrm{d}z$$

则

$$W=\int_{x_a}^{x_b}F_x\mathrm{d}x+\int_{y_a}^{y_b}F_y\mathrm{d}y+\int_{z_a}^{z_b}F_z\mathrm{d}z\tag{2-2-4}$$

在自然坐标系中，

$$\mathrm{d}W=F\cos\theta|\mathrm{d}\boldsymbol{r}|$$

$F\cos\alpha$ 为力的切线分量，用 F_t 表示，又由式（1-2-5）知 $|\mathrm{d}\boldsymbol{r}|=\mathrm{d}s$ 为路程微元。因此，

$$W=\int_a^b F_t\mathrm{d}s\tag{2-2-5}$$

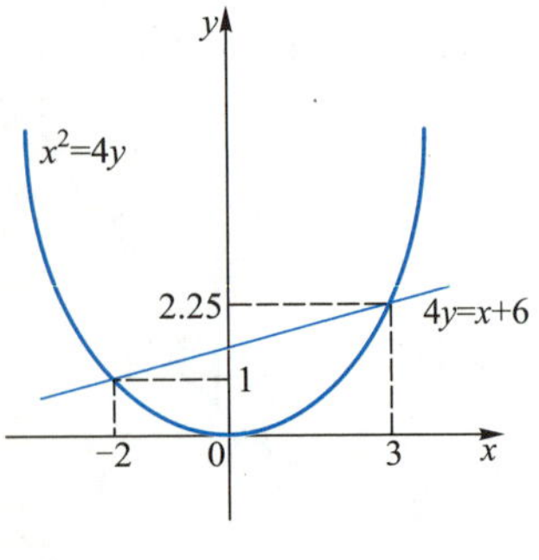

图 2-2-3　例 2-5 题图

例 2-5　作用在质点上的力为 $\boldsymbol{F}=2y\boldsymbol{i}+4\boldsymbol{j}$（SI 单位），如图 2-2-3 所示，在下列情况下求质点从 $x_1=-2$ m 到 $x_2=3$ m 处该力所做的功。（1）质点的运动轨道为抛物线 $x^2=4y$；（2）质点的运动轨道为直线 $4y=x+6$。

解：$W=\int_{r_1}^{r_2}\boldsymbol{F}\cdot\mathrm{d}\boldsymbol{r}=\int_{x_1}^{x_2}F_x\mathrm{d}x+\int_{y_1}^{y_2}F_y\mathrm{d}y$

其中 $F_x=2y, F_y=4; x:-2\ \mathrm{m}\rightarrow 3\ \mathrm{m}, y:1\ \mathrm{m}\rightarrow 2.25\ \mathrm{m}$。

（1）运动轨道为抛物线 $x^2=4y$

$$W=\int_{x_1}^{x_2}2y\mathrm{d}x+\int_{y_1}^{y_2}4\mathrm{d}y=\int_{-2}^{3}\frac{x^2}{2}\mathrm{d}x+\int_{1}^{2.25}4\ \mathrm{d}y=10.8\ \mathrm{J}$$

（2）运动轨道为直线 $4y=x+6$

$$W=\int_{x_1}^{x_2}2y\mathrm{d}x+\int_{y_1}^{y_2}4\mathrm{d}y=\int_{-2}^{3}\frac{(x+6)}{2}\mathrm{d}x+\int_{1}^{2.25}4\mathrm{d}y=21.25\ \mathrm{J}$$

例 2-6 质量为 m 的物体在水平变力 $\boldsymbol{F}$ 作用下缓慢移动，即在所有位置上均近似处于平衡状态，直到绳子与竖直方向成 θ 角，如图 2-2-4 所示。求此过程中：(1) $\boldsymbol{F}$ 做的功；(2) 重力做的功。

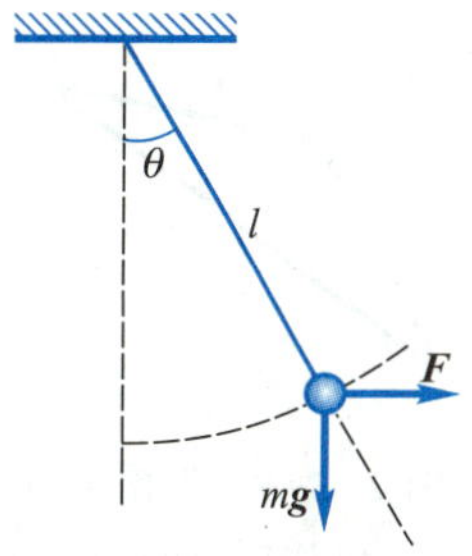

图 2-2-4 例 2-6 题图

解：按题意，物体在所有位置上均处于受力平衡状态，则

$$F\cos\theta=mg\sin\theta$$

即

$$F_t=mg\sin\theta$$

（1）水平变力 $\boldsymbol{F}$ 做的功为

$$W=\int\boldsymbol{F}\cdot\mathrm{d}\boldsymbol{r}=\int F_t\mathrm{d}s=\int_0^{\theta}mgl\sin\theta\mathrm{d}\theta$$
$$=mgl(1-\cos\theta)$$

（2）重力做的功为

$$W=\int m\boldsymbol{g}\cdot\mathrm{d}\boldsymbol{r}=\int_0^{\theta}mg\cos(\pi/2+\theta)l\mathrm{d}\theta=mgl(\cos\theta-1)$$

例 2-7 质量为 2 kg 的质点在力 $\boldsymbol{F}=12t\boldsymbol{i}$（SI 单位）的作用下，从静止出发沿 x 轴正向作直线运动。求前三秒内该力所做的功。

解：由变力的功的方程得

$$W=\int\boldsymbol{F}\cdot\mathrm{d}\boldsymbol{r}=\int F_x\mathrm{d}x=\int 12tv\mathrm{d}t$$

由题意可知

$$v=v_0+\int_0^t a\mathrm{d}t=0+\int_0^t\frac{F}{m}\mathrm{d}t=\int_0^t\frac{12t}{2}\mathrm{d}t=3t^2$$

所以，前三秒做的功为

$$W=\int 12tv\mathrm{d}t=\int_0^3 12t\cdot 3t^2\mathrm{d}t=9t^4\Big|_0^3=729\ \mathrm{J}$$

3. 功率

通常，衡量一个力对质点做功的本领，不仅要知道整个过程中做功的多少，还需要知道单位时间里，这个力对质点做功的多少，称**力在单位时间里对物体所做的功为功率**，记为

$$P=\frac{\mathrm{d}W}{\mathrm{d}t}=\frac{\boldsymbol{F}\cdot\mathrm{d}\boldsymbol{r}}{\mathrm{d}t}=\boldsymbol{F}\cdot\boldsymbol{v}\qquad(2-2-6)$$

在国际单位制中,功率的单位是瓦(W),1 W=1 J/s。

讨论:一对作用力与反作用力做功的特点。

一般情况下,尽管作用力与反作用力大小相等方向相反,但两质点的位移不一定相同,因而,其做功之和也就不一定为零。

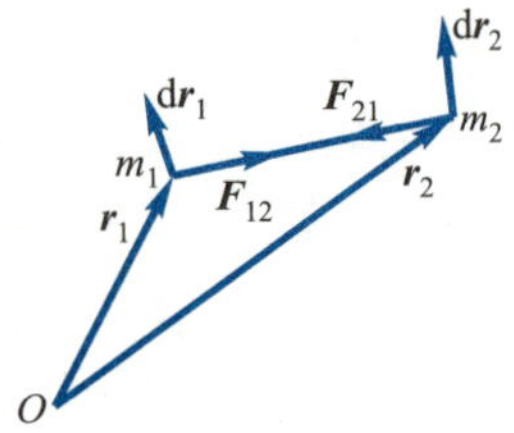

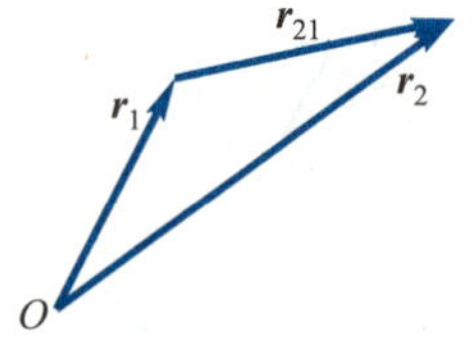

图 2-2-5 作用力与反作用力的功

如图 2-2-5 所示,设两质点 1、2 在 t 时刻的位矢分别为$\boldsymbol{r}_1$ 和 $\boldsymbol{r}_2$,经 Δt 时间后,分别发生微小位移 $\mathrm{d}\boldsymbol{r}_1$ 和 $\mathrm{d}\boldsymbol{r}_2$,在这个过程中相互作用力 $\boldsymbol{F}_{12}$(质点 1 受到质点 2 的力)和$\boldsymbol{F}_{21}$(质点 2 受到质点 1 的力)都要做功,考虑到$\boldsymbol{F}_{12}=-\boldsymbol{F}_{21}$,这两个力所做元功之和为

$$\begin{aligned}\mathrm{d}W&=\boldsymbol{F}_{12}\cdot\mathrm{d}\boldsymbol{r}_1+\boldsymbol{F}_{21}\cdot\mathrm{d}\boldsymbol{r}_2\\&=\boldsymbol{F}_{21}\cdot(\mathrm{d}\boldsymbol{r}_2-\mathrm{d}\boldsymbol{r}_1)=\boldsymbol{F}_{21}\cdot\mathrm{d}\boldsymbol{r}_{21}=\boldsymbol{F}_{12}\cdot\mathrm{d}\boldsymbol{r}_{12}\end{aligned}$$

式中$\boldsymbol{r}_{21}=\boldsymbol{r}_2-\boldsymbol{r}_1$ 为质点 2 相对于质点 1 的位置矢量,$\boldsymbol{r}_{12}=\boldsymbol{r}_1-\boldsymbol{r}_2$ 为质点 1 相对于质点 2 的位置矢量。上式表示,一对作用力与反作用力做功之和为其中一个**物体所受到的作用力与该物体相对于施力物体位移的标积**。

显然,在不同坐标系中测量$\boldsymbol{r}_1$ 或$\boldsymbol{r}_2$ 的值是不同的,但是,测量到的$\boldsymbol{r}_{12}$或$\boldsymbol{r}_{21}$却始终是相同的,因此可以得到结论:一对作用力与反作用力做功的多少与参考系的选择无关。

这一结论告诉我们,在计算内力做功时,如果两个质点在内力作用下都发生了位移,我们可以把坐标系移动到其中一个质点上,这样两个质点的二体运动问题就转化为其中一个质点相对于另一个质点的单体运动问题了。例如,在地球与其表面物体构成的质点系中,当物体与地球发生相对运动时,万有引力既要对物体做功,也要对地球做功,内力做功的代数和应该是这两个功的代数和。如果我们把坐标系建立在地球上,那么,就只需要计算地球对物体引力的功而不必再计算物体对地球引力的功。反之,如果把坐标建立在物体上,就只需要计算物体对地球引力的功。

二、动能定理

1. 质点的动能定理

设有一质量为 m 的质点沿任意曲线运动,对曲线上任一元位移 $\mathrm{d}\boldsymbol{r}$,合外力 $\boldsymbol{F}$ 对质点做功为

$$\mathrm{d}W=\boldsymbol{F}\cdot\mathrm{d}\boldsymbol{r}=m\frac{\mathrm{d}\boldsymbol{v}}{\mathrm{d}t}\cdot\mathrm{d}\boldsymbol{r}=m\boldsymbol{v}\cdot\mathrm{d}\boldsymbol{v}$$

考虑到

$$\boldsymbol{v}\cdot\mathrm{d}\boldsymbol{v}=\frac{1}{2}\mathrm{d}(\boldsymbol{v}\cdot\boldsymbol{v})=\frac{1}{2}\mathrm{d}(v^2)$$

代入上式得

$$dW = m\boldsymbol{v}\cdot d\boldsymbol{v} = d\left(\frac{1}{2}mv^2\right)$$

若质点沿曲线从 a 点运动到 b 点，则

$$W_{ab} = \int_a^b dW = \int_a^b d\left(\frac{1}{2}mv^2\right) = \frac{1}{2}mv_b^2 - \frac{1}{2}mv_a^2$$

其中，v_a、v_b 分别表示位于 a、b 点时物体的速度。我们定义 $E_k = \frac{1}{2}mv^2$，称为运动物体的**动能**，上式写为

$$W_{ab} = E_{kb} - E_{ka} \tag{2-2-7}$$

表明：**合外力的功等于质点动能的增量**，这一结论称为**质点的动能定理**。

讨论：关于动能概念的理解

（1）动能是运动着的物体所具有的能量，是运动状态的函数，动能的大小与参考系的选择有关，且始终为正值或零。

（2）力在空间上的累积是动能改变的原因，动能定理中外力的功，包含作用在质点上的所有外力，当作用于质点上的所有外力做功的代数和为零时，质点的动能守恒。

（3）动能定理建立在牛顿第二定律基础上，适用于一切惯性系，在不同的惯性系中，质点的速度和位移都不同，因此，动能和功的大小与参考系的选择有关。

2. 质点系的动能定理

一个由 n 个质点组成的质点系，各质点受到外力和系统内其他质点的作用，设作用在第 i 个质点上的全部外力的功为 $W_{i外}$，全部内力的功为 $W_{i内}$，则由质点动能定理式(2-2-7)得

$$W_{i外} + W_{i内} = E_{k2i} - E_{k1i}$$

式中 E_{k1i} 和 E_{k2i} 分别为第 i 个质点的初动能和末动能，将上式应用到所有的质点并求和，得

$$\sum_{i=1}^{n} W_{i外} + \sum_{i=1}^{n} W_{i内} = \sum_{i=1}^{n} E_{k2i} - \sum_{i=1}^{n} E_{k1i}$$

即

$$W_{外} + W_{内} = E_{k2} - E_{k1} \tag{2-2-8}$$

其中 $W_{外} = \sum_{i=1}^{n} W_{i外}$ 表示作用在质点系上全部外力的功的总和，$W_{内} = \sum_{i=1}^{n} W_{i内}$ 表示作用在质点系中所有内力的功的总和，$E_{k2} = \sum_{i=1}^{n} E_{k2i}$ 表示质点系的末动能，$E_{k1} = \sum_{i=1}^{n} E_{k1i}$ 表示质点系的初动能。式(2-2-8)表明：**质点系动能的增量等于全部外力的功与**

全部内力的功之和，这一结论称为**质点系的动能定理**。

三、保守力　势能

下面通过分析重力、弹性力、万有引力做功的特点，引入保守力的概念，并进而引入势能。

1. 保守力的功

（1）重力的功

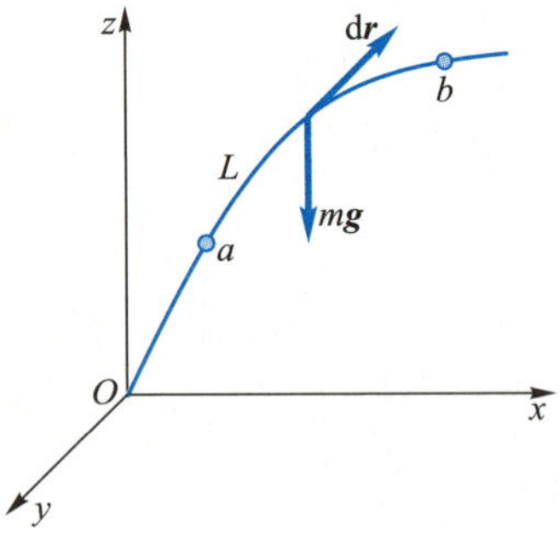

图 2-2-6　重力的功

如图 2-2-6 所示，重力 $\boldsymbol{F}=-mg\boldsymbol{k}$，由式（2-2-4）知，质点沿曲线 L 由 a 到 b 过程中重力所做的功为

$$W=\int_{x_a}^{x_b}F_x\mathrm{d}x+\int_{y_a}^{y_b}F_y\mathrm{d}y+\int_{z_a}^{z_b}F_z\mathrm{d}z$$

考虑到 $F_x=0$、$F_y=0$、$F_z=-mg$，代入上式得

$$W=\int_{z_a}^{z_b}-mg\mathrm{d}z=-mg(z_b-z_a) \tag{2-2-9}$$

上式表明：重力的功由物体的始末位置 z_a 和 z_b 决定，与中间经过的具体路径无关。

（2）弹性力的功

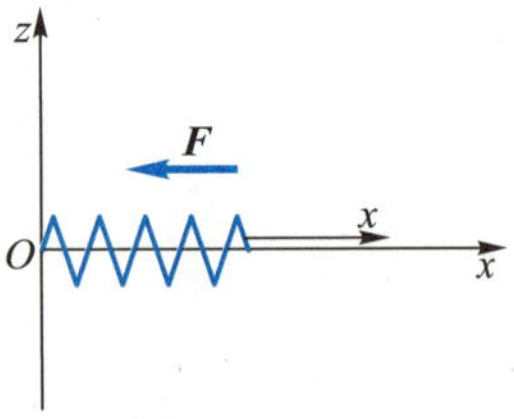

图 2-2-7　弹性力的功

如图 2-2-7 所示，弹性力 $\boldsymbol{F}=-kx\boldsymbol{i}$，即 $F_x=-kx$、$F_y=0$、$F_z=0$。质点由 x_a 到 x_b 的过程中，弹性力所做的功为

$$W=\int_{x_a}^{x_b}-kx\mathrm{d}x=-\frac{1}{2}k(x_b^2-x_a^2) \tag{2-2-10}$$

上式表明：弹性力的功由物体的始末位置 x_a 和 x_b 决定，与中间经过的具体路径无关。

（3）万有引力的功

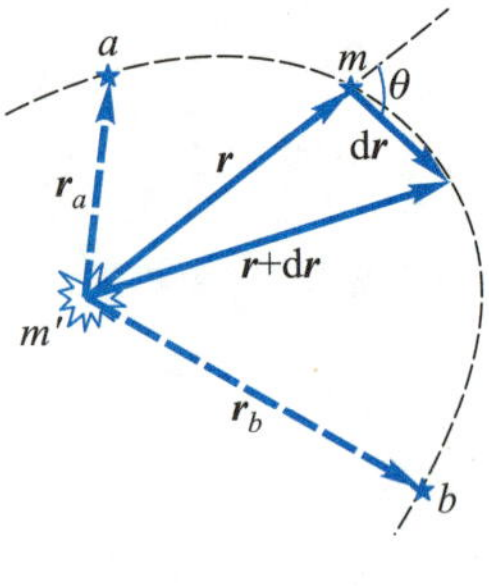

图 2-2-8　万有引力的功

动画　万有引力的功

如图 2-2-8 所示，万有引力

$$\boldsymbol{F}=-G\frac{m'm}{r^2}\boldsymbol{e}_r$$

其中，$\boldsymbol{e}_r$ 为径向单位矢量，质点由 r_a 到 r_b 的过程中，万有引力所做的功为

$$W_{ab}=\int_a^b\boldsymbol{F}\cdot\mathrm{d}\boldsymbol{r}$$

$$\boldsymbol{F}\cdot\mathrm{d}\boldsymbol{r}=-G\frac{m'm}{r^2}\boldsymbol{e}_r\cdot\mathrm{d}\boldsymbol{r}$$

由式（1-2-6）知 $\boldsymbol{e}_r\cdot\mathrm{d}\boldsymbol{r}=\mathrm{d}r$，因此

$$W_{ab}=\int_a^b-G\frac{m'm}{r^2}\cdot\mathrm{d}r=-\left[-Gm'm\left(\frac{1}{r_b}-\frac{1}{r_a}\right)\right] \tag{2-2-11}$$

上式表明：万有引力的功由物体的始末位置 r_a 和 r_b 决定，与中间经过的具体路径无关。

讨论：重力、弹性力与万有引力做功的特点

重力、弹性力与万有引力做功由物体的始末位置决定，与中间经过的具体路径无关，只要始末位置相同，它们沿任意路径所做的功的大小都相同。这一性质也可以等价的表述为：质点沿任意路径绕行一周，做功为零。即

$$\oint_L \boldsymbol{F}\cdot \mathrm{d}\boldsymbol{r}=0 \qquad (2-2-12)$$

我们把具有这种性质的力称为**保守力**，而把做功与中间过程有关的力称为**非保守力**。重力、弹性力与万有引力是保守力，摩擦力是非保守力。

2. 势能

功是能量变化的量度。由于保守力的功与中间过程无关，只取决于始末位置，那么，这种能量变化也只取决于质点位置的变化。因此，引入一种由空间位置决定的能量，这种能量就是**势能**，一般用 E_p 表示，并且规定**保守力对质点所做的功等于质点势能增量的负值**，即

$$W_{ab}=\int_a^b \boldsymbol{F}\cdot \mathrm{d}\boldsymbol{r}=-(E_{pb}-E_{pa}) \qquad (2-2-13)$$

其中，E_{pa}、E_{pb}分别表示质点位于 a、b 点的势能。

由式(2-2-13)有

$$E_{pa}=W_{ab}+E_{pb}$$

如果取 $E_{pb}=0$，则

$$E_{pa}=W_{ab}=\int_a^{E_p=0} \boldsymbol{F}\cdot \mathrm{d}\boldsymbol{r} \qquad (2-2-14)$$

式(2-2-14)表示：质点在某位置的势能等于将质点从该位置移动到势能零点的过程中，保守力所做的功。

重力、弹性力、万有引力都是保守力，因此，都可以引入势能，分别称为**重力势能、弹性势能、引力势能**。将式(2-2-9)、式(2-2-10)、式(2-2-11)与式(2-2-13)比较，可知，重力势能、弹性势能、引力势能可分别表示为

重力势能 $$E_p=mgz+C \qquad (2-2-15)$$

弹性势能 $$E_p=\frac{1}{2}kx^2+C \qquad (2-2-16)$$

引力势能 $$E_p=-G\frac{m'm}{r}+C \qquad (2-2-17)$$

通常将重力势能、弹性势能、引力势能的零点分别取在 $z=0$，$x=0$ 和 $r\to\infty$ 处，则上述三式中的 $C=0$。

讨论：关于势能概念的理解

(1) 只有在保守力场中才可以引入势能函数。因为非保守

力做功与中间过程有关，所以，不能用始末状态函数来计算任意过程中非保守力场所做的功，此时，引入势能函数没有意义。

（2）势能属于相互作用着的质点所组成的系统，而不是仅仅属于某一单质点。如重力势能总属于物体与地球组成的系统；弹性势能总属于弹性体所组成的弹性系统等。

（3）势能只有相对意义，而势能差具有绝对意义。势能的值与零势能点的选择有关，零势能点的选择不同，势能的值就不同。因此，在计算某点质点的势能时，必须指明零势能点。然而，不管零势能点取在何处，空间任意两点间的势能差是确定的，与势能零点的选择无关，势能差是绝对的。

视频 第一宇宙速度

四、功能原理 机械能守恒定律

1. 功能原理

根据质点系动能定理，质点系动能的增量等于作用于质点系的全部外力的功与全部内力的功之和，这里，全部内力的功包括保守内力和非保守内力的功，即

$$W_{内} = W_{内非} + W_{内保}$$

则式(2-2-8)可以表示为

$$W_{外} + W_{内非} + W_{内保} = E_{k2} - E_{k1}$$

按式(2-2-13)，保守力对质点做功的大小等于质点势能增量的负值，即 $W_{内保} = -(E_{p2} - E_{p1})$ 代入上式并整理后得

$$W_{外} + W_{内非} = (E_{k2} + E_{p2}) - (E_{k1} + E_{p1})$$

如果将某一时刻系统的动能与势能之和定义为系统的机械能，用 E 表示，即 $E = E_k + E_p$

则上式可以表示为

$$W_{外} + W_{内非} = E_2 - E_1 \qquad (2-2-18)$$

上式表明：**质点系机械能的增量等于全部外力的功和全部非保守内力的功的总和**，这一结论称为**质点系的功能原理**。

从功能原理的推导过程可以知道，功能原理与动能定理之间并无本质区别，动能定理采用了全部外力和内力的功，功能原理则用对应的势能增量的负值代替了保守内力的功，而一般的，计算势能的增量往往比计算做功更方便，因此，功能原理更适合用于讨论机械能和其他形式能量的转化问题。

2. 机械能守恒

由功能原理式(2-2-18)可知：

若 $W_{外} + W_{内非} > 0$，则 $E_2 > E_1$，系统机械能增加；若 $W_{外} + W_{内非} < 0$，则 $E_2 < E_1$，系统机械能减少；若 $W_{外} + W_{内非} = 0$，则 $E_2 = E_1$，即

$$E_k + E_p = C \qquad (2-2-19)$$

称系统机械能守恒。

外力不做功，表明系统与外界没有能量交换，非保守内力不做功，表明系统内部不发生机械能与其他形式的能量转化，系统内部只发生动能与势能之间的转化，$\Delta E_k=-\Delta E_p$，从而系统的总机械能守恒。

例 2-8 长为 l 的匀质链条，部分置于水平面上，另一部分自然下垂，已知链条与水平面间静摩擦因数为 μ_0，动摩擦因数为 μ。

（1）满足什么条件时，链条将开始滑动；

（2）若下垂部分长度为 b 时，链条自静止开始滑动，当链条末端刚刚滑离桌面时，其速度等于多少？

解：（1）以链条的水平部分为研究对象，沿竖直方向向下建立坐标轴 Oy，如图 2-2-9 所示。设链条单位长度的质量为 ρ，链条下落长度 $y=b_0$ 时，处于临界状态，即

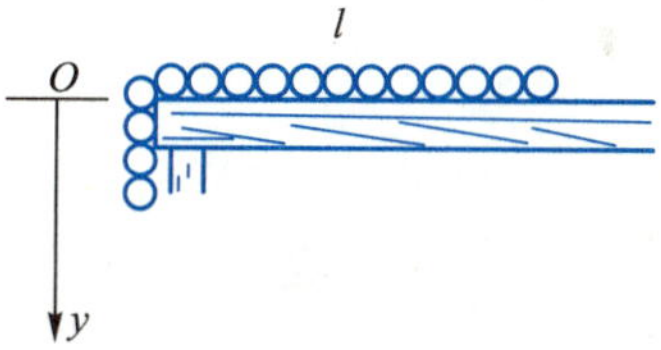

图 2-2-9 例 2-8 题图

$$\rho b_0 g-\mu_0\rho(l-b_0)g=0$$

得

$$b_0=\frac{\mu_0}{1+\mu_0}l$$

当 $y>b_0$，拉力大于最大静摩擦力时，链条将开始滑动。

（2）以整个链条为研究对象，链条在运动过程中各部分之间相互作用内力做功之和为零。外力的功为

重力的功

$$W=\int_b^l \rho y g\,\mathrm{d}y=\frac{1}{2}\rho g(l^2-b^2)$$

摩擦力的功

$$W'=-\int_b^l \mu\rho g(l-y)\,\mathrm{d}y=-\frac{1}{2}\mu\rho g\,(l-b)^2$$

根据动能定理有

$$\frac{1}{2}\rho g(l^2-b^2)-\frac{1}{2}\mu\rho g\,(l-b)^2=\frac{1}{2}\rho l v^2-0$$

当链条末端刚刚脱离桌面时，链条的速度为

$$v=\sqrt{\frac{g}{l}(l^2-b^2)-\frac{\mu g}{l}(l-b)^2}$$

例 2-9 如图 2-2-10 所示，在光滑的水平桌面上平放着一固定的半圆形屏障，质量为 m 的滑块以初速度 $\boldsymbol{v}_0$ 沿切线方向进入屏障内，滑块和屏障间的动摩擦因数为 μ，求滑块滑过屏障的过程中摩擦力做的功。

图 2-2-10 例 2-9 题图

解：滑块在水平面内受摩擦力 F_f、屏障给它的支持力 F_N 的作用，支持力 F_N 不做功，只有摩擦力 F_f 做功。按动能定理，摩擦力

的功为

$$W_f=\frac{1}{2}mv^2-\frac{1}{2}mv_0^2 \tag{1}$$

为了求出滑块沿屏障作圆周运动过程中的速度 v,在法向与切向应用牛顿第二定律,有

法向: $$F_N=m\frac{v^2}{R} \tag{2}$$

切向: $$-\mu F_N=m\frac{dv}{dt} \tag{3}$$

将式(2)代入式(3),同时将积分变量换为 θ,有

$$-\mu\frac{v^2}{R}=\frac{dv}{dt}=\frac{dv}{d\theta}\cdot\frac{d\theta}{dt}=\frac{v}{R}\cdot\frac{dv}{d\theta}$$

即 $$\frac{dv}{v}=-\mu d\theta \tag{4}$$

在滑块滑过屏障的过程中有 $v:v_0\to v,\theta:0\to\pi$,对式(4)两边积分得

$$\int_{v_0}^{v}\frac{dv}{v}=-\mu\int_0^{\pi}d\theta\Rightarrow v=v_0e^{-\mu\pi} \tag{5}$$

将式(5)代入式(1)有

$$W_f=\frac{1}{2}mv_0^2(e^{-2\mu\pi}-1) \tag{6}$$

例 2-10 以铁锤将一铁钉击入木板,设木板对铁钉的阻力与铁钉进入木板内的深度成正比,在铁锤击第一次时,能将小钉击入木板内 1 单位深度,问击第二次时能击入多深,假定铁锤两次打击铁钉时的速度相同。

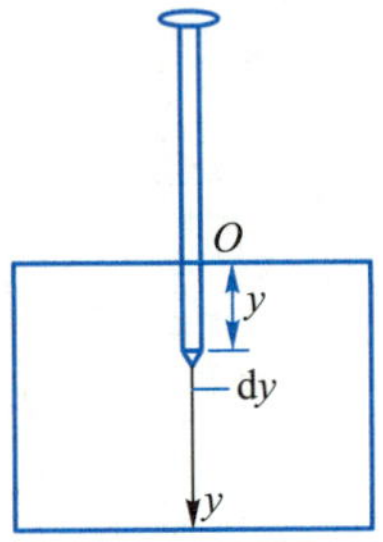

图 2-2-11 例 2-10 题图

解:如图 2-2-11 所示,以木板上界面为坐标原点,向木板内为正建立坐标轴 Oy,则铁钉所受阻力为

$$F_y=-ky$$

第一锤阻力的功为

$$W_1=\int_s F_y\,dy=\int_0^1 -ky\,dy=-\frac{k}{2}\ (\text{SI 单位})$$

第二锤阻力的功为

$$W_2=\int_1^{y_2}-ky\,dy=\frac{k}{2}-\frac{k}{2}y_2^2(\text{SI 单位})$$

由于铁锤两次打击铁钉时的速度相同,即推动铁钉克服阻力做功相同,因此有

$$W_2=W_1$$

即 $$\frac{k}{2}-\frac{k}{2}y_2^2=-\frac{k}{2}$$

解得

$$y_2=\sqrt{2}\ (\text{SI 单位})$$

于是钉子第二次能进入的深度为

$$\Delta y=y_2-y_1=(\sqrt{2}-1)=0.414\ (\text{SI 单位})$$

2-3 动量定理与动量守恒定律

上一节讨论了力的空间累积效应，本节讨论力的时间累积效应。首先介绍质点的动量定理，在此基础上，研究质点系的动量定理及其动量守恒定律，然后讨论质点系的质心及质心运动定理，最后讨论质点的碰撞问题。

一、质点的动量定理

在《自然哲学的数学原理》一书中，牛顿第二定律的表述并不是大家熟悉的 $\boldsymbol{F}=m\boldsymbol{a}$ 这种形式，而是

$$\boldsymbol{F}=\frac{\mathrm{d}(m\boldsymbol{v})}{\mathrm{d}t}$$

由于在牛顿力学中，质量 m 是一个常量，所以，上式与 $\boldsymbol{F}=m\boldsymbol{a}$ 是一致的。近代物理知识告诉我们，惯性质量 m 与物体的运动速度有关，不是一个常量。因此，上述两种表述是不能等同的。牛顿当初将第二定律这样表述时，其实并没有意识到这一点。

牛顿将质点的质量 m 与速度 $\boldsymbol{v}$ 的乘积 $m\boldsymbol{v}$ 看成一个独立的物理量，用 $\boldsymbol{p}$ 表示，称为"运动之量"，我们通常简称为**动量**。即

$$\boldsymbol{p}=m\boldsymbol{v} \tag{2-3-1}$$

于是牛顿第二定律可以表述为

$$\boldsymbol{F}=\frac{\mathrm{d}\boldsymbol{p}}{\mathrm{d}t} \tag{2-3-2}$$

从近代物理观点来看，式(2-3-2)比 $\boldsymbol{F}=m\boldsymbol{a}$ 更具有普遍性，在高速情况下 $\boldsymbol{F}=m\boldsymbol{a}$ 不再成立，但式(2-3-2)仍然适用。

将式(2-3-2)两边乘以 $\mathrm{d}t$，并同时积分 $t:t_1\to t_2$，$\boldsymbol{p}:\boldsymbol{p}_1\to\boldsymbol{p}_2$（$\boldsymbol{p}_1$、$\boldsymbol{p}_2$ 分别为 t_1、t_2 时刻的动量）得

$$\int_{t_1}^{t_2}\boldsymbol{F}\mathrm{d}t=\boldsymbol{p}_2-\boldsymbol{p}_1 \tag{2-3-3}$$

上式中力在时间上的累积量 $\int_{t_1}^{t_2}\boldsymbol{F}\mathrm{d}t$ 定义为力的**冲量**。用 $\boldsymbol{I}$ 表示，即 $\boldsymbol{I}=\int_{t_1}^{t_2}\boldsymbol{F}\mathrm{d}t$。可见，动量的改变是由作用力和时间共同来描述的。

式(2-3-3)表明：**质点所受合外力的冲量等于质点动量的增**

量,这称为**质点的动量定理**。式(2-3-2)则为质点的动量定理的微分形式。在国际单位制中,动量的单位为 kg·m/s(千克米每秒),冲量的单位为 N·s(牛顿秒)。

讨论:

(1) 从动量定理可以看出,力的时间累积效果是引起质点动量的改变,对于在相同冲量的作用下,不同质量的质点其速度变化是不一样的,但动量的变化却是一样的。从这样的角度来看,动量 $\boldsymbol{p}$ 比速度 $\boldsymbol{v}$ 能更加确切地反映质点的运动状态。因此,对于物体作机械运动时,常常将位矢 $\boldsymbol{r}$ 和动量 $\boldsymbol{p}$ 作为描述质点运动状态的状态参量。

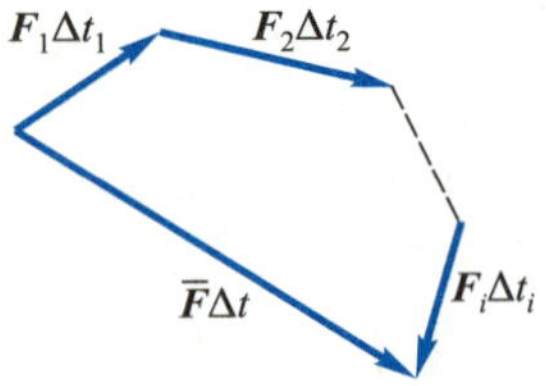

图 2-3-1 冲量的方向

(2) 冲量 $\boldsymbol{I}=\int_{t_1}^{t_2}\boldsymbol{F}\mathrm{d}t$ 是矢量,在一般情况下,冲量的方向与力的方向并不相同。在恒力的作用下,冲量的方向与力的方向相同,但在变力情况下,如图 2-3-1 所示,力的方向可以随时改变,但冲量是各时间段内元冲量的矢量和,即 $\boldsymbol{I}=\sum_{i=1}^{n}\boldsymbol{F}_i\Delta t_i=\overline{\boldsymbol{F}}(t_2-t_1)$,其中 $\overline{\boldsymbol{F}}=\boldsymbol{I}/(t_2-t_1)$ 称为这段时间内的平均冲力。冲量的方向仅与平均冲力的方向相同。在力连续变化的情况下,平均冲力 $\overline{\boldsymbol{F}}=\int_{t_1}^{t_2}\boldsymbol{F}\mathrm{d}t/(t_2-t_1)$。

(3) 动量定理是矢量方程,无论过程多么复杂,Δt 时间内的冲量总是等于这段时间内质点动量的增量,即 $\boldsymbol{I}=\Delta\boldsymbol{p}$。在直角坐标系中,冲量可以写为

$$\boldsymbol{I}=I_x\boldsymbol{i}+I_y\boldsymbol{j}+I_z\boldsymbol{k}=\int_{t_1}^{t_2}F_x\mathrm{d}t\boldsymbol{i}+\int_{t_1}^{t_2}F_y\mathrm{d}t\boldsymbol{j}+\int_{t_1}^{t_2}F_z\mathrm{d}t\boldsymbol{k} \quad (2-3-4)$$

其大小为

$$I=\sqrt{I_x^2+I_y^2+I_z^2} \quad (2-3-5)$$

动量定理可以写为

$$\begin{aligned} I_x&=\int_{t_1}^{t_2}F_x\mathrm{d}t=mv_{x2}-mv_{x1}\\ I_y&=\int_{t_1}^{t_2}F_y\mathrm{d}t=mv_{y2}-mv_{y1}\\ I_z&=\int_{t_1}^{t_2}F_z\mathrm{d}t=mv_{z2}-mv_{z1}\end{aligned} \quad (2-3-6)$$

二、质点系的动量定理

在实际的物理问题中,研究对象通常不仅仅由一个单质点构成,而是由多个质点构成的一个物理系统,称为**质点系**。与单质点相比,质点系的受力分析要复杂一些。质点系中的质点可以受到

两类作用力：一是来源于质点系外部的作用力，称为**外力**，二是来源于质点系内部各质点之间相互作用力，称为**内力**，如图 2-3-2 所示。由牛顿第三定律可知，内力总是成对出现且大小相等、方向相反、作用在不同的质点上。

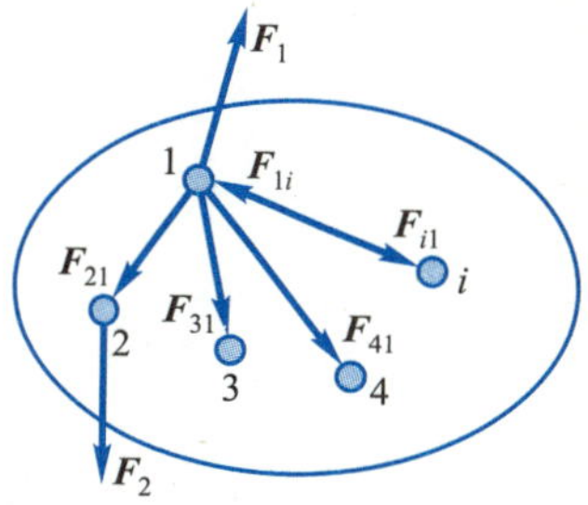

图 2-3-2 质点系的内力与外力

动画 质点系的内力与外力

设质点系包含 n 个质点，质点 i 受到的合外力用 $\boldsymbol{F}_i$ 表示，第 i 个质点受到第 j 个质点的内力用 $\boldsymbol{F}_{ij}$ 表示，质点 i 的初动量记为 $\boldsymbol{p}_{i0}$，末动量记为 $\boldsymbol{p}_i$，对质点系中每一个质点应用单质点的动量定理，可得

$$\int_{t_1}^{t_2}(\boldsymbol{F}_1+\boldsymbol{F}_{21}+\cdots+\boldsymbol{F}_{n1})\,\mathrm{d}t=\boldsymbol{p}_1-\boldsymbol{p}_{10}$$

$$\int_{t_1}^{t_2}(\boldsymbol{F}_2+\boldsymbol{F}_{12}+\cdots+\boldsymbol{F}_{n2})\,\mathrm{d}t=\boldsymbol{p}_2-\boldsymbol{p}_{20} \tag{2-3-7}$$

$$\cdots\cdots\cdots\cdots$$

$$\int_{t_1}^{t_2}(\boldsymbol{F}_n+\boldsymbol{F}_{1n}+\cdots+\boldsymbol{F}_{n-1,n})\,\mathrm{d}t=\boldsymbol{p}_n-\boldsymbol{p}_{n0}$$

将上式中各等式相加：

$$\int_{t_1}^{t_2}\left(\sum_{i=1}^{n}\boldsymbol{F}_i+\sum_{i=1}^{n}\sum_{j\neq i}^{n}\boldsymbol{F}_{ij}\right)\mathrm{d}t=\sum_{i=1}^{n}(\boldsymbol{p}_i-\boldsymbol{p}_{i0}) \tag{2-3-8}$$

考虑到内力之间存在关系 $\boldsymbol{F}_{ij}=-\boldsymbol{F}_{ji}$，则

$$\sum_{i=1}^{n}\sum_{j\neq i}^{n}\boldsymbol{F}_{ij}=\boldsymbol{0}$$

代入式(2-3-8)有

$$\int_{t_1}^{t_2}\sum_{i=1}^{n}\boldsymbol{F}_i\cdot\mathrm{d}t=\sum_{i=1}^{n}(\boldsymbol{p}_i-\boldsymbol{p}_{i0}) \tag{2-3-9}$$

令 $\boldsymbol{p}_0=\sum\limits_{i=1}^{n}\boldsymbol{p}_{i0}$ 为质点系总的初动量，$\boldsymbol{p}=\sum\limits_{i=1}^{n}\boldsymbol{p}_i$ 为质点系总的末动量，上式可表示为

$$\int_{t_1}^{t_2}\sum_{i=1}^{n}\boldsymbol{F}_i\cdot\mathrm{d}t=\boldsymbol{p}-\boldsymbol{p}_0 \tag{2-3-10}$$

这里 $\sum\limits_{i=1}^{n}\boldsymbol{F}_i$ 为质点系所受全部**外力的矢量和**，为简便我们仍将其称为系统所受的**合外力**；同样，将 $\int_{t_1}^{t_2}\sum\limits_{i=1}^{n}\boldsymbol{F}_i\cdot\mathrm{d}t$ 称为质点系所受**合外力的冲量**，指质点系所受全部**外力冲量的矢量和**。上式表明：**质点系所受合外力的冲量等于质点系总动量的增量**。这一结论称为**质点系的动量定理**。

比较质点系的动量定理与单个质点的动量定理，它们形式上完全一样，都表述为**合外力的冲量等于动量的增量**，但要明确：(1)对质点系来说，动量变化为系统总动量的变化，合外力的冲量为全部外力冲量的矢量和；(2)单个质点的动量改变仅仅与外力有关，但对于质点系中的任意一个质点来说，内力对动量改变仍有影响。事实上，对质点系来说，内力的作用是将动量从一个质点转移到另一个质点上去，总动量保持不变。

三、动量守恒定律

若质点系所受合外力为零，即 $\sum_{i=1}^{n}\boldsymbol{F}_i=\boldsymbol{0}$ 时，由式(2-3-10)可知，质点系的总动量不随时间变化，即

$$\boldsymbol{p}=\sum_{i=1}^{n}\boldsymbol{p}_i=\boldsymbol{p}_0 \tag{2-3-11}$$

这就是说，**一个孤立的力学系统(系统不受外力作用)或合外力为零的系统，系统内各质点间的动量可以交换，但系统的总动量保持不变**，这一结论称为**质点系的动量守恒定律**。

无论宏观系统还是微观系统，系统内的质点(或微观粒子)之间一般都存在相互作用，即存在内力，依靠这种作用，动量从一个质点(或粒子)传递给另外的质点(或粒子)，但是只要没有外力作用，系统内的所有质点(或粒子)的总动量将保持不变。动量守恒在宏观领域和微观领域都适用，对于低速运动和高速运动的系统也适用。相对论中的质量-速率关系以及量子物理中的康普顿效应都有动量守恒的体现。动量守恒定律是自然界最重要的基本定律之一。

上面我们依据牛顿运动定律从理论上导出了动量守恒定律，可见这两条定律在经典力学范围内是一致的，但是，动量守恒定律在微观、高速领域的正确性，却不能说明牛顿运动定律在这些领域中仍然适用。动量守恒定律的正确性只能依靠实验的支持，就是说，动量守恒定律是一条实验定律。

例 2-11 质量为 m_1 的人站在一条质量为 m_2、长度为 L 的船尾上，开始时船静止。求当人走到船头时，船移动的距离(不计水的阻力)。

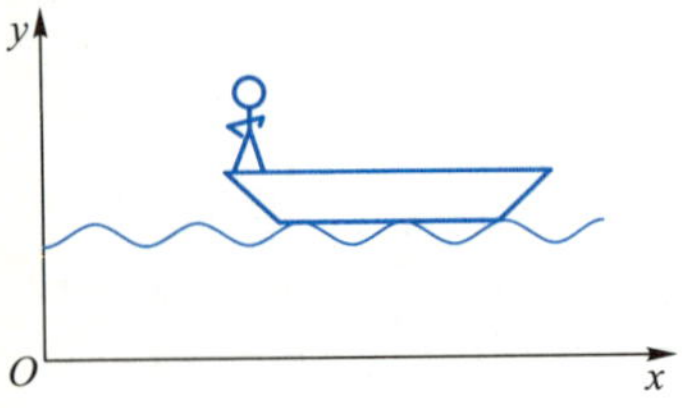

图 2-3-3 例 2-11 题图

解：选择 m_2、m_1 为系统，建立坐标如图 2-3-3 所示，设时刻 t，人与船的速度分别为 v_{m_1} 和 v_{m_2}。由于物体系在水平方向不受外力作用，因而水平方向动量守恒。

$$m_2v_{m_2}+m_1v_{m_1}=0\Rightarrow m_2v_{m_2}=-m_1v_{m_1}$$

将上式两边同时对时间积分有

$$\int_0^t m_2v_{m_2}\mathrm{d}t=-\int_0^t m_1v_{m_1}\mathrm{d}t$$

上式中 $\int_0^t v_{m_2}\mathrm{d}t$ 为船相对于地的位移，用 s_{m_2} 表示，$\int_0^t v_{m_1}\mathrm{d}t$ 为人相对

于地的位移，用 s_{m_1} 表示，则

$$s_{m_2}=-\frac{m_1}{m_2}s_{m_1} \tag{1}$$

按相对运动关系，有

$$s_{m_1}=s_{m_1-m_2}+s_{m_2} \tag{2}$$

将式(1)代入式(2)，同时注意到当人从船尾走到船头时 $s_{m_1-m_2}=L$，得

$$s_{m_1}=L-\frac{m_1}{m_2}s_{m_1}$$

即

$$s_{m_1}=\frac{m_2}{m_2+m_1}L$$

s_{m_1} 为人的位移(对地)。将上式再代入式(1)，得

$$s_{m_2}=-\frac{m_1}{m_2+m_1}L$$

这就是船的位移(对地)，负号表示船沿 x 轴负方向移动。

四、质心运动定理

1. 质心

质点系中各点由于内力和外力的作用，其运动情况不尽相同，要描述每一个质点的运动状态是一件十分麻烦甚至很困难的事。例如空中爆炸的炮弹，要准确知道每一块弹片的运动状态就不是一件容易的事，然而，炮弹作为一个整体其运动规律是简单的。为了简洁地描述质点系整体的运动状态，我们引入质量中心的概念，简称**质心**。

设某质点系由 n 个质点组成，如图 2-3-4 所示，以 $\boldsymbol{r}_i(x_iy_iz_i)$ 和 m_i 分别代表第 i 个质点的位矢和质量，则质点系质心的位矢 $\boldsymbol{r}_C(x_Cy_Cz_C)$ 定义为

$$\boldsymbol{r}_C=\sum_i m_i\boldsymbol{r}_i/m \tag{2-3-12}$$

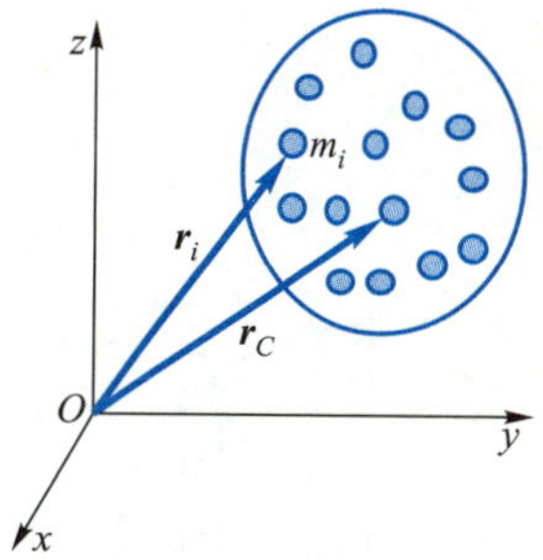

图 2-3-4 质心的位置坐标

式中 m 为质点系的总质量。

在直角坐标系中，质心坐标为

$$x_C=\sum_i m_ix_i/m$$
$$y_C=\sum_i m_iy_i/m$$
$$z_C=\sum_i m_iz_i/m \tag{2-3-13}$$

对于质量连续分布的质点系，式(2-3-12)、式(2-3-13)中的求和用积分代替，即变为

$$\boldsymbol{r}_C = \frac{\int \boldsymbol{r}\mathrm{d}m}{\int \mathrm{d}m} \tag{2-3-14}$$

$$x_C = \frac{\int x\mathrm{d}m}{\int \mathrm{d}m},\quad y_C = \frac{\int y\mathrm{d}m}{\int \mathrm{d}m},\quad z_C = \frac{\int z\mathrm{d}m}{\int \mathrm{d}m} \tag{2-3-15}$$

质心坐标是质点系中所有质点坐标的平均值，这里不是算术平均，而是以质量为权重的加权平均值，质点的质量越大，其坐标对质心坐标的影响也就越大。一般的，对称均匀的物体，其质心在其几何中心。对刚体，其质心相对于物体的位置保持不变，而对形变物体，其质心的相对位置是可以变化的。物体的质心可以在物体内部，也可以在物体外部。

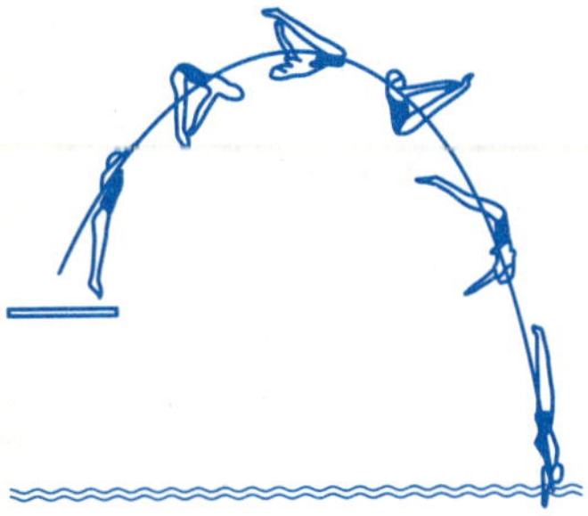
图 2-3-5 质心运动

动画 质心运动

在质点系问题中，质心是一个特殊点，是与质点系质量分布有关的一个代表点，它的位置在平均意义上代表了质点系质量分布的中心。质心的运动规律可以代表质点系整体的运动规律，质点系中其他质点的运动，可以看作质心的运动与该质点相对于质心运动的叠加。如图 2-3-5 所示，跳水运动员在空中的运动，其质心的运动轨迹是抛物线，而运动员肢体上各点的运动情况各不相同，但都可以看作质心的抛体运动与绕质心的转动的叠加。

讨论：质心与重心

重心是重力的作用点，更准确地说是重力的合力作用线通过的那一点，对于由多个质点组成的质点系，其重心 O 的坐标定义为

$$\begin{aligned} x_O &= \sum_i m_i g_i x_i / W \\ y_O &= \sum_i m_i g_i y_i / W \\ z_O &= \sum_i m_i g_i z_i / W \end{aligned} \tag{2-3-16}$$

其中，$W = \sum_i m_i g_i$ 为质点系所受的总重力，m_i、g_i 分别为第 i 个质点的质量和所在处的重力加速度。如果质点系所在区域的重力加速度可以看作一个常量 g，则总重力 $W = mg(m = \sum m_i)$，这时式(2-3-16)自行回到式(2-3-13)，即重心与质心重合。

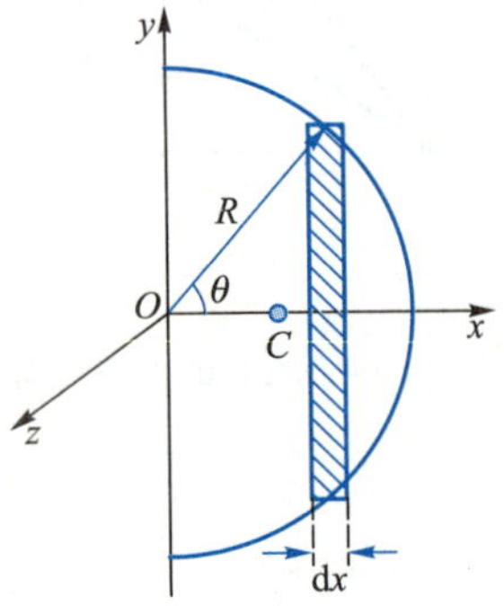

图 2-3-6 例 2-12 题图

例 2-12 求半径为 R 的均匀半圆薄片的质心位置。

解：建立坐标系，如图 2-3-6 所示。因为半圆薄片很薄，可以认为厚度 $z=0$，由均匀薄片的对称性，可以判断质心的 y 方向坐标 $y_C = 0$。

设半圆薄片的质量面密度为 ρ，取图示宽度为 $\mathrm{d}x$ 的质量元，其质量为

$$dm=\rho\cdot 2R\sin\theta dx$$

因 $$x=R\cos\theta\Rightarrow dx=-R\sin\theta d\theta$$

故 $$x_C=\frac{\int x dm}{\int dm}=\frac{\int_{\pi/2}^{0}R\cos\theta\rho 2R\sin\theta(-R\sin\theta d\theta)}{\pi R^2\rho/2}=\frac{4R}{3\pi}$$

2. 质心运动定理

现在来讨论质心的运动规律，将式(2-3-12) $m\boldsymbol{r}_C=\sum_i m_i\boldsymbol{r}_i$ 两边对时间求导得

$$m\frac{d\boldsymbol{r}_C}{dt}=\sum_i m_i\frac{d\boldsymbol{r}_i}{dt}$$

即

$$m\boldsymbol{v}_C=\sum_i m_i\boldsymbol{v}_i \tag{2-3-17}$$

式中 $\boldsymbol{v}_C=\frac{d\boldsymbol{r}_C}{dt}$ 为质心的速度，$m\boldsymbol{v}_C$ 称为质心的动量，$\boldsymbol{v}_i=\frac{d\boldsymbol{r}_i}{dt}$ 为第 i 个质点的速度，$\sum_i m_i\boldsymbol{v}_i$ 为各质点动量的矢量和，称为质点系的总动量。式(2-3-17)表明：**质点系的总动量等于质心的动量**。

再将式(2-3-17)两端对时间求导数：

$$m\frac{d\boldsymbol{v}_C}{dt}=\frac{d}{dt}\sum_i m_i\boldsymbol{v}_i=\frac{d}{dt}\sum_i\boldsymbol{p}_i=\sum_i\boldsymbol{F}_i \tag{2-3-18}$$

由于质点系内，内力的矢量和为零，所以，$\sum_i\boldsymbol{F}_i=\sum_i\boldsymbol{F}_{i外}$，上式写为

$$m\frac{d\boldsymbol{v}_C}{dt}=\sum_i\boldsymbol{F}_{i外}$$

即

$$\sum_i\boldsymbol{F}_i=m\boldsymbol{a}_C \tag{2-3-19}$$

式中 $\boldsymbol{a}_C=\frac{d\boldsymbol{v}_C}{dt}$ 为质心加速度，上式表明：**质点系所受到的合外力等于质点系的总质量乘以质心的加速度**，这称为**质心运动定理**。注意，这里的合外力指全部外力的矢量和。

质心运动定理表明：不管系统内质点如何分布，质点系质心的运动等同于一个质点的运动，这个质点具有质点系的总质量，它所受到的外力为质点系受到的所有外力的矢量和。

例 2-13 用质心运动定理重解例 2-11 题。

解：将船和人看作一个系统，系统在水平方向上不受外力作用，由质心运动定理，质心将保持原有的静止状态，即质心坐标不发生改变。

设开始时，人的质心坐标为 x_{m_1}，船的质心坐标为 x_{m_2}，如图

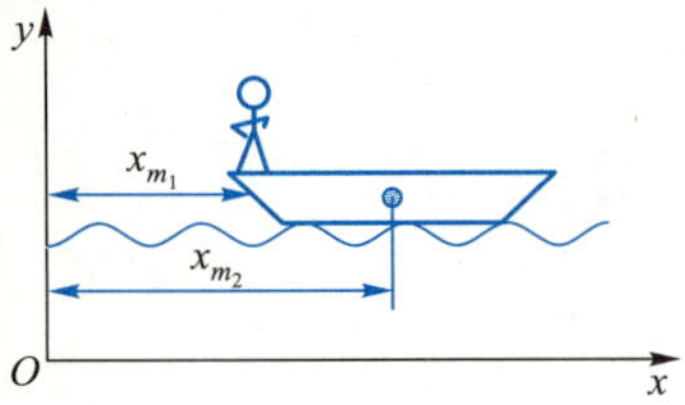

图 2-3-7 例 2-13 题图

2-3-7 所示，则人和船组成的质点系的质心坐标 x_C 为

$$x_C=\frac{m_1x_{m_1}+m_2x_{m_2}}{m_1+m_2} \tag{1}$$

当人走到船的另一端时，人的质心坐标为 x'_{m_1}，船的质心坐标为 x'_{m_2}，则人和船组成的质点系的质心坐标 x'_C 为

$$x'_C=\frac{m_1x'_{m_1}+m_2x'_{m_2}}{m_1+m_2} \tag{2}$$

因为船和人组成的质点系的质心坐标保持不变，即 $x_C=x'_C$，所以由式(1)、式(2)有

$$m_1x'_{m_1}+m_2x'_{m_2}=m_1x_{m_1}+m_2x_{m_2}$$

即
$$m_2(x'_{m_2}-x_{m_2})=-m_1(x'_{m_1}-x_{m_1}) \tag{3}$$

其中 $x'_{m_2}-x_{m_2}=s_{m_2}$ 为船的位移，$x'_{m_1}-x_{m_1}=s_{m_1}$ 为人的位移，按相对运动关系有

$$s_{m_1}=s_{m_1-m_2}+s_{m_2}$$

且当人从船尾走到船头时，有

$$s_{m_1-m_2}=L$$

即
$$x'_{m_1}-x_{m_1}=(x'_{m_2}-x_{m_2})+L \tag{4}$$

将式(4)代入式(3)，得

$$m_2(x'_{m_2}-x_{m_2})=-m_1(x'_{m_2}-x_{m_2})-m_1L$$

船的位移为

$$s_{m_2}=x'_{m_2}-x_{m_2}=-\frac{m_1}{m_2+m_1}L$$

负号表示沿 x 轴负方向移动。

五、碰撞

碰撞是生活中一种常见的现象，一般泛指物体在较短的时间内发生较强的相互作用的过程，例如打台球时台球之间的作用。用动量定理求解碰撞问题是动量定理的典型应用之一，下面对碰撞问题的相关概念及解决方法作一简单介绍。

通常按碰撞过程中物体系的形变恢复情况，将碰撞分为完全弹性碰撞、非完全弹性碰撞和完全非弹性碰撞三类。如果碰撞后物体可以完全恢复其形变，则称这种碰撞为**完全弹性碰撞**，在完全弹性碰撞中机械能守恒；如果碰撞后物体只能部分恢复其形变，则称这种碰撞为**非完全弹性碰撞**，在非弹性碰撞过程中，机械能不守恒；如果碰撞后两物体结合在一体共同运动，则称这种碰撞为**完全非弹性碰撞**，在完全非弹性碰撞过程中，物体的形变完全不恢复，机械能也不守恒。

以两个小球的对心碰撞（碰撞前后小球的速度都沿着小球的连心线方向）为例，如图 2-3-8 所示，设质量分别为 m_1 和 m_2 的两个小球，碰撞前的速度分别为 $\boldsymbol{v}_{10}$、$\boldsymbol{v}_{20}$，碰撞后的速度分别为 $\boldsymbol{v}_1$、$\boldsymbol{v}_2$，按动量守恒定律，有

$$m_1\boldsymbol{v}_{10}+m_2\boldsymbol{v}_{20}=m_1\boldsymbol{v}_1+m_2\boldsymbol{v}_2$$

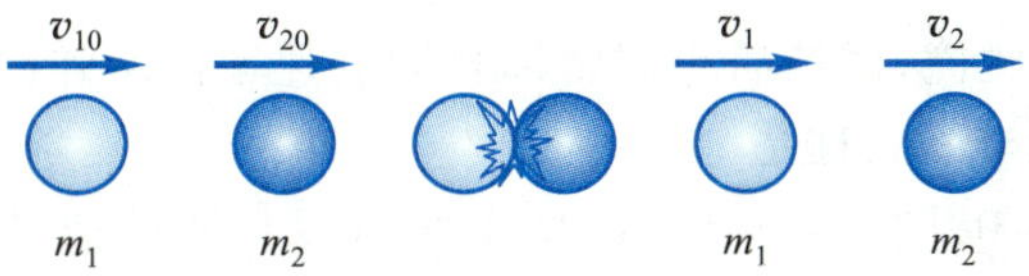

图 2-3-8 对心碰撞

动画 完全的弹性对心碰撞

一方面，由于是对心碰撞，碰撞前后小球的速度均在连心线上，上式可以写为标量形式，即

$$m_1v_{10}+m_2v_{20}=m_1v_1+m_2v_2$$

整理后有

$$m_1(v_{10}-v_1)=m_2(v_2-v_{20}) \tag{2-3-20}$$

另一方面，实验告诉我们，碰撞后两个小球的分离速度大小 v_2-v_1 与碰撞前的接近速度大小 $v_{10}-v_{20}$ 成正比，其比例系数与两球的材料性质有关，即

$$e=\frac{v_2-v_1}{v_{10}-v_{20}} \tag{2-3-21}$$

式中 e 称为恢复系数，反映了物体形变的恢复程度，其取值范围为 $0\leqslant e\leqslant 1$。

1. 完全弹性碰撞

在式（2-3-21）中，如果 $e=1$，则 $v_2-v_1=v_{10}-v_{20}$，即

$$v_{10}+v_1=v_2+v_{20} \tag{2-3-22}$$

将上式与式（2-3-20）两边相乘得

$$m_1(v_{10}^2-v_1^2)=m_2(v_2^2-v_{20}^2)$$

即

$$\frac{1}{2}m_1v_{10}^2+\frac{1}{2}m_2v_{20}^2=\frac{1}{2}m_1v_1^2+\frac{1}{2}m_2v_2^2$$

可见，系统的能量（动能）守恒。这种碰撞称为完全弹性碰撞。

视频 等大球碰撞

由式（2-3-20）与式（2-3-22）可以求得两小球碰撞后的速度

$$v_1=\frac{(m_1-m_2)v_{10}+2m_2v_{20}}{m_1+m_2} \tag{2-3-23}$$

$$v_2=\frac{(m_2-m_1)v_{20}+2m_1v_{10}}{m_1+m_2} \tag{2-3-24}$$

视频 大球碰小球

讨论：

（1） 当 $m_1=m_2$ 时，碰撞后 $v_1=v_{20}$、$v_2=v_{10}$。即质量相等的两个

视频 小球碰大球

质点在碰撞后交换速度。

(2) 当 $m_1 \gg m_2$ 时,碰撞后 $v_1 = v_{10}$,由式(2-3-22)有 $v_2 = 2v_{10} - v_{20}$,如果 $v_{20} = 0$,则 $v_2 = 2v_{10}$。即质量很大的大球与一个质量很小的静止小球发生碰撞,碰撞后小球将获得两倍大球的速度。

(3) 当 $m_1 \ll m_2$ 时,碰撞后 $v_2 = v_{20}$,由式(2-3-22)有 $v_1 = 2v_{20} - v_{10}$,如果 $v_{20} = 0$,则 $v_1 = -v_{10}$。即质量很小的球与一个质量很大的静止大球发生碰撞,碰撞后小球将以相同的速率被反弹回去。

2. 完全非弹性碰撞

如果 $e=0$,则 $v_2 = v_1 = v$,即两个物体以相同的速度 $\boldsymbol{v}$ 运动,不再分开,这种碰撞称为完全非弹性碰撞。按动量守恒,碰撞后两球一起运动的速度大小为

$$v = \frac{m_1 v_{10} + m_2 v_{20}}{m_1 + m_2}$$

由于形变不能恢复,总动能必定减少,动能损失为

$$\begin{aligned}\Delta E &= \frac{1}{2} m_1 v_{10}^2 + \frac{1}{2} m_2 v_{20}^2 - \frac{1}{2}(m_1 + m_2) v^2 \\ &= \frac{m_1 m_2 (v_{10} - v_{20})^2}{2(m_1 + m_2)}\end{aligned}$$

3. 非完全弹性碰撞

如果碰撞后两物体的形变能够部分恢复但不能完全恢复原状,此时,恢复系数 $0<e<1$,称为非完全弹性碰撞。一般的,在两物体碰撞时,由于非保守力的作用,致使机械能转化为热能、声能等其他形式的能量,机械能不再守恒。实际碰撞大多属于这类。在具体的碰撞问题中,恢复系数 e 值可以通过实验方法测定,然后,通过求解方程组

$$m_1 v_{10} + m_2 v_{20} = m_1 v_1 + m_2 v_2$$

$$e = \frac{v_2 - v_1}{v_{10} - v_{20}}$$

即可得到碰撞后的速度

$$v_1 = \frac{(m_1 - e m_2) v_{10} + (m_2 + e m_2) v_{20}}{m_1 + m_2} \qquad (2-3-25)$$

$$v_2 = \frac{(m_2 - e m_1) v_{20} + (m_1 + e m_1) v_{10}}{m_1 + m_2} \qquad (2-3-26)$$

2-4 角动量 角动量守恒

引入角动量概念最初是研究物体转动的需要,然而,对质点的一般运动,角动量的概念依然具有重要意义,尤其是研究有心力场中的质点运动,角动量的引入开辟了解决这类问题的新途径。

一、质点的角动量

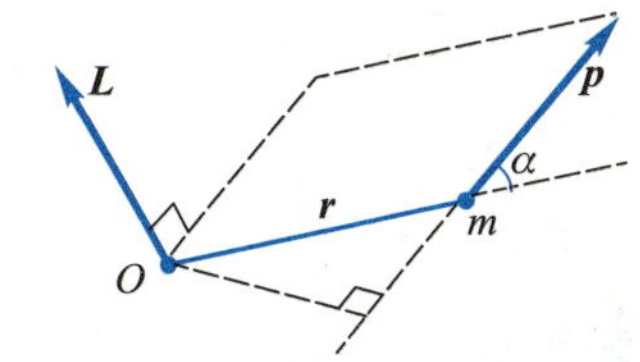

图 2-4-1 质点的角动量

动画 角动量

设质量为 m 的质点以速度 $\boldsymbol{v}$ 运动，相对于某固定点 O 的径矢为 $\boldsymbol{r}$，如图 2-4-1 所示，定义：**质点相对于固定点 O 的径矢 $\boldsymbol{r}$ 与质点动量 $\boldsymbol{p}$ 的矢积为该质点相对于 O 点的角动量**，用 $\boldsymbol{L}$ 表示，即

$$\boldsymbol{L}=\boldsymbol{r}\times\boldsymbol{p} \tag{2-4-1}$$

其大小为

$$L=rp\sin\alpha \tag{2-4-2}$$

其中 α 是质点位矢与动量之间的夹角。角动量的方向垂直于 $\boldsymbol{r}$ 和 $\boldsymbol{p}$ 组成的平面，其指向由右手螺旋定则确定，即用右手四指从 $\boldsymbol{r}$ 经小于 180°角的方向绕向 $\boldsymbol{p}$，则大拇指的指向为 $\boldsymbol{L}$ 的方向。

在国际单位制中，角动量的单位为 $\mathrm{kg\cdot m^2/s}$（千克二次方米每秒）。

在直角坐标系中，角动量的分量表示为

$$\boldsymbol{L}=\boldsymbol{r}\times\boldsymbol{p}=(x\boldsymbol{i}+y\boldsymbol{j}+z\boldsymbol{k})\times(p_x\boldsymbol{i}+p_y\boldsymbol{j}+p_z\boldsymbol{k})$$

$\boldsymbol{L}$ 在各坐标轴的分量为

$$\begin{aligned}L_x&=yp_z-zp_y\\L_y&=zp_x-xp_z\\L_z&=xp_y-yp_x\end{aligned} \tag{2-4-3}$$

分别称为对 x、y、z 轴的角动量。

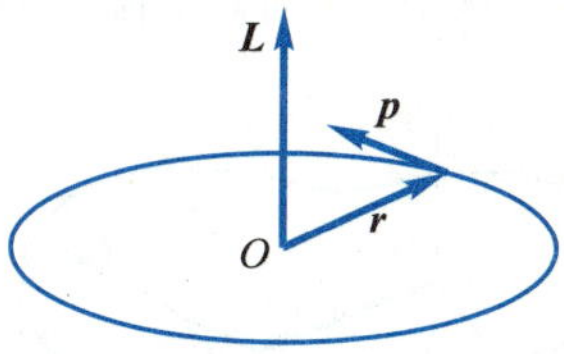

图 2-4-2 圆周运动的角动量

当质点绕 O 点作圆周运动时，如图 2-4-2 所示，此时 $\alpha=\pi/2$，则质点对圆心 O 点的角动量大小为

$$L=rp=rmv$$

方向垂直圆周面向上。

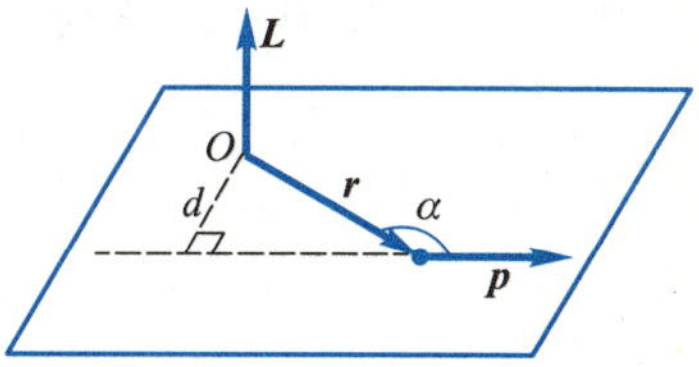

图 2-4-3 质点的角动量

动画 作直线运动的质点的角动量

当质点沿某一方向作直线运动时，如图 2-4-3 所示，此时 $r\sin\alpha=d$，对原点 O 的角动量大小为

$$L=rp\sin\alpha=mvd$$

方向垂直于 $\boldsymbol{r}$ 和 $\boldsymbol{p}$ 组成的平面向上。

由角动量的定义知道，质点的角动量与其动量有关，同时还与质点相对于固定点的矢径 $\boldsymbol{r}$ 有关，因此，$\boldsymbol{L}$ 的取值除了与惯性系的选择有关以外，还与固定点的位置有关，同一质点相对于不同的固定点径矢不同，因而其角动量也不同。因此，在说明一个质点的角动量时，必须明确是哪个参考系、对哪个固定点的。

二、力矩

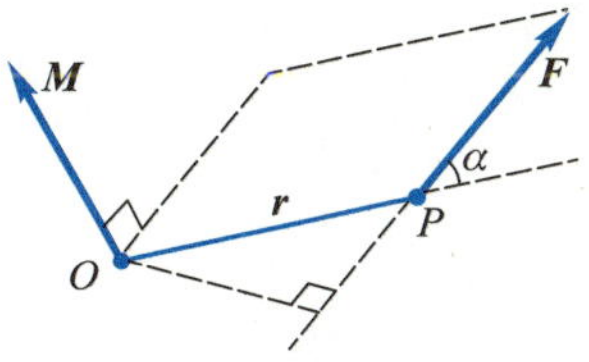

图 2-4-4 力对固定点的矩

如图 2-4-4 所示，设力的作用点在 P 点，定义：**P 点相对于固定点 O 的径矢 $\boldsymbol{r}$ 与力 $\boldsymbol{F}$ 的矢积为力 $\boldsymbol{F}$ 对 O 点的力矩**，用 $\boldsymbol{M}$ 表

示，即

$$\boldsymbol{M}=\boldsymbol{r}\times\boldsymbol{F} \tag{2-4-4}$$

其大小为

$$M=rF\sin\alpha \tag{2-4-5}$$

其中 α 是质点位矢与力之间的夹角。力矩的方向垂直于 $\boldsymbol{r}$ 和 $\boldsymbol{F}$ 组成的平面，其指向由右手螺旋定则确定，即用右手四指从 $\boldsymbol{r}$ 经小于 180° 角的方向绕向 $\boldsymbol{F}$，则大拇指的指向为 $\boldsymbol{M}$ 的方向。

动画 力矩

在国际单位制中，力矩的单位为 N · m（牛顿米）。

在直角坐标系中，力矩的分量表示为

$$\boldsymbol{M}=\boldsymbol{r}\times\boldsymbol{F}=(x\boldsymbol{i}+y\boldsymbol{j}+z\boldsymbol{k})\times(F_x\boldsymbol{i}+F_y\boldsymbol{j}+F_z\boldsymbol{k})$$

$\boldsymbol{M}$ 在各坐标轴的分量为

$$\begin{aligned}M_x&=yF_z-zF_y\\M_y&=zF_x-xF_z\\M_z&=xF_y-yF_x\end{aligned} \tag{2-4-6}$$

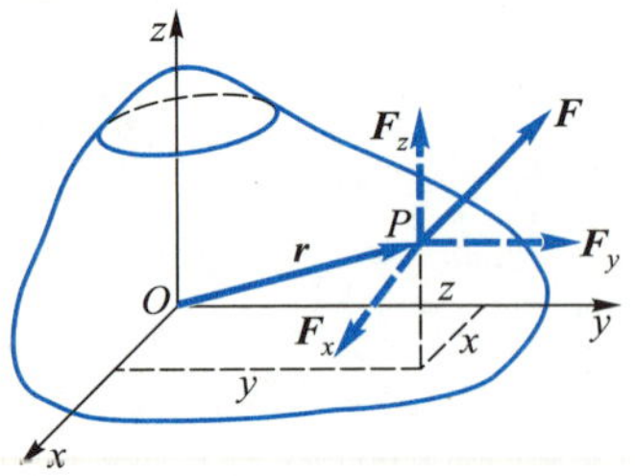

图 2-4-5 力对固定轴的力矩

分别称为力 $\boldsymbol{F}$ 对 x、y、z 轴的力矩，如图 2-4-5 所示。

如果 $\boldsymbol{r}$ 与 $\boldsymbol{F}$ 在 xOy 平面内，即垂直于 z 轴的平面内，如图 2-4-6所示，则

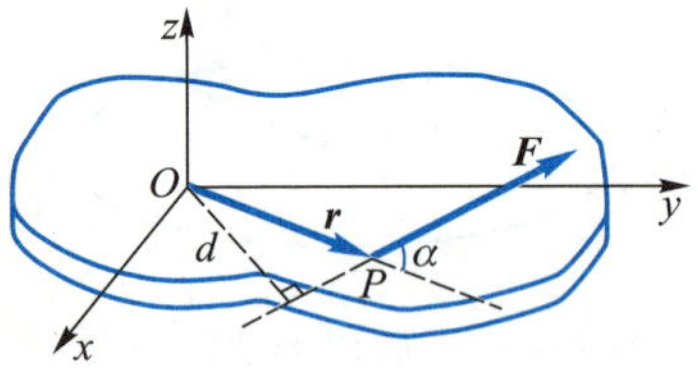

图 2-4-6 力与固定轴垂直

$$\begin{aligned}M_z&=xF_y-yF_x\\&=rF\sin\alpha\\&=Fd\end{aligned} \tag{2-4-7}$$

式中 d 称为力臂。

对于一个由 n 个质点组成的质点系，若作用在各质点上的力分别为 $\boldsymbol{F}_1$、$\boldsymbol{F}_2$、…、$\boldsymbol{F}_n$，作用点相对于固定点 O 的径矢分别为 $\boldsymbol{r}_1$、$\boldsymbol{r}_2$、…、$\boldsymbol{r}_n$，则对固定点 O 全部**外力矩的矢量和**为

$$\boldsymbol{M}=\sum_{i=1}^{n}\boldsymbol{M}_i=\sum_{i=1}^{n}\boldsymbol{r}_i\times\boldsymbol{F}_i \tag{2-4-8}$$

为叙述方便常常将其简称为**合外力矩**。

比较角动量 $\boldsymbol{L}=\boldsymbol{r}\times\boldsymbol{p}$ 与力矩 $\boldsymbol{M}=\boldsymbol{r}\times\boldsymbol{F}$ 的定义，它们在形式上完全一样，$\boldsymbol{r}\times\boldsymbol{F}$ 称为力矩，$\boldsymbol{r}\times\boldsymbol{p}$（角动量 $\boldsymbol{L}$）又称为动量矩。

三、角动量定理 角动量守恒

1. 质点的角动量定理

将角动量的定义式 $\boldsymbol{L}=\boldsymbol{r}\times\boldsymbol{p}$ 两边对时间求导，可得

$$\frac{\mathrm{d}\boldsymbol{L}}{\mathrm{d}t}=\boldsymbol{r}\times\frac{\mathrm{d}\boldsymbol{p}}{\mathrm{d}t}+\frac{\mathrm{d}\boldsymbol{r}}{\mathrm{d}t}\times\boldsymbol{p}$$

其中第一项

$$\boldsymbol{r}\times\frac{\mathrm{d}\boldsymbol{p}}{\mathrm{d}t}=\boldsymbol{r}\times\boldsymbol{F}=\boldsymbol{M}$$

$\boldsymbol{M}$ 为合外力对同一固定点的力矩。第二项

$$\frac{\mathrm{d}\boldsymbol{r}}{\mathrm{d}t}\times\boldsymbol{p}=\boldsymbol{v}\times m\boldsymbol{v}=\boldsymbol{0}$$

将上述两式代入前式得

$$\boldsymbol{M}=\frac{\mathrm{d}\boldsymbol{L}}{\mathrm{d}t} \tag{2-4-9}$$

上式说明,**质点所受的合外力矩等于它的角动量对时间的变化率**(力矩和角动量都是对惯性系中同一固定点的)。这一结论称为**质点的角动量定理**(微分形式)。

2. 质点系的角动量定理

对于由 n 个质点组成的质点系,**系统对固定点 O 的总角动量为各质点对 O 点角动量的矢量和**,即系统对 O 点的总角动量为

$$\boldsymbol{L}=\sum_{i=1}^{n}\boldsymbol{L}_i=\sum_{i=1}^{n}\boldsymbol{r}_i\times\boldsymbol{p}_i$$

两边对时间求导,可得

$$\frac{\mathrm{d}\boldsymbol{L}}{\mathrm{d}t}=\frac{\mathrm{d}}{\mathrm{d}t}\sum_{i=1}^{n}\boldsymbol{r}_i\times\boldsymbol{p}_i=\sum_{i=1}^{n}\left(\frac{\mathrm{d}\boldsymbol{r}_i}{\mathrm{d}t}\times\boldsymbol{p}_i+\boldsymbol{r}_i\times\frac{\mathrm{d}\boldsymbol{p}_i}{\mathrm{d}t}\right) \tag{2-4-10}$$

式中第一项

$$\frac{\mathrm{d}\boldsymbol{r}_i}{\mathrm{d}t}\times\boldsymbol{p}_i=\boldsymbol{v}_i\times\boldsymbol{p}_i=\boldsymbol{0} \tag{2-4-11}$$

式中第二项

$$\sum_{i=1}^{n}\boldsymbol{r}_i\times\frac{\mathrm{d}\boldsymbol{p}_i}{\mathrm{d}t}=\sum_{i=1}^{n}\boldsymbol{r}_i\times\boldsymbol{F}_i=\sum_{i=1}^{n}\boldsymbol{M}_i \tag{2-4-12}$$

其中$\boldsymbol{F}_i$ 为作用在第 i 个质点上的全部外力和全部内力的矢量和,$\boldsymbol{M}_i$ 为$\boldsymbol{F}_i$ 对固定点 O 的力矩。由于任何一对内力对同一固定点的力矩的矢量和必为零,所以,全部内力矩的矢量和 $\sum\limits_{i=1}^{n}\boldsymbol{M}_{i内}=\boldsymbol{0}$,这样,$\sum\limits_{i=1}^{n}\boldsymbol{M}_i=\sum\limits_{i=1}^{n}\boldsymbol{M}_{i外}=\boldsymbol{M}$ 为合外力矩,即作用在质点系上全部外力对同一固定点 O 的力矩的矢量和。因此,式(2-4-12)可写作

$$\sum_{i=1}^{n}\boldsymbol{r}_i\times\frac{\mathrm{d}\boldsymbol{p}_i}{\mathrm{d}t}=\boldsymbol{M} \tag{2-4-13}$$

将式(2-4-11)、式(2-4-13)代入式(2-4-10)得

$$\boldsymbol{M}=\frac{\mathrm{d}\boldsymbol{L}}{\mathrm{d}t} \tag{2-4-14}$$

上式说明:**质点系所受的合外力矩等于系统的角动量对时间的变化率**(力矩和角动量都是对惯性系中同一固定点的)。这一

结论称为**质点系的角动量定理**(微分形式)。

比较式(2-4-9)与式(2-4-14)可以看到,质点系的角动量定理与质点的角动量定理在形式上是相同的。但要明确:①对质点系来说,角动量变化为系统总角动量的变化,合外力矩为全部外力矩的矢量和;②单个质点的角动量改变仅仅与外力矩有关,但对于质点系中的任意一个质点来说,内力矩对角动量改变仍有影响。事实上,对质点系来说,内力矩的作用是将角动量从一个质点转移到另一个质点上去,总角动量保持不变。这一关系与 2-3 节质点和质点系的动量定理关系类似。

将式(2-4-9)与式(2-4-14)两边乘以 dt,并同时积分得

$$\int_0^t \boldsymbol{M}\,\mathrm{d}t=\boldsymbol{L}-\boldsymbol{L}_0 \tag{2-4-15}$$

式中 $\int_0^t \boldsymbol{M}\mathrm{d}t$ 称为作用于质点或质点系上的合外力矩的**冲量矩**,对质点系来说即作用在质点系上全部外力对同一固定点的力矩的**冲量矩的矢量和**;$\boldsymbol{L}_0$ 与 $\boldsymbol{L}$ 分别是质点或质点系始末状态的角动量。

上式表示:在一段时间内,**质点(质点系)角动量的增量等于作用于质点(质点系)的合外力矩的冲量矩**。这一结论称为**质点(质点系)角动量定理**(积分形式)。

在国际单位制中,冲量矩的单位为 N · m · s(牛顿米秒)。

3. 角动量守恒

由式(2-4-15)可知,对质点或质点系,如果合外力矩 $\boldsymbol{M}=\boldsymbol{0}$,则质点或质点系的角动量 $\boldsymbol{L}=\boldsymbol{L}_0$,即**当质点或质点系所受合外力矩为零时,质点或质点系的角动量守恒**。这一结论称为**质点或质点系的角动量守恒定律**。

由于角动量 $\boldsymbol{L}$ 是矢量,角动量守恒意味着角动量的大小和方向均保持不变。**如果力矩 $\boldsymbol{M}\neq\boldsymbol{0}$ 但 $\boldsymbol{M}$ 对某个轴**(例如 z 轴)**的分量为零,则质点或质点系对该轴的角动量守恒**。这就是**质点或质点系对轴的角动量守恒定律**。

角动量守恒定律是一条普遍的规律,存在于很多自然现象中。例如,行星受恒星引力作用作椭圆轨道运动,引力的作用线始终通过恒星中心,这样的力称为有心力。由于有心力对力心的力矩恒为零,因此,受有心力作用的质点对力心的角动量守恒。

在太阳引力的作用下,地球 m 绕太阳中心 O 点作椭圆轨道运动,由于引力 $\boldsymbol{F}$ 总是指向 O 点,如果以 O 为参考点,则太阳引力 $\boldsymbol{F}$ 对于中心 O 点的力矩 $\boldsymbol{M}=\boldsymbol{r}\times\boldsymbol{F}=\boldsymbol{0}$,因此,地球对太阳中心 O 点的角动量守恒。即

$$\boldsymbol{L}=\boldsymbol{r}\times m\boldsymbol{v}=\text{常矢量}$$

下面我们运用角动量守恒来推导出开普勒第二定律。

如图 2-4-7 所示，dt 时间内地球的位移为 $\boldsymbol{v}dt$，对太阳中心 O 点所张的面积 $dS=\frac{1}{2}|\boldsymbol{r}\times\boldsymbol{v}dt|$，$dS$ 亦即 dt 时间内地球所掠过的轨道平面面积，$\frac{dS}{dt}=\frac{1}{2}|\boldsymbol{r}\times\boldsymbol{v}|$称为掠面速度。

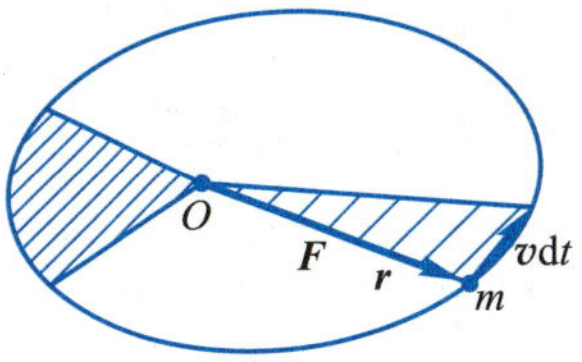

图 2-4-7 角动量守恒

动画 开普勒第二定律

由于 $\boldsymbol{L}=\boldsymbol{r}\times m\boldsymbol{v}=$常矢量，所以掠面速度$\frac{dS}{dt}=\frac{1}{2}|\boldsymbol{r}\times\boldsymbol{v}|$保持不变。这就是著名的开普勒第二定律。

例 2-14 如图 2-4-8 所示，一水平光滑的桌面中心开有一小孔 O，质量为 m 的小方块系于绳的一端并置于桌面上，绳子的另一端穿过小孔并受拉力 $\boldsymbol{F}$ 作用，开始小方块以初始速率 v_0 绕 O 点作半径为 r_0 的圆周运动，现在拉力 $\boldsymbol{F}$ 通过绳子使小球的半径减少到 r，问小球的速率为多少？拉力 $\boldsymbol{F}$ 做了多少功？

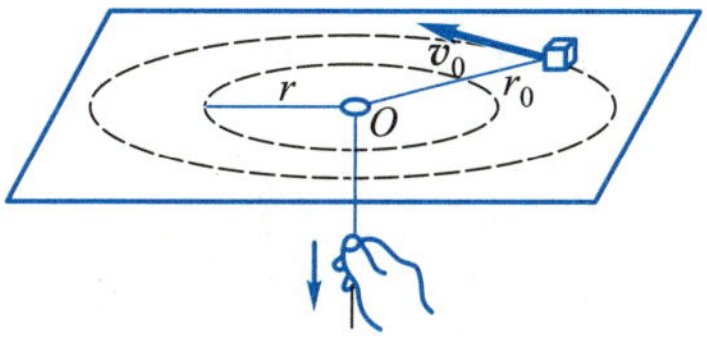

图 2-4-8 例 2-14 题图

解：在水平面内小球受绳子拉力 $\boldsymbol{F}$ 的作用，$\boldsymbol{F}$ 通过 O 点，以 O 点为参考点，合力矩为零，因此，小球对 O 点的角动量守恒，即

$$mr_0v_0=mrv$$

即

$$v=\frac{r_0}{r}v_0$$

质点的动能变化为

$$\Delta E_k=\frac{1}{2}mv^2-\frac{1}{2}mv_0^2=\frac{1}{2}mv_0^2\left[\left(\frac{r_0}{r}\right)^2-1\right]$$

视频 角动量守恒

按动能定理，拉力 $\boldsymbol{F}$ 所做的功为

$$W=\Delta E_k=\frac{1}{2}mv_0^2\left[\left(\frac{r_0}{r}\right)^2-1\right]$$

因为 $r<r_0$，所以 $W>0$。

例 2-15 质量为 m 的火箭，以水平速度 $\boldsymbol{v}_0$ 沿地球表面从 A 点发射出去，如图 2-4-9 所示。地轴 OO' 与 $\boldsymbol{v}_0$ 平行，火箭的运动轨道与地轴 OO' 相交于距 O 为 $3R$ 的 C 点。不考虑地球的自转和空气阻力。求：火箭在 C 点的速度 $\boldsymbol{v}$ 与 $\boldsymbol{v}_0$ 之间的夹角 θ。（设地球的质量为 m_E、半径为 R。）

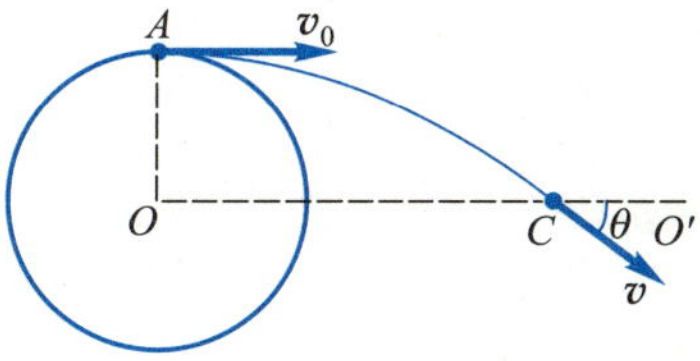

图 2-4-9 例 2-15 题图

解：选择地球和火箭为系统，运动过程中物体系机械能守恒，于是

$$\frac{1}{2}mv_0^2-G\frac{m_Em}{R}=\frac{1}{2}mv^2-G\frac{m_Em}{3R} \tag{1}$$

由于受有心力作用，以地心 O 点为参考点，系统角动量守恒，即

$$mv_0R=mv\cdot 3R\sin\theta \tag{2}$$

联立求解方程(1)、(2)可得

$$\sin\theta=\sqrt{\frac{Rv_0^2}{3(3Rv_0^2-4Gm_E)}}$$

即
$$\theta=\arcsin\sqrt{\frac{Rv_0^2}{3(3Rv_0^2-4Gm_E)}}$$

内容概要

一、牛顿运动定律

1. 牛顿第一定律　惯性和力的概念以及惯性系定义。

2. 牛顿第二定律 $\boldsymbol{F}=m\boldsymbol{a}$，具有矢量性、瞬时性与叠加性。

在直角坐标系中，其分量式为

$$F_x=ma_x=m\frac{\mathrm{d}v_x}{\mathrm{d}t}=m\frac{\mathrm{d}^2x}{\mathrm{d}t^2}$$

自然坐标系分量式

$$F_n=m\frac{v^2}{\rho},\quad F_t=ma_t=m\frac{\mathrm{d}v}{\mathrm{d}t}$$

3. 牛顿第三定律　作用力与反作用力的方向是在同一直线上的，作用在不同的物体上，不能抵消，它们同时出现，同时消失，是同类型的力。

二、力学中常见的力及基本自然力

1. 万有引力和重力 $\boldsymbol{F}=-G\dfrac{m_1m_2}{r^2}\boldsymbol{e}_r$，$W=mg$，$g=G\dfrac{m'}{R^2}$（$m'$为天体质量），通常取 $g=9.8\ \mathrm{m\cdot s^{-2}}$

2. 弹性力　$\boldsymbol{F}=-kx\boldsymbol{i}$

3. 摩擦力　$F_{f,\max}=\mu_0F_N$，　$F_k=\mu F_N$

4. 流体阻力、黏性阻力　$F_d=6\pi\eta rv$，压差阻力　$F_d=\dfrac{1}{2}C\rho Av^2$

5. 自然界中存在四种基本作用力——弱相互作用、强相互作用、电磁力和万有引力，任何其他作用力都可以归属于这四种基本作用力的范畴。

三、牛顿运动定律的解题步骤

1. 明确对象，认清状态。

2. 隔离物体，受力分析。

3. 选定坐标，建立方程。

4. 求解方程，讨论结果。

四、非惯性系　惯性力

1. 牛顿运动定律成立的参考系称为惯性系；牛顿运动定律不

成立的参考系称为非惯性系。

2. 惯性力　在非惯性系中引入的来自参考系本身加速度效应的假想力，在平动加速参考系中$\boldsymbol{F}_{\mathrm{i}}=-m\boldsymbol{a}$

3. 非惯性系下的牛顿第二定律　$\sum_i \boldsymbol{F}_i+\boldsymbol{F}_{\mathrm{I}}=m\boldsymbol{a}$

五、力的空间累积效应

1. 功　$\mathrm{d}W=\boldsymbol{F}\cdot\mathrm{d}\boldsymbol{r}$，　$W_{ab}=\int_a^b \mathrm{d}W=\int_a^b \boldsymbol{F}\cdot\mathrm{d}\boldsymbol{r}$

直角坐标系中　$W=\int_{x_a}^{x_b} F_x\mathrm{d}x+\int_{y_a}^{y_b} F_y\mathrm{d}y+\int_{z_a}^{z_b} F_z\mathrm{d}z$

自然坐标系中　$W=\int_a^b F_{\mathrm{t}}\mathrm{d}s$

2. 动能定理

单个质点　$W_{ab}=E_{\mathrm{k}2}-E_{\mathrm{k}1}$

质点系　$W_{外}+W_{内}=E_{\mathrm{k}2}-E_{\mathrm{k}1}$

3. 保守力　势能

保守力　$\oint_L \boldsymbol{F}\cdot\mathrm{d}\boldsymbol{l}=0$

势能函数　$W_{ab}=-(E_{\mathrm{p}b}-E_{\mathrm{p}a})$，$E_{\mathrm{p}a}=\int_a^{E_{\mathrm{p}}=0} \boldsymbol{F}\cdot\mathrm{d}\boldsymbol{r}$

重力势能　$E_{\mathrm{p}}=mgz+C$

弹性势能　$E_{\mathrm{p}}=\dfrac{1}{2}kx^2+C$

引力势能　$E_{\mathrm{p}}=-G\dfrac{m_1m_2}{r}+C$

4. 功能原理　机械能守恒定律

$$W_{外}+W_{内非}=E_2-E_1$$

若 $W_{外}+W_{内非}=0$，则 $E_2=E_1$，即系统机械能守恒。

六、力的时间累积效应

1. 动量定理：合外力的冲量等于质点（质点系）动量的增量，即 $\mathrm{d}\boldsymbol{p}=\boldsymbol{F}\mathrm{d}t$

积分形式　$\int_{t_1}^{t_2}\boldsymbol{F}\mathrm{d}t=\int_{p_1}^{p_2}\mathrm{d}\boldsymbol{p}=\boldsymbol{p}_2-\boldsymbol{p}_1$

2. 动量守恒定律：若质点系所受的合外力为零时，则

$$\boldsymbol{p}=\sum_{i=1}^{n}\boldsymbol{p}_i=\boldsymbol{p}_0$$

3. 质心　$\boldsymbol{r}_C=\sum_i m_i\boldsymbol{r}_i/m$　或　$\boldsymbol{r}_C=\dfrac{\int \boldsymbol{r}\mathrm{d}m}{\int \mathrm{d}m}$

4. 质心运动定理 $\sum_i \boldsymbol{F}_i = m\boldsymbol{a}_C$

5. 碰撞 恢复系数 $e=\dfrac{v_2-v_1}{v_{10}-v_{20}}$，$0\leqslant e\leqslant 1$。

$e=1$，系统的能量(动能)守恒，称为完全弹性碰撞。

$e=0$，即两个物体以相同的速度 $\boldsymbol{v}$ 运动，称为完全非弹性碰撞。

$0<e<1$，称为非完全弹性碰撞。

七、角动量 角动量守恒

1. 对点的角动量 $\boldsymbol{L}=\boldsymbol{r}\times\boldsymbol{p}$

在坐标轴上的分量即对该轴的角动量 $L_x=yp_z-zp_y$，$L_y=zp_x-xp_z$，$L_z=xp_y-yp_x$。

2. 对点力矩 $\boldsymbol{M}=\boldsymbol{r}\times\boldsymbol{F}$

在坐标轴上的分量即对该轴的力矩 $M_x=yF_z-zF_y$，$M_y=zF_x-xF_z$，$M_z=xF_y-yF_x$。

3. 角动量定理 $\boldsymbol{M}=\dfrac{\mathrm{d}\boldsymbol{L}}{\mathrm{d}t}$ 积分形式 $\int_0^t \boldsymbol{M}\mathrm{d}t=\boldsymbol{L}-\boldsymbol{L}_0$

式中 $\boldsymbol{M}$ 为外力矩的矢量和，通常简称合外力矩，$\boldsymbol{L}$ 为对同一点或同一轴的角动量。

4. 角动量守恒

当质点或质点系所受合外力矩为零时，质点或质点系的角动量守恒。若质点只受有心力则作用，则质点对力心的角动量守恒。

如果力矩 $\boldsymbol{M}\neq\boldsymbol{0}$ 但 $\boldsymbol{M}$ 对某个轴(例如 z 轴)的分量 M_z 为零，则系统对该轴的角动量 L_z 守恒。

阅读材料2 自然界中的对称性和物理学中的守恒定律

只要留心生活，我们便会发现在自然界中存在着许多具有几何对称性的事物(图1)，如人和动物的形体，植物的叶子和花的形状。由于人类对自然界的观察，特别是对自身形体对称性的偏爱，使得对称性成了古代基本的美学要素，因而可以毫不夸张地说，对称性是人们在观察自然和认识自然的过程中产生的一种古老的观念，它能给人以一种圆满、匀称的美感[1]。在古代文明的很多领域都可以发现对称性的观念，如古代的建筑物和手工饰品，甚至在文学创作领域也有不少体现镜像对称的回文诗和回文联，即回环往复都能诵读。如著名的清代才女吴绛雪所作的《四时山水诗》，其中一首夏景诗："香莲碧水动风凉，水动风凉夏日长，长日夏凉风动水，凉风动水碧莲香。”感兴趣的读者可以在网上查找更多有意思、有意境的回文诗。

图 1　日常生活中的对称性

我们日常生活中常说的对称性，是指物体或一个系统各部分之间的适当比例、平衡、协调一致，从而产生一种简单性和美感，这种美来源于几何确定性，来源于群体与个体的有机结合。对称性的普遍而严格的定义是由德国数学家魏尔（Weyl H）于 1951 年提出的：“对某一体系进行一次变换或操作，如果经此操作后，该体系完全复原，则称该体系对所经历的操作是对称的，而该操作就叫对称操作。”一般来说，如图 2 所示，物理学中常见的对称操作主要有：空间变换中的空间平移即位矢 $\boldsymbol{r}\to\boldsymbol{r}+\boldsymbol{r}_0$；空间转动及空间的各向同性，如球体的转动；镜像反射，如平面镜成像；空间反演操作，也就是将坐标（x、y、z）变成（$-x$、$-y$、$-z$）的变换，相应的对称性称为空间反演对称性，或宇称。时间变换中有时间平移和时间反演对称操作。

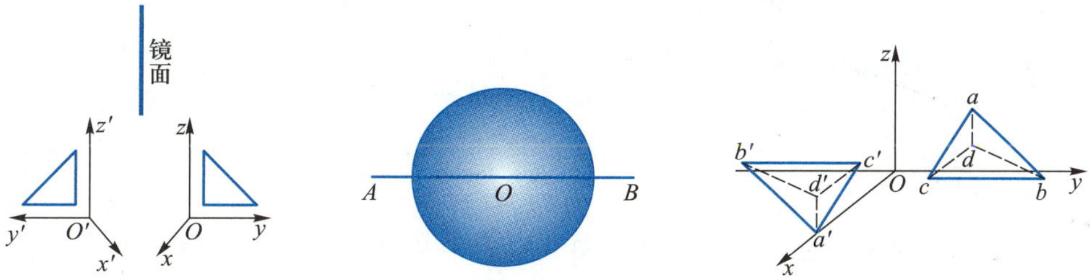

图 2　镜像反射，空间转动和空间反演操作

在对物质运动基本规律的探索中，对称性和守恒定律的研究占有重要的地位。从历史发展过程来看，无论是经典物理学还是近代物理学，一些重要的守恒定律常常早于普遍的运动规律而被认识。质量守恒、能量守恒、动量守恒、电荷守恒就是人们最早认识的一批守恒定律。人们在长期的探索和研究中，认识到守恒定律与对称性之间存在着密切的联系，这种联系的根源，在于自然界存在着某些基本属性。它们的出现也不是偶然的，而是因为物理规律具有多种对称性的必然结果。这些守恒定律的确立为后来认识普遍运动规律提供了线索和启示。在物理学的发展历程中，研究对称性与守恒定律的关系，始终是既重要又深刻的问题，是物理学家进行科学研究和探索未知的智慧源泉之一。

曾经有许多物理学家都为寻找物理定律中的对称和守恒关系进行过艰苦的工作，1918年德国女数学家诺特(E. Noether，1882—1935)在获得讲课的权力之后，发表了著名的关于对称和守恒内禀关系的诺特定理，即如果运动规律在某一不依赖于时间的变换下具有不变性，那么必然相应地存在一个守恒定律和守恒量[2]。诺特定理告诉我们，一个没有对称性的世界，物理定律也变动不定。因此物理学家们已经形成一种思维定式：只要发现了一种新的对称性，就要去寻找相应的守恒定律；反之，只要发现了一条守恒定律，也总要把相应的对称性找出来。

那么在物理学中，对称与守恒到底有什么样的关系呢？物理学中常见的物理定律的对称性主要有：(1)物理定律的空间平移对称性；(2)物理定律的转动对称性；(3)物理定律的时间平移对称性。运动定律的空间平移对称性将导致动量守恒定律，时间平移对称性将导致能量守恒定律，空间各向同性(空间旋转对称性)会导致角动量守恒定律。下面我们将分别了解一下它们是如何对应的。

1. 空间平移对称性和动量守恒定律

如图3所示，考虑由一对粒子A和B组成的系统，它们的相互作用势能为E_p。现将A沿任意方向移动到A'，位移造成势能的改变量为$\Delta E_p=-\boldsymbol{F}_{BA}\cdot\Delta\boldsymbol{s}$，等于$B$对$A$所做的功；若$A$不动，将$B$沿反方向移动相等的距离到$B'$，则势能的改变量为$\Delta E_p'=-\boldsymbol{F}_{AB}\cdot(-\Delta\boldsymbol{s})=\boldsymbol{F}_{AB}\cdot\Delta\boldsymbol{s}$，等于抵抗$A$对$B$的力所做的功。

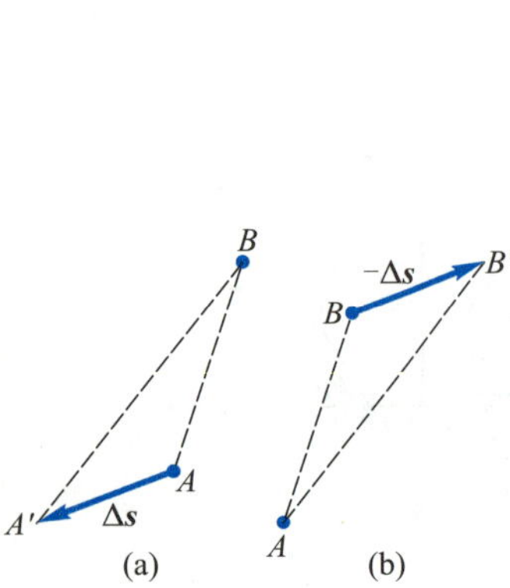

图3 空间平移对称性与动量守恒

上述两种情况终态的区别仅在于由两粒子组成的系统整体在空间有个平移，它们的相对位置$\overline{A'B}=\overline{AB'}$，是一样的。空间平移对称性意味着两粒子之间的相互作用势能只与它们的相对位置有关，与它们整体在空间的平移无关，从而两种情况终态的势能应该是相等的。即 $E_p+\Delta E_p=E_p+\Delta E'_p$，所以 $\Delta E_p=\Delta E'_p$ 即 $-\boldsymbol{F}_{AB}\cdot\Delta\boldsymbol{s}=\boldsymbol{F}_{AB}\cdot\Delta\boldsymbol{s}$，因此：

$$-\boldsymbol{F}_{BA}=\boldsymbol{F}_{AB}$$

由牛顿第二定律，有 $\boldsymbol{F}_{BA}=\dfrac{\mathrm{d}\boldsymbol{p}_A}{\mathrm{d}t}$，$\boldsymbol{F}_{AB}=\dfrac{\mathrm{d}\boldsymbol{p}_B}{\mathrm{d}t}$，可得

$$\frac{\mathrm{d}\boldsymbol{p}_A}{\mathrm{d}t}+\frac{\mathrm{d}\boldsymbol{p}_B}{\mathrm{d}t}=\frac{\mathrm{d}(\boldsymbol{p}_A+\boldsymbol{p}_B)}{\mathrm{d}t}=\mathbf{0}$$

即二粒子体系的总动量 $\boldsymbol{p}_A+\boldsymbol{p}_B$ 不随时间改变，这就是动量守恒。如此，我们从空间的平移不变性推出了动量守恒定律。

2. 空间转动对称性与角动量守恒定律

我们仍考虑两粒子 A 和 B 组成的系统（图 4），固定 B，将 A 沿以 B 为圆心的圆弧移动到 A'，相互作用势能的改变量 $\Delta E_p=-\boldsymbol{F}_{BA}\cdot\Delta\boldsymbol{s}$，转动对称性意味着两粒子之间的相互作用势能与二者之间的连线在空间的取向无关。上述操作不应改变它们之间的势能，即有 $\Delta E_p=0$，即相互作用力的切向分量 $(F_{BA})_\tau=0$，则 A 相对于转动中心 B 的力矩 $\boldsymbol{M}=\dfrac{\mathrm{d}\boldsymbol{L}}{\mathrm{d}t}=\mathbf{0}$，此即角动量守恒定律。

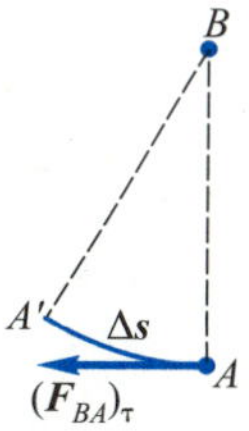

图 4　空间转动对称性与角动量守恒定律

3. 时间平移对称性和机械能守恒定律

在保守系统中，物体之间的相互作用可通过相互作用势来表达，在一维的情况下，物体所受的力与势函数之间存在如下关系：

$$F=-\frac{\mathrm{d}E_p}{\mathrm{d}x}$$

时间平移对称性，或者说时间均匀性意味着这种相互作用势只与两粒子的相对位置有关。即：对于同样的相对位置，粒子间的相互作用势不会随着时间而改变。在一维情况下有 $E_p=E_p(x)$，保守系统中的物体，在势场中从位置 x_1 移动到位置 x_2 时所做的功为

$$W_{12}=\int_{x_1}^{x_2}F(x)\,\mathrm{d}x=-\int_{x_1}^{x_2}\frac{\mathrm{d}E_p}{\mathrm{d}x}\mathrm{d}x=-\int_{x_1}^{x_2}\mathrm{d}E_p$$

根据动能定理，力 F 对物体所做的功 W_{12} 等于物体末状态与初状态动能之差。即 $W_{12}=E_{k2}-E_{k1}$。

联立以上两式便得 $E_{p1}+E_{k1}=E_{p2}+E_{k2}=$ 常量，这便从时间均匀性推导出了机械能守恒定律，与时空对称性相联系的三个守恒定律比一般的力学规律具有更大的适用范围，而“对称性”则是凌驾于物理规律之上的自然界的一条基本规律。

对称性给我们的生活带来很多的美，也给科学家认识自然打开了一扇智慧的窗户。狄拉克从他的狄拉克方程的对称性，预言了正电子的存在，开启了人们对反粒子、反物质的探索。爱因斯坦从物理定律对参考系的不变性出发，建立了狭义相对论和广义相对论。如果说自然界的统一之美源自对称性，那自然界的多样性便是由对称性的破缺来造就的。如 DNA 分子左右镜像对称的破缺导致了生命的起源。不同时空、不同种类的粒子、不同种类的相互作用、整个复杂纷纭的自然界，包括人类自身，都是对称性自发破缺的产物。

参考文献

[1] 颜振珏. 对称性与守恒律[J]. 黔南民族师范学院学报，2003(3)：13-16.

[2] 黄祖洽. 黄祖洽文存[M]. 北京：北京师范大学出版社，1998：88-89.

思考题

2-1. 有人认为牛顿第一定律是牛顿第二定律的一个特例，因而是不必要的，你的看法如何？

2-2. 有人说："人推动了车是因为推车的力大于车反推人的力。"这话对吗？为什么？

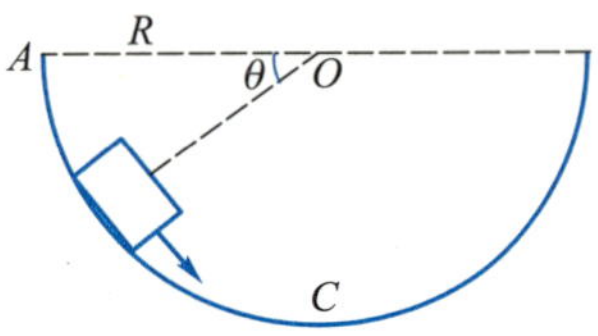

思考题 2-3 图

2-3. 如图所示，假设物体沿着竖直面上的圆弧形轨道下滑，轨道是光滑的，在从 A 至 C 的下滑过程中，下面哪个说法是正确的(　　)

A. 它的加速度大小不变，方向永远指向圆心

B. 轨道支持力的大小不断增加

C. 它的合外力大小变化，方向永远指向圆心

D. 它的合外力大小不变，它的速率均匀增加

2-4. 用水平力 $\boldsymbol{F}_{\mathrm{N}}$ 把一个物体压着靠在粗糙的竖直墙面上保持静止，当 $\boldsymbol{F}_{\mathrm{N}}$ 逐渐增大时，物体所受的静摩擦力 $\boldsymbol{F}_{\mathrm{f}}$ 的大小(　　)

A. 不为零，但保持不变

B. 随 $\boldsymbol{F}_{\mathrm{N}}$ 成正比的增大

C. 开始随 $\boldsymbol{F}_{\mathrm{N}}$ 增大而增大，达到一定值时保持不变

D. 无法确定

2-5. 圆柱形容器内装有一定量的液体，若它们一起绕圆柱轴以角速度 ω 匀速转动，试问稳定旋转时液面的形状如何？

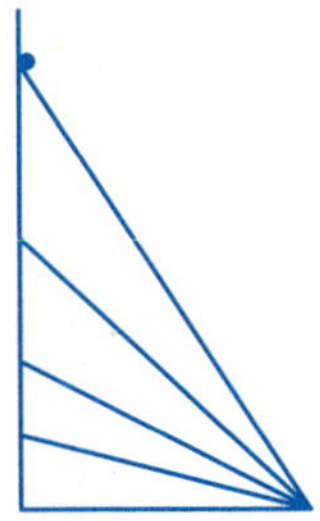

思考题 2-6 图

2-6. 几个不同倾角的光滑斜面，有共同的底边，顶点也在同一竖直面上，如图所示. 为使一物体(视为质点)从斜面上端由静止

滑到下端的时间最短,则斜面的倾角应选(　　)

A. 60°　　B. 45°　　C. 30°　　D. 15°

2-7. 如图所示,小球 A 用轻弹簧 O_1A 与轻绳 O_2A 系住;小球 B 用轻绳 O'_1B 与 O'_2B 系住,今剪断 O_2A 绳和 O'_2B 绳,在刚剪断的瞬间,A、B 球的加速度量值和方向是否相同?

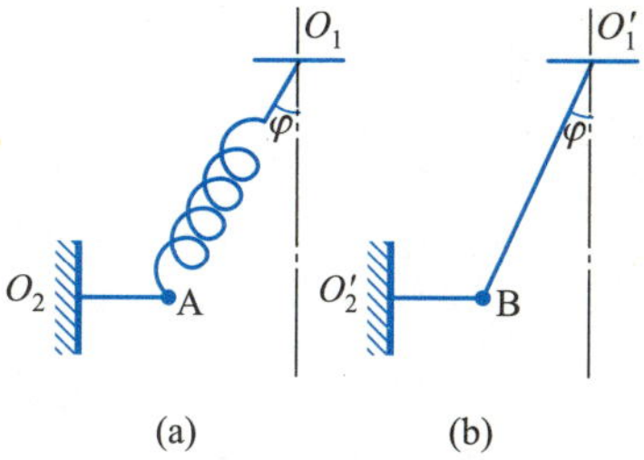

思考题 2-7 图

2-8. 如图所示,弹簧秤两端跨过两个定滑轮,分别系着质量为 10 kg、30 kg 的物体。不计弹簧秤的质量,秤上的读数是(　　)

A. 10 kg　　B. 15 kg　　C. 20 kg　　D. 30 kg

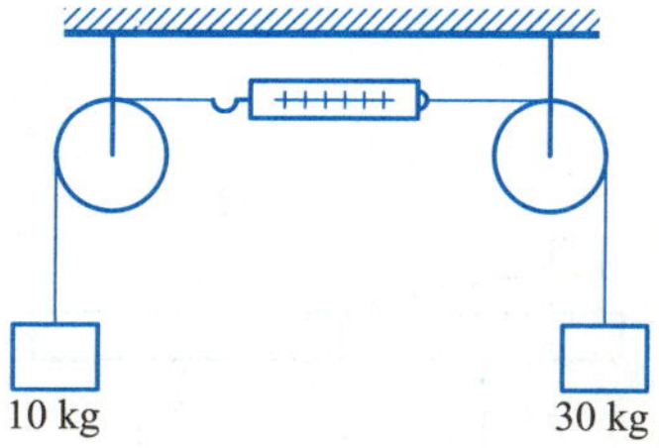

思考题 2-8 图

2-9. 叙述质点和质点系动能变化定理,写出它们的表达式,指出定理的成立条件。

2-10. A 和 B 两物体放在水平面上,它们受到的水平恒力 $\boldsymbol{F}$ 一样,位移 $\boldsymbol{s}$ 也一样,但一个接触面光滑,另一个粗糙。$\boldsymbol{F}$ 力做的功是否一样?两物体动能增量是否一样?

2-11. 当某力的冲量为零时,该力在相同时间内的功是否一定为零?反之,当力的功为零时,在同一时间内该力的冲量是否一定为零?

2-12. 飞机在水平面内绕圆圈匀速率飞行一圈。对此有两种说法:(1)飞机的速率不变,故飞机的动量守恒。(2)飞机受向心力 $F=mv^2/r$ 作用,而飞机飞一周用去时间 $\Delta t=2\pi r/v$,所以合力的冲量 $F\Delta t=2\pi mv$,所以动量不守恒。试对这两种意见进行评论。

2-13. 质点系内力做功既改变各个质点的动能又能改变系统的动能,而内力却不能改变体系的动量。对此应如何理解?

2-14. 质点系的质心处是否一定有质量?固体的质心是否一定在固体之内?

2-15. 系统的动量守恒时,其机械能是否一定守恒?当机械能守恒时,其动量是否一定守恒?试举例说明你的判断。

2-16. 一质量为 5 kg 的物体,其所受力 F 随时间的变化关系如图所示,设物体从静止开始运动,则 20 s 末物体的速度为多少?

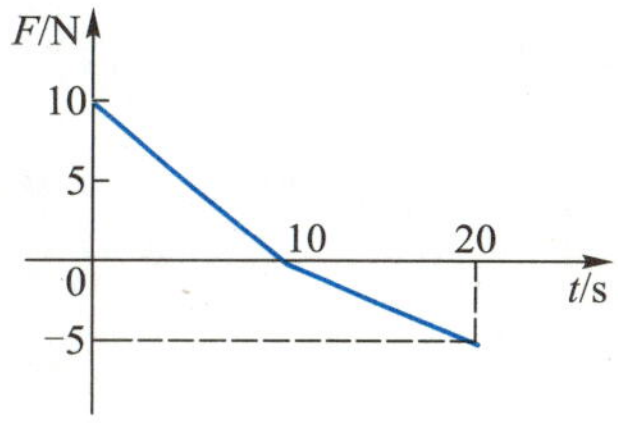

思考题 2-16 图

2-17. 下列说法哪种正确(　　)

A. 如果质点的动能不变,则动量也一定不变

B. 如果质点的动能变化,则动量不一定变化

C. 如果质点的动量变化,则动能也一定变化

D. 如果质点的动量不变,则动能也一定不变

2-18. 力 $\boldsymbol{F}=(3\boldsymbol{i}+5\boldsymbol{j})$ kN,其作用点的径矢为 $\boldsymbol{r}=(4\boldsymbol{i}-3\boldsymbol{j})$ m,则该力对坐标原点的力矩大小为(　　)

A. −3 kN · m　　B. 29 kN · m

C. 19 kN · m　　D. 3 kN · m

2-19. 有两个力作用在一个有固定转轴的刚体上,

(1) 这两个力都平行于轴作用时,它们对轴的合力矩一定是零;

(2) 这两个力都垂直于轴作用时,它们对轴的合力矩可能是零;

(3) 当这两个力的合力为零时,它们对轴的合力矩也一定是零;

(4) 当这两个力对轴的合力矩为零时,它们的合力也一定是零。

在上述说法中,(　　)

A. 只有(1)是正确的

B. (1)、(2)正确,(3)、(4)错误

C. (1)、(2)、(3)都正确,(4)错误

D. (1)、(2)、(3)、(4)都正确

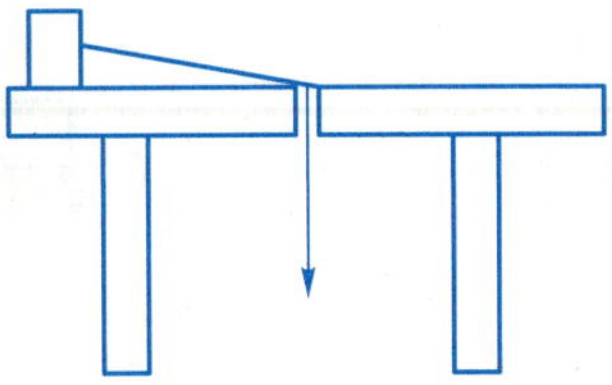

思考题 2-20 图

2-20. 如图所示,有一个小块物体,置于一个光滑的水平桌面上,有一绳其一端连接此物体,另一端穿过桌面中心的小孔,该物体原以角速度 ω 在距孔为 R 的圆周上转动,今将绳从小孔缓慢往下拉,则该物体(　　)

A. 动能不变,动量改变

B. 动量不变,动能改变

C. 角动量不变,动能、动量都改变

D. 角动量改变,动量改变

2-21. 一力学系统由两个质点组成,它们之间只有引力作用。若两质点所受外力的矢量和为零,则此系统(　　)

A. 动量、机械能以及对一轴的角动量都守恒

B. 动量、机械能守恒,但角动量是否守恒不能断定

C. 动量守恒,但机械能和角动量守恒与否不能断定

D. 动量和角动量守恒,但机械能是否守恒不能断定

习题

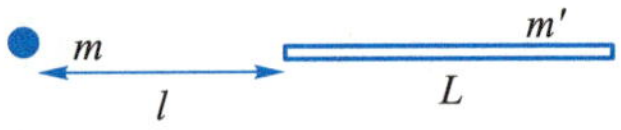

习题 2-1 图

2-1. 如图所示,一质点 m 旁边放一长度为 L、质量为 m' 的杆,杆离质点近端距离为 l,求该系统的万有引力。

2-2. 一质量为 2 kg 的质点,在 xy 平面上运动,受到外力 $\boldsymbol{F}=4\boldsymbol{i}-24t^2\boldsymbol{j}$(SI 单位)的作用,$t=0$ 时,它的初速度为 $\boldsymbol{v}_0=(3\boldsymbol{i}+4\boldsymbol{j})$ m/s,求 $t=1$ s 时质点的速度及受到的法向力 $\boldsymbol{F}_n$。

2-3. 装沙子后总质量为 m' 的车由静止开始运动,运动过程中合外力始终为 F,每秒漏沙量为 ρ,求车的运动速度。

2-4. 质量为 16 kg 的质点在 xOy 平面内运动,受一恒力作用,力的分量为 $F_x=6$ N,$F_y=-7$ N,当 $t=0$ 时,$x=y=0$,$v_x=-2\ \mathrm{m\cdot s^{-1}}$,

$v_y=0$。求：当 $t=2$ s 时质点的(1)位矢；(2)速度。

2-5. 设一物体在离地面上空高度等于地球半径处由静止落下，求它到达地面时的速度(不计空气阻力和地球的自转)。

2-6. 以初速度 v_0 竖直向上抛出一质量为 m 的小球，小球除受重力外，还受一个大小为 kmv^2 的黏性力作用，求小球上升的最大高度。

2-7. 设质量为 m 的带电微粒受到沿 x 方向的电力 $\boldsymbol{F}=(b+cx)\boldsymbol{i}$ 的作用，计算粒子在任一时刻 t 的速度和位置，假定 $t=0$ 时，$v_0=0$，$x_0=0$。其中 b、$c<0$ 为与时间无关的常量，m、$\boldsymbol{F}$、x、t 的单位分别为 kg、N、m、s。

2-8. 如图所示，已知 $F=4$ N，$m_1=0.3$ kg，$m_2=0.2$ kg，两物体与平面间的动摩擦因数为 $\mu=0.2$，设滑轮的质量、滑轮与绳之间的摩擦力和绳质量可以忽略，试求 m_2 的加速度 a_2 和绳对它的拉力 F_{T2}。

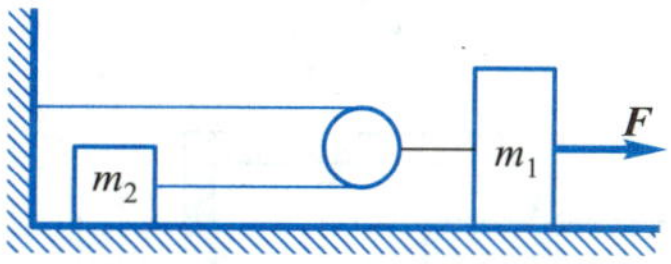

习题 2-8 图

2-9. 如图所示，物体 A、B 质量相同，B 在光滑水平桌面上。滑轮与绳的质量以及空气阻力均不计，滑轮与其轴之间的摩擦也不计。系统无初速地释放，则物体 A 下落的加速度是多少？

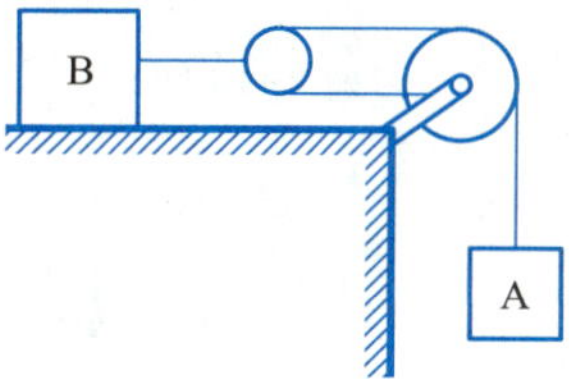

习题 2-9 图

2-10. 设 $\boldsymbol{F}_{合}=(7\boldsymbol{i}-6\boldsymbol{j})$ N。(1)当一质点从原点运动到 $\boldsymbol{r}=(-3\boldsymbol{i}+4\boldsymbol{j}+16\boldsymbol{k})$ m 时，求 $\boldsymbol{F}$ 所做的功。(2)如果质点到 $\boldsymbol{r}$ 处时需 0.6 s，试求平均功率。(3)如果质点的质量为 1 kg，试求动能的变化。

2-11. 质点沿 x 轴运动，它的力沿 x 轴，是如下形式的函数：$F=5-2x$(SI 单位)。求质点从 $x_1=0$ 运动到 $x_2=2.5$ m 的过程中，力 F 所做的功。

2-12. 一物体在介质中按规律 $x=ct^3$ 作直线运动，c 为一常量。设介质对物体的阻力正比于速度的平方。试求物体由 $x_0=0$ 运动到 $x=l$ 时，阻力所做的功。(已知阻力系数为 k。)

2-13. 一质点在三维力场中运动，已知力场的势能函数为

$$E_p=-ax^2+bxy+cz$$

求：(1)作用力 $\boldsymbol{F}$；(2)当质点由原点运动到 $x=3$、$y=3$、$z=3$ 位置的过程中，试任选一路径，计算上述力所做的功。其中 E_p 的单位为 J，x、y、z 的单位为 m，$\boldsymbol{F}$ 的单位为 N。

2-14. 质量为 m 的质点在 Oxy 平面内运动，运动学方程为 $\boldsymbol{r}=a\cos\omega t\boldsymbol{i}+b\sin\omega t\boldsymbol{j}$，求：(1)质点在任一时刻的动量；(2)从 $t=0$ 到 $t=2\pi/\omega$ 的时间内质点受到的冲量。

2-15. 如图所示，一吊车底板上放一质量为 10 kg 的物体，若吊车底板加速上升，加速度大小为 $a=3+5t$，式中 a 的单位为 $\mathrm{m/s^2}$，t 的单位为 s，求：2 s 内吊车底板给物体的冲量大小和 2 s 内物体

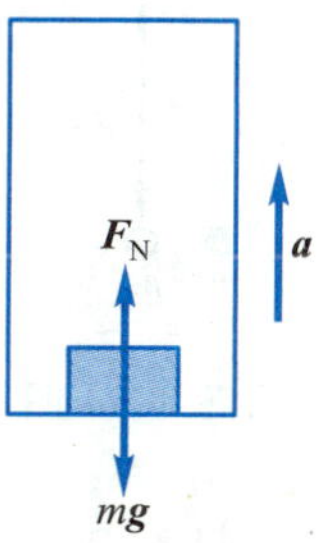

习题 2-15 图

动量的增量大小。

2-16. 中子的发现者查德威克于1932年通过快中子与氢核、氮核的对心弹性碰撞发现氢核的反冲速度为 3.3×10^7 m/s，氮核的反冲速度为 4.7×10^6 m/s，已知氢核的质量为1 u，氮核的质量为14 u，试推算中子的质量及其初速度。

2-17. 一颗子弹在枪筒里前进时所受的合力大小为 $F=400-4\times10^5 t/3$（SI单位），子弹从枪口射出时的速率为300 m/s。设子弹离开枪口处合力刚好为零。求：(1) 子弹走完枪筒全长所用的时间 t；(2) 子弹在枪筒中所受力的冲量 I；(3) 子弹的质量。

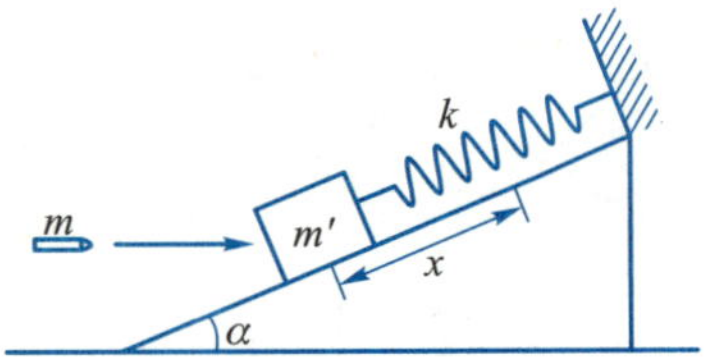

习题 2-18 图

2-18. 如图所示，光滑斜面与水平面的夹角为 $\alpha=30°$，轻质弹簧上端固定。今在弹簧的另一端轻轻地挂上质量为 $m'=1.0$ kg 的木块，木块沿斜面从静止开始向下滑动。当木块向下滑 $x=30$ cm 时，恰好有一质量 $m=0.01$ kg 的子弹，沿水平方向以速度 $v=200$ m/s 射中木块并陷在其中。设弹簧的劲度系数为 $k=25$ N/m。求子弹打入木块后它们的共同速度。

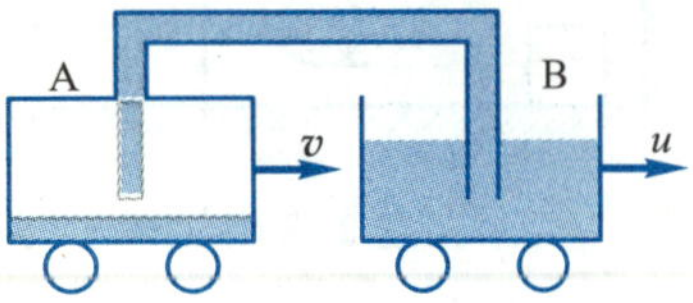

习题 2-19 图

2-19. 如图所示，两部运水的卡车A、B在水平面上沿同一方向运动，B的速度为 u，从B上以6 kg/s的速率将水抽至A上，水从管子尾部出口垂直落下，车与地面间的摩擦不计，时刻 t 时，A车的质量为 m，速度为 v。求 t 时刻A的瞬时加速度。

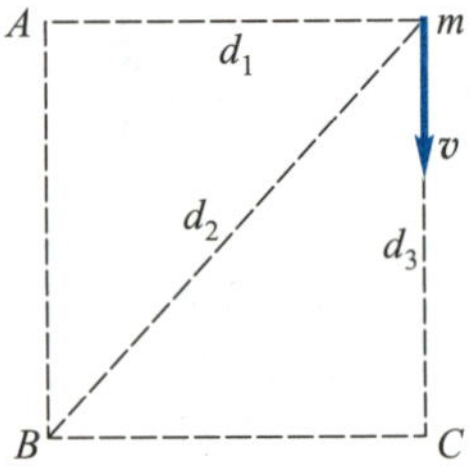

习题 2-20 图

2-20. 一质点 m，速度为 v，如图所示，A、B、C 分别为三个参考点，此时 m 相对三个点的距离分别为 d_1、d_2、d_3。求此时刻质点对三个参考点的动量矩。

2-21. 证明：一个质点运动时，如果不受合外力作用，则它对于任一固定点的角动量矢量保持不变。

2-22. 一质量为 m 的质点位于 (x_1, y_1) 处，速度为 $\boldsymbol{v}=v_x\boldsymbol{i}+v_y\boldsymbol{j}$，质点受到一个沿 x 负方向的力 $\boldsymbol{F}$ 的作用，求：相对于坐标原点的角动量以及作用于质点上的力的力矩。

2-23. 物体质量为3 kg，$t=0$ 时位于 $\boldsymbol{r}=4\boldsymbol{i}$ m，$\boldsymbol{v}=(\boldsymbol{i}+6\boldsymbol{j})$ m·s^{-1}，如一恒力 $\boldsymbol{F}=5\boldsymbol{j}$ N 作用在物体上，求3 s后 (1) 物体动量的变化；(2) 物体相对 z 轴角动量的变化。

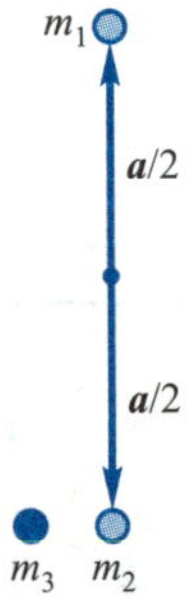

习题 2-24 图

2-24. 如图所示，质量分别为 m_1 和 m_2 的两个小钢球固定在一个长为 a 的轻质硬杆的两端，杆的中点有一轴使杆可在水平面内自由转动，杆原来静止。另一泥球质量为 m_3，以水平速度 v_0 垂直于杆的方向与 m_2 发生碰撞，碰后二者粘在一起。设 $m_1=m_2=m_3$，求碰撞后杆转动的角速度。

第3章

刚体的定轴转动

当物体的形状和大小对所研究问题的影响不能忽略时,比如,考察车轮的滚动、炮弹的自旋飞行时,质点模型不再适用。这时,我们常常将物体当作由一系列分离的或无数个连续质点(质量元)组成的质点系进行研究。然而,有很多物体在外力的作用下其自身形变很小,形变对运动的影响可以忽略,因此,我们引入刚体这一理想化模型来研究这些物体的运动规律,用质点系力学的理论并结合刚体自身的属性来研究刚体动力学。以已有理论为基础探索新理论,这是人类认识世界的基本方法之一。

本章首先介绍刚体这一特殊的质点系,讨论刚体运动的描述,接着研究力矩的瞬时效应、时间累积效应和空间累积效应,建立刚体运动的基本动力学规律、定轴转动的角动量定理及转动动能定理。

3-1 刚体 刚体运动的基本形式

一、刚体

在外力作用下，某些物体的形状和大小会随运动有较大的变化，而有些物体的形状和大小只有微小的变化。为突出主要矛盾，忽略次要因素，引入刚体模型。**所谓刚体，是指在任何情况下都不发生形变的物体**，或者说**任意两点之间的距离始终保持不变的物体**。

对刚体力学的研究，可将其视为特殊的质点系，即把刚体分割成一系列微小的单元（质量元），整个刚体可以看成由一系列分离的或无数个连续分布的质量元组成的特殊质点系。将质点系的运动规律应用于刚体，这样就可以把刚体动力学这一新问题的研究建立在质点系力学的基础上，用质点系力学的理论来研究刚体动力学。以已有理论为基础探索新理论，这是人类认识世界的基本方法之一。

仿照质点力学的研究，我们首先讨论刚体运动的描述，接着研究力矩的瞬时效应、时间累积效应和空间累积效应，建立刚体运动的基本动力学规律、定轴转动的角动量定理及转动动能定理。

二、刚体运动的基本形式

刚体运动的基本形式为平动和转动，任何复杂的刚体运动都可以看作这两种最简单、最基本运动的叠加，而一般转动又可看作绕固定转轴转动的叠加，因此研究刚体转动的核心是研究刚体的定轴转动。将“复杂问题”分解为“简单问题”，以研究“简单问题”建立起来的理论为基础，去解释实际的复杂问题，同样是人类认识世界的基本方法之一。

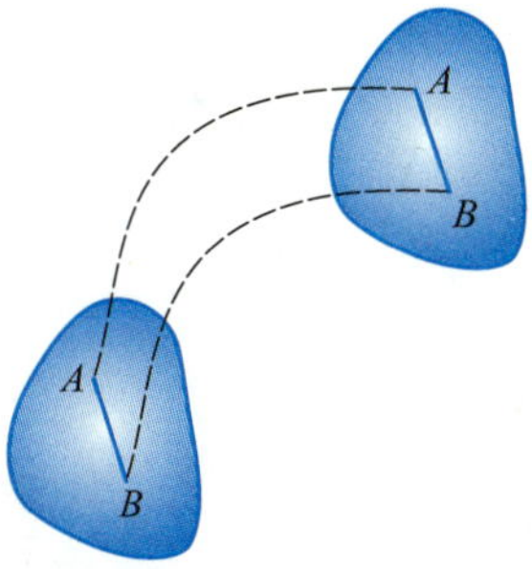

图 3-1-1 刚体的平动

动画 刚体平动

在刚体运动过程中，**如果其上任意两点之间的连线始终保持方向不变**，则称这样的运动为**平动**，如图 3-1-1 所示。

在刚体平动过程中，其上所有点的运动都相同，包括位移相同、速度相同、加速度相同等。所以，可以用刚体的质心或刚体上任意一点的运动来代表刚体整体的运动，这时又把刚体当作质点来对待，其运动规律可以用质心运动定理来描述。

图 3-1-2 定轴转动

在刚体运动过程中，**如果其上所有质量元都绕同一直线作圆周运动**，则称这样的运动为**转动**，这条直线称为**转轴**。如果在**刚体运动过程中转轴固定不动**，则称之为**定轴转动**。如图 3-1-2 所示，定轴转动是转动的最简单情况。作为基础，本章只讨论刚体的定轴转动。

刚体作定轴转动时，其上各质量元都绕同一轴线在各自的平面内作半径不同的圆周运动，它们的位移、速度、加速度不同，但由于各质量元的相对位置保持不变，所以，描述质量元运动的角参量——角位移、角速度和角加速度都相等。因此，对刚体的定轴转动来讲，像 1-3 节对圆周运动的描述一样，引入角参量描述是最为方便的。

角速度的方向由右手螺旋定则确定。在刚体作定轴转动时，角速度的方向只能沿轴取两个方向，对应于刚体转动的两个相反的旋转方向（顺时针或者逆时针），在这种情况下，角速度矢量 $\boldsymbol{\omega}$ 可以用代数量 ω 来表示，即用正负来区别两个旋转方向。

视频 定轴转动

如果用 $\mathrm{d}\theta$ 表示刚体在 $\mathrm{d}t$ 时间内转过的角位移，则刚体的角速度为

$$\omega=\frac{\mathrm{d}\theta}{\mathrm{d}t} \tag{3-1-1}$$

角加速度为

$$\alpha=\frac{\mathrm{d}\omega}{\mathrm{d}t}=\frac{\mathrm{d}^2\theta}{\mathrm{d}t^2} \tag{3-1-2}$$

刚体上距离转轴为 r 的 P 点的质量元的线速度与角速度的关系为

$$v=r\omega \tag{3-1-3}$$

其加速度与角加速度的关系为

$$\begin{aligned} a_{\mathrm{t}}&=r\alpha \\ a_{\mathrm{n}}&=r\omega^2 \end{aligned} \tag{3-1-4}$$

3-2 转动定律 转动惯量

力是改变物体运动状态的原因，牛顿第二定律定量地给出了质点运动状态的改变与力的关系，也称质点运动的动力学方程，下面我们讨论刚体转动的动力学方程，即**转动定律**。

一、刚体的定轴转动定律

生活经验告诉我们，刚体转动状态的改变，不仅仅取决于力的大小，还和力的作用点及力的方向有关。下面我们从质点系的角动量定理出发，讨论刚体定轴转动的动力学规律。

作为质点系，刚体的运动应当服从质点系角动量定理式 (2-4-13)，即

$$\boldsymbol{M}=\frac{\mathrm{d}\boldsymbol{L}}{\mathrm{d}t}$$

这里 $\boldsymbol{M}$ 称为合外力矩，即作用在质点系上全部外力矩（对固定点 O）的矢量和，$\boldsymbol{L}$ 为对同一 O 点的角动量，上式为矢量式，沿固定轴

z 轴的分量式为

$$M_z=\frac{\mathrm{d}L_z}{\mathrm{d}t} \qquad (3-2-1)$$

式中 M_z 和 L_z 分别为质点系所受的合外力矩与质点系角动量沿 z 轴的分量。

对于绕固定轴转动的刚体，取转轴为 z 轴，这样式(3-2-1)就可以用于刚体定轴转动情况。下面我们从式(3-2-1)出发来讨论刚体定轴转动的动力学规律。

1. 刚体定轴转动的角动量

如图 3-2-1 所示，刚体以 ω 的角速度绕 z 轴作定轴转动，刚体上某质量元 Δm_i 相对于 O 点的位矢为$\boldsymbol{R}_i$、对 z 轴的径矢为$\boldsymbol{r}_i$、z 坐标为 z_i。则该质量元 Δm_i 对 O 点的角动量为

$$\begin{aligned}\boldsymbol{L}_i &=\boldsymbol{R}_i\times\Delta m_i\boldsymbol{v}_i\\ &=(z_i\boldsymbol{k}+\boldsymbol{r}_i)\times\Delta m_i\boldsymbol{v}_i\end{aligned}$$

$\boldsymbol{L}_i$ 的 z 分量，即对 z 轴的角动量为

$$\boldsymbol{L}_{iz}=\boldsymbol{r}_i\times\Delta m_i\boldsymbol{v}_i$$

因为$\boldsymbol{r}_i$ 与 $\boldsymbol{v}_i$ 垂直，且 $v_i=r_i\omega$，则 $\boldsymbol{L}_{iz}$的大小为

$$L_{iz}=\Delta m_i r_i v_i=\Delta m_i r_i^2\omega$$

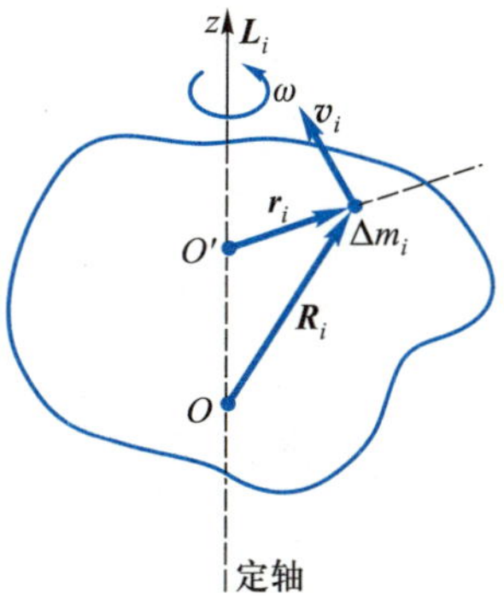

图 3-2-1 定轴刚体的角动量

整个刚体总角动量的 z 分量为

$$L_z=\sum_i(\Delta m_i r_i^2\omega)=\sum_i(\Delta m_i r_i^2)\omega \qquad (3-2-2)$$

式中 $\sum_i(\Delta m_i r_i^2)$ 由刚体各质量元相对于固定轴的分布所决定，与刚体的受力及运动状态无关。这个表示刚体本身相对于转轴的特征物理量叫作刚体对于转轴的**转动惯量**，用 J_z 表示，即

$$J_z=\sum_i(\Delta m_i r_i^2)$$

这样式(3-2-2)可以写为

$$L_z=J_z\omega$$

因为刚体是定轴转动，常常略去下标，上面两式通常写为

$$J=\sum_i(\Delta m_i r_i^2) \qquad (3-2-3)$$

$$L=J\omega \qquad (3-2-4)$$

可见，**定轴转动刚体的角动量等于转动惯量与角速度的乘积**。对比动量 $\boldsymbol{p}=m\boldsymbol{v}$，这正是将 $\boldsymbol{L}$ 称为角动量的原因。

2. 刚体定轴转动的转动定律

由质点系对轴的角动量定理式(3-2-1)，即

$$M_z=\frac{\mathrm{d}L_z}{\mathrm{d}t}$$

将 $L_z=J_z\omega$ 代入，有

$$M_z=\frac{\mathrm{d}(J_z\omega)}{\mathrm{d}t}=J_z\frac{\mathrm{d}\omega}{\mathrm{d}t}=J_z\alpha$$

同样因为刚体是定轴转动，常常略去下标，上式通常写为

$$M=J\alpha \tag{3-2-5}$$

上式表明，**刚体所受到的对于某一固定转轴的合外力矩等于刚体对此轴的转动惯量与其角加速度的乘积**。这一规律称为刚体定轴转动的**转动定律**。这里的合外力矩指刚体所受全部外力对同一转轴力矩的矢量和。可以说，转动定律是角动量定理在刚体定轴转动中的体现。

将刚体定轴转动定律 $M=J\alpha$ 与牛顿第二定律 $F=ma$ 比较，力矩与力对应，角加速度与加速度对应，转动惯量与质量对应。质量反映了质点运动的惯性，转动惯量则反映了刚体转动的惯性，即刚体转动惯性大小的量度，转动惯量的命名也正因为如此。

二、刚体转动惯量的计算

由式(3-2-3)知道，若刚体由多个分离的质点组成，刚体的转动惯量为

$$J=\sum_i m_i r_i^2 \tag{3-2-6}$$

对质量连续分布的刚体，上述求和应以积分取代，即

$$J=\int r^2\mathrm{d}m \tag{3-2-7}$$

式中 r 为刚体质量元 $\mathrm{d}m$ 到转轴的距离。

由上述定义可知，刚体对某轴的转动惯量等于刚体中各质元的质量与它们到转轴距离的平方的乘积的总和，它的大小不仅依赖于质量，而且依赖于刚体的形状、质量分布以及转轴的位置。刚体的转动惯量表征刚体保持其原有转动状态的能力，是刚体的固有属性，与刚体处于什么样的转动状态无关。

在国际单位制中，转动惯量的单位为 $\mathrm{kg\cdot m^2}$(千克二次方米)。

1. 几种常见刚体的转动惯量的计算

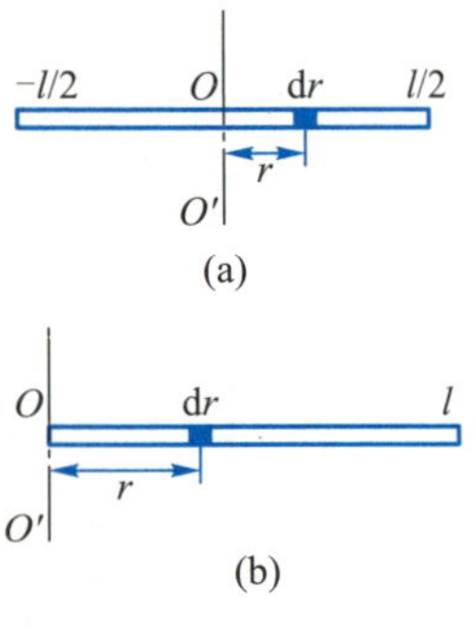

图 3-2-2 例 3-1 题图

例 3-1 如图 3-2-2 所示，一质量为 m、长为 l 的均匀细长棒，求：(1) 通过棒中心并与棒垂直的轴的转动惯量；(2) 通过棒一端并与棒垂直的轴的转动惯量。

解：设棒的线密度为 λ，取一距离转轴 OO' 为 r 处的质量元 $\mathrm{d}m=\lambda\mathrm{d}r$，此质量元相对于转轴的转动惯量 $\mathrm{d}J=r^2\mathrm{d}m$。

(1) 细棒相对于过棒中心并与棒垂直的轴的转动惯量为

$$J=2\int_0^{l/2}\mathrm{d}J=2\int_0^{l/2}\lambda r^2\mathrm{d}r=\frac{1}{12}ml^2$$

(2) 细棒相对于过棒一端并与棒垂直的轴的转动惯量为

$$J=\int_0^l \mathrm{d}J=\int_0^l \lambda r^2\mathrm{d}r=\frac{1}{3}ml^2$$

例 3-2 求质量为 m、半径为 R 的均匀圆环对通过直径的转轴的转动惯量。

解: 如图 3-2-3 所示,在圆环上取质量元 $\mathrm{d}m$,有

$$\mathrm{d}m=\frac{m}{2\pi R}R\mathrm{d}\theta=\frac{m}{2\pi}\mathrm{d}\theta$$

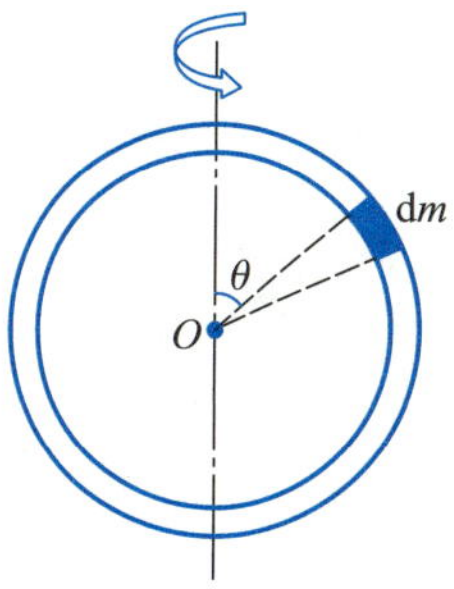

图 3-2-3 例 3-2 题图

则圆环相对于轴的转动惯量为

$$J=\int r^2\mathrm{d}m=\int_0^{2\pi}(R\sin\theta)^2\frac{m}{2\pi}\mathrm{d}\theta$$

$$=\frac{mR^2}{2\pi}\int_0^{2\pi}\sin^2\theta\mathrm{d}\theta$$

$$=\frac{1}{2}mR^2$$

例 3-3 如图 3-2-4 所示,有一质量为 m、半径为 R 的均匀圆盘,求通过盘中心 O 并与盘面垂直的轴的转动惯量。

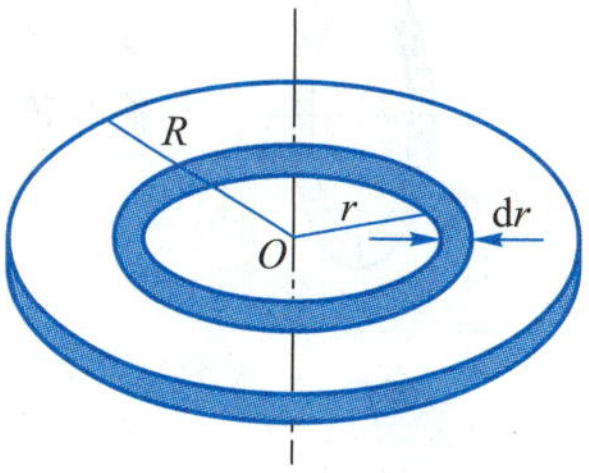

图 3-2-4 例 3-3 题图

解: 设圆盘面密度为 $\sigma=\frac{m}{\pi R^2}$,在盘上取半径为 r,宽为 $\mathrm{d}r$ 的圆环,圆环的质量为 $\mathrm{d}m=\sigma 2\pi r\mathrm{d}r$

圆环相对于轴的转动惯量为

$$\mathrm{d}J=r^2\mathrm{d}m=\sigma 2\pi r^3\mathrm{d}r$$

圆盘相对于轴的转动惯量为

$$J=\int_0^R\sigma 2\pi r^3\mathrm{d}r=\frac{\pi\sigma R^4}{2}=\frac{mR^2}{2}$$

2. 平行轴定理

对于不同的转轴,同一刚体的转动惯量不同,下面我们讨论刚体对于不同轴的转动惯量之间的关系。设有两个平行的转轴,一条通过刚体的质心 C,另一条通过 O 点,两条轴之间的距离为 d,如图 3-2-5所示。按定义,刚体对 O 轴的转动惯量为

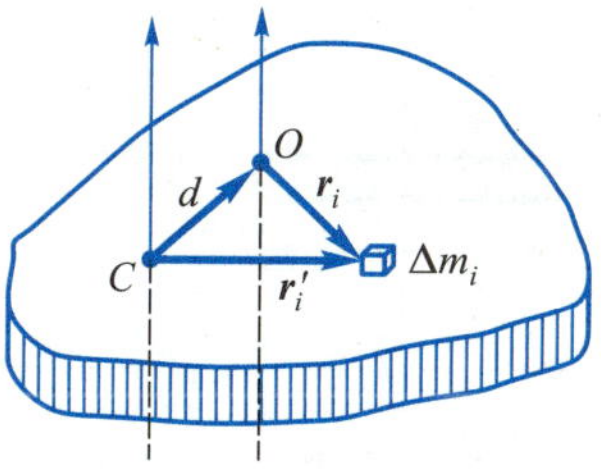

图 3-2-5 平行轴定理

$$J=\sum_i r_i^2\Delta m_i=\sum_i\Delta m_i\boldsymbol{r}_i\cdot\boldsymbol{r}_i$$

$$=\sum_i\Delta m_i(\boldsymbol{r}_i'-\boldsymbol{d})\cdot(\boldsymbol{r}_i'-\boldsymbol{d})$$

$$=\sum_i\Delta m_i\boldsymbol{r}_i'^2+\sum_i\Delta m_i d^2-2\boldsymbol{d}\cdot\sum_i\Delta m_i\boldsymbol{r}_i'$$

式中第一项 $\sum_i\Delta m_i\boldsymbol{r}_i'^2=J_C$,第二项 $\sum_i\Delta m_i d^2=md^2$,现在讨论第三项中的因子 $\sum_i\Delta m_i\boldsymbol{r}_i'$。若以 C 为坐标原点,按质心定义,刚体

的质心可以表示为$\boldsymbol{r}_C=\sum_i \Delta m_i \boldsymbol{r}_i'/m$，由于质心 C 在坐标原点，所以$\sum_i \Delta m_i \boldsymbol{r}_i'=0$。于是刚体对 O 轴的转动惯量为

$$J=J_C+md^2 \tag{3-2-8}$$

上式表明，**刚体对任一轴的转动惯量 J 等于对通过质心的平行轴的转动惯量 J_C 加上刚体质量乘以两平行轴间距离 d 的平方**，这一关系称为**平行轴定理**。

验证：在例 3-1 中，$J_C=\dfrac{1}{12}ml^2$，$d=\dfrac{l}{2}$，$J=J_C+md^2=\dfrac{1}{12}ml^2+\dfrac{1}{4}ml^2=\dfrac{1}{3}ml^2$，与前面计算结果一致。

表 3-2-1 给出一些常见物体的转动惯量。

表 3-2-1　一些常见物体的转动惯量

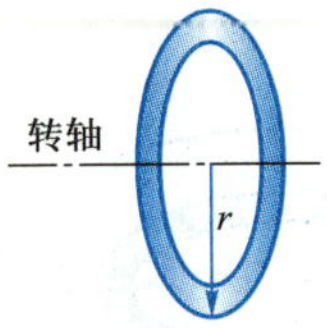	过圆环中心与环面垂直的转轴的转动惯量 $J=mr^2$	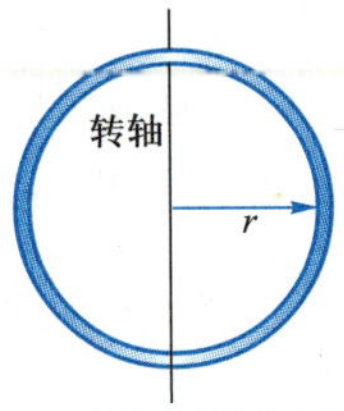	转轴沿圆环直径的转动惯量 $J=\dfrac{mr^2}{2}$
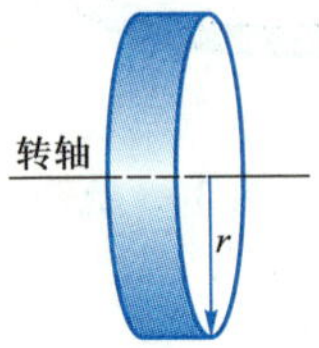	过圆薄片中心与圆面垂直的转轴的转动惯量 $J=\dfrac{mr^2}{2}$	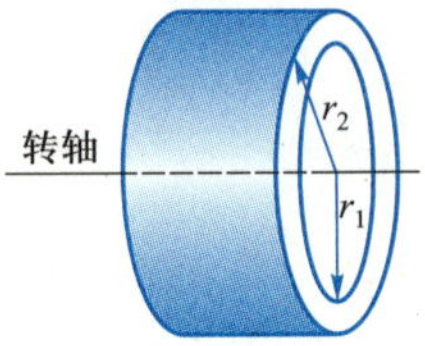	转轴沿圆筒轴线的转动惯量 $J=\dfrac{m}{2}(r_1^2+r_2^2)$
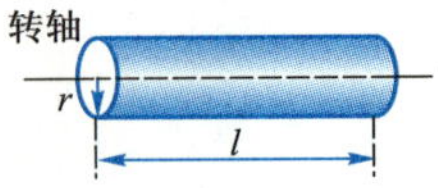	过圆柱体中心轴线转轴的转动惯量 $J=\dfrac{mr^2}{2}$	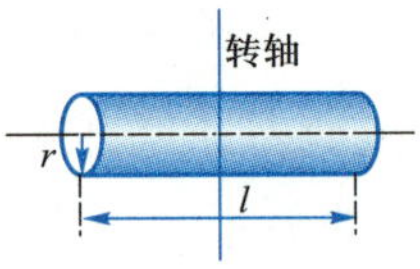	通过圆柱中心且与轴线垂直的转轴的转动惯量 $J=\dfrac{1}{4}mr^2+\dfrac{1}{12}ml^2$
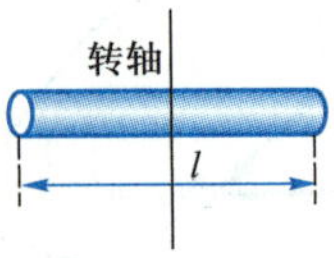	过细棒中心且与轴线垂直的转轴的转动惯量 $J=\dfrac{1}{12}ml^2$	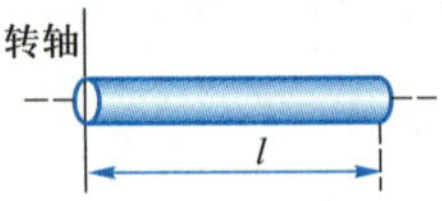	过细棒的一端且垂直于细棒的转轴的转动惯量 $J=\dfrac{1}{3}ml^2$
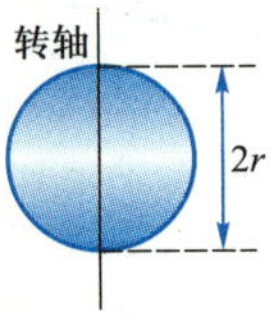	过球体直径转轴的转动惯量 $J=\dfrac{2}{5}mr^2$	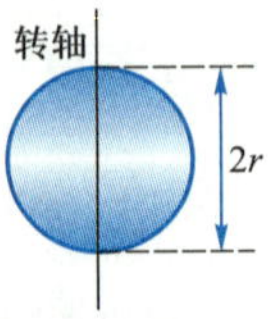	过球壳直径转轴的转动惯量 $J=\dfrac{2}{3}mr^2$

三、刚体转动定律的应用

动画 转动惯量

刚体转动定律的应用与牛顿运动定律在质点直线运动中的应用完全相似，主要类型有：(1)已知刚体所受力矩求刚体转动状态；(2)已知刚体转动状态求刚体所受力矩；(3)已知刚体部分转动状态和部分力矩求解未知力矩和未知转动状态。解决具体问题的基本方法、基本步骤和需要注意的问题也与牛顿运动定律的应用相似，下面通过几个实例具体说明。

例 3-4 电风扇开启电源时，经 t_1 时间达到额定转速 ω_0，关闭电源时经时间 t_2 停止。设电风扇的转动惯量为 J，且电机的电磁力矩与摩擦力矩为常量。求：电风扇电机的电磁力矩。

解：设电风扇的电磁力矩、摩擦力矩分别为 M、M_f，电风扇开启时，受电磁力矩与摩擦力矩的作用，由转动定律有

$$M+M_f=J\alpha_1 \tag{1}$$

其中 α_1 为电风扇开启时的角加速度。当电风扇达到额定转速时，

$$\omega_0=\alpha_1 t_1 \tag{2}$$

电风扇关闭过程中，只受到摩擦力矩的作用，设电风扇关闭时的角加速度为 α_2，于是

$$M_f=J\alpha_2 \tag{3}$$

当电风扇达到停止时，

$$\omega_0+\alpha_2 t_2=0 \tag{4}$$

联立求解方程(1)—(4)，得电风扇电机的电磁力矩为

$$M=J\omega_0\left(\frac{1}{t_1}+\frac{1}{t_2}\right) \tag{5}$$

例 3-5 一定滑轮半径为 r，转动惯量为 J，通过一轻绳两边系质量为 m_1 和 m_2 的物体，绳不能伸长，绳与滑轮也无相对滑动。求：滑轮转动的角加速度和绳的张力。

解：如图 3-2-6 所示，隔离物体进行受力分析，m_1 和 m_2 取向下为正，定滑轮以逆时针转动为正，建立坐标系。由牛顿运动定律对 m_1 和 m_2 列出方程为

$$m_1g-F_{T1}=m_1a_1 \tag{1}$$

$$m_2g-F_{T2}=m_2a_2 \tag{2}$$

因为绳不能伸长，则 m_1、m_2 的坐标 y_1、y_2 满足

$$y_2+y_1=C$$

对时间求二次导数得

$$a_2+a_1=0 \tag{3}$$

对滑轮按转动定律列出方程：

$$F_{T1}r-F_{T2}r=J\alpha \tag{4}$$

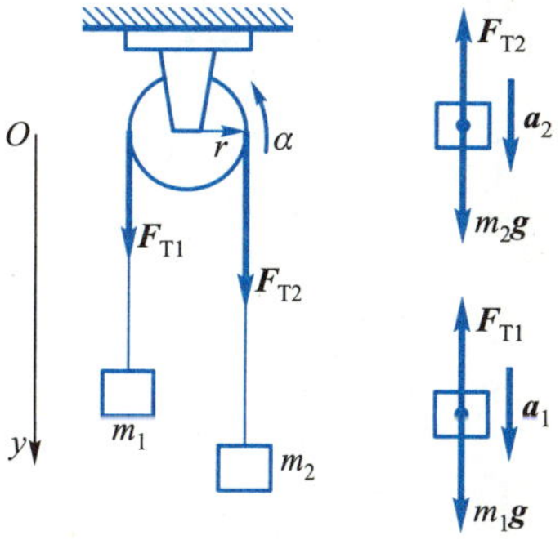

图 3-2-6 例 3-5 题图

又因为绳与滑轮无相对滑动,存在约束条件:

$$a_1=r\alpha \tag{5}$$

联立求解方程(1)—(5),可得

$$\alpha=\frac{(m_1-m_2)rg}{(m_1+m_2)r^2+J}$$

$$F_{T1}=\frac{(2m_2r^2+J)m_1g}{(m_1+m_2)r^2+J}$$

$$F_{T2}=\frac{(2m_2r^2+J)m_2g}{(m_1+m_2)r^2+J}$$

特别强调:这里重力 m_1g 与 m_2g 是作用在重物 m_1 与 m_2 上的,作用在滑轮上的是绳的拉力 F_{T1} 与 F_{T2},因而,滑轮受到的合外力矩为(以逆时针方向为正)

$$M=F_{T1}r-F_{T2}r$$

而不是

$$M=m_1gr-m_2gr$$

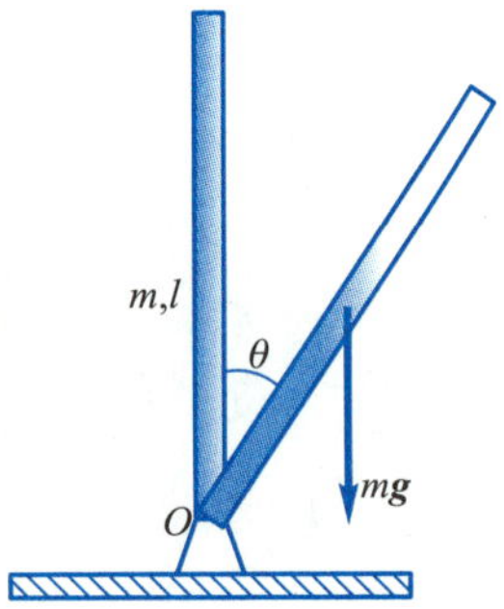

图 3-2-7 例 3-6 题图

例 3-6 如图 3-2-7 所示,一长为 l、质量为 m 的匀质细杆竖直放置,其下端与一固定铰链 O 相接,并可绕其转动。由于此竖直放置的细杆处于非稳定平衡状态,当其受到微小扰动时,细杆将在重力作用下由静止开始绕铰链 O 转动。试计算细杆转动到与竖直线成 θ 角时的角加速度和角速度。

解:细杆所受的合外力矩为

$$M=mg\frac{l}{2}\sin\theta$$

由转动定律 $M=J\alpha$ 及杆的转动惯量 $J=\frac{ml^2}{3}$,得

$$\alpha=\frac{3g}{2l}\sin\theta$$

又因为

$$\alpha=\frac{d\omega}{dt}=\frac{d\omega}{d\theta}\cdot\frac{d\theta}{dt}=\omega\frac{d\omega}{d\theta}=\frac{3g}{2l}\sin\theta$$

所以

$$\omega d\omega=\frac{3g}{2l}\sin\theta d\theta$$

两边积分,$\omega:0\to\omega,\theta:0\to\theta$,可得

$$\frac{1}{2}\omega^2=\int_0^\theta\frac{3g}{2l}\sin\theta d\theta$$

于是

$$\omega=\sqrt{\frac{3g}{l}(1-\cos\theta)}$$

3-3 刚体定轴转动的角动量定理及其守恒

一、刚体定轴转动的角动量定理

如前所述，作为质点系，刚体的运动应当服从质点系角动量定理，若取固定轴为 z 轴，角动量定理沿固定轴 z 轴的分量形式如式(3-2-1)所示，即

$$M_z=\frac{\mathrm{d}L_z}{\mathrm{d}t}$$

对于定轴转动的刚体，常常略去下标，这样上式通常写为

$$M=\frac{\mathrm{d}L}{\mathrm{d}t}\tag{3-3-1}$$

将式(3-3-1)两边同乘以 $\mathrm{d}t$ 并积分，得

$$\int_{t_0}^{t}M\mathrm{d}t=L-L_0\tag{3-3-2}$$

式中 $\int_{t_0}^{t}M\mathrm{d}t$ 称为在 t_0 到 t 时间内作用在刚体上的合外力矩的**冲量矩**(也称角冲量)，即作用于刚体上全部外力矩的冲量矩的代数和(这里将矢量和用代数和来表示)，L 与 L_0 分别对应于 t_0 和 t 时刻刚体的角动量。

上式表明：**在一段时间内，作用在刚体上的合外力矩的冲量矩等于在这段时间内刚体角动量的增量**，这一结论称为**刚体定轴转动的角动量定理**(积分形式)。而将式(3-3-1)称为刚体定轴转动角动量定理的微分形式。应特别强调，这里的力矩与角动量都是指对同一固定转轴的。

在国际单位制中，冲量矩的单位为 N·m·s(牛顿米秒)。

二、刚体定轴转动的角动量守恒

由角动量定理知，当合外力矩 $M=0$ 时，有

$$L=J\omega=\text{常量}\tag{3-3-3}$$

上式表明：**当刚体所受合外力矩为零时，刚体对该转轴的角动量保持不变**，这一结论称为**刚体对定轴角动量守恒。**

刚体作定轴转动时，其转动惯量不变，角动量守恒意味着这时刚体将以恒定的角速度绕定轴转动，其实就是转动的惯性定律。下面，我们讨论非刚性物体或物体组合对固定轴转动时的角动量守恒定律。

由质点系角动量定理的分量式(3-2-1),即

$$M_z=\frac{\mathrm{d}L_z}{\mathrm{d}t}$$

如果 $M_z=0$,则 $L_z=$常量。这就是说,**对于一个质点系,如果它所受到的对某轴的合外力矩为零,则它对该固定轴的角动量守恒**,这一结论称为**对固定轴的角动量守恒定律**。这里的**合外力矩即对于该固定轴的全部外力矩的代数和**。上述结论显然适用于非刚性物体或物体组合对固定轴的转动问题。

视频 芭蕾舞 跳水

非刚性的物体绕固定轴转动时,物体上各质量元相对于转轴的距离可变,此时物体的转动惯量 J 可变。如果它所受到的合外力矩为零,则物体的角动量守恒,即 $J\omega=$常量,如果物体的转动惯量 J 增大,则其角速度 ω 将减小,反之亦然。花样滑冰、芭蕾舞、跳水等运动员通过改变肢体的动作,改变身体的转动惯量,从而达到改变身体旋转的角速度的目的,都是在这种情况下对角动量守恒定律的应用。

对于质点、刚体所组成的系统绕固定轴转动,同样,当系统受到的合外力矩对该轴的分量为零时,则系统对该轴的总角动量守恒,即

$$\sum_i (\boldsymbol{r}_i\times m_i\boldsymbol{v}_i)_z+\sum_i J_i\omega_i=\text{常量}$$

需要强调:

(1) 系统内各部分的角动量必须是对同一固定轴的,正方向需保持一致。

(2) 系统的角动量守恒并不意味着每一部分的角动量守恒,事实上,系统内物体各部分在内力矩的作用下角动量相互转移,但总角动量不变(对同一固定轴)。

三、角动量定理及其守恒定律的应用

用角动量定理重解例3-4。

解:电风扇开启时,受电磁力矩 M 与摩擦力矩 M_f 的共同作用,经过时间 t_1,角速度由0增加至 ω_0,角动量由0增加至 $J\omega_0$,由角动量定理 $\int_{t_0}^{t} M\mathrm{d}t = L - L_0$,有

$$(M+M_f)t_1=J\omega_0$$

即

$$(M+M_f)=\frac{J\omega_0}{t_1} \tag{1}$$

电风扇关闭时,受摩擦力矩 M_f 的作用,经过时间 t_2,角速度由 ω_0 减少至0,同样由角动量定理 $\int_{t_0}^{t} M\mathrm{d}t=L-L_0$,有

$$M_f t_2 = 0 - J\omega_0$$

即
$$M_f = -\frac{J\omega_0}{t_2} \tag{2}$$

由式(1)-(2)得

$$M = J\omega_0\left(\frac{1}{t_1}+\frac{1}{t_2}\right)$$

例 3-7 如图 3-3-1 所示，摩擦离合器中飞轮 1 的转动惯量为 J_1，角速度为 ω_1，摩擦轮 2 的转动惯量为 J_2，起始时静止，两轮沿轴向结合，求结合后两轮达到的共同角速度。

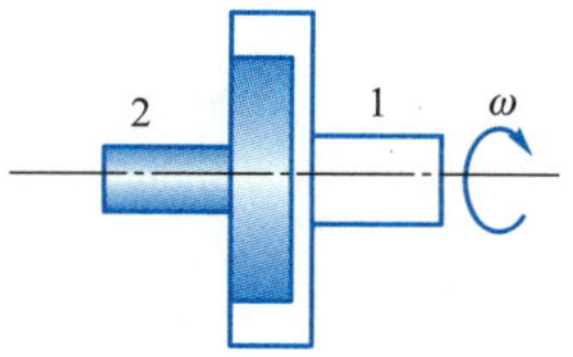

图 3-3-1 例 3-7 题图

解：将两轮选作一个系统，因两轮间的摩擦力为内力，无外力存在，故两轮对共同转轴的角动量守恒，即

$$J_1\omega_1 = (J_1+J_2)\omega$$

式中 ω 为结合后两轮达到的共同角速度。由上式得

$$\omega = \frac{J_1\omega_1}{J_1+J_2}$$

例 3-8 如图 3-3-2 所示，质量分别为 m_1、m_2，半径分别为 R_1、R_2 的两均匀圆柱，可分别绕它们本身的轴转动，两轴平行。开始时它们沿同一转向分别以 ω_{10} 和 ω_{20} 的角速度匀速转动，现将它们缓慢移近使之接触。求两圆柱在它们相互间摩擦力作用下所达到的最终角速度。

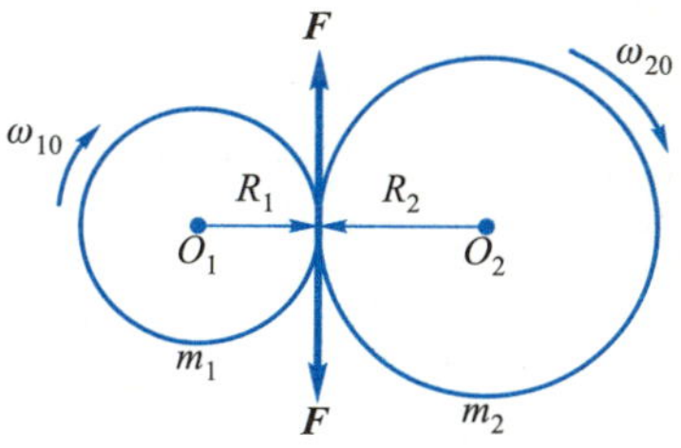

图 3-3-2 例 3-8 题图

解：最终在接触处无相对滑动，两圆柱边缘的线速度相等，即

$$\omega_1 R_1 = \omega_2 R_2$$

又外力矩为零，两圆柱系统角动量守恒：

$$J_1\omega_{10}+J_2\omega_{20} = J_1\omega_1+J_2\omega_2$$

解以上两式即可得出 ω_1，ω_2。

以上解法是错误的。正确的方法如下：

两个圆柱接触时，受到一对作用力与反作用力，对各自的转轴产生的力矩且冲量矩的代数和不为零，因此，系统的角动量不守恒。

取顺时针方向为转动正方向，对两个圆柱分别应用角动量定理。

对于圆柱 1：$-\int_0^t FR_1\mathrm{d}t = J_1(\omega_1-\omega_{10})$

对于圆柱 2：$-\int_0^t FR_2\mathrm{d}t = J_2(\omega_2-\omega_{20})$

即
$$\frac{J_1(\omega_1-\omega_{10})}{R_1} = \frac{J_2(\omega_2-\omega_{20})}{R_2} \tag{1}$$

接触后，两个圆柱最终无相对滑动且转动方向相反，所以有

$$\omega_1 R_1 = -\omega_2 R_2 \tag{2}$$

又圆柱的转动惯量

$$J_1 = \frac{1}{2} m_1 R_1^2 \tag{3}$$

$$J_2 = \frac{1}{2} m_2 R_2^2 \tag{4}$$

联立求解方程(1)—(4)得

$$\omega_1 = \frac{m_1 R_1 \omega_{10} - m_2 R_2 \omega_{20}}{R_1(m_1+m_2)},$$

$$\omega_2 = \frac{m_2 R_2 \omega_{20} - m_1 R_1 \omega_{10}}{R_2(m_1+m_2)}$$

讨论：

(1) 关联条件。如果一个物体的运动状态受另一个物体运动状态的影响,要注意正确给出关联条件。本例中,两圆柱边缘的线速度最终相等,即 $R_1|\omega_1| = R_2|\omega_2|$,这里 ω_1、ω_2 为代数量,正、负分别代表沿顺时针和逆时针方向转动,这是事先无法确定的,但由于转动方向相反,ω_1 与 ω_2 必然反号,所以有 $\omega_1 R_1 = -\omega_2 R_2$。

(2) 不同轴转动的角动量守恒问题。对于有多个转轴的转动,尽管没有受到外力矩的作用,但角动量却不一定守恒。这是由于一对内力(作用力和反作用力)分别对两个不同的轴产生的力矩,这两个力矩不一定大小相等方向相反,因此,它们产生的冲量矩的代数和不一定为零,在转动过程中,角动量不一定守恒。

对于定轴转动系统的角动量是否守恒的问题,如果物体绕同一固定轴转动,只需考虑外力矩是否为零;如果是有多个转轴的转动问题,需要考虑所有力产生的冲量矩的代数和是否为零。

例 3-9 如图 3-3-3 所示,质量为 m'、半径为 R 的转台,可绕通过中心的竖直轴转动,设阻力可以忽略不计。质量为 m 的人,站在台的边缘绕台奔跑一周。求相对于地面而言,人和转台各转了多少角度?

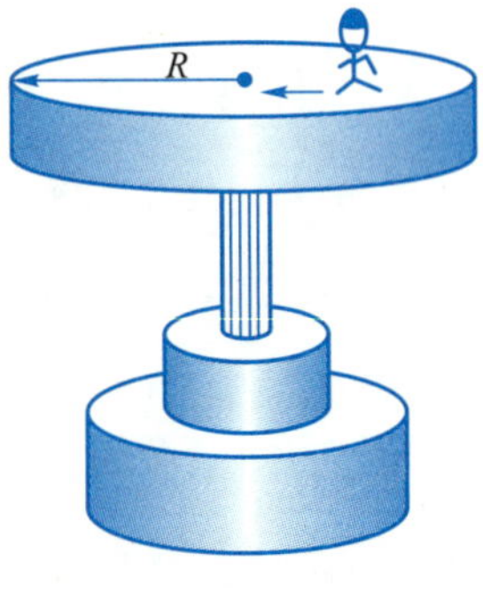

图 3-3-3 例 3-9 题图

解：人和转台绕同一轴转动,该系统没有受到外力矩的作用,所以角动量守恒。

设转台和人对转台中心轴的转动惯量分别为 $J_{m'}$ 和 J_m,相应的角速度分别为 $\omega_{m'}$ 和 ω_m,已知开始时系统的角动量等于零,所以

$$J_m \omega_m + J_{m'} \omega_{m'} = 0$$

其中 $J_m = mR^2$,$J_{m'} = \frac{1}{2} m' R^2$,代入上式,得

$$\frac{1}{2} m' R^2 \omega_{m'} + mR^2 \omega_m = 0$$

即
$$\omega_{m'}=-\frac{2m}{m'}\omega_m \tag{1}$$
按相对速度关系并考虑到式(1),有
$$\omega_{m-m'}=\omega_m-\omega_{m'}=\frac{m'+2m}{m'}\omega_m \tag{2}$$
取人转动的方向为正,设人在转台上奔跑一周所需要的时间为 t,则
$$\int_0^t \omega_{m-m'}\mathrm{d}t=2\pi$$
将式(2)代入上式,得
$$\frac{m'+2m}{m'}\int_0^t \omega_m\mathrm{d}t=2\pi \tag{3}$$
由式(3)得人相对于地面所转过的角度
$$\theta=\int_0^t \omega_m\mathrm{d}t=\frac{m'}{m'+2m}2\pi$$
转台所转过的角度为
$$\phi=\int_0^t \omega_{m'}\mathrm{d}t=-\frac{2m}{m'}\int_0^t \omega_m\mathrm{d}t=-\frac{4m\pi}{m'+2m}$$
ϕ 为负,表明方向相反。容易看出,$\theta+|\phi|=2\pi$。

强调:在讨论存在相对运动的问题时,一定要注意各物理量,比如这里人与转盘的转速所对应的参考系。

3-4 定轴转动中的功与能

一、力矩的功

如图 3-4-1 所示,设绕定轴转动的刚体上某质量元 P 受到在转动平面内的外力 $\boldsymbol{F}$ 的作用,当刚体转过一微小角位移 $\mathrm{d}\theta$ 时,质量元 P 经历的线位移为 $\mathrm{d}\boldsymbol{r}$,其大小为 $|\mathrm{d}\boldsymbol{r}|=\mathrm{d}s=r\mathrm{d}\theta$,则外力 $\boldsymbol{F}$ 所做的元功为
$$\mathrm{d}W=\boldsymbol{F}\cdot\mathrm{d}\boldsymbol{r}=F_t\mathrm{d}s=F_t r\mathrm{d}\theta$$
由于 $F_t r=M$,因此有
$$\mathrm{d}W=M\mathrm{d}\theta$$
即力对转动刚体所做的元功等于相应的力矩与角位移的乘积。

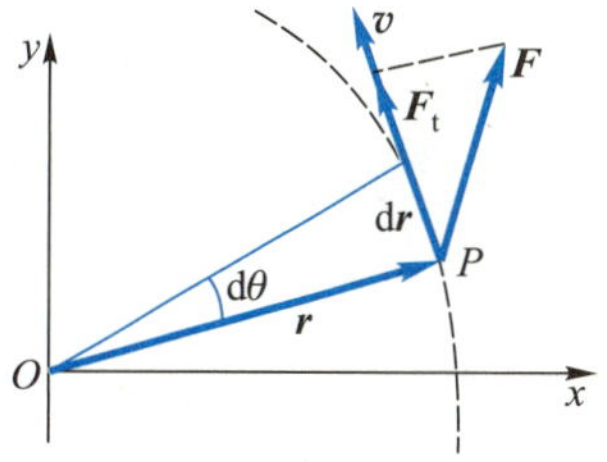

图 3-4-1 力矩对刚体转动的功

如果刚体在力矩 M 的作用下绕定轴转过 θ 角,在此过程中力矩对刚体所做的功为
$$W=\int_0^\theta M\,\mathrm{d}\theta \tag{3-4-1}$$
上式常称为**力矩的功**,它是力做的功在刚体定轴转动中的特殊表示形式。

如果力矩方向与刚体转动方向一致,则称力矩对刚体做正功,

反之称力矩对刚体做负功。在讨论力矩对刚体做功时,不考虑内力矩对刚体做功,因为内力矩对刚体做功的代数和为零。

单位时间内,力矩对刚体做功的多少称为力矩对刚体做功的**功率**,用 P 表示:

$$P=\frac{\mathrm{d}W}{\mathrm{d}t}=\frac{M\mathrm{d}\theta}{\mathrm{d}t}=M\omega \tag{3-4-2}$$

即力矩对转动刚体的瞬时功率等于力矩与角速度的乘积。

二、刚体定轴转动的动能定理

1. 刚体定轴转动的转动动能

设刚体绕固定轴转动的角速度为 ω,某质量元的质量为 Δm_i,距离转轴为 $\boldsymbol{r}_i$,则其动能为

$$\Delta E_{ki}=\frac{1}{2}\Delta m_i v_i^2=\frac{1}{2}\Delta m_i r_i^2\omega^2$$

绕固定轴转动的刚体中所有质量元的动能总和,即刚体的**转动动能**为

$$E_k=\sum_i \frac{1}{2}\Delta m_i r_i^2\omega^2=\frac{1}{2}\left(\sum_i \Delta m_i r_i^2\right)\omega^2$$

式中 $\sum\limits_i \Delta m_i r_i^2$ 为刚体对定轴的转动惯量 J,所以上式可以表示为

$$E_k=\frac{1}{2}J\omega^2 \tag{3-4-3}$$

上式即刚体定轴转动的转动动能,与质点运动的动能 $E_k=\frac{1}{2}mv^2$ 形式相同。

利用平行轴定理 $J=J_C+md^2$,代入式(3-4-3),得

$$\begin{aligned}E_k&=\frac{1}{2}(J_C+md^2)\omega^2\\&=\frac{1}{2}J_C\omega^2+\frac{1}{2}md^2\omega^2\\&=\frac{1}{2}J_C\omega^2+\frac{1}{2}mv_C^2\end{aligned} \tag{3-4-4}$$

式中 $v_C=d\cdot\omega$ 为刚体质心的速率。这样,刚体绕定轴转动的动能可以分解为质心的动能 $\frac{1}{2}mv_C^2$ 与刚体绕通过质心的平行轴的转动动能之和。

2. 刚体定轴转动的动能定理

设刚体在合外力矩 M 的作用下绕定轴转过一微小角位移 $\mathrm{d}\theta$,则合外力矩的元功为

$$dW = Md\theta$$

按转动定律有 $M = J\alpha = J\dfrac{d\omega}{dt}$，代入上式，可得

$$dW = Md\theta = J\frac{d\omega}{dt}d\theta = J\omega d\omega$$

即

$$Md\theta = J\omega d\omega$$

两边积分有

$$\int_{\theta_0}^{\theta} M\,d\theta = \int_{\omega_0}^{\omega} J\omega\,d\omega$$

所以合外力矩所做的功为

$$W = \int_{\theta_0}^{\theta} M\,d\theta = \frac{1}{2}J\omega^2 - \frac{1}{2}J\omega_0^2 \tag{3-4-5}$$

上式表明，**合外力矩对刚体所做的功等于刚体转动动能的增量**，这一结论称为**刚体定轴转动的动能定理**。

三、刚体定轴转动的势能与机械能守恒

1. 刚体的势能

如果刚体受到保守力作用，那么，对该保守力，与质点系一样可以引入刚体的势能。刚体在定轴转动中主要涉及的势能是重力势能，它是刚体上各质量元重力势能的总和。

如图 3-4-2 所示，一个质量为 m、体积不是太大的刚体，处于重力场中，在刚体中取质量元 Δm_i，若选取地面为重力势能零点，则其重力势能为

$$\Delta E_{pi} = \Delta m_i g h_i$$

所有质量元重力势能的总和称为**刚体的重力势能**，即

$$E_p = \sum_i \Delta m_i g h_i = mg\frac{\sum_i \Delta m_i h_i}{m}$$

式中 $\dfrac{\sum_i \Delta m_i h_i}{m} = h_C$ 为刚体质心距地面的高度。因此，刚体的重力势能为

$$E_p = mgh_C \tag{3-4-6}$$

上式表明，一个体积不是太大的**刚体的重力势能等于把全部质量集中在质心处的质点的重力势能**。

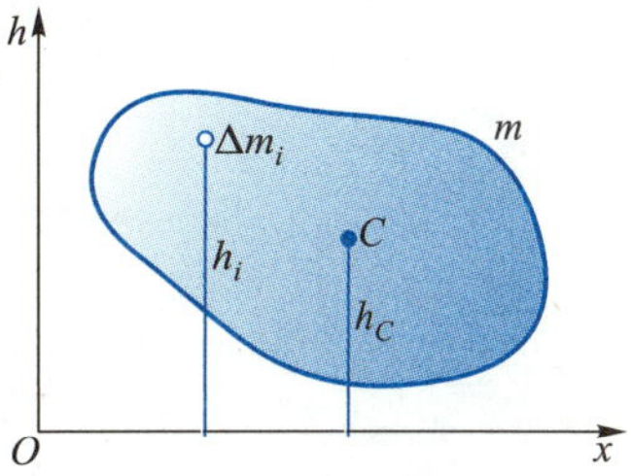

图 3-4-2 刚体的势能

2. 定轴转动中的机械能守恒

由于刚体是一种特殊的质点系，对一般质点系成立的物理规律，自然对刚体也成立。因此，与质点系一样：如果一个刚体受到保守力作用，**保守力对刚体所做的功，等于刚体势能增量的负**

值。即

$$W_{ab}=-(E_{pb}-E_{pa}) \qquad (3-4-7)$$

其中，E_{pa}、E_{pb}分别代表初、末状态的势能值，W_{ab}表示从初态到末态的变化过程中保守力所做的功。

在重力场中定轴转动的刚体，如果所受外力（除重力外）的合力矩为零，则刚体的机械能守恒，即

$$\frac{1}{2}J\omega^2+mgh_C=\text{常量} \qquad (3-4-8)$$

动画 刚体机械能守恒

对于包括有刚体的系统，**如果在运动过程中只有保守内力做功，则刚体系机械能守恒**。这一结论称为**刚体的机械能守恒定律**。

四、质点直线运动与刚体定轴转动的对比

表 3-4-1 和表 3-4-2 给出了质点直线运动与刚体定轴转动的描述的对比。因为刚体是定轴转动略去下标，对 z 轴的力矩 M_z 直接用 M 表示。

表 3-4-1 描述质点直线运动与刚体定轴转动的物理量

质点直线运动（x 轴）	刚体定轴转动（z 轴）
位置 x	角位置 θ
速度 $v=\frac{\mathrm{d}x}{\mathrm{d}t}$	角速度 $\omega=\frac{\mathrm{d}\theta}{\mathrm{d}t}$
加速度 $a=\frac{\mathrm{d}v}{\mathrm{d}t}=\frac{\mathrm{d}^2x}{\mathrm{d}t^2}$	角加速度 $\alpha=\frac{\mathrm{d}\omega}{\mathrm{d}t}=\frac{\mathrm{d}^2\theta}{\mathrm{d}t^2}$
质量 m	转动惯量 J
力 F	力矩（角力）M
力的功 $\int_{x_0}^{x}F_x\mathrm{d}x$	力矩的功（角力的功）$\int_{\theta_0}^{\theta}M\mathrm{d}\theta$
动量 mv	角动量 $J\omega$
冲量 $\int_{t_0}^{t}F_x\mathrm{d}t$	角冲量 $\int_{t_0}^{t}M\mathrm{d}t$
动能$\frac{1}{2}mv^2$	转动动能$\frac{1}{2}J\omega^2$
重力势能 mgh	重力势能 mgh_C

表 3-4-2 描述质点直线运动与刚体定轴转动的物理规律

质点直线运动(x 轴)	刚体定轴转动(z 轴)
牛顿第二定律 $F=ma$	转动定律 $M=J\alpha$
(力的瞬时效应)	(力矩的瞬时效应)
动量定理 $\int_{t_0}^{t} F_x\mathrm{d}t = mv - mv_0$	角动量定理 $\int_{t_0}^{t} M\mathrm{d}t = J\omega - J\omega_0$
(力的时间累积效应)	(力矩的时间累积效应)
动能定理 $\int_{x_0}^{x} F_x\mathrm{d}x = \frac{1}{2}mv^2 - \frac{1}{2}mv_0^2$	转动动能定理 $\int_{\theta_0}^{\theta} M\mathrm{d}\theta = \frac{1}{2}J\omega^2 - \frac{1}{2}J\omega_0^2$
(力的空间累积效应)	(力矩的空间累积效应)
动量守恒定律 $\sum_i m_i v_i$ =常量	角动量守恒定律 $\sum_i J_i\omega_i$ =常量
机械能守恒定律 $\frac{1}{2}mv^2+mgh$ = 常量	机械能守恒定律 $\frac{1}{2}J\omega^2+mgh_C$ = 常量

最后指出,无论是运动学问题还是动力学问题,解决刚体定轴转动问题与解决质点的直线运动问题,在思路与方法上是相似的,两者处理问题的逻辑是一致的。

五、刚体定轴转动中功能关系的简单应用

应用刚体功能关系求解具体问题时,常常将功能关系与角动量定理结合起来。

用刚体定轴转动中动能定理重解例 3-6 题。

解:如图 3-4-3 所示,刚体在绕轴 O 转动过程中,受重力矩的作用,其大小为

$$M=\frac{l}{2}mg\sin\theta$$

当杆发生角位移 $\mathrm{d}\theta$ 时,重力矩做的元功为

$$\mathrm{d}W=M\mathrm{d}\theta=\frac{l}{2}mg\sin\theta\mathrm{d}\theta$$

杆由竖直转过 θ 角的过程中,重力矩所做的功为

$$W=\int_0^{\theta}M\mathrm{d}\theta=\int_0^{\theta}\frac{l}{2}mg\sin\theta\mathrm{d}\theta=\frac{l}{2}mg(1-\cos\theta)$$

按刚体绕定轴转动动能定理,有

$$W=\frac{1}{2}J\omega^2-\frac{1}{2}J\omega_0^2=\frac{l}{2}mg(1-\cos\theta)$$

解得
$$\omega=\sqrt{\frac{mgl}{J}(1-\cos\theta)}$$

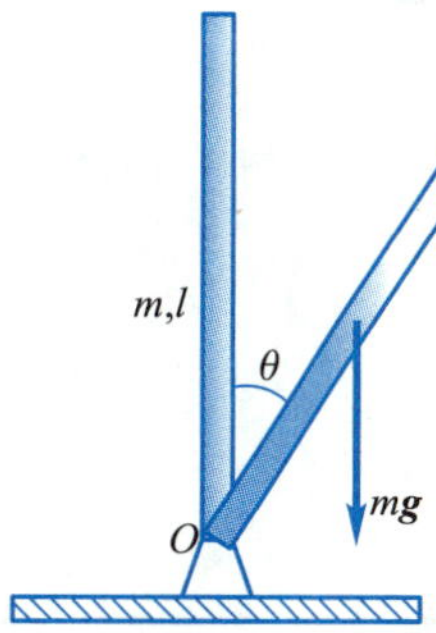

图 3-4-3

$$= \sqrt{\frac{3g}{l}(1-\cos\theta)}$$

事实上，直接用刚体定轴转动中的功能关系更为简单。选 O 点为重力势能零点，按机械能守恒，刚体转动动能的增加等于重力势能的减少，即

$$\frac{1}{2}J\omega^2 = mg\frac{l}{2}(1-\cos\theta)$$

解得
$$\omega = \sqrt{\frac{mgl}{J}(1-\cos\theta)}$$

将 $J=\frac{1}{3}ml^2$ 代入上式，得

$$\omega = \sqrt{\frac{mgl}{J}(1-\cos\theta)}$$
$$= \sqrt{\frac{3g}{l}(1-\cos\theta)}$$

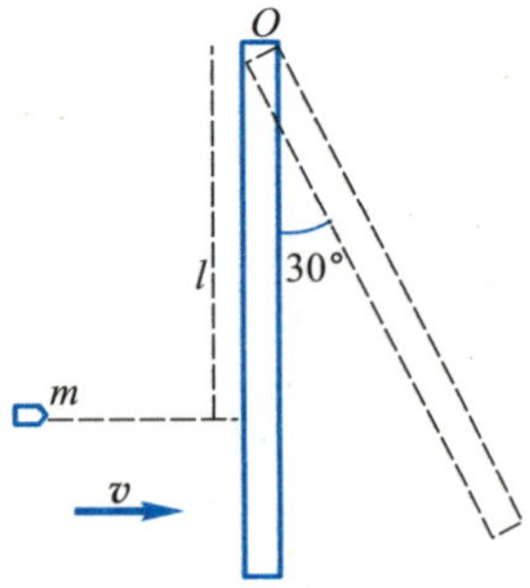

图 3-4-4 例 3-10 题图

例 3-10 如图 3-4-4 所示，质量为 m'，长为 L 的均匀直杆，可绕支点 O 无摩擦地转动，它原来静止在平衡位置上。现有一质量为 m 的子弹与杆垂直地射入杆内距 O 点 l 处，使杆从平衡位置处摆动到最大角度 $\theta=30°$处。试问子弹的初速度为多少？

解： 设子弹的初速度大小为 v，选子弹与杆组成一系统，由于碰撞过程中外力矩为零，所以角动量守恒，即

$$mvl = \left(\frac{1}{3}m'L^2+ml^2\right)\omega$$

$$\omega = \frac{3mlv}{m'L^2+3ml^2} \tag{1}$$

子弹射入杆后，以子弹、细杆和地球为系统，机械能守恒：

$$\frac{1}{2}\left(\frac{1}{3}m'L^2+ml^2\right)\omega^2 = mgl(1-\cos 30°)+m'g\frac{L}{2}(1-\cos 30°) \tag{2}$$

由(1)、(2)解得

$$v = \sqrt{g(2-\sqrt{3})(m'L+2ml)(m'L^2+3ml^2)/6}\Big/ ml$$

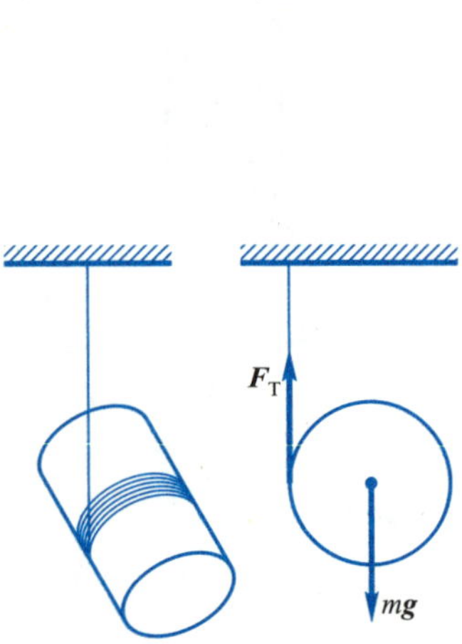

图 3-4-5 例 3-11 题图

例 3-11 如图 3-4-5 所示，一轻绳的一端固定在天花板上，另一端在圆柱体中部缠绕后固定在柱体上。圆柱体的质量为 m，半径为 R。现在，让圆柱体自由落下，试求当圆柱体下落的高度为 h 时，质心所获得的速度。

解： 圆柱体受重力和绳子拉力的作用，但拉力不做功，因此，系统机械能守恒，考虑到式(3-4-4)，因此有

$$mgh=\frac{1}{2}mv_C^2+\frac{1}{2}J_C\omega^2 \tag{1}$$

由于绳与圆柱之间无相对滑动，因此

$$v_C=R\omega \tag{2}$$

圆柱的转动惯量为

$$J_C=\frac{1}{2}mR^2 \tag{3}$$

求解方程组(1)、(2)、(3)得圆柱体的质心获得的速度为

$$v_C=\sqrt{\frac{4}{3}gh}$$

讨论：关于绳子拉力 F_T 的功

绳子的拉力 F_T 对圆柱的平动做负功，$W=-F_Th$，F_T 的力矩对圆柱的转动做正功，$W'=F_TR\theta$，由于绳的一端固定在柱体上，因此，绳与圆柱之间无相对滑动，即 $h=R\theta$，这样，$W+W'=F_Th-F_TR\theta=0$。绳子拉力 F_T 总体不做功。拉力 F_T 对圆柱的平动做负功意味着圆柱体的平动动能减少，对转动做正功则转动动能增加。可见，正是拉力的作用，将平动动能部分转化为转动动能。

内容概要

一、刚体的定轴转动

1. 定轴转动的描述

$$\omega=\frac{\mathrm{d}\theta}{\mathrm{d}t},\quad \alpha=\frac{\mathrm{d}\omega}{\mathrm{d}t}=\frac{\mathrm{d}^2\theta}{\mathrm{d}t^2},\quad v=r\omega,\quad a_t=r\alpha,\quad a_n=r\omega^2$$

2. 刚体的转动惯量 $J=\sum_i(\Delta m_i r_i^2)$ 或 $J=\sum_i m_i r_i^2$

平行轴定理 $J=J_C+md^2$

3. 定轴转动刚体的角动量

$$L=\sum_i|\boldsymbol{r}_i\times\Delta m_i\boldsymbol{v}_i|=\sum_i(\Delta m_i r_i^2)\omega=J\omega$$

4. 定轴转动的转动定律 $M=J\alpha$

二、定轴转动的角动量定理及其守恒

1. 角动量定理(积分形式)

$$\int_{t_0}^{t}M\,\mathrm{d}t=L-L_0$$

2. 角动量守恒：当合外力矩 $M=0$ 时，$L=J\omega=$常量

如果研究对象为由质点、刚体所组成的系统，当系统对某一固定轴的合外力矩为零时，则系统对该轴的总角动量守恒，即

$$\sum_i|\boldsymbol{r}_i\times m_i\boldsymbol{v}_i|_z+\sum_i J_i\omega_i=\text{常量}$$

三、定轴转动中的功与能

1. 力矩的功 $W=\int_0^{\theta} M\ \mathrm{d}\theta$

2. 转动动能 $E_k=\frac{1}{2}J\omega^2$

3. 刚体定轴转动的动能定理 $W=\int_{\theta_0}^{\theta} M\mathrm{d}\theta=\frac{1}{2}J\omega^2-\frac{1}{2}J\omega_0^2$

4. 刚体的重力势能 $E_p=mgh_C$

5. 定轴转动中的机械能守恒：如果一个刚体受到保守力作用，则$\frac{1}{2}J\omega^2+mgh_C=$常量

阅读材料3 陀螺的应用

在本章的学习讨论中，仅仅涉及刚体绕定轴的转动。对于刚体的运动，一类是刚体绕定轴转动，另一类是刚体绕定点的转动。在生活中，我们所见到的陀螺，其运动就是刚体绕定点的转动。陀螺的运动相对较复杂，因为其不仅仅要围绕自身的转轴转动，并且其转轴还要产生进动和章动。所谓进动就是陀螺在自身重力的作用下，使得自身的转轴绕竖直方向的转动。章动就是陀螺的转轴在竖直平面内的上下摆动，但是对于高速转动的陀螺而言，章动不是主要的。

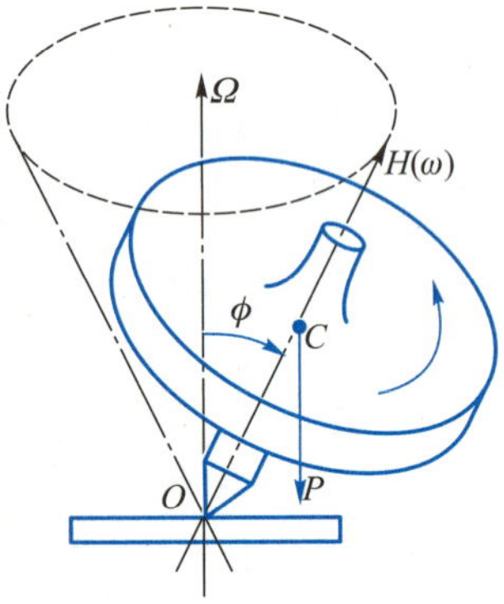

图1 陀螺进动

我们可以对陀螺的进动做一点简要的分析。不妨假设，陀螺是高速旋转的，其角速度和角动量的方向几乎就是其转轴的方向。如果陀螺的转轴和竖直方向有一个夹角，那么陀螺的重力所产生的力矩就不等于零。由于重力的力矩始终垂直于角速度方向，故重力力矩并不改变角速度的大小，只改变它的方向，因此陀螺的角速度就绕竖直方向做圆周运动，这就是进动，如图1所示。

还有另一类陀螺，它所受的合外力等于零，或者合外力通过转动点，并不产生力矩。如地球的自转就属于这一类情况。这类陀螺进动的产生就仅仅由陀螺的运动初始条件和几何形状决定了。

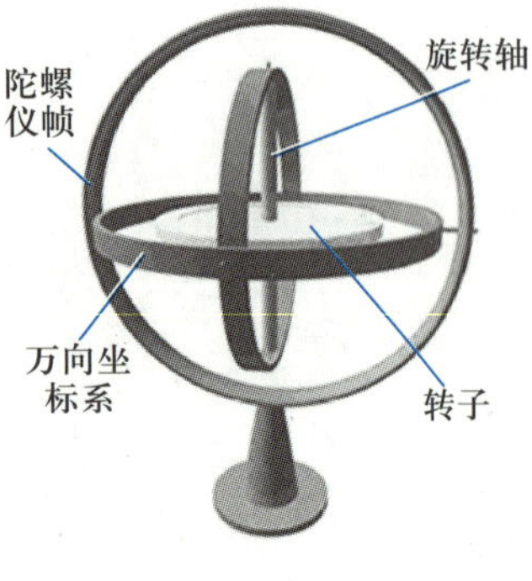

图2 三轴陀螺仪

下面我们举一些快速旋转陀螺的例子：

(1) 定向陀螺仪

如图2所示，这是一个三轴陀螺仪，一个装在能自由转向的框架上的飞轮。在这个装置中，轴承的摩擦力矩很小，在短时间内，它的效应可忽略不计。另外，由于刚体结构具有轴对称性，其质心集中在转轴中心处。这样，当陀螺高速旋转时，无论如何改变框架的方位，由于其所受到的合外力矩为零，故其角动量守恒，因此三轴陀螺仪的中心轴的空间取向能始终保持不变。如果在飞机上装

三个定向指示仪，并使三个陀螺的自转轴互相垂直，飞行员就可以通过陀螺中心轴的指向来确定飞机的空间取向。

另一方面，当飞机平稳地飞行一段时间，陀螺仪的指向就会发生一点偏差，这是由于框架的摩擦力。飞机一直在慢慢地转向，总有摩擦力会产生微小的力矩，使陀螺产生进动，它不再准确地指向同一方向。故飞行员每隔一段时间需要按照指南针校准陀螺仪的方向。

(2) 陀螺地平仪

由于陀螺具有良好的定向功能，故可以做成测量飞行器角位置和角速度的仪表。在航空上陀螺仪表的基本用途是测量飞机的姿态角、航向角和角速度，因而成为飞行的重要仪表。而陀螺地平仪就是较为常见的航空陀螺仪表。

陀螺地平仪就是利用三轴陀螺仪和摆的特性做成的陀螺仪表，如图 3 所示，用来测量飞机的姿态角。飞行员凭借陀螺地平仪的指示，才能保持飞机的正确姿态，完成飞行和作战任务。飞机的姿态角是指俯仰角和倾斜角。要测得飞机的姿态角，关键是在飞机上建立一个地平基准面。我们知道摆能够自动寻找地垂线，具有方向敏感性，但它容易受加速度干扰，会产生很大的误差，缺少方向稳定性。而三自由度陀螺仪的并不会因加速度的干扰而改变方向，具有方向稳定性，但它却不能自动地寻找地垂线，没有方向

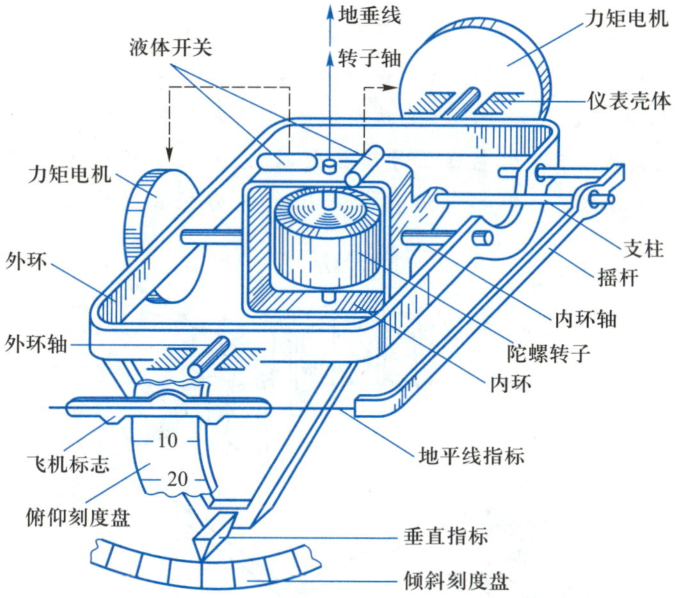

图 3　陀螺地平仪示意图(图中的液体开关可寻找地垂线，起到了摆的作用)

敏感性。由此想到把摆和陀螺仪两者的优点结合到一起，利用摆的敏感性寻找地垂线并对陀螺仪进行修正，使具有方向稳定性的自转轴同时获得方向敏感性，这样便可在飞机上建立一个精确而稳定的地平基准。以三自由度陀螺仪为基础，加上修正装置和指示装置，就可构成陀螺地平仪。

(3) 陀螺稳定平台

陀螺稳定平台是利用陀螺特性直接或间接使某一物体对惯性空间保持给定位置或按给定规律改变起始位置的一种装置。它的功能有两种，一种是对外界干扰起对消作用；另一种是根据指令，确保平台的转向指向要求的方向。陀螺稳定平台的特点是在其测量轴上可以承受较大的干扰负荷力矩，又能比较精确地测量角度。另外，当陀螺稳定平台做成相对地理坐标稳定时，还可作为中心陀螺使用，能输出俯仰角、倾斜角和航向角信息。在飞机上它可以向自动驾驶仪、自动领航仪、武器系统、高空照相系统等同时输出信号。

我们以单轴陀螺稳定平台为例，简单介绍其工作原理。如图 4 所示，在单轴陀螺稳定平台上，陀螺自转轴、内框轴和平台稳定轴三者互相垂直。其中平台稳定轴是陀螺输入轴的方向，陀螺内环轴也叫进动轴，是陀螺输出轴的方向。信号器、放大器和稳定电机构成平台稳定回路。当平台的稳定轴受到外力矩 M_d 干扰时，平台将绕稳定轴相对惯性空间以角速度 $\dot{\alpha}_p$ 转动，从而使平台偏离原来的空间方位。平台的转动角速度 $\dot{\alpha}_p$ 会被平台上的单自用度陀螺感受到。它感受到这个角速度后，会使陀螺绕内环的轴以角速度 $\dot{\beta}$ 相对平台转动，并产生转角 β。这样内环轴上的信号器就会感受到角度，并输出电压信号给放大器，经放大后变成电流信号送至稳定机，稳定机根据电流信号产生稳定力矩 M_s，并通过阻尼器

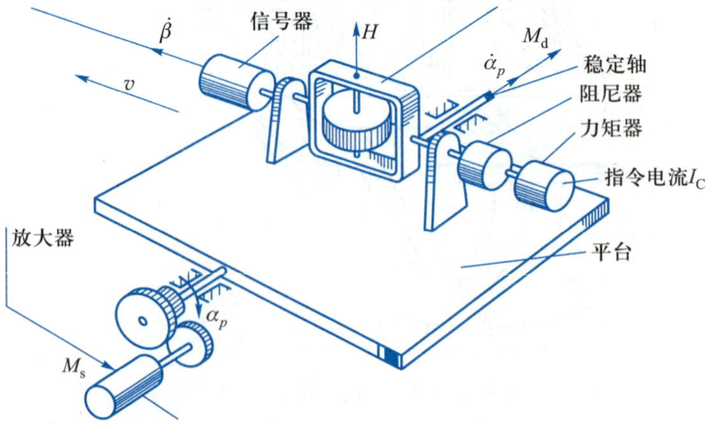

图 4 单轴陀螺稳定平台示意图

作用到平台稳定轴上，以平衡干扰力矩的作用。陀螺绕内环轴的转角达到某一数值时，稳定电机输出的稳定力矩会完全平衡干扰力矩的作用，陀螺将停止绕内环轴的进动。此时的干扰力矩完全由稳定回路产生的稳定力矩所承受。因此，不论平台稳定轴上有何种干扰力矩，平台绕稳定轴相对惯性空间的位置始终保持稳定。实际上，在稳定过程中，平台绕平台稳定轴转动的角度以及陀螺绕内环转动的都很小时，平台就达到了动态平衡状态，平台的稳定回路就平衡了干扰力矩，使平台相对于原来的方位保持不变。

(4) 回旋陀螺仪

关于传统陀螺的定向还有另一种装置，那就是回旋陀螺仪。它与总是要偏离北极并且定期调整的定向陀螺不同，回旋陀螺仪实际上追踪北极，它比指南针更好，它指向地球自转轴的意义上的北极。它的工作原理是这样的：我们先考察装在转台上的二自由度陀螺的行为。如图 5 所示，回转罗盘是由一个安装在由 AB 轴支起的轻框架上的高速陀螺组成。轻框架和水平台固定，可以绕竖直轴转动，同时陀螺还能绕 AB 轴转动。当外界施加一个力矩，使得水平台开始转动，水平转台则带动轻框架和陀螺一起转动。与此同时轻框架会产生一个和外力矩方向相同的力矩，作用在高速旋转的陀螺上。由于开始时，外力矩与陀螺的角动量并不平行，因此，在外力矩的作用下，陀螺的角动量会逐渐趋向和外力矩相同的方向。从图 5 上看，陀螺应该缓慢翻转，最终其角速度方向朝上，或者此陀螺自转的角速度与竖直方向有一个微小的夹角，并做微小的进动。如果将此二自由度陀螺放在地球上，情况又如何呢。显然，我们可以把地球看成是一个大的转台。如果将二自由度陀螺的 AB 轴在地球表面沿东西方向放置，则最终陀螺的自转轴将平行于地球的自转轴，此时陀螺的自转轴和水平面的夹角就是当地的纬度。如果陀螺的 AB 轴在地球表面竖直安置，则最终陀螺的 AB 轴将平行于水平面且南北指向，此时陀螺的角速度方向就指着北方。回转罗盘最大的优点就是其装置是纯机械的，因此不受电和磁的干扰，在这方面明显优于传统罗盘。

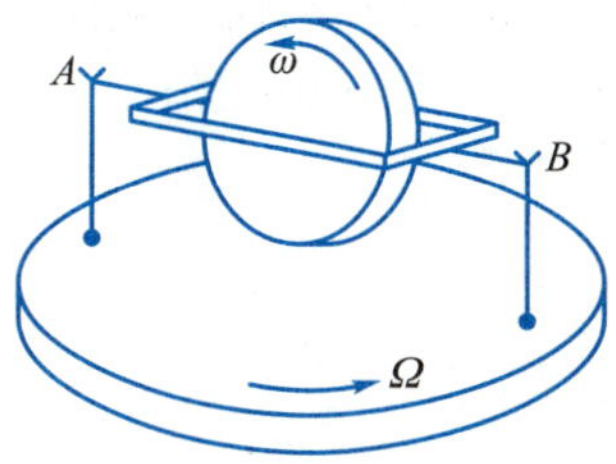

图 5 回转罗盘示意图

陀螺仪可以比较准确地测量出运动物体的位置和方向，作为一种惯性的导航器，它广泛应用在国防、航天、航空以及航海领域中。它的发展对高新科技、国防以及国家的工业等有重要的意义。机械式的陀螺其实是传统的惯性陀螺，它的结构很复杂，因此它对工艺上的要求是非常严格的，很多因素都会影响它的测量精度。现代陀螺仪的发展已经越来越快了，技术也越来越成熟，已经成功进入到全新的阶段中。现代陀螺仪，工作很可靠、灵敏度很高以及结构非常紧凑等等，这些优点让它在很多的应用领域当中已经有效地替代了传统的机械式陀螺仪，变成现代导航仪器的重要元件。

以下我们举两个现代陀螺仪的例子：

(1) 微电子机械陀螺仪(MEMS 陀螺仪)

微电子机械陀螺仪不同于机械陀螺仪，它并没有一个旋转的装置。它的工作原理主要是应用科里奥利力。在一个转动的参考系中，如果物体有径向的速度，那么在切向它将受到一个非惯性力——科里奥利力的作用。如果物体在圆盘上没有径向运动，科里奥利力就不会产生。因此，在 MEMS 陀螺仪的设计上，这个物体被驱动，不停地来回做径向运动或者振荡，与此对应的科里奥利力不停地在横向来回变化，并有可能使物体在横向作微小振荡，相位正好与驱动力差 90 度。如图 6 所示，MEMS 陀螺仪通常有两个方向的可移动电容板。径向的电容板加振荡电压迫使物体作径向运动，横向的电容板测量由于横向科里奥利运动带来的电容变化。因为科里奥利力正比于角速度，所以由电容的变化可以计算出系统整体转动的角速度。目前 MEMS 陀螺仪可以做到的精度是 0.01°/h。

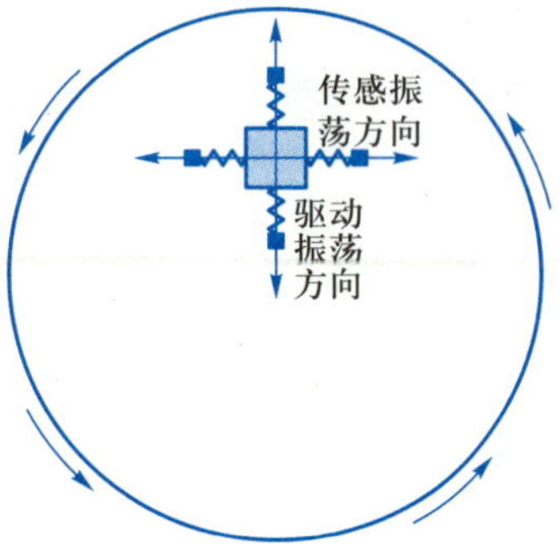

图 6 微电子机械陀螺仪工作原理示意图

微电子机械陀螺仪体积小、功耗低、抗过载能力强、动态范围大、可集成化等优点，可嵌入电子、信息与智能系统中，使得体系的体积和成本大幅下降，而且总体性能大幅提升，因此在现代化军事领域有着广泛的应用前景。在国防军事应用中，高精度的微电子机械陀螺仪可用于导弹、航空航天和超音速飞行器等有高精度需求的军用产品中。随着先进的微电子技术的发展，其成本和价格也大幅下降。其低廉的价格在民用消费领域也有广泛的应用前景。在一些新的领域中，如车载导航系统、天文望远镜、工业机器人、计算机鼠标、智能手机甚至机器人玩具等中低端应用需求的产品中得到应用。

(2) 光纤陀螺仪

光纤陀螺仪是一种能够精确地确定运动物体方位的仪器，它是现代航空、航海、航天和国防工业中广泛使用的一种惯性导航仪器。光纤陀螺仪不同于机械陀螺仪，它并没有一个旋转的装置，它的原理是基于塞格尼克理论：当光束在一个环形的通道中前进时，如果环形通道本身具有一个转动速度，那么光线沿着通道转动的方向前进所需要的时间要比沿着这个通道转动相反的方向前进所需要的时间要多。也就是说当光学环路转动时，在不同的前进方向上，光学环路的光程相对于环路在静止时的光程会产生变化。利用光程的变化，检测出两条光路的相位差或干涉条纹的变化，就可以测出光路旋转角速度，如图 7 所示。一般而言在飞行器往往要安装至少三个光纤陀螺仪。当飞行器在空中飞行发生偏转时，光纤陀螺仪就能敏感地判断出角速度的大小，并及时地进行纠偏。现在一般在航天领域的光纤陀螺仪对角速度的精度已经达到0.001°/h。

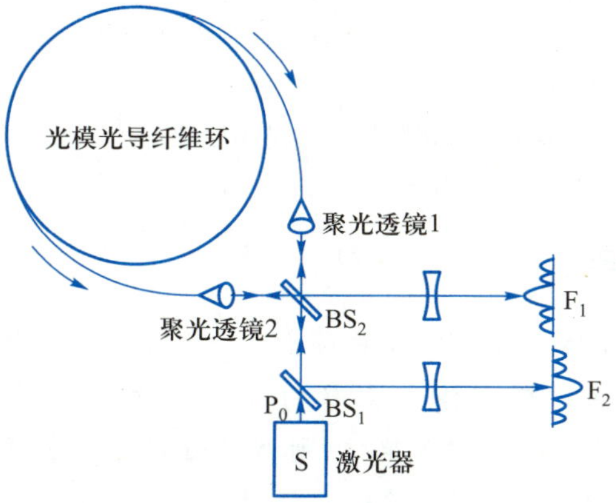

图7　光纤陀螺仪原理图

光纤陀螺仪由于自身在角速率及加速度测量方面的优越性和在动态范围、灵敏度和可靠性等方面的显著优势，使其在军事方面有着广泛的应用。可用于坦克、潜艇、自行火炮、装甲突击车的定位、定向和导航；当卫星导航在强电子干扰下无法获得准确信息时，光纤陀螺仪可以用来保证飞行器自主导航、精确制导和准确命中目标。同时光纤陀螺仪组件还是航空火力控制系统的重要组成部分，可用于武装直升机等武器系统瞄准线和射击线的稳定，保证武器在运动中进行搜索、瞄准、跟踪和射击。另外，光纤陀螺仪也是水下唯一有效的导航技术，可用于潜艇的定位、定向和导航。

光纤陀螺仪成本低、维护简便，正在许多已有系统上替代机械陀螺，从而大幅度提高系统的性能、降低系统成本。现在，光纤陀螺仪已充分发挥了其质量轻、体积小、精度高、可靠性高等优势，正逐步替代其他类型的陀螺仪。

以上我们就陀螺的应用做了比较简单的介绍，主要集中于保持物体的稳定、指示方向、矫正航行方向和测量系统转动的角速度等内容。随着科学技术的不断突破，各式各样的新型陀螺仪逐渐取代了传统的机械或机电陀螺仪。在现代无论是军用还是民用，光纤陀螺仪、激光陀螺仪、陀螺仪感应器等新型导向工具都已经被广泛应用，在民用领域甚至都已经普及到了手机的功能之一，当然其工作原理也早已不再仅仅是陀螺的定点转动。总之陀螺定向的原理虽然已经被光电技术所取代，但是其定向的功能却是在不断深化。

参考文献

[1] 金尚年,马永利.理论力学[M].第二版.北京:高等教育出版社,2002.

[2] 三轴陀螺仪的原理和应用.传感器之家.

[3] 费恩曼,戈特利勃,莱顿.费恩曼物理学讲义补篇[M].上海:上海科学技术出版社,2016.

[4] 闫子波,魏鸣.微机械陀螺仪的工作原理及其应用.中电网.

[5] 光纤陀螺仪.北方技术网.

思考题

3-1. 一刚体以 60 r/min 的角速度绕 z 轴作匀速转动(ω 沿转轴正方向)。设某时刻刚体上点 P 的位置矢量为 $\boldsymbol{r}=(3\boldsymbol{i}+4\boldsymbol{j}+5\boldsymbol{k})\times10^{-2}$ m,以 10^{-2} m/s 为速度单位,则该时刻 P 点的速度为(　　)

A. $\boldsymbol{v}=94.2\boldsymbol{i}+125.6\boldsymbol{j}+157\boldsymbol{k}$　　B. $\boldsymbol{v}=-25.1\boldsymbol{i}+18.8\boldsymbol{j}$

C. $\boldsymbol{v}=-25.1\boldsymbol{i}-18.8\boldsymbol{j}$　　D. $\boldsymbol{v}=34.1\boldsymbol{k}$

3-2. 如图所示,一质量为 m 的匀质细杆 AB,A 端靠在光滑的竖直墙壁上,B 端置于粗糙水平地面而静止,杆身与竖直方向成θ角,则 A 端对墙壁的压力大小为(　　)

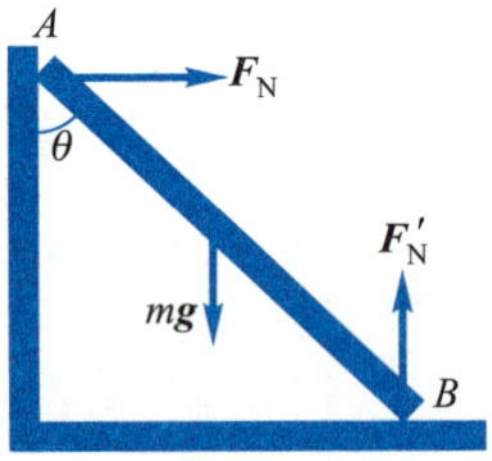

思考题 3-2 图

A. $0.25\ mg\cos\theta$　　B. $0.5\ mg\tan\theta$

C. $mg\sin\theta$　　D.不能唯一确定

3-3. 在刚体力学分析刚体受力时,为什么必须如实地表明力的作用线位置,而不能随便将力的作用线平移到刚体的质心上去?

3-4. 关于力矩有以下几种说法:

(1) 对某个定轴而言,内力矩不会改变刚体的角动量。

(2) 作用力和反作用力对同一轴的力矩之和必为零。

(3) 质量相等,形状和大小不同的两个刚体,在相同力矩的作用下,它们的角加速度一定相等。在上述说法中,(　　)

A. 只有(2)是正确的

B. (1)、(2)是正确的

C. (2)、(3)是正确的

D. (1)、(2)、(3)都是正确的

3-5. 如何理解刚体对定轴的转动惯量?试分析下述说法是否正确。(1)均匀圆盘的转动惯量为$\frac{1}{2}mr^2$。(2)无论轴怎样选择,刚体对通过质心的轴的转动惯量最小。(3)作直线运动的质点对通过直线外的一点并与直线和该点组成的平面垂直的轴,不能定义转动惯量,因为质点没有转动。

3-6. 关于刚体对轴的转动惯量,下列说法中正确的是(   )

A. 只取决于刚体的质量,与质量的空间分布和转轴的位置无关

B. 取决于刚体的质量和质量的空间分布,与转轴的位置无关

C. 取决于刚体的质量、质量的空间分布和转轴的位置

D. 只取决于转轴的位置,与刚体的质量和质量的空间分布无关

3-7. 在边长为 a 的六边形顶点上,分别固定有质量都是 m 的 6 个质点,如图所示。试求此系统绕下列转轴的转动惯量:(1)设转轴Ⅰ、Ⅱ在质点所在的平面内,如图(a)所示;(2)设转轴Ⅲ垂直于质点所在的平面,如图(b)所示。

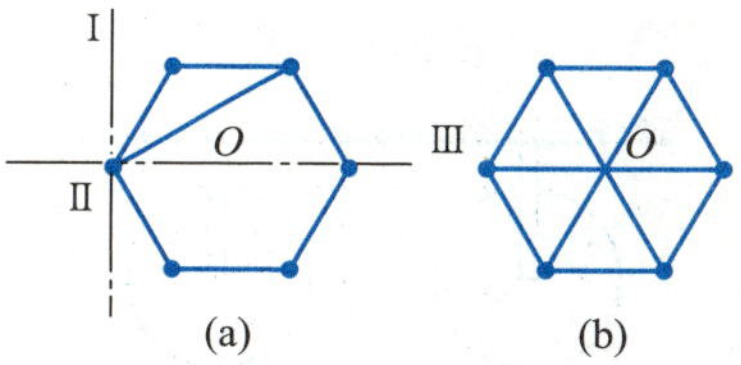

思考题 3-7 图

3-8. 图(a)为一绳长为 l、质量为 m 的单摆,图(b)为一长度为 l、质量为 m 能绕水平轴 O 自由转动的匀质细棒。现将单摆和细棒同时从与竖直线成 θ 角的位置由静止释放,若运动到竖直位置时,单摆、细棒的角速度分别用 ω_1、ω_2 表示,则(   )

A. $\omega_1=\omega_2/2$　　B. $\omega_1=\omega_2$

C. $\omega_1=2\omega_2/3$　　D. $\omega_1=\sqrt{2/3}\,\omega_2$

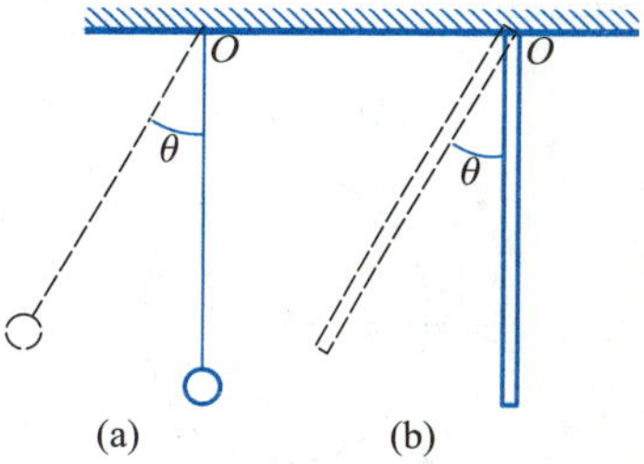

思考题 3-8 图

3-9. 一个人站在有光滑固定转轴的转动平台上,双臂伸直,水平地举起两个哑铃,在该人把这两个哑铃水平收缩到胸前的过程中,人、哑铃与转动平台组成的系统的(   )

A. 机械能守恒,角动量守恒

B. 机械能守恒,角动量不守恒

C. 机械能不守恒,角动量守恒

D. 机械能不守恒,角动量不守恒

3-10. 假设卫星绕地球中心作椭圆运动,则在运动过程中,卫星对地球中心的(   )

A. 角动量守恒,动能守恒

B. 角动量守恒,机械能守恒

C. 角动量不守恒,机械能守恒

D. 角动量不守恒,动量不守恒

3-11. 在处理定轴转动的刚体受物体碰撞的问题中,为什么不用动量守恒定律而使用角动量守恒定律?

3-12. 如果一个质点系的总角动量等于零,能否说此质点系中每一个质点都是静止的?如果一质点系的总角动量为一常量,能否说作用在质点系上的合外力为零?

3-13. 下面几个物理量中,哪些与原点的选择无关,哪些与原点的选择有关:(1)位矢;(2)位移;(3)速度;(4)角动量。

习题

3-1. 一飞轮半径为 0.2 m、转速为 5π rad/s，因受制动而均匀减速，经 30 s 停止转动。试求：(1) 角加速度和在此时间内飞轮所转的圈数；(2) 制动开始后 $t=6$ s 时飞轮的角速度；(3) $t=6$ s 时飞轮边缘上一点的线速度、切向加速度和法向加速度。

3-2. 一转动惯量为 I 的圆盘绕一固定轴转动，起初角速度为 ω_0，设它所受阻力矩为 $M=-k\omega$（k 为常量），求圆盘的角速度从 ω_0 变为 $\omega_0/2$ 所需的时间。

3-3. 如图所示，一均匀细杆长为 l，质量为 m，平放在摩擦因数为 μ 的水平桌面上，设开始时杆以角速度 ω_0 绕过中心 O 且垂直于桌面的轴转动，试求：(1) 作用于杆的摩擦力矩；(2) 经过多长时间杆才会停止转动。

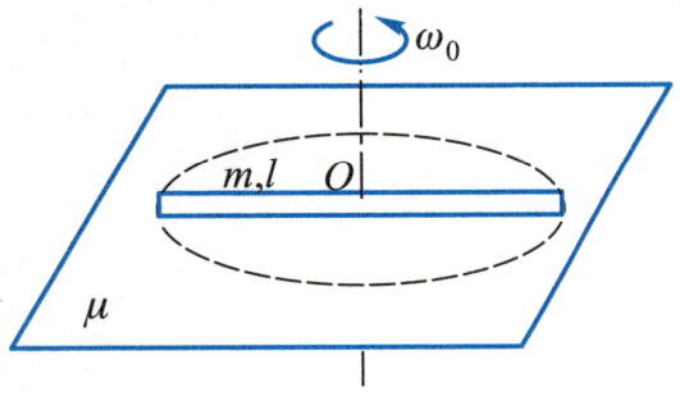

习题 3-3 图

3-4. 如图所示，一轻绳跨过两个质量为 m、半径为 r 的均匀圆盘状定滑轮，绳的两端分别挂着质量为 $2m$ 和 m 的重物，绳与滑轮间无相对滑动，滑轮轴光滑，两个定滑轮的转动惯量均为 $mr^2/2$，将由两个定滑轮以及质量为 $2m$ 和 m 的重物组成的系统从静止释放，试求重物的加速度和两滑轮之间绳内的张力。

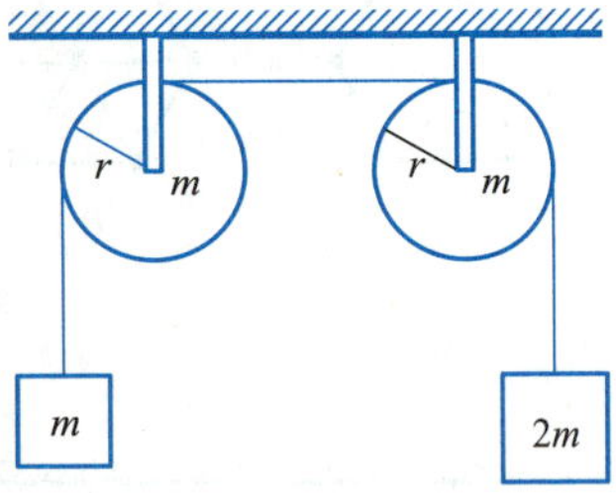

习题 3-4 图

3-5. 如图所示，一质量为 m、半径为 R 的圆盘，可绕 O 轴在竖直面内转动。若盘自静止下落，略去轴承的摩擦，求：(1) 盘到虚线所示的竖直位置时，质心 C 和盘缘 A 点的速率；(2) 在虚线位置轴对圆盘的作用力。

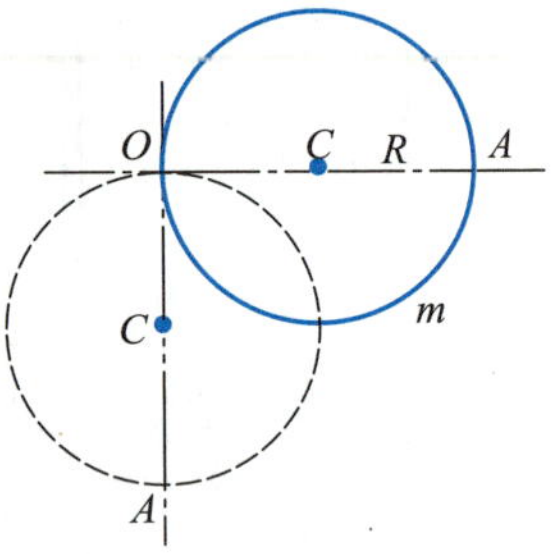

习题 3-5 图

3-6. 如图所示，飞轮的质量 $m=60$ kg，半径 $R=0.25$ m，绕其水平中心轴 O 转动，转速为 900 $\text{r}\cdot\text{min}^{-1}$。现利用一制动的闸杆，在闸杆的一端加一竖直方向的制动力 $\boldsymbol{F}$，可使飞轮减速。已知闸杆的尺寸如图所示，闸瓦与飞轮之间的摩擦因数 $\mu=0.4$，飞轮的转动惯量可按匀质圆盘计算。试求：(1) 设 $F=100$ N，问可使飞轮在多长时间内停止转动？在这段时间里飞轮转了几转？(2) 如果在 2 s 内飞轮转速减少一半，需加多大的力 F？

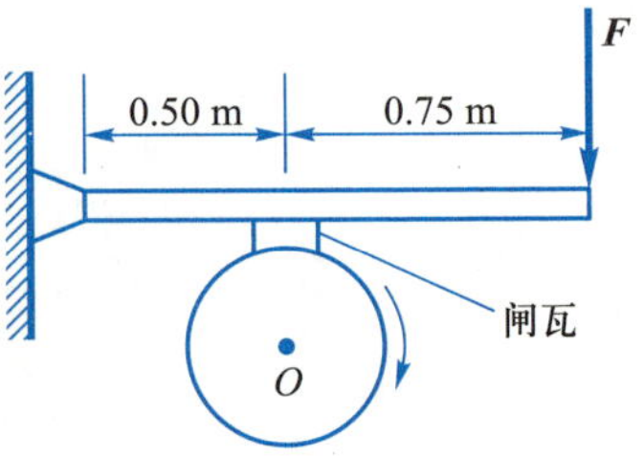

习题 3-6 图

3-7. 固定在一起的两个同轴均匀圆柱体可绕其光滑的水平对称轴 OO' 转动。设大小圆柱体的半径分别为 R 和 r，质量分别为 m' 和 m。绕在两柱体上的细绳分别与物体 m_1 和 m_2 相连，m_1 和 m_2 则挂在圆柱体的两侧，如图所示。设 $R=0.20$ m，$r=0.10$ m，$m=4$ kg，$m'=10$ kg，$m_1=m_2=2$ kg，且开始时 m_1，m_2 离地均为 $h=2$ m。求：(1) 柱体转动时的角加速度；(2) 两侧细绳的张力。

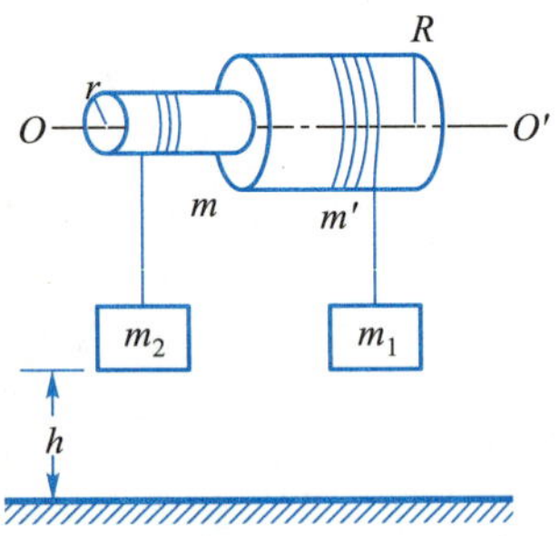

习题 3-7 图

3-8. 如图所示，一长为 $2l$ 的细棒 AB，其质量不计，它的两端牢固地连接着质量各为 m 的小球，棒的中点焊接在竖直轴 z 上，并且棒与 z 轴夹角为 α。若棒在外力作用下以角速度 $\omega=$

$\omega_0(1-e^{-t})$ 转动，其中 ω_0 为常量。求：(1) 棒与两球构成的系统在 t 时刻对 z 轴的角动量；(2) $t=0$ 时系统所受的合外力对 z 轴的合外力矩。

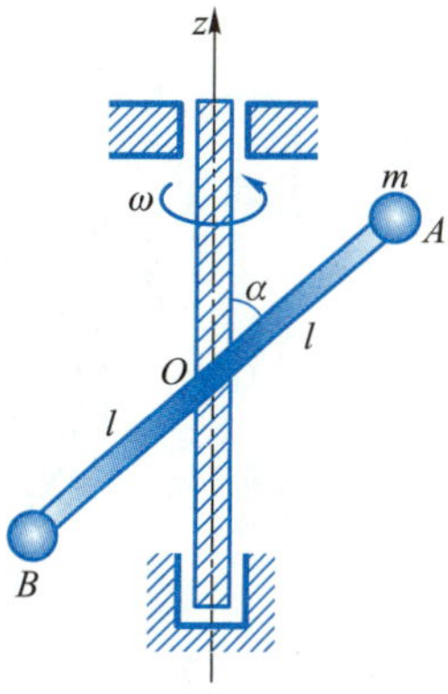

习题 3-8 图

3-9. 一转台绕其中心的竖直轴以角速度 $\omega_0=\pi\ s^{-1}$ 转动，转台对转轴的转动惯量为 $I_0=4\times10^{-3}\ kg\cdot m^2$。今有砂粒以 $Q=2t\ g\cdot s^{-1}$（t 的单位是 s）的流量竖直落至转台，并黏附于台面形成一圆环，若环的半径为 $r=0.1\ m$，求砂粒下落 10 s 时，转台的角速度。

3-10. 如图所示，长为 l 的轻杆，两端各固定质量分别为 m 和 $2m$ 的小球，杆可绕水平光滑固定轴 O 在竖直面内转动，转轴 O 距两端分别为 $\frac{1}{3}l$ 和 $\frac{2}{3}l$。轻杆原来静止在竖直位置。今有一质量为 m 的小球，以水平速度 $\boldsymbol{v}_0$ 与杆下端小球 m 作对心碰撞，碰后以 $\frac{1}{2}\boldsymbol{v}_0$ 的速度返回，试求碰撞后轻杆所获得的角速度。

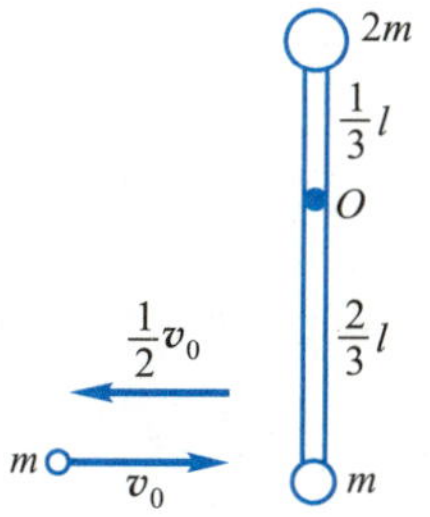

习题 3-10 图

3-11. 如图所示，一质量均匀分布的圆盘，质量为 m'，半径为 R，放在一粗糙水平面上（圆盘与水平面之间的摩擦因数为 μ），圆盘可绕通过其中心 O 的竖直固定光滑轴转动。开始时，圆盘静止，一质量为 m 的子弹以水平速度 $\boldsymbol{v}$ 垂直于圆盘半径打入圆盘边缘并嵌在盘边上，求：(1) 子弹击中圆盘后，盘所获得的角速度；(2) 经过多少时间后，圆盘停止转动。（圆盘绕通过 O 的竖直轴的转动惯量为 $\frac{1}{2}m'R^2$，忽略子弹重力造成的摩擦阻力矩。）

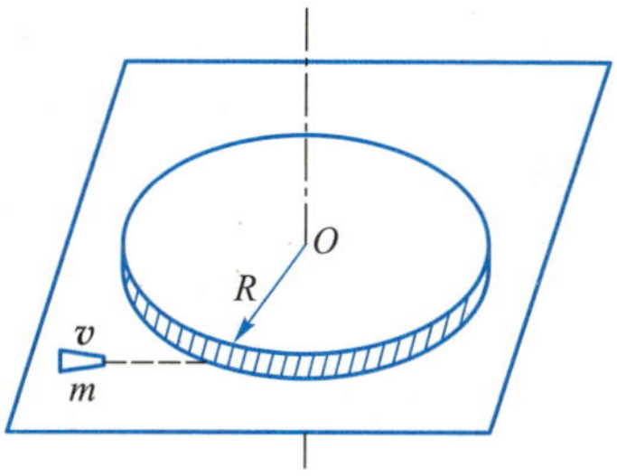

习题 3-11 图

3-12. 如图所示，有一质量为 m_1、长为 l 的均匀细棒，静止平放在动摩擦因数为 μ 的水平桌面上，它可绕通过其端点 O 且与桌面垂直的固定光滑轴转动。另有一水平运动的质量为 m_2 的小滑块，从侧面垂直于棒与棒的另一端 A 相碰撞，设碰撞时间极短。已知小滑块在碰撞前后的速度分别为 $\boldsymbol{v}_1$ 和 $\boldsymbol{v}_2$。求碰撞后细棒从开始转动到停止转动的过程所需的时间。

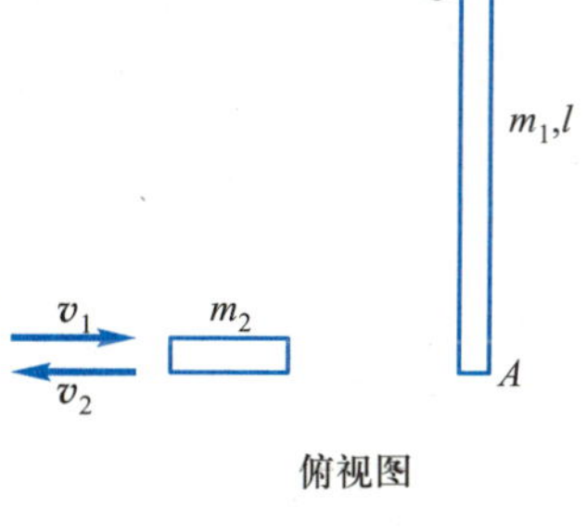

习题 3-12 图

3-13. 一质量为 m、半径为 R 的自行车轮，假定质量均匀分布在轮缘上，可绕轴自由转动。另一质量为 m_0 的子弹以速度 $\boldsymbol{v}_0$ 射入轮缘，如图所示。求：(1) 开始时轮是静止的，在质点打入后的角速度为何值？(2) 用 m，m_0 和 θ 表示系统（包括轮和质点）最后动能和初始动能之比。

3-14. 空心圆环可绕竖直轴 AC 自由转动，如图所示，其转动惯量为 I_0，环半径为 R，初始角速度为 ω_0。质量为 m 的小球，原来静止于 A 点，由于微小的干扰，小球向下滑动。设圆环内壁是光滑的，问小球滑到 B 点与 C 点时，小球相对于环的速率各为多少？

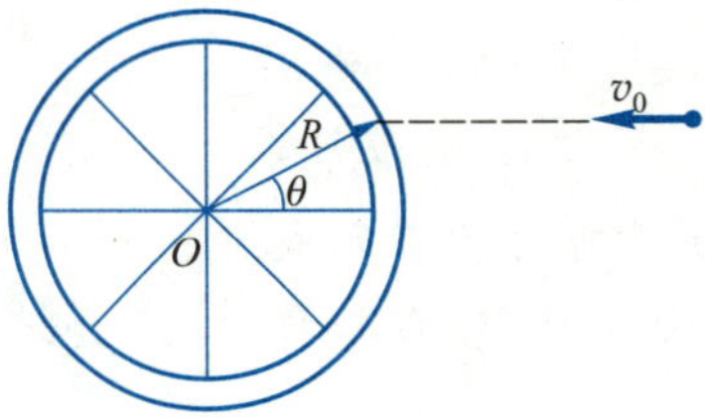

习题 3-13 图

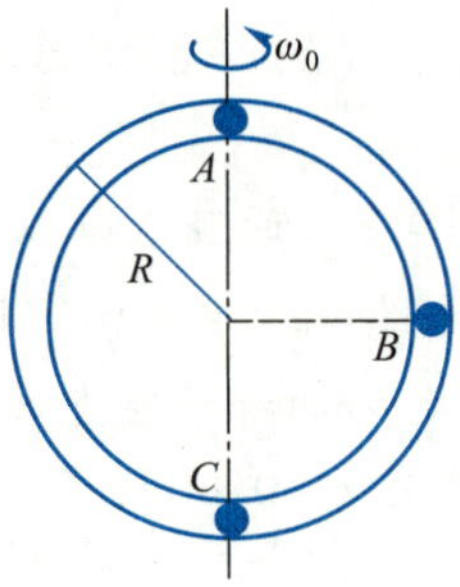

习题 3-14 图

第 4 章 狭义相对论基础

前面几章讨论了以牛顿运动定律为基础的经典力学，它是宏观物体在低速(即远小于光速)情况下的运动规律。经典力学认为，时间和空间的量度是绝对的，与参考系无关。这一结论并未被加以论证，被认为是理所当然的。19 世纪末电磁理论建立后，人们发现，当物体的速度接近光速时，上述结论不再成立。对于高速运动问题需要建立新的理论。

1905 年，爱因斯坦摆脱传统观念的束缚，彻底抛弃经典的时空观，另辟蹊径，以严密科学的分析揭示了时间和空间的相对性以及时空的统一性，发表了划时代的论文《论动体的电动力学》，建立了崭新的时空理论——狭义相对论。本章首先回顾经典力学的时空观，指出伽利略变换的困难，并引出狭义相对论的两个基本假设，进而给出狭义相对论的时空观；然后，介绍洛伦兹变换；最后，讨论相对论中的质量、动量和能量。

4-1 经典力学的时空观

文档 爱因斯坦

一、绝对时空观

任何物理过程都是在一定的时间和空间中进行的，都离不开对时间和空间的测量，那么，相对于不同的参考系，长度和时间的测量结果是相同的吗？换句话说，长度和时间的测量结果与参考系有关吗？这种关于时间和空间的根本观点称为**时空观**，它是人类在长期的生产活动和实践过程中形成的。

牛顿根据对经验的分析与总结后，提出了绝对的空间和绝对的时间观念，称为**绝对时空观**，其结论如下：

(1) 时间间隔的测量是绝对的，即两事件的时间间隔在不同的惯性系中是相同的，称为绝对时间。

(2) 空间间隔的测量是绝对的，即两事件的空间间隔在不同的惯性系中是相同的，称为绝对空间。

绝对时间和空间，是牛顿在他的名著《自然哲学的数学原理》中以假设的形式提出的。牛顿说，“绝对的、真实的、数学的时间，就其本质而言，是永远均匀地流逝着的，与任何外界事物无关”，“绝对空间，就其本质而言，是与任何外界事物无关的，它从不运动，并且永远不变”。绝对时间和绝对空间的观念，与我们在长期的生产实践和生活过程中所观察到的结果相符合。在绝对时空观中，时间与空间互相独立，并且与物质和运动也是不相关的。应该强调的是，绝对时空观是经典力学的一个基本假设。

二、伽利略变换

按照这种绝对的时空观，在所有的惯性系中时间和空间是绝对的，与参考系无关。为此，我们可以得到不同参考系下的坐标及时间变换关系，即**伽利略变换**。

设有两惯性参考系 S 和 S′，在两参考系上各建立一个直角坐标系，如果这两个坐标系的坐标轴保持平行，且 S′系相对于 S 系沿 x 方向作匀速直线运动，速度为 $\boldsymbol{u}=u\boldsymbol{i}$，且 $t=t'=0$ 时，两坐标系的原点 O、O' 重合，如图 4-1-1 所示，则在任意时刻 t，对空间中的同一质点 P，两参考系测得的空间坐标、时间坐标 (x,y,z,t) 和 (x',y',z',t') 的关系为

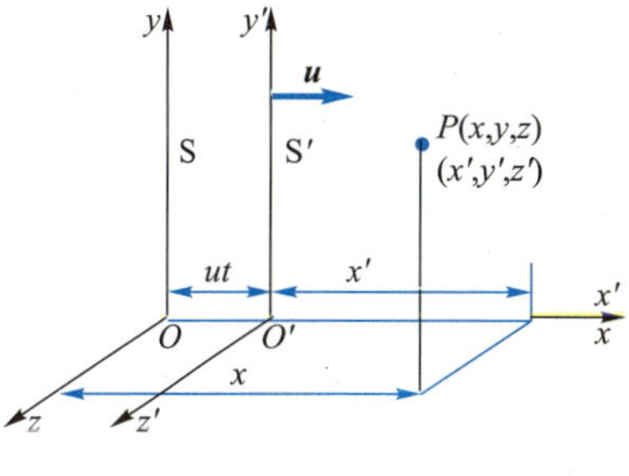

图 4-1-1 伽利略变换

$$\begin{cases} x'=x-ut \\ y'=y \\ z'=z \\ t'=t \end{cases} \quad \text{或} \quad \begin{cases} x=x'+ut' \\ y=y' \\ z=z' \\ t=t' \end{cases} \tag{4-1-1}$$

上式描写了两惯性系对同一个事件的时间和空间的观测值之间的关系，称为伽利略变换。

式(4-1-1)中，前三式由图 4-1-1 中的几何关系并不难看出，然而它是建立在绝对时空观的基础上的。以 $x'=x-ut$ 为例，这里 x 和 ut 分别是 P 点和 O'点在 S 系中的水平坐标，其差值也只能是 S 系中 P 点与 O'点之间的水平距离，而不是 S′系中 P 点与 O'点之间的水平距离 x'。事实上，如果将 $x'=x-ut$ 改写为 $x=x'+ut$ 更能直观地看出，将两个不同参考系中的观察值放在一起相加是有问题的，除非空间间隔在不同的惯性系中是相同的，即承认绝对的时空观。在这样的前提下，$x-ut$ 也是 S′系中 P 点与 O'点之间的水平距离，即 $x'=x-ut$。而第四式则说明了时间是绝对的，它与参考系和观察者无关。因此，伽利略变换是利用了绝对时空观才得出的。

将式(4-1-1)前 3 式对时间求导，并考虑到 $t=t'$，即 $\mathrm{d}t=\mathrm{d}t'$，可得

$$\frac{\mathrm{d}x'}{\mathrm{d}t'}=\frac{\mathrm{d}x}{\mathrm{d}t}-u,\quad \frac{\mathrm{d}y'}{\mathrm{d}t'}=\frac{\mathrm{d}y}{\mathrm{d}t},\quad \frac{\mathrm{d}z'}{\mathrm{d}t'}=\frac{\mathrm{d}z}{\mathrm{d}t}$$

$$\frac{\mathrm{d}x}{\mathrm{d}t}=\frac{\mathrm{d}x'}{\mathrm{d}t'}+u,\quad \frac{\mathrm{d}y}{\mathrm{d}t}=\frac{\mathrm{d}y'}{\mathrm{d}t'},\quad \frac{\mathrm{d}z}{\mathrm{d}t}=\frac{\mathrm{d}z'}{\mathrm{d}t'}$$

即

$$\begin{cases} v'_x=v_x-u \\ v'_y=v_y \\ v'_z=v_z \end{cases} \quad 或 \quad \begin{cases} v_x=v'_x+u \\ v_y=v'_y \\ v_z=v'_z \end{cases} \tag{4-1-2}$$

上式中 v'_x、v'_y、v'_z，v_x、v_y、v_z 分别为 S′和 S 系中的各个分速度，上式称为伽利略速度变换关系。将上式写成矢量式，即

$$\boldsymbol{v}'=\boldsymbol{v}-\boldsymbol{u} \quad 或 \quad \boldsymbol{v}=\boldsymbol{v}'+\boldsymbol{u} \tag{4-1-3}$$

这就是第 1 章中关于质点在两个作相对运动的参考系中的速度关系式(1-4-2)。

再将式(4-1-3)对时间求导，同样考虑到 $t=t'$，同时 $\boldsymbol{u}$ 为常矢量，可得加速度变换关系为

$$\frac{\mathrm{d}\boldsymbol{v}'}{\mathrm{d}t'}=\frac{\mathrm{d}\boldsymbol{v}}{\mathrm{d}t}$$

即

$$\boldsymbol{a}'=\boldsymbol{a} \tag{4-1-4}$$

上式表明，同一质点的加速度在任意惯性系内的观察值是相同的。

三、力学的相对性原理

通过对实验事实的观察与总结，伽利略提出了经典力学中的一个重要的原理，伽利略相对性原理，也称**力学的相对性原理**。该原理指出：**力学的所有规律在任意的惯性系中都是相同的**。或者

说，对于力学规律，所有惯性系都是平等的。

早在1632年，伽利略曾在封闭的船舱里观察了力学现象，如人的跳跃，抛物，水滴的下落甚至蝴蝶的飞行等，他生动地指出："在这里（只要在匀速运动着），你在一切现象中观察不出丝毫的改变，你也不能根据任何现象来判断船是在运动还是在停止着。当你在船上跳跃的时候，你所通过的距离和你在静止的船上跳跃时所通过的距离完全相同，也就是说你向船尾跳时并不比你向船头跳时——由于船的迅速运动——跳得更远些，虽然你跳在空中时，在你下面的地板是向着和你相反的方向奔驰着的。当你抛一件东西给你的朋友时，如果你的朋友在船头而你在船尾，你费的力并不比你站在相反的位置时所费的力更大。从挂在天花板下的装着水的杯里滴下的水滴，将竖直地落在地板上，没有任何一滴水偏向船尾的方向落下……"也就是说，无论船是静止的还是在匀速运动着，船上的观察者所观察到的力学现象是相同的。即用力学的方法是不能测出一个惯性系相对于另一个惯性系的相对运动速度的。

在匀速运动着的船舱里观察任何力学现象，都不能确定船本身的运动，只有打开舷窗向外看，即使这样，也只能知道船相对于地面的运动速度，仍然不能确定是船在运动还是地面在运动。就是说，谈论某一惯性系的绝对运动是没有意义的，只能得出相对运动的结论。

伽利略变换保证了经典力学规律在不同惯性系中具有相同的形式，或者说伽利略变换符合力学的相对性原理。下面以牛顿第二定律为例进行说明。

在经典力学中，质点的质量与运动状态无关，是一个绝对的量，因而不受参考系的影响；而力也只与相对位置或相对运动有关，因而也是和参考系无关的。因此，只要 $\boldsymbol{F}=m\boldsymbol{a}$ 在S参考系中成立，那么，对于S′参考系来说，由于 $\boldsymbol{F}'=\boldsymbol{F}$，$m'=m$，$\boldsymbol{a}'=\boldsymbol{a}$，则必然有 $\boldsymbol{F}'=m'\boldsymbol{a}'$。

可见，在不同惯性系中牛顿运动定律都是相同的。经典力学规律在伽利略变换下都保持不变。就是说，伽利略变换符合力学的相对性原理。事实上，伽利略变换和力学的相对性原理是绝对时空观的必然结果。

4-2 狭义相对论的基本假设

一、伽利略变换的困难

按经典力学，任何一个物体的速度都是相对于一定的参考系的，如果没有指明参考系，速度是没有意义的。以 c 表示在参考系 S 中的测得的真空中的光速，以 c' 表示在参考系 S′中的测得的真空中的光速，如果 S′相对于 S 以速度 u 沿 x 轴正方向运动，那么，按照伽利略变换应该有 $c'=c-u$，如果 S′相对于 S 以速度 u 沿 x 轴负方向运动，按照伽利略变换则应该有 $c'=c+u$。

麦克斯韦电磁理论给出真空中的光速为 $c=1/\sqrt{\varepsilon_0\mu_0}$，$\varepsilon_0$、$\mu_0$ 是两个电磁学常量，将其值代入得 $c=2.99\times10^8\ \mathrm{m\cdot s^{-1}}$。针对这一结果，人们自然想知道电磁理论成立的参考系，即真空中光速 c 所依赖的参考系。为此有人提出了"以太"假说，即认为宇宙空间充满一种叫作以太的介质，光是依靠以太来传播的，真空中的光速就是相对于以太而言的，并且把这种以太选作绝对静止的参考系，经典电磁理论只在这种绝对静止的参考系中成立。

如果这种观点正确的话，那么由于地球在以太中运动，在地面上观察不同方向射来的光线，它们的速度就不相同。根据这种不同方向的光的速度的差别，就可以测出地球相对于以太这种绝对静止的参考系的运动速度。依据这样的思路，当时人们设计了各种实验去寻找以太参考系，其中最著名的是迈克耳孙和莫雷实验。1887 年，著名美国物理学家迈克耳孙和莫雷制造了一台干涉仪，用光学的方法对此进行测量。

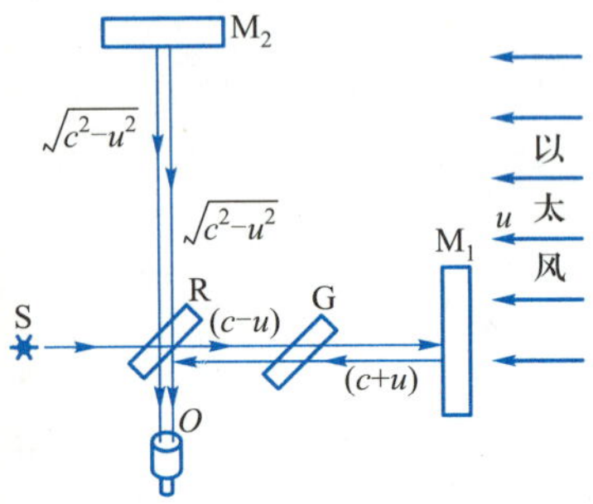

图 4-2-1　迈克耳孙-莫雷实验

如图 4-2-1 所示，为迈克耳孙-莫雷实验的简图。设地球以速度 u 相对于以太沿水平方向运动。实验时，设想干涉仪的一臂沿地球运动方向，另一臂与地球运动方向垂直，根据伽利略变换，光线沿两臂方向的传播速度并不相等，产生一定的光程差，可以观察到干涉条纹。如果将整个装置缓慢转过 90°，光程差亦将缓慢变化，则应该观测到条纹移动。由条纹移动数目，可以得到地球相对以太的速度。

水平方向光往返 R—M_1 之间所需的时间为

$$t_1=\frac{l_1}{c-u}+\frac{l_1}{c+u}=\frac{2l_1c}{c^2-u^2}$$

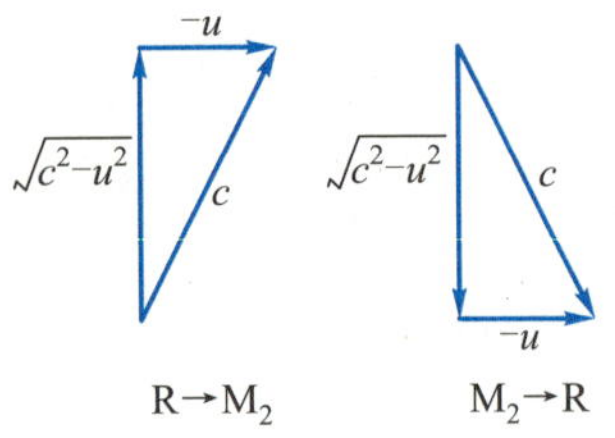

图 4-2-2　往返 R—M_2 光速的矢量图

在竖直方向，按速度合成，光相对于地球的速度与地球相对于以太速度的矢量和即光相对于以太的速度 c。如图 4-2-2 所示，即往返于 R—M_2 之间，光速（相对于地球）为 $\sqrt{c^2-u^2}$，所以，光往返于 R—M_2 之间所需的时间为

$$t_2=\frac{2l_2}{\sqrt{c^2-u^2}}$$

于是，两列光的时间差为

$$\Delta t=t_1-t_2=\frac{2l_1c}{c^2-u^2}-\frac{2l_2}{\sqrt{c^2-u^2}}$$

转过 90°后，时间差为

$$\Delta t'=t_1'-t_2'=\frac{2l_1}{\sqrt{c^2-u^2}}-\frac{2l_2c}{c^2-u^2}$$

于是，转动前后时间差的改变量为

$$\begin{aligned}\Delta t-\Delta t'&=\frac{2c(l_1+l_2)}{c^2-u^2}-\frac{2(l_1+l_2)}{\sqrt{c^2-u^2}}\\&=\frac{2(l_1+l_2)}{c}\left(\frac{1}{1-(u/c)^2}-\frac{1}{\sqrt{1-(u/c)^2}}\right)\end{aligned}$$

由于$\frac{u}{c}\ll1$，上式近似为

$$\begin{aligned}\Delta t-\Delta t'&\approx\frac{2(l_1+l_2)}{c}\left[1+\left(\frac{u}{c}\right)^2-1-\frac{1}{2}\left(\frac{u}{c}\right)^2\right]\\&=\frac{l_1+l_2}{c}\left(\frac{u}{c}\right)^2\end{aligned}$$

于是两列光的光程差的变化为

$$\Delta\delta=c(\Delta t-\Delta t')\approx(l_1+l_2)\left(\frac{u}{c}\right)^2$$

则干涉条纹移动数目为

$$N=\frac{\Delta\delta}{\lambda}\approx\frac{l_1+l_2}{\lambda}\left(\frac{u}{c}\right)^2$$

式中 λ 为真空中的波长。若 $l_1=l_2=l$，则

$$N\approx\frac{2l}{\lambda}\left(\frac{u}{c}\right)^2$$

只要测出了移动的条纹数，地球相对于以太的运动速度也就求出来了。

1881 年迈克耳孙首次实验，没有观察到条纹移动。1887 年，迈克耳孙和莫雷提高了实验精度，使臂长 $l=11$ m，光的波长 $\lambda=5.9\times10^{-7}$ m，如果取 $u=3.0\times10^4\ \mathrm{m\cdot s^{-1}}$（$u$ 为地球绕太阳公转的速度，这相当于假设以太相对于太阳静止），按上式计算，预期条纹移动 $N\approx0.37$ 条。但实际观察值小于 0.01 条。以后迈克耳孙和莫雷在不同的地理条件，不同的季节条件下多次实验，始终看不到预期的条纹移动。以后所有更精确的实验均证明，条纹都没有移动。迈克耳孙-莫雷实验的否定结果使当时的物理学家感到非常困惑，被物理学家开尔文称为“晴朗的天空中的一朵乌云”。这一否定的结果似乎表明，地球在以太中静止，“以太风”不存在。使得原本是为验证以太

参考系而进行的实验，结果却成为否定以太参考系的证据。

文档 以太

二、狭义相对论的基本假设

爱因斯坦从迈克耳孙-莫雷实验的结果认识到，应该抛弃以太，根本不存在那样一个假想的绝对静止的以太参考系，相对性原理不仅对于力学，而且对于电磁学以及整个物理学都是成立的。电磁场不是介质的状态，而是物质存在的一种基本形态。经过对经典力学和经典电磁学以及人们的经验的深入分析后，爱因斯坦于1905年发表了著名的题为《论动体的电动力学》论文，提出了如下两条假设，作为狭义相对论的两条基本原理，建立了崭新的时空理论——狭义相对论。

（1）相对性原理：物理规律在所有的惯性系中都具有相同的形式。或者说，所有的惯性系都是等价的。

（2）光速不变原理：光在真空中的传播速度与参考系无关，相对于任何惯性系都为一常量 c，或者说真空中的光速与光源或观察者的运动状态无关。

相对性原理是伽利略相对性原理的一个推广。伽利略相对性原理只说明力学规律对惯性系是相同的，而爱因斯坦认为，不但是力学规律，而且是电磁学规律以及所有的物理规律，在任何惯性系中都是相同的。就是说，麦克斯韦电磁理论对所有的惯性系成立，这样以太这种绝对静止的参考系就显得不必要了。

光速不变这一假设就是迈克耳孙-莫雷实验的直接结果。这一假设可以说是一个实验事实。现代的许多其他实验均证明，对惯性参考系，光速确实是一个不变的量。

按照光速不变原理，即使一个人以光速与光一起往前运动时，他看到的光不是静止的，而是仍然以光速运动！这就是说，光速是不受观察者和光源运动的影响的。虽然这是一个让人相当惊奇的看法，但却能很自然地解释迈克耳孙-莫雷实验的结果。因为光速是不依赖于观察者的运动速度的，在地球上各个方向上的光都是相同的速度。因此无论怎样转动干涉臂，两列光往返所需时间差恒定，光程差始终保持不变，自然条纹就不可能发生移动。所以，爱因斯坦说，迈克耳孙-莫雷实验的否定结果正是光速不依赖于观察者的一个实验证据。

文档 爱因斯坦创建狭义相对论的基本思路

4-3 狭义相对论的时空观

光速不变原理与我们熟知的速度合成完全背离，人们无法想象，当他静止时，发现光向前以 c 运动，而当他也向前以 c 运动时，光相对于他的速度怎么还是 c？它与伽利略变换是完全矛盾的！

是经典物理的伽利略变换对光来说不适用，还是电磁理论有问题？爱因斯坦经过深入分析后发现，产生这一矛盾的根本原因在于经典力学中关于时间和空间性质的一个基本假定——绝对时空观有问题，而伽利略变换是建立在绝对时空观之上的，因而必须抛弃绝对时空观及伽利略变换，建立新的时空观及新的时空变换关系。

一、同时的相对性

经典力学认为，时间是绝对的，在所有的惯性系中具有相同的时间，因此，同时也是绝对的。就是说，如果有两个事件在某个惯性系中观测是同时发生的，那么，在所有其他的惯性系中观测也都必然是同时发生的。这与人们的日常生活经验相符。然而，狭义相对论则指出这种同时是相对的。下面通过一个理想的实验来说明。

如图 4-3-1(a)所示，一相对于地面以速度 $\boldsymbol{u}$ 匀速行驶的列车，通常称为爱因斯坦火车，设地面为 S 系，火车为 S′系，在车厢的中央有一闪光灯 M。现让该闪光灯 M 发出一闪光，在车厢内(S′系)的观察者观察，因为光的速度相对于车厢向前向后都是 c，因此，向前和向后的闪光同时到达车厢前后两壁，如图 4-3-1(b)所示。而地面上(S 系)的观察者观察，因为光速与参考系无关，故相对地面的速度向前和向后仍然都为 c，但由于车厢在向前运动，所以闪光到达后壁所用的时间 Δt_1 小于到达前壁所用的时间 Δt_2，即闪光先到达后壁，后到达前壁，如图 4-3-1(c)所示。这就是说，对于闪光到达前壁和闪光到达后壁的两事件，车厢内的观察者认为是同时发生的，而地面上的观察者却发现不是同时的。换言之，同时具有相对性。

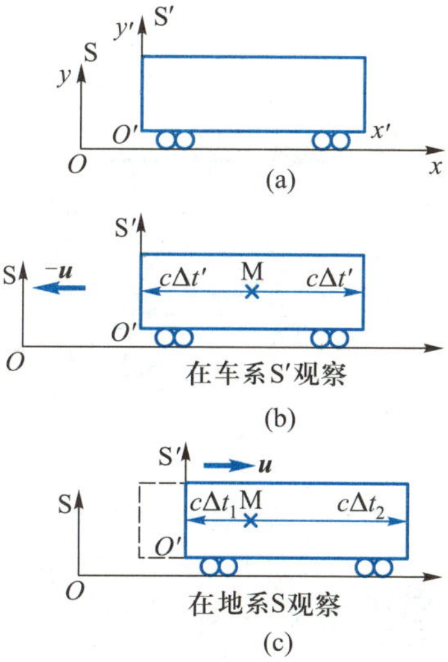

图 4-3-1 同时的相对性

动画 爱因斯坦火车

上述结果表明，由于真空中的光速在任何惯性系中都是 c，因此，**在一个惯性系中不同地点同时发生的两个事件，在其他惯性系中观测，不是同时发生的**。这就是**同时的相对性**。

关于同时的相对性，需强调以下几点：

(1) 同时的相对性是光速不变原理的必然结果，它只发生在相对运动方向上。对于低速情况，同时性问题的结论回复到经典时空观。

(2) 在同一地点同时发生的两个事件，其同时性是绝对的，就是说，在某一惯性系中同一地点同时发生的两个事件，在其他任何惯性系中观测都是同时的。

(3) 虽然同时具有相对性，但具有因果关系的事件发生的时间顺序是绝对的，因果关系不能颠倒。

上述(2)、(3)两点，在介绍了洛伦兹变换后再作具体说明，这里仅给出结论。

二、时间延缓

经典力学的绝对时空观认为，时间间隔与参考系无关。即在任何惯性参考系中，对给定的两个事件的时间间隔的测量，其结果是相同的。也就是说，时间与观察者的运动状态无关，在物理学中称为绝对时间。然而，狭义相对论的时空观认为，时间间隔与参考系有关，是相对的。

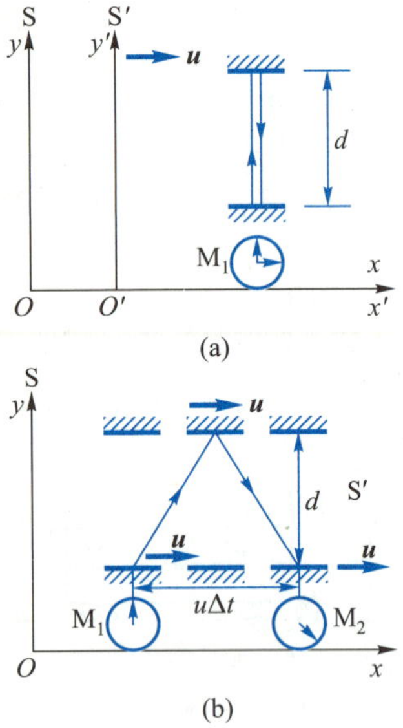

图 4-3-2 运动时钟变慢

动画 相对论时间运动

设地面为 S 系，火车为 S′系，火车以速度 $\boldsymbol{u}$ 相对于地面沿 x 轴正方向运动，两平面反射镜固定在火车上，并沿 y'轴方向面对面放置，相距为 d，如图 4-3-2(a)所示。现在，设想从下面反射镜中心处发出一个光信号，该信号先由下而上到达上反射镜，然后再由上而下被反射回来。

在火车 S′系上观察，光信号往返一次所需的时间，即发出光信号和接收光信号这两个事件的时间间隔为

$$\Delta t'=\frac{2d}{c} \tag{4-3-1}$$

在火车 S′系上观察，光信号的发出和接收是在同一地点发生的，通常将在某一参考系中同一地点发生的两个事件的时间间隔称为**固有时间**或**本征时间**，并用 Δt_0 来表示。显然，图 4-3-2 中的 $\Delta t'$ 就是固有时间 Δt_0。

在地面参考系 S 上观察，如图 4-3-2(b)所示，火车 S′系以速度 $\boldsymbol{u}$ 向右运动，光信号沿等腰三角形的两条边传播。每条边长为

$$l=\sqrt{d^2+\left(\frac{u\Delta t}{2}\right)^2}$$

按照光速不变原理，在 S 系中光速仍然为 c，因此光信号往返一次的时间为

$$\Delta t=\frac{2l}{c}=\frac{2}{c}\sqrt{d^2+\left(\frac{u\Delta t}{2}\right)^2}$$

由上式解得

$$\Delta t=\frac{2d}{c\sqrt{1-(u/c)^2}}$$

将式(4-3-1)代入上式得

$$\Delta t=\frac{\Delta t_0}{\sqrt{1-(u/c)^2}} \tag{4-3-2}$$

由于 $\sqrt{1-(u/c)^2}<1$，所以 $\Delta t>\Delta t_0$。

由于两平面反射镜固定在火车上，光信号从发出到被接收，火

车 S′系是静止参考系，而地面 S 系是运动参考系。$\Delta t>\Delta t_0$ 说明，在地面参考系 S 上测量，光信号在平面反射镜之间往返一次所需的时间（Δt）比在火车 S′系上的测量结果（Δt_0）要长。这表明，在运动参考系 S 中测量，事物变化过程的时间间隔变大了（相比固有时间）。因此，这一效应称为**时间延缓**。如果用时钟的快慢来说明，就是地面 S 系中的观察者，将相对于他运动的火车 S′系上的那只时钟，与地面一系列同步的时钟来比较，发现那只运动的时钟变慢了，那只运动时钟的一秒对应一系列同步时钟的一秒多。因此，这一效应又称为运动时钟的**时钟延缓**。

关于时间延缓，还需强调以下几点：

（1）在时间延缓公式中，右侧的时间间隔必须是固有时间，其数值最小。左侧是延缓后的时间，在不同惯性参考系中，其延缓后的时间是不同的。时间延缓效应常用于讨论物体运动过程的时间，一个过程的固有时间只有一个，而运动时间与物体相对于参考系的速度有关。

（2）时间延缓是相对的。如果将图 4-3-2 中的两平面反射镜固定在地面上，则在地面参考系 S 上观察，光信号往返一次所需的时间 Δt 即固有时间 Δt_0，而在火车参考系上观测到的时间 $\Delta t'$将是延缓后的时间，$\Delta t'=\dfrac{\Delta t_0}{\sqrt{1-(u/c)^2}}>\Delta t_0$。即火车 S′系上测量的结果（$\Delta t'$）比地面 S 系的结果（$\Delta t_0$）要长。或者说，在火车 S′系上观察，地面上的时钟变慢了。在火车 S′系中观察，地面在运动，因此，这仍然说明运动时钟变慢了。也就是说，在 S 系看 S′系中静止的钟变慢了，而反过来，在 S′系看 S 系中静止的钟也变慢了。这是相对的，也是对称的。这种效应是由于时间和空间本身的性质所决定的，而与钟的结构和具体的运转无关。不仅时钟如此，一切周期过程，如晶格的振动、心脏的跳动等，都是如此。

（3）当 $u\ll c$，即在低速运动时，$\Delta t'=\Delta t=\Delta t_0$ 与经典时空观的结论一致。

时间延缓效应被许多实验所证实。例如，对于 π 介子，实验室中所产生的 π 介子的寿命一般为 10^{-8} s 数量级。所以即使 π 介子的运动速度为光速（在后面我们将证明，光速是自然界物体的速度极限），它也不过走几十米远。而物理学家在观察宇宙射线中的 π 介子时，发现它从产生到消失所走的路程为千米数量级。这一事实曾经令物理学家很难理解，现在从时间延缓就不难理解了。因为实验室中产生的介子的运动速度相当小，可以认为静止，因此，我们测得的是固有时间，而宇宙射线中的介子的运动速度相当高，所以它的存在时间就比固有时间长，自然也就走得更远了。

例 4-1 已知 π 介子静止情况下的平均寿命 $\tau_0=2.6\times10^{-8}$ s，现在一个实验室中的 π 介子速度为 $u=0.75c$，试求在实验室中测得的 π 介子衰变前飞行的平均距离。

解：设实验室参考系为 S 系，π 介子参考系为 S′系。按题意，在 S′系中 π 介子的平均寿命即固有时间 Δt_0。按时间延缓关系式(4-3-2)，在 S 系中，平均寿命变为

$$\Delta t=\frac{\Delta t_0}{\sqrt{1-(u/c)^2}}=\frac{\tau_0}{\sqrt{1-(u/c)^2}}$$

$$=\frac{2.6\times10^{-8}}{\sqrt{1-0.75^2}}\ \text{s}=3.93\times10^{-8}\ \text{s}$$

π 介子从产生地到衰变地要平均飞行的距离为

$$l=u\Delta t=0.75\times3\times10^8\times3.93\times10^{-8}\ \text{m}=8.84\ \text{m}$$

三、长度收缩

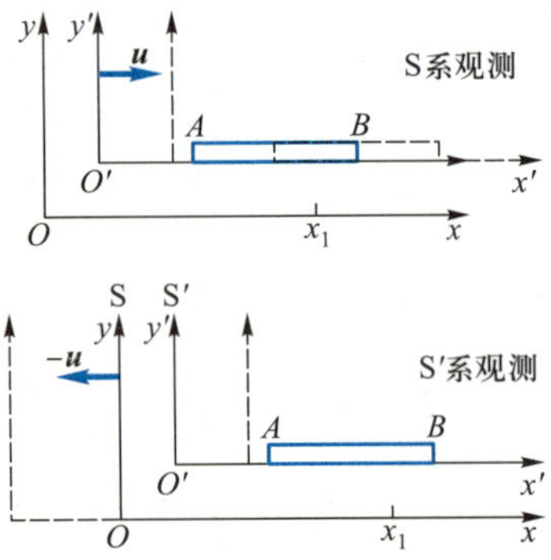

图 4-3-3 长度收缩

如图 4-3-3 所示，地面为 S 系，火车为 S′系，火车以速度 $\boldsymbol{u}$ 相对于地面沿 x 轴正方向运动，有一直尺固定于火车 S′系内，且沿 x' 轴放置。在火车 S′系中测得的长度设为 l'，在地面 S 系中测得的长度设为 l。

在 S′系上，直尺相对于参考系静止，通常将相对静止的参考系中测得的长度称为**静止长度**，也称**固有长度**或**原长**，用 l_0 表示。

为了测量固定于火车 S′系中直尺的长度，我们在地面 S 系中取一点 x_1 作为标记。在 S 系中观察，直尺随火车以速度 u 向右运动，若直尺的前端 B 和后端 A 相继通过 x_1 点的时间差为 Δt，则在 S 系中测得直尺的长度应为

$$l=u\Delta t \tag{4-3-3}$$

而在火车 S′系上观察，地面上的标记 x_1 点以速度 u 向左运动，相继通过直尺的前端 B 和后端 A 的时间差为 $\Delta t'$，则在 S′系中测得直尺的长度应为

$$l'=u\Delta t' \tag{4-3-4}$$

以直尺的前端 B 和后端 A 相继通过 x_1 点作为两个事件，在地面 S 系中两事件发生在同一地点（x_1 点），因此，地面 S 系中测得的时间差 Δt 是固有时间 Δt_0，而在火车 S′系中两事件相距 l'，不在同一位置，测得的时间 $\Delta t'$将延缓为

$$\Delta t'=\frac{\Delta t}{\sqrt{1-(u/c)^2}}$$

将上式代入式(4-3-4)，并考虑到式(4-3-3)，得

$$l'=u\Delta t'=u\frac{\Delta t}{\sqrt{1-(u/c)^2}}=\frac{l}{\sqrt{1-(u/c)^2}}$$

即 $l=l'\sqrt{1-(u/c)^2}$

由于在火车 S′系内测得的长度 l' 即直尺的固有长度 l_0，故上式为

$$l=l_0\sqrt{1-(u/c)^2} \tag{4-3-5}$$

l_0 为静止参考系中测得的长度，l 为运动参考系中测得的长度，由式(4-3-5)知，$l<l_0$，即运动长度比固有长度小，或者说，运动物体的长度变短了，这种现象称为运动物体的**长度收缩**。

关于长度收缩，也需强调以下几点：

(1) 在长度收缩公式中，右侧的长度必须是固有长度，其数值最大，左侧是收缩后的长度，在不同惯性参考系中，其收缩后的长度是不同的。一个物体的固有长度只有一个，但其运动长度却有很多，与观察者相对于物体的速度有关。

(2) 长度收缩是相对的。将直尺固定在火车 S′系上，在 S′系上观察，直尺的长度 l' 是原长 l_0，而在地面 S 系上观察，长度 l 将收缩($l=l_0\sqrt{1-(u/c)^2}$)，即在地面上观察，火车上的直尺变短了；同样，如果将直尺固定于地面 S 系，则在 S 系上观察，直尺的长度 l 是原长 l_0，而在火车 S′系上观察，长度 l' 将收缩($l'=l_0\sqrt{1-(u/c)^2}$)，即在火车上观察地面的直尺变短了，如图 4-3-4 所示。长度收缩是相对的，也是对称的。长度收缩效应是由空间本身的性质所决定的，而与物体的内部结构无关。不仅如此，长度收缩对空间两个固定点的间隔的测量也是有效的，因此，运动物体的长度收缩也可称为空间间隔的相对性。

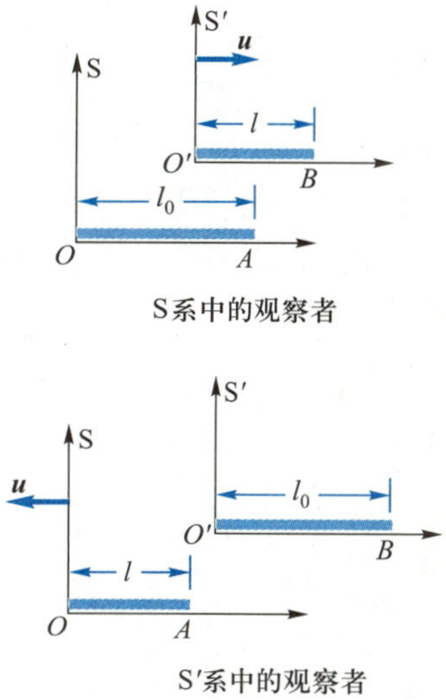

图 4-3-4 长度收缩是相对的

(3) 运动物体的长度收缩发生在相对运动的方向上，在与相对运动垂直的方向上，物体的长度不收缩。同时，长度收缩是测量的结果，而不是某个人的视觉效果。

(4) 当 $u\ll c$，即在低速运动时，$l'=l=l_0$，与经典时空观的结论一致。

问题讨论：如图 4-3-5 所示，一火车以恒定速度通过隧道，火车和隧道的静止长度相等。试分析当火车头到达隧道的出口时，火车尾所处的位置。

图 4-3-5 火车通过隧道

按牛顿的时空观，由于火车和隧道的长度相等，因此当火车头到达隧道出口时，火车尾必定位于隧道的入口处。

按狭义相对论的时空观，运动物体存在长度收缩，情况又会怎么样呢？

在地面参考系 S 上观察：运动的火车长度相比火车的静止长度要缩短，而隧道与地面相对静止，其长度为静止长度。考虑

到火车和隧道的静止长度相等，因此，火车的运动长度比隧道的静止长度小，即当火车头到达隧道的出口时，火车尾一定位于隧道之内。

而在火车参考系 S′上观察，隧道的长度要缩短，火车的长度为静止长度。因此，当火车头到达隧道的出口时，火车尾一定位于隧道之外。

读者可能会问，火车尾到底是在隧道内还是隧道外，怎么这也是相对的呢？其实，这是同时的相对性所致。仔细分析我们所讨论的问题，其实质是：火车头到达隧道出口的同时，火车尾在哪？由于地面与火车参考系上的同时观不一致，地面上认可的同时，火车上并不认可，反之亦然，它们之间存在一个时间差，正是这个时间差，使得地面说在隧道内，火车说在隧道外。因此，可以这么说，火车在哪里的问题本身是客观的，但在什么时刻在哪里却与计时和参考系有关，这是相对的。

例 4-2 用长度收缩效应重新求解例 4-1 中的问题。

解：在固定于 π 介子的参考系 S′中观测，它的寿命为固有时间 $\tau_0=2.6\times10^{-8}$ s，因而它在大气中飞过的距离 l'（S′中观察）为

$$l'=u\tau_0=0.75c\tau_0$$

而在实验室参考系 S 中测量，这段大气中的距离为固有长度 l_0（大气相对于实验室静止），所以，按长度收缩，

$$l'=l_0\sqrt{1-(u/c)^2}$$

即

$$l_0=\frac{l'}{\sqrt{1-(u/c)^2}}=\frac{0.75c\tau_0}{\sqrt{1-0.75^2}}=8.84\ \text{m}$$

这就是 π 介子从产生地到衰变地所飞行的距离。

4-4 洛伦兹变换

我们知道，经典力学是建立在绝对时空观基础上的，按照这种时空观，时间和空间的度量是绝对的，不同惯性参考系下坐标及时间的变换关系——伽利略变换保证了经典力学规律在不同惯性系中具有相同的形式。然而，伽利略变换不能保证电磁规律在不同惯性系中具有相同的形式。狭义相对论具有相对的时空观，其时间和空间的度量是相对的，与其所选择的参考系有关。与狭义相对论的时空观对应的各惯性系之间的时空变换关系——洛伦兹变换保证了所有的物理规律在不同惯性系中具有相同的形式。

一、洛伦兹坐标变换

我们仍取两个相互作匀速直线运动的惯性系 S 和 S′系，S′系以速度 u 相对于 S 系沿 x 正方向匀速运动。为了简单起见，假设当两坐标系的坐标原点 O、O' 重合时，两坐标系中开始计时。即 $t=t'=0$ 时，两坐标系重合。设想空间中发生某一事件（一次爆炸），在 S 系中的观察者测得的空间和时间坐标为 (x,y,z,t)，而在 S′系中测得的空间和时间坐标为 (x',y',z',t')。现在寻找它们之间的关系。

如图 4-4-1 所示，对于爆炸事件，在 S′系中测量，水平坐标为 x'，即爆炸点到 O' 点的水平距离为 x'；在 S 系中观察，根据长度收缩，这一距离收缩为 $x'\sqrt{1-(u/c)^2}$。因此，在 S 系中观察，爆炸点到 O 点的水平距离为

$$x=ut+x'\sqrt{1-(u/c)^2} \tag{4-4-1}$$

即

$$x'=\frac{x-ut}{\sqrt{1-(u/c)^2}} \tag{4-4-2}$$

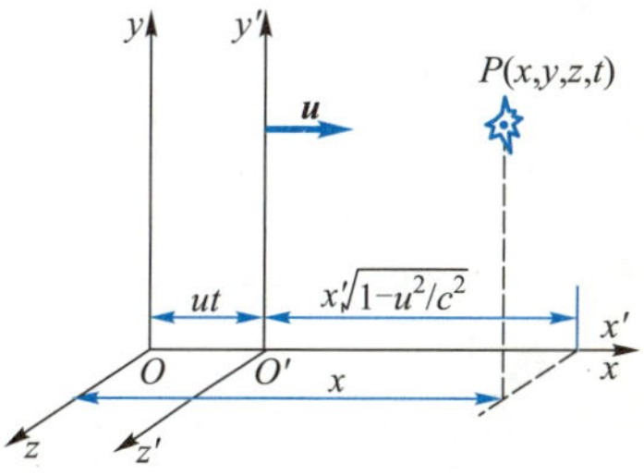

图 4-4-1 洛伦兹坐标变换图

反过来，同样对于爆炸事件，在 S 系中测量，水平坐标为 x，即爆炸点到 O 点的水平距离为 x，在 S′系中观察，根据长度收缩，这一距离收缩为 $x\sqrt{1-(u/c)^2}$，如图 4-4-2 所示，因此，在 S′系中观察爆炸点到 O 点的水平距离为

$$x'=x\sqrt{1-(u/c)^2}-ut' \tag{4-4-3}$$

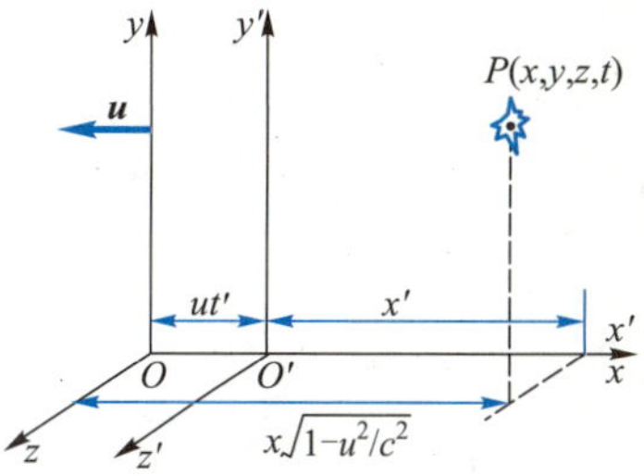

图 4-4-2 洛伦兹坐标变换图

由式(4-4-1)与式(4-4-3)联立，消去 x'，可得

$$t'=\frac{t-\dfrac{u}{c^2}x}{\sqrt{1-(u/c)^2}} \tag{4-4-4}$$

由于在垂直于相对运动方向的长度测量与参考系无关，即 $y'=y$，$z'=z$，将其与式(4-4-2)、式(4-4-4)组合在一起，有

$$\begin{cases} x'=\dfrac{x-ut}{\sqrt{1-(u/c)^2}} \\ y'=y \\ z'=z \\ t'=\dfrac{t-\dfrac{u}{c^2}x}{\sqrt{1-(u/c)^2}} \end{cases} \tag{4-4-5}$$

此式称为洛伦兹坐标变换，简称洛伦兹变换，它是洛伦兹为弥合经典理论所暴露的缺陷而建立起来的。当时洛伦兹并不具有相

对论的时空观，得到这一关系也利用了很多假设，仍然是在经典意义下拼凑出来的。而爱因斯坦则是第一个对此给予正确解释的。

按照相对性原理的要求，将式(4-4-5)中的 S(x,y,z,t) 与 S$'(x',y',z',t')$各量互换，同时，速度 u 反号，即得到上式的逆变换为

$$\begin{cases} x=\dfrac{x'+ut'}{\sqrt{1-(u/c)^2}} \\ y=y' \\ z=z' \\ t=\dfrac{t'+\dfrac{u}{c^2}x'}{\sqrt{1-(u/c)^2}} \end{cases} \tag{4-4-6}$$

在现代相对论文献中，常用下面两个符号，以使洛伦兹变换的表示更加简洁。

$$\beta=u/c,\quad \gamma=1/\sqrt{1-\beta^2} \tag{4-4-7}$$

这样，洛伦兹坐标变换可以写为

$$\begin{cases} x'=\gamma(x-ut) \\ y'=y \\ z'=z \\ t'=\gamma\left(t-\dfrac{u}{c^2}x\right) \end{cases} \tag{4-4-8}$$

其逆变换为

$$\begin{cases} x=\gamma(x'+ut') \\ y=y' \\ z=z' \\ t=\gamma\left(t'+\dfrac{u}{c^2}x'\right) \end{cases} \tag{4-4-9}$$

通常，由式(4-4-8)与式(4-4-9)可得

$$\begin{cases} \Delta x'=\gamma(\Delta x-u\Delta t) \\ \Delta y'=\Delta y \\ \Delta z'=\Delta z \\ \Delta t'=\gamma\left(\Delta t-\dfrac{u}{c^2}\Delta x\right) \end{cases} \tag{4-4-10}$$

或

$$\begin{cases} \Delta x=\gamma(\Delta x'+u\Delta t') \\ \Delta y=\Delta y' \\ \Delta z=\Delta z' \\ \Delta t=\gamma\left(\Delta t'+\dfrac{u}{c^2}\Delta x'\right) \end{cases} \tag{4-4-11}$$

上式称为洛伦兹坐标差变换式。

关于洛伦兹变换，需要明确以下几点：

(1) 在洛伦兹变换中，时间和空间相互联系且与运动有关，它们相互联系，成为一个整体。因而，相对论把经典物理认为无关的时间、空间和运动相互联系起来了。

(2) 在狭义相对论中，洛伦兹变换占据中心地位，相对论的时空观都集中地表现在洛伦兹变换上。因此，从洛伦兹变换出发自然也能得到同时的相对性、时间延缓与长度收缩。

(3) 洛伦兹变换是同一事件在不同惯性系中两组时空坐标之间的关系，因此，必须首先确定 (x,y,z,t) 与 (x',y',z',t') 是同一事件的两组时空坐标，才能运用洛伦兹变换。

(4) 由于时间和空间都必须是实数，这要求 $u\leqslant c$，这就是说光速是宇宙中物体运动或信息传递的最大速度，这是相对论的结论之一，已被现代科技实践所证实。

(5) 在低速条件下，洛伦兹变换还原为伽利略变换。当参考系的运动速度远小于光速即 $u\ll c$ 时，有

$$u/c\rightarrow 0,\quad \gamma=1/\sqrt{1-\beta^2}\rightarrow 1$$

洛伦变换式(4-4-8)和式(4-4-9)过渡到经典力学中的伽利略变换。

上面我们指出，相对论的时空观都集中地表现在洛伦兹变换上，以下，我们从洛伦兹变换出发，再来讨论同时的相对性、时间延缓与长度收缩效应。

1. 时间延缓效应

设在 S′系中同一地点先后发生两个事件。即 $\Delta x'=0,\Delta t'\neq 0$。由于事件发生在 S′系中同一地点，因此，$\Delta t'$ 是这两个事件的固有时间间隔，即 $\Delta t'=\Delta t_0$。由式(4-4-11)第四式得在 S 系中测量这两个事件的时间间隔为

$$\Delta t=\gamma\left(\Delta t'+\frac{u}{c^2}\Delta x'\right)$$

其中 $\Delta t'=\Delta t_0$、$\Delta x'=0$，代入上式得

$$\Delta t=\gamma\Delta t'=\gamma\Delta t_0>\Delta t_0$$

即运动时间 Δt 大于固有时间 Δt_0，出现了时间延缓效应。

2. 长度收缩效应

如图 4-4-3 所示，有一直尺相对于 S′系静止并平行于 x' 轴放置，设想分别在直尺的两端 A 与 B 打一标记，将打标记作为两个事件，它们在 S′系下的时空坐标分别为 (x_1',t_1')、(x_2',t_2')，在 S 系下的时空坐标分别为 (x_1,t_1)、(x_2,t_2)。由于直尺相对于 S′系静止，因

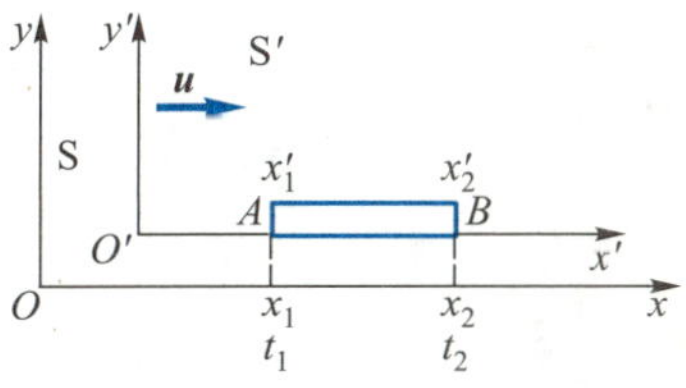

图 4-4-3 长度收缩

此，$\Delta x'=x_2'-x_1'=l_0$ 为直尺的固有长度。如果 $\Delta t=0$，在 S 系上观察，在直尺两端 A 与 B 打一标记是同时发生的，则 $\Delta x=x_2-x_1=l$ 为动长，按式(4-4-10)第一式即

$$\Delta x'=\gamma(\Delta x-u\Delta t)$$

其中 $\Delta x_1'=l_0$、$\Delta t=0$、$\Delta x=l$，代入上式得

$$l_0=\gamma l$$

即

$$l=l_0/\gamma<l_0$$

这表明运动直尺的长度 l 比固有长度 l_0 收缩了。

3. 同时的相对性

设在 S 系中测量某两个事件是异地同时事件。即 $\Delta x\neq 0$，而 $\Delta t=0$。代入式(4-4-10)第四式，可得在 S 系中测量这两个事件的时间间隔为

$$\Delta t'=\gamma\left(\Delta t-\frac{u}{c^2}\Delta x\right)$$

$$=-\gamma\frac{u}{c^2}\Delta x\neq 0$$

即发生在一个参考系中的同时不同地的两个事件，在另一个系中测量一定不同时。

进一步，由 $\Delta t'=\gamma(\Delta t-\frac{u}{c^2}\Delta x)$ 可知，$\Delta t'$ 与 Δt 反号的条件是

$$\Delta t<\frac{u}{c^2}\Delta x \tag{4-4-12}$$

$\Delta t'$ 与 Δt 反号，即两事件的发生在 S′系与 S 系中观察，其先后顺序是颠倒的。这让人感到有些不可思议。在 S 系中不同地点先后发生的两个事件，在 S′系中观察其先后顺序也可能颠倒，这是否意味着因果关系也能颠倒？这不违背因果关系的绝对不变性吗？

将 $\Delta t'$ 与 Δt 反号的条件式(4-4-12)改写为

$$\frac{u}{c^2}\frac{\Delta x}{\Delta t}=\frac{u}{c^2}v>1 \tag{4-4-13}$$

上式中，u 是两参考系之间的速度($u<c$)，那么，$v=\Delta x/\Delta t$ 是物体的运动速度吗？如果两个事件没有任何关联，$\Delta x/\Delta t$ 将没有速度的意义。既然不代表运动物体的速度，那么，其值也就可以大于光速 c，条件式(4-4-13)也就可能成立。即如果成立，则没有任何关联的两个事件，其发生的先后顺序在不同的参考系下观察是颠倒的。由于事件本来并无因果关系，也就不存在因果关系颠倒的问题。

如果两个事件有关联，$\Delta x/\Delta t$ 将代表某种物质或信息的传递速度，只要物体的运动速度或信息的传递速度不超过光速，即

$u\leqslant c$、$v\leqslant c$，则 $\Delta t'$ 与 Δt 反号的条件式(4-4-13)不可能成立。亦即，两事件发生的顺序不可能改变，因果关系也就不可能颠倒。可见洛伦兹变换不违背因果律。

例 4-3 一固有长度为 100 m 的火箭以 0.8c 的速率相对于地面飞行，发现一流星从火箭的头部飞向尾部，掠过火箭的时间在火箭上测得为 1.0×10^{-6} s。试问地上的观察者测量时，(1) 流星掠过火箭的时间是多少？(2) 该时间内流星飞过的距离是多少？(3) 流星运动的速度大小和方向如何？

解：设火箭为 S′系，地面为 S 系，并以火箭的运动方向为 x 轴的正方向。令流星到达火箭首、尾端的事件分别为事件 1 和事件 2。

(1) 由洛伦兹时间差变换公式：

$$\Delta t=\frac{\Delta t'+\dfrac{u}{c^2}\Delta x'}{\sqrt{1-u^2/c^2}}$$

其中，$u=0.8c$，$\Delta x'=x_2'-x_1'=-100\ \mathrm{m}$，$\Delta t'=1.0\times10^{-6}$ s，代入上式得地面上测得流星掠过火箭的时间

$$\begin{aligned}\Delta t&=\frac{5}{3}\left(10^{-6}\ \mathrm{s}-\frac{0.8c}{c^2}\times100\ \mathrm{m}\right)\\&=1.2\times10^{-6}\ \mathrm{s}\end{aligned}$$

(2) 由洛伦兹坐标差变换公式：

$$\Delta x=\frac{\Delta x'+u\Delta t'}{\sqrt{1-u^2/c^2}}$$

得地面上测得 Δt 时间内流星飞过的距离

$$\begin{aligned}\Delta x&=\frac{5}{3}(-100\ \mathrm{m}+0.8c\times10^{-6}\ \mathrm{s})\\&=2.3\times10^2\ \mathrm{m}\end{aligned}$$

(3) 流星飞过的距离 Δx 和时间 Δt，都是 S 系中的测量值，故 S 系测得飞行速度为

$$\begin{aligned}v&=\frac{\Delta x}{\Delta t}=\frac{2.3\times10^2}{1.2\times10^{-6}}\ \mathrm{m/s}\\&=1.9\times10^8\ \mathrm{m/s}\end{aligned}$$

$v>0$，表示流星与 S′系也即与火箭的运动同方向。由于 $v<u$，实际上是火箭在追赶流星，造成流星由火箭头部飞向尾端。

例 4-4 设想有一列火车以 $3c/5$ 的速率通过站台时，站台上相距 10 m 的两机械臂同时在车厢上划出两道痕迹，问在站台和火车上的观察者观察，这两道痕迹的距离分别为多少？

解：将左机械臂在车厢上划痕迹作为事件 1，右机械臂在车厢

上划痕迹作为事件 2。两个事件在站台 S 系上与火车 S′系上的时空坐标分别为

事件 1：$S(x_1,t_1)$，$S'(x_1',t_1')$

事件 2：$S(x_2,t_2)$，$S'(x_2',t_2')$

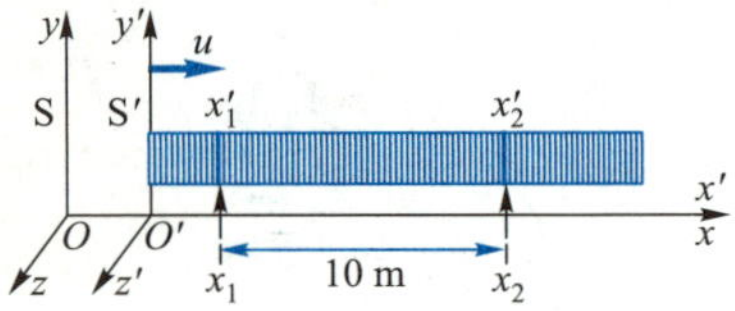

图 4-4-4 例 4-4 题图

如图 4-4-4 所示，按题意，$\Delta x=x_2-x_1=10\ \text{m}$，$\Delta t=t_2-t_1=0$，利用洛伦兹坐标差变换即可得：在火车 S′上的观察者观察（测量），这两道痕迹的距离 $x_2'-x_1'$ 为

$$\Delta x'=\frac{\Delta x-u\Delta t}{\sqrt{1-u^2/c^2}}=\frac{\Delta x}{\sqrt{1-u^2/c^2}}=\frac{10\ \text{m}}{\sqrt{1-u^2/c^2}}=12.5\ \text{m}$$

即火车 S′上的观察者观察，这两道痕迹的距离为 12.5 m。

在站台 S 系上的观察者观察，由于站台上两机械臂同时在车厢上划出两道痕迹，因此，两痕迹之间的距离与两机械臂之间的距离相同，为 10 m。

事实上，两痕迹固定在火车上，它们之间的距离是固有长度 l_0，因此在站台观察，这个距离将会收缩为

$$l=l_0\sqrt{1-(u/c)^2}=10\ \text{m}$$

所以两痕迹的固有长度，即在火车上观察这两道痕迹的距离为

$$l_0=\frac{l}{\sqrt{1-(u/c)^2}}=12.5\ \text{m}$$

可见，直接运用长度收缩更为简单。

讨论：在站台上与火车上分别观察两机械臂之间的距离。两机械臂固定在站台上，站台上来观察，其长度为固有长度 10 m，而火车上来观察，其长度将收缩为 $l=10\sqrt{1-(u/c)^2}\ \text{m}=8\ \text{m}$。需要注意，这是火车 S′系上的观察者测量的机械臂的长度，并不等同于两道痕迹之间的距离，这是因为在火车上观察，两机械臂却不是同时在车厢上划出两道痕迹。对两道痕迹，固定在火车上，火车上的观察者得到的长度为固有长度（未知），而站台上的观察者来测量将收缩，由于站台上两机械臂在车厢上划出两道痕迹是同时的，因此，收缩后的痕迹之间的距离与机械臂的长度 10 m 相同，所以，两道痕迹的固有长度 $l_0=\dfrac{l}{\sqrt{1-(u/c)^2}}=12.5\ \text{m}$。

例 4-5 一飞船以 0.6c 的速率朝某一基站上空驶去，如果在

距离基站上空 200 km 处(地面系中的距离)开始计时,问飞船上的观察者观察,还有多长时间飞船将经过该基站上空?

解:将飞船(前端)到达距离基站上空 200 km 处记为事件 1,飞船(前端)到达该基站上空记为事件 2。两个事件在地面 S 系上与飞船 S′系上的时空坐标分别为

事件 1:$S(x_1,t_1)$,$S'(0,t_1')$

事件 2:$S(0,t_2)$,$S'(0,t_2')$

如图 4-4-5 所示,按洛伦兹时间差变换,有

$$\Delta t=\frac{\Delta t'+\frac{u}{c^2}\Delta x'}{\sqrt{1-u^2/c^2}}$$

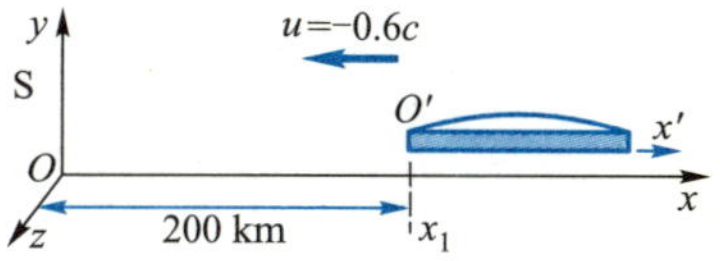

图 4-4-5　例 4-5 题图

由于 $\Delta x'=0$,代入上式得

$$\Delta t=\frac{\Delta t'}{\sqrt{1-u^2/c^2}}$$

Δt 为地面 S 系上测量,飞船从地面 $x_1\to O$ 处所需时间 $\Delta t=t_2-t_1=\frac{2\times10^5\ \text{m}}{0.6c}$,所以

$$\Delta t'=\sqrt{1-u^2/c^2}\,\Delta t=0.8\times\frac{2\times10^5\ \text{m}}{0.6c}=\frac{8\times10^5\ \text{m}}{3c}$$

这就是飞船上的观察者观察,飞船从该处直到经过该基站上空所需要的时间。

事实上,自飞船头到达 S 系 x_1 处,至飞船头到达 S 系原点 O 处,在飞船上发生在同一处——飞船头,因此飞船上的时间 $\Delta t'$ 是固有时间,$\Delta t'=\Delta t_0$,地面上的时间将延缓为

$$\Delta t=\frac{\Delta t_0}{\sqrt{1-u^2/c^2}}=\frac{\Delta t'}{\sqrt{1-u^2/c^2}}$$

所以,过程的固有时间,即飞船上来观察,飞船从该处直到经过该基站上空所需要的时间为

$$\Delta t'=\sqrt{1-u^2/c^2}\,\Delta t=0.8\times\frac{2\times10^5\ \text{m}}{0.6c}=\frac{8\times10^5\ \text{m}}{3c}$$

可见,直接运用时间延缓更为简单。

需要强调:两事件发生的空间与时间间隔,在不同参考系下的变换,不总是可以使用长度收缩与时间延缓效应的,只有在某一参考系下的长度为固有长度或时间为固有时间,在另一参考系下才可以通过使用长度收缩或时间延缓效应得到,如例 4-4、例 4-5。如果不是这样,则只能使用洛伦兹变换,如例 4-3。

二、相对论的速度合成

因为时间、空间和运动是相互联系的,伽利略变换不成立,建

立在伽利略变换基础之上的经典速度合成就不再正确。下面从洛伦兹变换出发，建立相对论的速度合成规律。

我们仍然采用本章一直选用的两个惯性参考系。在 S 系中，速度的定义为

$$v_x=\frac{\mathrm{d}x}{\mathrm{d}t},\quad v_y=\frac{\mathrm{d}y}{\mathrm{d}t},\quad v_z=\frac{\mathrm{d}z}{\mathrm{d}t} \tag{4-4-14}$$

在 S′系中的定义为

$$v_x'=\frac{\mathrm{d}x'}{\mathrm{d}t'},\quad v_y'=\frac{\mathrm{d}y'}{\mathrm{d}t'},\quad v_z'=\frac{\mathrm{d}z'}{\mathrm{d}t'} \tag{4-4-15}$$

作变换：

$$v_x'=\frac{\mathrm{d}x'}{\mathrm{d}t'}=\frac{\mathrm{d}x'}{\mathrm{d}t}\frac{\mathrm{d}t}{\mathrm{d}t'}=\frac{\mathrm{d}x'}{\mathrm{d}t}\Big/\frac{\mathrm{d}t'}{\mathrm{d}t} \tag{4-4-16}$$

由洛伦兹变换式(4-4-8)对时间 t 求导可得

$$\frac{\mathrm{d}x'}{\mathrm{d}t}=\gamma(v_x-u)$$

$$\frac{\mathrm{d}t'}{\mathrm{d}t}=\gamma\left(1-\frac{u}{c^2}v_x\right)$$

将上式代入式(4-4-16)得相对论速度合成规律

$$v_x'=\frac{v_x-u}{1-\dfrac{v_xu}{c^2}} \tag{4-4-17a}$$

同理得

$$v_y'=\frac{v_y}{\gamma\left(1-\dfrac{v_xu}{c^2}\right)} \tag{4-4-17b}$$

$$v_z'=\frac{v_z}{\gamma\left(1-\dfrac{v_xu}{c^2}\right)} \tag{4-4-17c}$$

其逆变换为

$$\begin{cases}v_x=\dfrac{v_x'+u}{1+\dfrac{v_x'u}{c^2}}\\[2ex] v_y=\dfrac{v_y'}{\gamma\left(1+\dfrac{v_x'u}{c^2}\right)}\\[2ex] v_z=\dfrac{v_z'}{\gamma\left(1+\dfrac{v_x'u}{c^2}\right)}\end{cases} \tag{4-4-18}$$

从上式看出，其逆变换就是将式(4-4-17)中的相对运动速度反号即得。这与相对原理一致。

对比相对论速度合成与经典的速度合成，可以发现，当运动速度 u 远小于光速时，两者相同。所以，经典速度合成是物体的运动速度远小于光速的近似。

光速不变原理，在相对论速度合成中也体现出来。下面，我们用一个例子来说明。设一列火车以速率 u 相对于地面作匀速直线运动，在火车上向前和向后发出两道光，讨论光相对于地面的速度。

以地面为 S 系，火车为 S′系，则光对火车向前的速度为 $v'=+c$，向后的速度为 $v'=-c$，按式(4-4-18)得

光对火车向前的速度为

$$v_x=\frac{v_x'+u}{1+\dfrac{v_x'u}{c^2}}=\frac{c+u}{1+\dfrac{cu}{c^2}}=c$$

光对火车向后的速度为

$$v_x=\frac{v_x'+u}{1+\dfrac{v_x'u}{c^2}}=\frac{-c+u}{1+\dfrac{-cu}{c^2}}=-c$$

这就是说，只要某物体相对于一个惯性参考系以光速运动，则它相对于任一惯性参考系都以光速运动，这就是光速不变原理所要求的。

例 4-6 设想一飞船以 $0.80c$ 的速度在地球上空飞行，如图 4-4-6 所示，如果这时从飞船上沿速度方向发射一物体，物体相对飞船速度为 $0.90c$。问：从地面上看，物体速度多大？

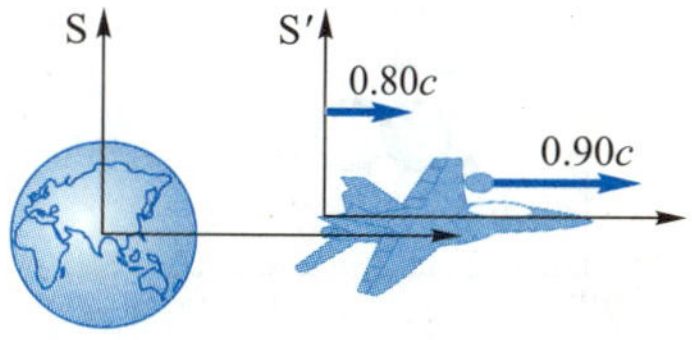

图 4-4-6 例 4-6 题图

解：选飞船参考系为 S′系，地面参考系为 S 系。按速度合成式(4-4-18)有

$$v_x=\frac{v_x'+u}{1+\dfrac{v_x'u}{c^2}}$$

这里 $v_x'=0.90c$，$u=0.8c$，代入上式得

$$v_x=\frac{0.90c+0.80c}{1+0.80\times0.90}=0.99c$$

洛伦兹速度变换表明：两个小于光速的速度合成小于光速；如果有一个或两个等于光速，合成速度等于光速。就是说，通过变换，在任何惯性系中物体的速度都不可能大于光速。

4-5 相对论动力学基础

相对性原理要求物理规律在所有惯性系中具有相同的形式，

描述物理规律的方程式应该满足洛伦兹变换下的不变性。这样，描述粒子动力学性质的物理量如质量、动量、能量等都必须重新定义，并且在低速条件下过渡到经典力学相对应的物理量。

一、相对论中的质量和动量

我们知道，动量守恒定律是自然界最普遍的规律之一，不论对低速还是对高速运动的物理系统都成立。如果系统的动量仍然使用像经典力学中的定义，即 $\boldsymbol{p}=m\boldsymbol{v}$，那么，运用动量守恒定律以及相对论速度变换关系可以得到，质量也与参考系的选择有关并满足

$$m=\frac{m_0}{\sqrt{1-(v/c)^2}} \tag{4-5-1}$$

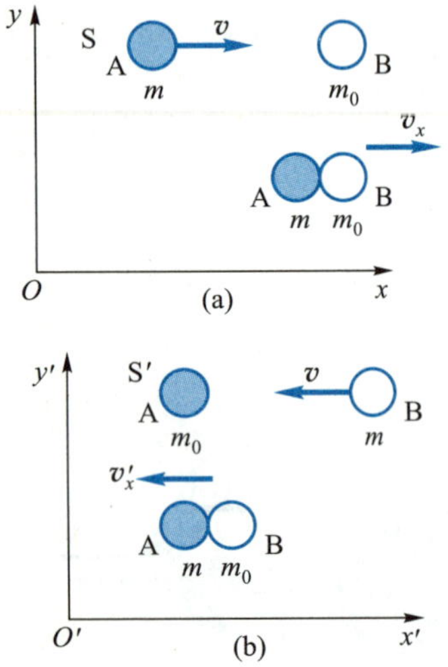

图 4-5-1 相对论质量

设有两个相同的小球 A 和 B 沿 x 方向发生完全非弹性碰撞。在 S 系中观察，如图 4-5-1(a)所示，B 球碰撞前静止，质量为 m_0，A 球以速率 v 沿 x 方向与 B 发生正碰，质量为 m。碰撞后两球以 v_x 共同沿 x 轴正方向运动。设碰撞后两球总质量不变，于是按动量守恒定律得

$$mv=(m_0+m)v_x \tag{4-5-2}$$

在 S′系中观察（S′系相对于 S 系以速率 v 沿 x 轴正方向运动），如图 4-5-1(b)所示，A 球碰撞前静止，质量为 m_0，B 球以速率 v 向 x 轴负方向运动，质量为 m。碰撞后的共同速度为 v'_x。同样，按动量守恒定律得

$$-mv=(m_0+m)v'_x \tag{4-5-3}$$

根据相对论的速度变换式有

$$v'_x=\frac{v_x-v}{1-\dfrac{vv_x}{c^2}} \tag{4-5-4}$$

联立式(4-5-2)、式(4-5-3)和式(4-5-4)，化简得

$$m=\frac{m_0}{\sqrt{1-(v/c)^2}}$$

这就是粒子的质量与其运动速度之间的关系。反过来，只要认为质量与参考系的选择有关，并满足 $m=\dfrac{m_0}{\sqrt{1-(v/c)^2}}$，则动量守恒在洛伦兹变换下保持不变，在所有惯性参考系中具有相同的形式。这正是相对性原理所要求的。

这就是说，在相对论中，物体的质量不是一个不变的常量，而随物体相对于观察者的运动状态而发生变化。相对于观察者的速

度越大，质量越大。当物体相对于观察者静止时，质量最小，称为**静质量**。当相对速度远小于光速时，质量与静质量相差很小，可以认为不变，这就是经典物理的情况。当速度可以与光速相比时，质量的变化越来越明显，如图 4-5-2 所示。例如，当 $v=12\ \mathrm{km\cdot s^{-1}}$ 时，$m/m_0=1.000\ 000\ 000\ 9$，而当 $v=0.98c$ 时，$m/m_0=5.03$。这时不能再将质量看成常量，经典力学不再成立。而当速度趋于光速时，质量将趋于无限大，这时不论用多大的力，都不可能使物体加速，所以这也说明，光速是一切物体的极限速度。

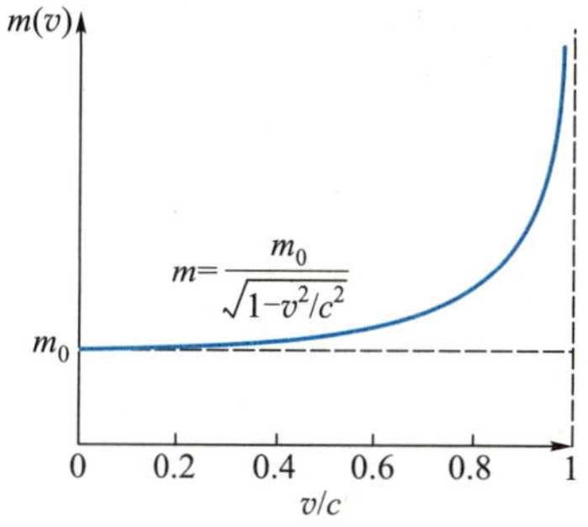

图 4-5-2 质量与速度关系

由 $m=\dfrac{m_0}{\sqrt{1-(v/c)^2}}$ 可以知道，只要物体的静质量 m_0 不为零，则它不可能达到光速，而一个以光速运动的物体，其静质量只能为零。反之，一个静质量为零的物体，也只能以光速运动。光子、中微子等就属于这种情况。

既然质量按式(4-5-1)变化，则动量应该为

$$\boldsymbol{p}=m\boldsymbol{v}=\frac{m_0}{\sqrt{1-(v/c)^2}}\boldsymbol{v} \tag{4-5-5}$$

这就是相对论中的动量。显然，当运动速度远小于光速时，过渡到经典力学情况。

二、相对论的动力学方程

经典力学中，牛顿运动定律表示为

$$\boldsymbol{F}=\frac{\mathrm{d}\boldsymbol{p}}{\mathrm{d}t}=\frac{\mathrm{d}(m\boldsymbol{v})}{\mathrm{d}t}$$

如果将上式中的质量 m 认为是不变的，那么，在洛伦兹变换下，牛顿运动定律不再保持不变，即牛顿运动定律不满足相对性原理。然而，只要承认式(4-5-5)所描写的动量，即 $\boldsymbol{p}=\dfrac{m_0}{\sqrt{1-(v/c)^2}}\boldsymbol{v}$，则方程

$$\boldsymbol{F}=\frac{\mathrm{d}}{\mathrm{d}t}\left[\frac{m_0}{\sqrt{1-(v/c)^2}}\boldsymbol{v}\right] \tag{4-5-6}$$

在洛伦兹变换下保持不变。因而，上式即相对论中的运动定律，即相对论力学的基本方程。很明显，式(4-5-6)也可以表示为 $\boldsymbol{F}=\dfrac{\mathrm{d}\boldsymbol{p}}{\mathrm{d}t}$，即“力等于动量对时间的一阶导数”，似乎与经典力学中的表述并无不同，但本质上，我们对动量作式(4-5-5)那样的理解，两者并不相同。只有当 $v\ll c$ 时，把质量看成一个基本不变的量，这样，才从形式和内容上回到经典力学中的牛顿运动定律。

三、相对论中的能量

1. 动能

在相对论动力学中，动能定理仍然成立，即合外力所做的功等质点动能的增量。

$$E_k=\int \boldsymbol{F}\cdot \mathrm{d}\boldsymbol{r}=\int \frac{\mathrm{d}(m\boldsymbol{v})}{\mathrm{d}t}\cdot \mathrm{d}\boldsymbol{r}=\int \boldsymbol{v}\cdot \mathrm{d}(m\boldsymbol{v}) \qquad (4-5-7)$$

而

$$\boldsymbol{v}\cdot \mathrm{d}(m\boldsymbol{v})=m\boldsymbol{v}\cdot \mathrm{d}\boldsymbol{v}+\boldsymbol{v}\cdot \boldsymbol{v}\mathrm{d}m=mv\mathrm{d}v+v^2\mathrm{d}m \qquad (4-5-8)$$

由质量与速度的关系：

$$m=\frac{m_0}{\sqrt{1-(v/c)^2}}$$

可得

$$m^2c^2-m^2v^2=m_0^2c^2$$

两边求微分有

$$2mc^2\mathrm{d}m-2mv^2\mathrm{d}m-2m^2v\mathrm{d}v=0$$

即

$$c^2\mathrm{d}m=mv\mathrm{d}v+v^2\mathrm{d}m \qquad (4-5-9)$$

比较式(4-5-9)与式(4-5-8)得

$$\boldsymbol{v}\cdot \mathrm{d}(m\boldsymbol{v})=c^2\mathrm{d}m$$

代入式(4-5-7)得

$$E_k=\int_{m_0}^{m} c^2\mathrm{d}m$$

积分得

$$E_k=mc^2-m_0c^2 \qquad (4-5-10)$$

这就是相对论的动能表达式。其中，m 和 m_0 分别为质点的相对论质量和静质量。

显然，相对论的动能表示式与经典力学中的表示式 $\frac{1}{2}mv^2$ 明显不同，但是，当 $v \ll c$ 时，由于

$$\frac{1}{\sqrt{1-(v/c)^2}}\approx 1+\frac{v^2}{2c^2}$$

由式(4-5-10)可得

$$E_k=\frac{m_0}{\sqrt{1-(v/c)^2}}c^2-m_0c^2\approx m_0c^2\left(1+\frac{v^2}{2c^2}\right)-m_0c^2=\frac{1}{2}m_0v^2 \qquad (4-5-11)$$

与经典力学的动能公式相同。

2. 相对论能量

在相对论的动能表达式 $E_k=mc^2-m_0c^2$ 中，等号右端两项都具有能量的量纲。爱因斯坦认为，这两项应该具有明确的物理意义，并提出了经典力学从未有过的独特见解：他把 m_0c^2 叫作粒子的**静能**，把 mc^2 叫作粒子**运动时所具有的能量**（全部能量）。这里分别用 E_0 和 E 来表示，即

$$E=mc^2,\quad E_0=m_0c^2 \tag{4-5-12}$$

这样，相对论动能即式（4-5-10）可以写为

$$E_k=E-E_0 \tag{4-5-13}$$

式(4-5-12)称为相对论的质能公式。它表示，物体的质量与能量是相联系的，一定量的质量，必然对应于一定量的能量，反之亦然。质量与能量是物体不同的性质，物体的质量（或能量）增加（或减少）了，其能量（或质量）也必然增加（或减少）。如果系统的总能量保持不变，则总质量也保持不变。这就是说，能量守恒必然有质量守恒，反之也成立。所以相对论把自然界中的能量守恒与质量守恒两个基本规律统一起来了。

把粒子的能量 E 和质量 m 直接联系起来，是相对论最有意义的成就之一。一定的质量对应于一定的能量，它们之间只差一个恒定的因子 c^2。按照这样的思想，质量就被赋予了新的意义，即物体所包含能量的量度。

按照质能关系，在狭义相对论中，多个粒子之间相互作用过程中的能量守恒应该表示为

$$\sum_i E_i=\sum_i m_ic^2=\text{常量} \tag{4-5-14}$$

亦即

$$\sum_i m_i=\text{常量} \tag{4-5-15}$$

上式亦表示质量守恒。可见，相对论把历史上独立发现的能量守恒和质量守恒统一起来了。应该指出，在科学史上，质量守恒只涉及粒子的静质量，它只是相对论质量守恒在粒子能量变化很小时的近似。

在能量较高的情况下，微观粒子如原子核、基本粒子等的相互作用，导致聚合、分裂等反应，反应物与生成物的静质量是可以改变的。以 m_{01} 和 m_{02} 分别表示反应粒子和生成粒子的静质量，以 E_{k1} 和 E_{k2} 分别表示反应前后它们的总动能。由能量守恒定律有

$$m_{01}c^2+E_{k1}=m_{02}c^2+E_{k2}$$

即

$$E_{k2}-E_{k1}=(m_{01}-m_{02})c^2$$

$m_{01}-m_{02}$ 表示静质量的减少。在原子核反应中，人们发现，当较重

的原子核分裂成中等质量的原子核，或较轻的原子核结合成中等质量的原子核时，系统的静质量减少了，叫作**质量亏损**，用 Δm_0 表示。$E_{k2}-E_{k1}$ 表示反应后粒子总动能的增加，通常用 ΔE_k 表示。上式可以简写为

$$\Delta E_k=\Delta m_0 c^2 \tag{4-5-16}$$

当发生质量亏损 Δm_0 时，系统的质量减少了，按质能关系，系统的能量必然减少，这部分减少的能量 $\Delta m_0 c^2$ 就会释放出来，这就是原子能。

应该指出的是，质量亏损并伴随着巨大能量释放出来的过程，不能理解成质量转化成能量，而是物质存在的两种形式（实物与场）之间的转化，是静能与动能之间的转化。如果考虑到场的质量与能量，则总的质量守恒，能量守恒。

四、相能论的能量-动量关系

将质能公式两边平方有

$$E^2=m^2c^4=m^2c^4-m^2v^2c^2+m^2v^2c^2$$

考虑到相对论动量的平方 $p^2=m^2v^2$，代入上式得

$$\begin{aligned} E &=m^2c^4[1-(v^2/c^2)]+p^2c^2 \\ &=m_0^2c^4+p^2c^2 \end{aligned}$$

即

$$E^2=m_0^2c^4+p^2c^2 \tag{4-5-17}$$

此式称为相对论能量-动量关系。将 $E=E_k+m_0c^2$ 代入式(4-5-17)可得

$$E_k^2+2E_k m_0 c^2=p^2c^2$$

当 $v \ll c$ 时，粒子的动能 E_k 要比静能 m_0c^2 小得多，即上式的第一项比第二项小得多，可以略去，因此，上式可以简化为

$$E_k=\frac{p^2}{2m_0} \tag{4-5-18}$$

这就是经典力学的动能与动量之间的关系式。

对于静质量为零的粒子，如光子，将 $m_0=0$ 代入 $E^2=m_0^2c^4+p^2c^2$，有 $E=pc$，即

$$p=\frac{E}{c}=mc$$

这说明，静质量为零的粒子一定以光速运动。

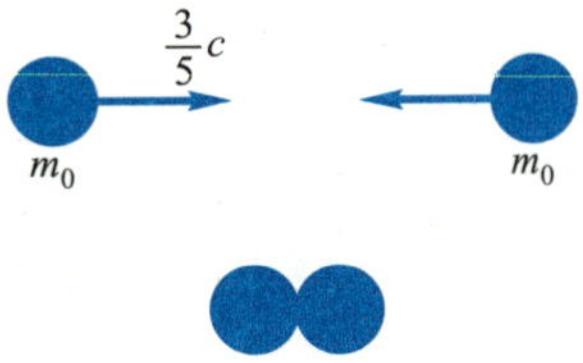

图 4-5-3 例 4-7 题图

例 4-7 如图 4-5-3 所示，设有两个静质量都是 m_0 的粒子，以相同的速率 $v=3c/5$ 相向运动并发生碰撞，合成一个复合粒子。试求这个复合粒子的静质量。

解：以 m' 表示合成粒子的质量，其速度为 $v_{m'}$。按动量守恒有

$$m_0v-m_0v=m'v_{m'}$$

得

$$v_{m'}=0$$

即合成后粒子处于静止，因此有

$$m'=m_0'$$

根据碰撞前后能量守恒，有

$$m_0'c^2=2\frac{m_0}{\sqrt{1-(v/c)^2}}c^2$$

即

$$m_0'=2\frac{m_0}{\sqrt{1-(v/c)^2}}=\frac{5}{2}m_0$$

这就是复合粒子的静质量。

碰撞前的静能为 $2m_0c^2$，碰撞后的静能为 $5m_0c^2/2$，静能增加了 $m_0c^2/2$；碰撞前的动能为 $2(mc^2-m_0c^2)=m_0c^2/2$，碰撞后的动能为零，动能则减少了 $m_0c^2/2$，表明动能转化为静能，或者说与动能相应的这部分质量转化为静质量。

内容概要

一、经典力学的时空观

绝对时间：时间间隔的测量是绝对的。

绝对空间：空间间隔的测量是绝对的。

伽利略坐标变换：

$$\begin{cases}x'=x-ut\\y'=y\\z'=z\\t'=t\end{cases}\quad 或 \quad \begin{cases}x=x'+ut'\\y=y'\\z=z'\\t=t'\end{cases}$$

伽利略速度变换：

$$\begin{cases}v_x'=v_x-u\\v_y'=v_y\\v_z'=v_z\end{cases}\quad 或 \quad \begin{cases}v_x=v_x'+u\\v_y=v_y'\\v_z=v_z'\end{cases}$$

力学的相对性原理：力学的所有规律在任意的惯性系中都是相同的。

二、狭义相对论的基本假设

1. 相对性原理　物理规律在所有的惯性系中都具有相同的形式。

2. 光速不变原理　真空中的光速与光源或观察者的运动状态无关，相对于任何惯性系都为一常量 c。

三、狭义相对论的时空观

1. 同时的相对性　在一个惯性系中不同地点同时发生的两个

事件，在其他惯性系中观测，它们不是同时发生的。

2. 时间延缓 $\Delta t=\gamma\Delta t_0$，其中 $\gamma=1/\sqrt{1-\beta^2}$，$\beta=u/c$

3. 长度收缩 $l=l_0/\gamma$

4. 洛伦兹坐标变换

$$\begin{cases} x'=\gamma(x-ut) \\ y'=y \\ z'=z \\ t'=\gamma\left(t-\dfrac{u}{c^2}x\right) \end{cases} \quad 或 \quad \begin{cases} x=\gamma(x'+ut') \\ y=y' \\ z=z' \\ t=\gamma\left(t'+\dfrac{u}{c^2}x'\right) \end{cases}$$

5. 相对论的速度合成

$$\begin{cases} v_x'=\dfrac{v_x-u}{1-\dfrac{v_xu}{c^2}} \\ v_y'=\dfrac{v_y}{\gamma\left(1-\dfrac{v_xu}{c^2}\right)} \\ v_z'=\dfrac{v_z}{\gamma\left(1-\dfrac{v_xu}{c^2}\right)} \end{cases} \quad 或 \quad \begin{cases} v_x=\dfrac{v_x'+u}{1+\dfrac{v_x'u}{c^2}} \\ v_y=\dfrac{v_y'}{\gamma\left(1+\dfrac{v_x'u}{c^2}\right)} \\ v_z=\dfrac{v_z'}{\gamma\left(1+\dfrac{v_x'u}{c^2}\right)} \end{cases}$$

四、相对论质量和动量

相对论质量 $m=\dfrac{m_0}{\sqrt{1-(v/c)^2}}$

相对论动量 $\boldsymbol{p}=m\boldsymbol{v}=\dfrac{m_0}{\sqrt{1-(v/c)^2}}\boldsymbol{v}$

五、相对论能量

1. 相对论能量 $E=mc^2$

2. 静能 $E_0=m_0c^2$

3. 动能 $E_k=mc^2-m_0c^2$

当 $v\ll c$ 时，

$$E_k=\frac{m_0}{\sqrt{1-(v/c)^2}}c^2-m_0c^2\approx m_0c^2\left(1+\frac{v^2}{2c^2}\right)-m_0c^2=\frac{1}{2}m_0v^2$$

4. 质能守恒定律 在相对论中，质量守恒和能量守恒统一为质能守恒定律。

能量守恒 $\sum\limits_i E_i=\sum\limits_i m_ic^2=$ 常量

质量守恒 $\sum\limits_i m_i=$ 常量

质量亏损　$\Delta E=\Delta m_0 c^2$

六、相能论的能量-动量关系

$$E^2=m_0^2c^4+p^2c^2$$

当 $v \ll c$ 时,上式可以简化为

$$E_k=\frac{p^2}{2m_0}$$

对于静质量为零的粒子,如光子,有 $E=pc$,即 $p=\frac{E}{c}=mc$。这说明,静质量为零的粒子一定以光速运动。

阅读材料4　相对论中的质量

质量是相对论理论中颇有争议的物理量。对质量的理解直接关系到对宇宙组成的理解。在物理学中,人们至少从七个属性上区分质量的概念,或者说有七个可以用质量解释的物理现象[1]:

(1) 对于一些特定种类的样本,物质的量可以由电泳或其他精确过程来测定。样本的精确质量一方面由它所含的原子或分子的数量和种类决定,另一方面由它内部包含的,将这些原子或分子结合在一起的能量决定(这些能量构成负的"丢失质量",或者叫做质量赤字)。

(2) 惯性质量:衡量当物体受力时,对于改变其运动状态的抵抗程度。惯性质量可以通过给物体施加一个力,测量由此导致的加速度而测定。施以同样大小的力,惯性质量较小的物体会比惯性质量较大的物体获得更大的加速度。一个质量较大的物体,则说它有较大的惯性。

(3) 主动引力质量:是由一个物体的引力通量(引力通量等于引力场在一个封闭表面的面积分)决定的。测量引力场,可以通过引入一个充分小的"测试物体"(这个物体应当足够小,不影响被测量物体的引力场),令其做自由落体运动,并测量其加速度。比如,一个在月球附近作自由落体运动的物体,与在地球表面相比时,会感受到较小的引力场,因此加速度也较小。月球表面的引力场较弱是因为月球的主动引力质量较小。

(4) 被动引力质量:通过测量一个物体与引力场的交互作用而测得。被动引力质量由物体在引力场中的重量除以它的加速度而得到。处于相同引力场中的两个物体,加速度是相同的,然而被动引力质量较小的物体比被动引力质量较大的物体受到的力更小(即它的重量较轻)。

(5) 根据质能等价的原理,能量也有质量。这个等价关系被大量的物理过程所证实,包括正物质、反物质粒子对的产生,核聚

变以及光的引力红移。在正物质、反物质粒子对的产生和核聚变中,能量和质量互相转化。在光的引力红移中,纯能量的光子表现出具有被动引力质量的行为。

(6) 时空的曲率:物质的存在导致的相对论性效应。时空曲率非常微弱,很难测量。因此,直到爱因斯坦在广义相对论中预言以后,才被人们发现。精确的原子钟显示,地球表面的时间流逝得要比太空中的慢。这种不同对应着一种被称为时间膨胀的曲率。其他形式的曲率也被引力探测B卫星(Gravity Probe B)测量过。

(7) 量子质量:显示物体的量子频率和波数(波长的倒数)的不同。电子的量子质量,即康普顿波长,可以通过各种形式的光谱学分析测定。它与里德伯常量、玻尔半径以及经典电子半径密切相关。大物体的量子质量可以直接由瓦特平衡测得。

惯性质量、引力质量以及其他各种各样的质量相关现象在概念上完全不同。然而,迄今为止所有的实验表明,这些量之间存在正比关系,这种正比性导致一个抽象的质量概念。如果在将来的某些实验当中发现,某个质量相关现象与其他之间的关系不是正比,那么这个现象将不会被认为是抽象质量概念的一部分。虽然惯性质量、被动引力质量和主动引力质量在概念上并不一样,然而没有任何实验明确地显示它们之间有任何的不同。在经典力学当中,牛顿第三定律意味着同一物体的主动引力质量和被动引力质量必须总是相同(或至少成正比),但经典理论当中没有任何令人信服的原因表明引力质量必须与惯性质量相等。它们的相等仅仅是个经验性的事实。阿尔伯特·爱因斯坦基于这样一个假设发展出广义相对论:惯性质量和(被动)引力质量之间的关系并非巧合,没有任何实验可以区分出这两者(弱等效原理)。然而,在这样的理论当中,引力不再是一个力,因此也不遵守牛顿第三定律,所以“惯性质量和主动引力质量是否相等,仍然是个谜”[1]。

一、惯性质量

惯性质量用物体对加速度的抵抗程度衡量的质量。为了理解什么是物体的惯性质量,可以先从经典力学和牛顿运动定律开始。然后再来看,当把狭义相对论考虑进来时,经典的质量定义应当如何修改,使其比经典力学更加精确。然而,狭义相对论并没有从本质上改变“质量”的含义。根据牛顿第二定律,假设一个物体的质量是 m,如果在任何瞬间,其遵循如下的运动方程:

$$F=ma$$

其中 F 是施加在物体上的力,a 是物体的加速度。现在,先把什么是“施加在物体上的力”这个问题的确切答案[2]放到一边。这个方程说明了质量是如何和惯性联系在一起的。考虑两个质量不同的物体。如果对其施加相同的力，质量较大的物体的加速度较小，而质量较小的物体的加速度较大，就可以说质量较大的物体在响应力的作用时，对于改变其运动状态表现出较强的“抵抗性”。然而，施加“相同的”力的说法迫使定义回到事实中来：目前还没有真正定义过什么是力，但是可以用牛顿第三定律来回避这个困难。牛顿第三定律说，如果一个物体给另一个物体施加一个力，那么第一个物体就会受到一个大小相同方向相反的力。更精确一点，如果有两个物体 A 和 B，它们有着不变的惯性质量 m_A 和 m_B。并且把这两个物体从其他所有的物理影响当中隔离出来，因此，仅有的力就是 B 施加给 A 的力，记为 F_{AB}，和 A 施加给 B 的力，记为 F_{BA}。按牛顿第三定律：

$$F_{AB}=m_A a_A$$

$$F_{BA}=m_B a_B$$

其中 a_A 和 a_B 分别是 A 和 B 的加速度。假设这两个加速度不为零，那么两者之间的力就不为零。这种情况发生在，譬如说，两个物体相互碰撞的过程中。根据牛顿第三定律：

$$F_{AB}=-F_{BA}$$

因此，

$$m_A=-\frac{a_B}{a_A}m_B$$

注意这里要求 a_A 不为零，以保证这个分数是定义良好的。

这就是原则上如何测量物体的惯性质量的方法。选择一个“参考”物体，定义它的质量为（譬如说）1 kg，就可以通过测量与参考物体碰撞的加速度来测量宇宙中的一切物体的质量。

二、牛顿引力质量

牛顿引力质量的概念建立在牛顿引力定律之上。假设有两个物体 A 和 B，距离为 r_{AB}。引力定律说如果 A 和 B 分别具有引力质量 m'_A和 m'_B，那么每个物体都感受到对方所施加的引力，其大小为

$$F=G\frac{m'_A m'_B}{r_{AB}^2}$$

其中 G 是万有引力常量。上面的方程式可以重新表达如下：如果 g 是参考物体在引力场中给定位置处的加速度，那么一个引力质量为 m'的物体受到的引力为

$$F=m'g$$

这是质量可以用重量表达的基础。在弹簧秤上，譬如说，力 F 正比于称重盘下面弹簧的形变，根据胡克定律，校正秤，将重力加速度 g 考虑进来，使得物体的质量 m'可以直接读出。

三、惯性质量和引力质量的等价

惯性质量和引力质量的等价有时又被称为伽利略等价原理或弱等价原理。这个原理最重要的推论应用到自由下落的物体上面。假设有一个物体，其惯性质量和引力质量分别为 m 和 m'。如果这个物体唯一受到的力仅仅来自一个引力场 g，将牛顿第二定律和引力定律一起使用，可得到加速度为

$$a=\frac{m'}{m}g$$

这个式子表明引力质量与惯性质量之比是个常数 K，当且仅当所有的物体在给定的引力场中下落得一样快。这个现象被称为“自由落体的普遍性”。（此外，通过定义合适的单位，可以令这个常数为 1。）

第一个说明了自由落体的普遍性的实验是伽利略做的。最常见的说法是伽利略通过在比萨斜塔上丢下物体来得到他的结果，但是这种说法很可能是假的。实际上，他的实验是通过让小球在斜面上滚动而完成的。一个又一个精度越来越高的实验被完成，譬如罗兰德·冯·埃特在 1889 年利用扭秤摆所做的实验。截止到 2008 年，还没有发现自由落体的普遍性的——也就是伽利略等价原理的任何偏离，实验的精度已达10^{-12}[3]。更加精确的实验仍然在进行之中。

自由落体的普遍性只能应用在引力是唯一的作用力的系统里。其他所有力，尤其是摩擦力和空气阻力，必须被排除或者至少是可以忽略的。譬如，在空气中从同样高度放下一个锤子和一片羽毛，羽毛将花更多的时间才能落到地上；羽毛实际上并不是作自由落体运动，因为向上的空气阻力与向下的引力是可以相抵的。另一方面，如果实验在真空中进行，那里没有空气阻力，锤子和羽毛就应该精确地同时落地（假设两物体之间的加速度以及地面朝向物体的加速度可以忽略）。这个实验在高中的实验室里就可以很容易地做出来，方法是在一个用真空泵抽出了空气的透明管里让物体下落。在天然就是真空的环境里做这个实验就更加具有戏剧性了，比如大卫·斯科特在阿波罗 15 号执行任务期间在月球表面做的实验。

等价原理的一个强版本，即爱因斯坦等价原理或强等价原理，在广义相对论里处于中心地位。爱因斯坦等价原理说，在足够小的时空区域里，没有办法区分均匀的加速度和均匀的引力场。因此，广义相对论假设引力场作用在物体上的力是物体沿直线运动的趋势（换句话说就是它的惯性）的结果，因此引力应该是物体惯性质量和引力场强度的函数。

四、狭义相对论里的质量和能量

术语“质量”在狭义相对论里常常指物体的静质量，即一个与物体相对静止的观察者所测量的牛顿质量。对于单个粒子，不变质量是静质量的另一个名字。然而，广义的不变质量（由一个更加复杂的公式所计算）也可以应用在相对运动的粒子系统上，因此不变质量通常只用在包含分离的高能粒子的系统上。一个系统的不变质量对于所有的观察者和惯性系都相同，只要系统是封闭的，就不能被消灭，因此是守恒的。在这里，“封闭”的意思是系统有一个理想的边界，任何质量/能量都不允许穿过这个边界。就像在相对论中一个封闭系统的能量是守恒的，它的质量也是守恒的：这意味着质量不随时间变化，即使不同重量的粒子之间相互转换。对于任何观察者，任何系统的质量都分别守恒，不随时间变化，正如能量也分别守恒，不随时间变化一样。一个流行的错误观点是，在相对论里质量可以转化成为（无质量的）能量，因为某些物质粒子有时可以转化为非物质的能量（譬如光、动能以及电磁场或其他场中的势能）。然而，这混淆了物质（一个不守恒的，定义不清楚的概念）和质量（定义良好的，守恒的概念）。即使不被视为“物质”，在相对论里所有类型的能量仍然显示出质量。因此，质量和能量并不是互相转化，实际上，它们是同一个事物的两个不同的名字，质量和能量都不能脱离对方单独出现。相对论里，“物质”粒子在反应当中可能不守恒，但是封闭系统的质量总是守恒的。

举一个例子，一颗核弹在一个理想的超级坚硬的盒子里，这个盒子放在一个秤上面。理论上，爆炸以后质量不会有任何变化（虽然盒子内部变得更热）。这样的一个系统，只有允许能量，譬如光或热从盒子里逃逸出来，盒子的质量才会改变。然而，这样的话，逃走的能量也带走了它对应的质量。让热量离开这个系统实际上就是让质量离开这个系统。因此，质量，像能量一样，不能被消灭，只能从一个地方转移到另一个地方[4]。

在束缚系统里，结合能必须（经常）从非束缚系统的质量里减掉，因为这部分能量也具有质量，当能量被释放时，这部分质量必须被从系统里扣除，这时系统就是束缚的了。在这个过程中质量是守恒的，因为在结合过程中系统不是封闭的。一个类似的例子是原子核的结合能，当原子核形成时能量以其他形式出现（譬如伽马射线），（经过能量的释放）生成的原子核的质量小于自由粒子质量之和。

参考文献

[1] Rindler W. Relativity：special，general，and Cosmological[M]. Oxford：

Oxford University Press,2006.

[2] Galileo G.Discorsi e Dimostrazioni Matematiche, Intornoà Due Nuove Scienze [M]. Louis Elsevier,1638.

[3] Eötvös R V,Pekár D,Fekete E.Beiträge zum Gesetz der Proportionalität von Trägheit und Gravität[J]. Annalen der Physik,1922,68 (11).

[4] Taylor E F, Wheeler J A.Spacetime physics[M].W. H. Freeman,1992.

思考题

4-1. 迈克耳孙-莫雷的实验结果否定了以太的存在,对此你是怎样认识的?

4-2. 狭义相对论的基本假设是什么? 为什么在光速不变原理中强调真空中的光速?

4-3. 以下关于同时性的说法,正确的有(　　)

A. 在一惯性系中同时发生的两事件,在另一惯性系中一定不同时发生

B. 在一惯性系中不同地点同时发生的两事件,在另一惯性系中一定同时发生

C. 在一惯性系中同一地点同时发生的两事件,在另一惯性系中一定同时发生

D. 在一惯性系中不同地点不同时发生的两事件,在另一惯性系中一定不同时发生

4-4. 相对论的时间和空间概念与牛顿力学的有什么不同? 有何联系?

4-5. 一火箭的固有长度为 L,相对于地面作匀速直线运动的速度为 v_1,火箭上有一个人从火箭的后端向火箭前端上的一个靶子发射一颗相对于火箭的速度为 v_2的子弹。在火箭上测得子弹从射出到击中靶的时间间隔是(　　)(c 表示真空中光速)

A. $\dfrac{L}{v_1+v_2}$　　B. $\dfrac{L}{v_2}$

C. $\dfrac{L}{v_2-v_1}$　　D. $\dfrac{L}{v_1\sqrt{1-(v_1/c)^2}}$

4-6. 两个惯性系 S 和 S′,沿 x (x') 轴方向作匀速相对运动. 设在 S′系中某点先后发生两个事件,用静止于该系的钟测出两事件的时间间隔为 τ_0,而用固定在 S 系的钟测出这两个事件的时间间隔为 τ。又在 S′系 x'轴上放置一静止于该系、长度为 l_0的细杆,从 S 系测得此杆的长度为 l,则(　　)

A. $\tau < \tau_0 ; l < l_0$　　B. $\tau < \tau_0 ; l > l_0$

C. $\tau > \tau_0 ; l > l_0$　　D. $\tau > \tau_0 ; l < l_0$

4-7. 有一直尺固定在 S′系中，它与其 x' 轴成 45°的夹角，如果 S′系相对于 S 系以速度 u 沿 x 方向运动，则 S 系中的观察者发现直尺与 x 轴的夹角为(　　)

A. 大于 45°

B. 小于 45°

C. 等于 45°

D. 当 S′系沿 x 轴正方向运动时大于 45°，沿 x 轴负方向运动时小于 45°

4-8. 一宇航员要到离地球为 5 光年的星球去旅行。如果宇航员希望把这路程缩短为 3 光年，则他所乘的火箭相对于地球的速度应是(　　)(c 表示真空中光速)

A. $v=(1/2)c$　　B. $v=(3/5)c$

C. $v=(4/5)c$　　D. $v=(9/10)c$

4-9. 能够把一个实物粒子加速到光速吗？为什么？

4-10. 在相对论中，只要质量 $m=\dfrac{m_0}{\sqrt{1-(v/c)^2}}$，则质点的动能仍可写成 $\dfrac{1}{2}mv^2$，这是否正确？

4-11. 把一个静质量为 m_0 的粒子，由静止加速到光速的 0.6 倍需做的功为(　　)

A. $0.18m_0c^2$　　B. $0.25m_0c^2$

C. $0.36m_0c^2$　　D. $1.18m_0c^2$

4-12. 设某微观粒子的总能量为它的静止能量的 K 倍，则其速度大小为光速的(　　)倍

A. $\dfrac{1}{K^2-1}$　　B. $\dfrac{\sqrt{1-K^2}}{K}$

C. $\dfrac{\sqrt{K^2-1}}{K}$　　D. $\dfrac{\sqrt{K(K+2)}}{K+1}$

4-13. 对于质量亏损并伴随着巨大能量释放出来的过程，有人说是质量转化成能量的过程，对此你是怎样理解的？

习题

4-1. 一艘宇宙飞船的船身固有长度为 $L_0=90$ m，相对于地面以 $v=0.8c$(c 为真空中光速)的速度在地面观测站的上空飞过。试求：(1) 观测站测得飞船的船身通过观测站的时间间隔是多少？(2) 宇航员测得船身通过观测站的时间间隔是多少？

4-2. 惯性系 S′以恒定速度相对于惯性系 S 沿 x 轴运动。在 S

中观测到有两个事件发生于同一地点,时间间隔为 4.0 s。在 S′系中观测这两个事件发生的时间间隔为 6.0 s。则在 S′系中观测这两个事件是否同地发生？如果不是,空间间隔是多少？

4-3. 惯性系 S 的 x 轴上同时发生两个事件,空间间隔为 1.0×10^3 m。S′系相对于 S 系沿着 x 轴的正方向运动,在 S′系中测得这两个事件的空间间隔为 3.0×10^3 m。则在 S 系中测得这两个事件的时间间隔是多少？

4-4. 一列固有长度为 0.30 km 的火车,以 100 $km\cdot h^{-1}$的速度行驶,地面上的观察者发现有两道闪电同时击中火车前后两端。问火车上的观察者测得两闪电击中火车前后两端的时间间隔为多少？

4-5. 一固有长度为 1 m 的尺静止于 S′系中,且与 x'轴成 30°角。如果在 S 系中测得该尺与 x 轴成 45°角,则 S′系相对于 S 系的运动速率有多大？在 S 系中测得该尺的长度是多少？

4-6. 若从一惯性系中测得宇宙飞船的长度为其固有长度的一半,问宇宙飞船相对于此惯性系的速率为多少？

4-7. 牛郎星距离地球约 16 光年,宇宙飞船要以多大的速率匀速飞行,才能用 4 年的时间(宇宙飞船上的钟指示的时间)抵达牛郎星？

4-8. 高能加速器产生的一种不稳定的粒子具有 4.0×10^{-6} s 的平均寿命,它以 $0.6c$ 穿过实验室。实验室中的观察者测定粒子的平均寿命是多少？该粒子飞行的平均距离是多少？

4-9. 一宇宙飞船的静止长度为 90 m,飞船相对于地球以$0.8c$运动,一光脉冲从船尾传到船头,求地面上的观察者测得所用的时间。

4-10. 火箭 A 中的观察者发现,火箭 B 和火箭 C 正分别以 $0.8c$ 和 $0.6c$ 的速率向相反方向离开他,则 B 测得 C 的速率为多少？

4-11. 一物体的质量较其静质量增加了 10%,则此物体在运动方向上缩短了多少？

4-12. 两个静质量均为 m_0 的粒子以大小相等、方向相反的速度 $\boldsymbol{v}$ 和$-\boldsymbol{v}$ 相互接近并发生完全非弹性碰撞。求碰撞后粒子的质量,并对结果进行讨论。

4-13. 已知电子的静能为 0.511 MeV,求:(1)动能为 1 MeV 的电子的动量;(2)动量为 2 MeV/c 的电子的动能;(3)动能为2 MeV的电子的速率;(4)速率为 $0.8c$ 的电子的动量。

第5章 振动学基础

振动是物质运动的常见形式之一，也是自然界中最普遍的现象之一，我们听见的声音便是源自于空气的振动，我们眼睛感受的光则是一种电磁振动。自然界中诸多声、光、热等物理现象都包含振动，从宏观到微观无处不在：海浪的起伏、机翼的颤振、心脏的搏动和原子的热运动等。广义地说，任何一个物理量（如位置、电荷量、电流、磁场和温度等）在某个定值附近的反复变化都可以称为振动。物体的位置随时间往复变化叫机械振动，而电场、磁场等电磁量随时间作周期性的变化称为电磁振动。

因为研究简谐振动是讨论所有其他复杂振动的基础，本章从简谐振动出发，进一步探讨阻尼振动、受迫振动和共振以及简谐振动的合成等相关内容。通过本章的学习可以掌握机械振动的描述和基本规律，了解机械振动在我们生产生活中的应用。

5-1 简谐振动的描述

一、简谐振动的运动学方程

物体作往复运动时，如果离开平衡位置的位移 x 按余弦规律随时间变化，即

$$x=A\cos(\omega t+\varphi) \tag{5-1-1}$$

这种运动就叫简谐运动或简谐振动。其中 A、ω 和 φ 为常量，分别叫简谐振动的**振幅**、**角频率**（也称圆频率）和**初相位**。

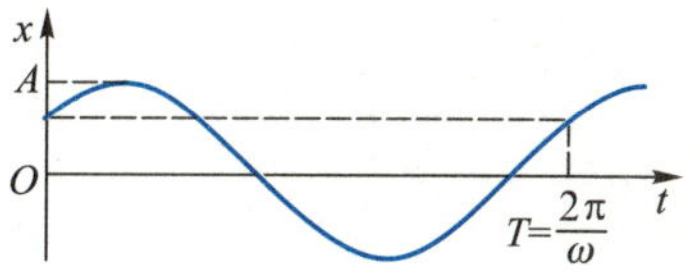

图 5-1-1 简谐振动的振动曲线图

动画 振动曲线

式(5-1-1)为简谐振动的运动学方程，其中的 A、ω 和 φ 是描述简谐振动的三个重要参量，决定了简谐振动特征。图 5-1-1 给出了式(5-1-1)的函数曲线，称为简谐振动的振动曲线。振动曲线也可以实现对简谐振动的描述。

1. 振幅 A

A 表示质点离开原点的最大距离，它给出了质点运动的范围，即 $-A\sim A$。这个量叫作振动的振幅。由于振幅 A 是一个大于 0 的常量，因而简谐振动的全部变化都反映在余弦函数的变化之中。

2. 周期、频率和角频率

振动状态完全重复一次，称为物体进行了一次全振动。物体进行一次全振动所需要的时间叫振动的周期，以 T 表示。由余弦函数的性质，有

$$x=A\cos(\omega t+\varphi)=A\cos[\omega(t+T)+\varphi]=A\cos(\omega t+\varphi+2\pi)$$

即

$$T=\frac{2\pi}{\omega} \tag{5-1-2}$$

单位时间内物体全振动的次数叫作简谐振动的频率，用 ν 表示。显然它是周期 T 的倒数，即

$$\nu=\frac{1}{T}=\frac{\omega}{2\pi} \tag{5-1-3}$$

所以角频率 ω 与频率 ν 的关系为

$$\omega=2\pi\nu \tag{5-1-4}$$

可见角频率 ω 的意义为 2π 时间内物体全振动的次数，它是由振动系统本身的性质决定的。

在国际单位制中，T 的单位是 s，ν 的单位是 Hz（或 s^{-1}），ω 的单位是 rad/s。

3. 相位和初相

在振幅 A 确定的简谐振动中，振动物体的状态由 $\omega t+\varphi$ 决定，或者说 $\omega t+\varphi$ 是决定振动物体状态的物理量，称为简谐振动的相位。记作

$$\phi=\omega t+\varphi \tag{5-1-5}$$

$t=0$ 时的相位 φ 叫初相位，简称初相，初相决定简谐振动的初始状态。

由于描述简谐振动的余弦函数以 2π 为周期，所以相位从 0 到 2π 之间的变化对应于一个周期以内的不同振动状态。由式(5-1-5)不难看出，用相位来描述振动的周期性比直接用时间来描述更加清晰、直观，同时角频率 ω 表示相位的变化率，是描述简谐振动相位变化快慢的物理量。ω 是一个常量，表示相位是匀速变化的。

相位与振动物体的状态相对应，常常通过相位来比较振动状态的差异，对某一谐振动，时间从 t_1 变化到 t_2，相位则从 $\phi_1=\omega t_1+\varphi$ 变化到 $\phi_2=\omega t_2+\varphi$，相位变化

$$\Delta\phi=\phi_2-\phi_1=\omega(t_2-t_1)=\frac{2\pi}{T}\Delta t \tag{5-1-6}$$

式(5-1-6)的物理意义是：相位的变化等于相位的变化率（角频率）与变化时间之积。时间每过一个周期 $\Delta t=T$，则相位增加 $\Delta\phi=2\pi$。

相位还常常用于比较两个振动的步调。例如，有下列两个简谐振动：

$$x_1=A_1\cos(\omega t+\varphi_1)$$
$$x_2=A_2\cos(\omega t+\varphi_2)$$

它们的相位差（简称相差）为

$$\Delta\phi=(\omega t+\varphi_2)-(\omega t+\varphi_1)=\varphi_2-\varphi_1=\Delta\varphi \tag{5-1-7}$$

可以看出，两个同频率的简谐振动在任意时刻的相位差都等于其初相位之差而与时间无关。由这个相位差的值可以分析它们的步调情况。

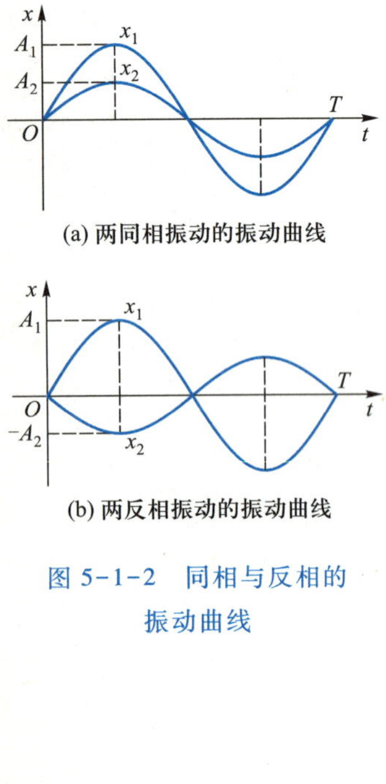

(a) 两同相振动的振动曲线

(b) 两反相振动的振动曲线

图 5-1-2 同相与反相的振动曲线

如果 $\Delta\phi=2k\pi, k=0,\pm1,\pm2,\cdots$，两振动将同时到达极大，同时越过原点并且同时到达极小值，它们的步调始终相同。这种情况我们说二者**同相**（也称同步），如图 5-1-2(a)所示。

如果 $\Delta\phi=(2k+1)\pi, k=0,\pm1,\pm2,\cdots$，两振动中的一个到达极大值时，另一个将到达极小值，然后同时越过原点并且同时到达各自的另一个极值，它们的步调正好相反。这种情况我们说二者**反相**，如图 5-1-2(b)所示。

当 $\Delta\phi$ 为其他值时，如果 $\Delta\phi=\phi_2-\phi_1>0$，我们说第二个振动**超前**第一个振动 $\Delta\phi$，或者说第一个振动**滞后**第二个振动 $\Delta\phi$。

两个振动的比较，虽然严格来说，相位大的一个称为超前，相位小的一个称为落后，但由于相位的周期是 2π，我们通常把 $|\Delta\phi|$ 的值限定在 π 以内。例如，当 $\Delta\phi=5\pi/3$ 时，我们一般不说

第二振动在相位上超前第一振动 $5\pi/3$，而改写为 $\Delta\phi=5\pi/3-2\pi=-\pi/3$，即改说第二振动落后于第一振动 $\pi/3$。

二、简谐振动的速度与加速度

1. 简谐振动的速度和加速度

由谐振方程，可求得任意时刻质点的振动速度和加速度分别为

$$v=\frac{\mathrm{d}x}{\mathrm{d}t}=-\omega A\sin(\omega t+\varphi)$$

$$=\omega A\cos\left(\omega t+\varphi+\frac{\pi}{2}\right) \qquad (5-1-8)$$

$$a=\frac{\mathrm{d}^2x}{\mathrm{d}t^2}=-\omega^2A\cos(\omega t+\varphi)$$

$$=\omega^2A\cos(\omega t+\varphi+\pi) \qquad (5-1-9)$$

广义地说，简谐振动的位移 x、速度 v、加速度 a 都作简谐振动。它们振动的频率相同；振幅分别为 A、ωA 和 ω^2A，即依次多一个因子 ω；它们的相位依次超前 $\pi/2$，即速度超前位移 $\pi/2$，加速度超前速度 $\pi/2$，因而加速度和位移反相。它们的相互关系可用图 5-1-3 所示的曲线表示。

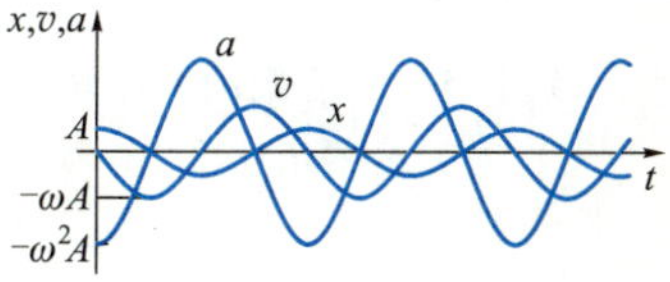

图 5-1-3 位移、速度、加速度

比较式(5-1-9)和式(5-1-1)可以看出

$$a=\frac{\mathrm{d}^2x}{\mathrm{d}t^2}=-\omega^2x \qquad (5-1-10)$$

这一关系式说明，简谐振动的加速度和位移的大小成正比而方向相反。

动画 谐振子的位移、速度、加速度

2. 振幅、初相与初始条件的关系

$t=0$ 时，位移和速度称为初始条件。由简谐振动方程和其速度方程有

$$x_0=A\cos\varphi \qquad (5-1-11)$$

$$v_0=-\omega A\sin\varphi \qquad (5-1-12)$$

联立上面两式，得

$$A=\sqrt{x_0^2+\frac{v_0^2}{\omega^2}} \qquad (5-1-13)$$

$$\varphi=\arctan\left(-\frac{v_0}{\omega x_0}\right) \qquad (5-1-14)$$

上述关系式称为振幅和初相与初始条件的关系。由此可知，只要初始条件确定，质点简谐振动的振幅和初相就是确定的。

三、简谐振动的旋转矢量图示法

简谐振动除了用运动方程和振动曲线来描述以外，还有一种

很直观很方便的描述方法，那就是**旋转矢量图示法**。这种方法是基于质点的简谐振动和匀速圆周运动有着简单的对应关系。如图 5-1-4 所示，质点以半径 A、角速度 ω 沿着平衡位置 O 点作圆周运动，取一直径为 x 轴，O 点为原点，初始时刻质点的位置矢量与 x 轴的夹角为 φ，经过时间 t 该位矢转过的角度为 ωt，则在任意时刻 t，质点在 x 轴上的投影位置为

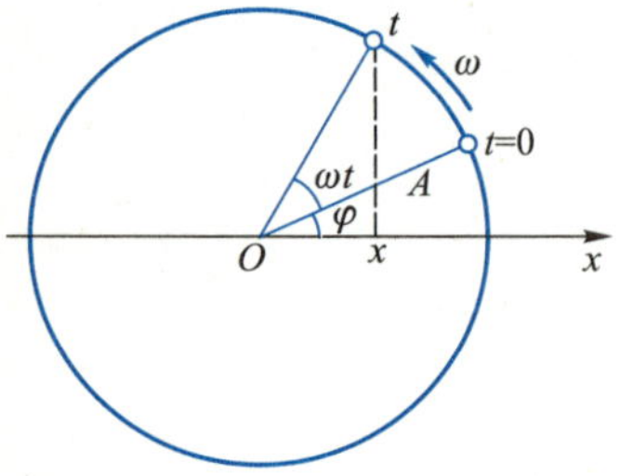

图 5-1-4 简谐振动与圆周运动

$$x=A\cos(\omega t+\varphi)$$

这表明，作匀速圆周运动的质点在直径上的投影作简谐振动。正是由于这样的对应关系，可以用旋转的位置矢量来图示简谐振动，称为简谐振动的旋转矢量图示法。长度等于振幅的位置矢量 $\boldsymbol{A}$ 叫作振幅矢量。振幅矢量 $\boldsymbol{A}$ 以角速度 ω 绕平衡位置 O 点逆时针方向旋转，旋转矢量 $\boldsymbol{A}$ 在 x 轴的投影作简谐振动，如图5-1-5所示。

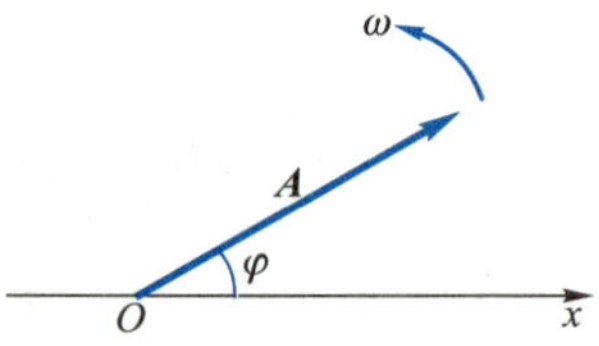

图 5-1-5 简谐振动的旋转矢量图示法

此外，在图 5-1-6 中可见，旋转矢量末端的线速度为 $v=\omega A$，则其在 x 轴上的投影为

$$v=\omega A\cos\left(\omega t+\varphi+\frac{\pi}{2}\right)=-\omega A\sin(\omega t+\varphi)$$

动画 旋转矢量

该式与从运动学方程对时间求一阶导数的结果一致，由于旋转矢量作的是匀速圆周运动，其末端加速度只有法向分量 a_n，大小为 ω^2A，其在 x 轴上的投影为

$$a=\omega^2A\cos(\omega t+\varphi+\pi)=-\omega^2A\cos(\omega t+\varphi)$$

该式与从运动学方程对时间求二阶导数的结果一致。

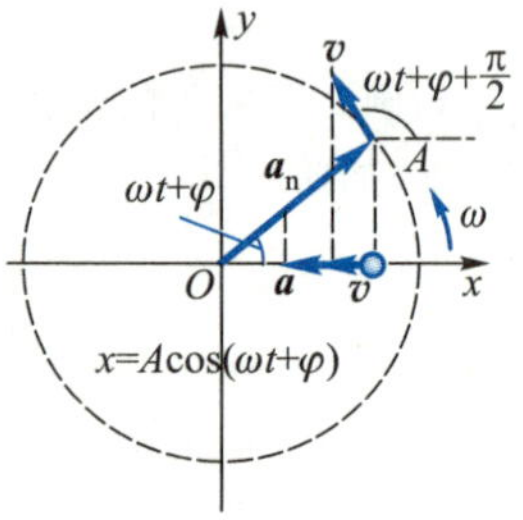

图 5-1-6 简谐振动和圆周运动的速度及加速度

简谐振动的旋转矢量图示法，把描述简谐振动的三个特征量振幅、角频率和相位非常直观地表示出来了，矢量的长度对应振幅，矢量旋转的角速度对应角频率，矢量与 x 轴的夹角对应相位，初始时刻矢量与 x 轴的夹角对应初相位，同时矢量旋转的周期和频率就是简谐振动的周期和频率。旋转矢量末端的速度和加速度在 x 轴上的投影就是简谐振动的速度和加速度。

在利用式(5-1-14)确定初相 φ 时，常常需要对两个 φ 值进行取舍，其依据是初始坐标 x_0 及初始速度 v_0 的符号。旋转矢量位于不同象限时，振动质点的坐标及速度的符号如表 5-1-1 所示，借助于旋转矢量来理解这一点是十分方便的，不仅如此，旋转矢量图示法还为讨论简谐振动的叠加提供了简捷的几何方法。

表 5-1-1

	第一象限	第二象限	第三象限	第四象限
坐标	+	−	−	+
速度	−	−	+	+

在讨论简谐振动时，使用旋转矢量来帮助我们分析问题，可以使简谐振动的各个特征量表现得更加直观，运动过程显得更加清晰，这有利于问题的解决。但同时应当注意，旋转矢量是为形象化描述简谐振动而引入的辅助工具，是虚构的，本身并不真实存在。简谐振动中的角频率、相位与物理过程中真实的角速度、角度不能混淆起来，它们只与旋转矢量中的角速度和角度相对应。

例 5-1 一质点沿 x 轴作简谐振动，平衡位置在坐标原点，振幅为 A，周期为 T，$t=0$ 时质点位于 $x_0=A/2$ 处，且向 x 轴正向方运动，求：(1) 简谐振动的运动方程；(2) 质点从 $x_0=-A/2$ 向负方向运动，第一次回到平衡位置所需要的时间。

解：(1) 由于质点作简谐振动，故振动方程为

$$x=A\cos(\omega t+\varphi)$$

其中，振幅 A 已知，圆频率由 $\omega=\dfrac{2\pi}{T}$ 得到，而初相 φ 可由初始条件求得。将 $x_0=A/2$ 代入振动方程，即

$$x_0=A\cos\varphi=A/2$$

得

$$\cos\varphi=1/2,\quad \varphi=\pm\frac{\pi}{3}$$

又由于 $t=0$ 时质点向 x 轴正向方运动，$v_0>0$，即

$$v_0=-A\sin\varphi>0$$

则

$$\sin\varphi<0$$

所以取

$$\varphi=-\frac{\pi}{3}$$

简谐振动的运动方程为

$$x=A\cos\left(\frac{2\pi}{T}t-\frac{\pi}{3}\right)$$

如果借助于旋转矢量，如图 5-1-7 所示，振动质点的坐标、速度同为正时，旋转矢量位于第四象限（表 5-5-1），再由 $\cos\varphi=1/2$，可以直接取值 $\varphi=-\dfrac{\pi}{3}$，可见借助于旋转矢量来确定相位是十分方便的。

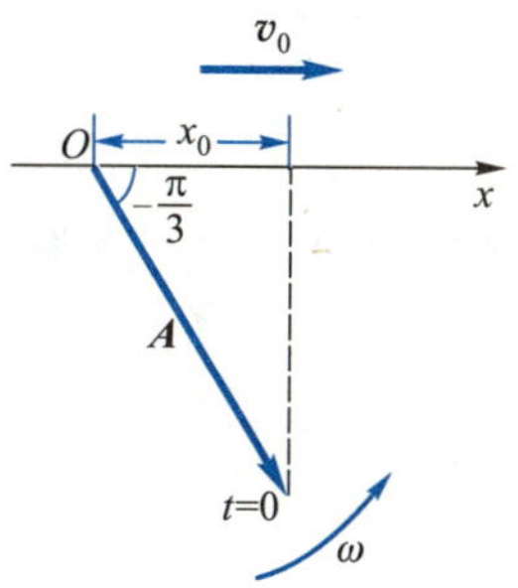

图 5-1-7 例 5-1 题图 1

(2) 由于旋转矢量是匀角速度转动的，可以通过旋转矢量的转动过程来计算时间，即转动时间等于角位移与角速度之比。为此我们首先给出始末两个状态的旋转矢量，如图 5-1-8 所示。

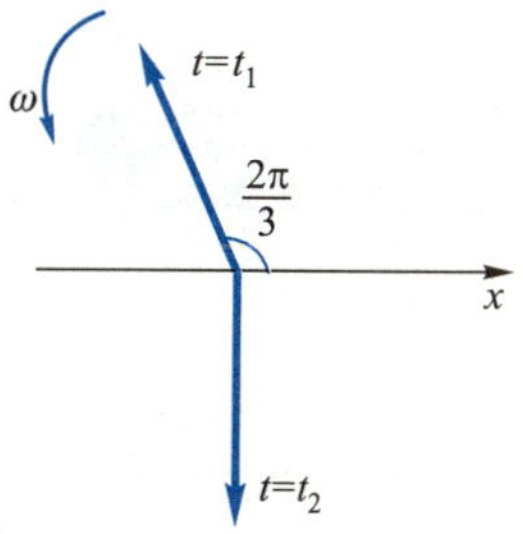

图 5-1-8 例 5-1 题图 2

$t=t_1$ 时，$x_1=-A/2$，$v_1<0$。旋转矢量 $\boldsymbol{A}$ 位于第二象限，$\varphi_1=\dfrac{2\pi}{3}$；

$t=t_2$ 时，$x_2=0$，$v_2>0$。旋转矢量 $\boldsymbol{A}$ 垂直向下，$\varphi_2=\dfrac{3\pi}{2}$。

旋转矢量从 $\varphi_1=\dfrac{2\pi}{3}$转动到 $\varphi_2=\dfrac{3\pi}{2}$，转过的角度为

$$\Delta\varphi=\frac{3\pi}{2}-\frac{2\pi}{3}=\frac{5\pi}{6}$$

需要时间为

$$\Delta t=\frac{\Delta\varphi}{\omega}=\frac{5\pi/6}{2\pi/T}=5T/12$$

这就是质点从 $x_0=-A/2$ 向负方向运动，第一次回到平衡位置所需要的时间。

例 5-2 一质点作简谐振动的振动曲线如图 5-1-9 所示，求质点的振动方程。

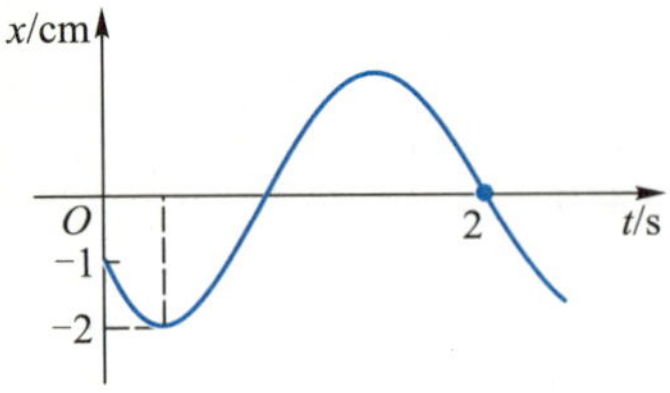

图 5-1-9 例 5-2 题图 1

解：从图中可以直接看出质点振动的振幅为 $A=2$ cm。

在 $t=0$ 时，$x_0<0, v_1<0$（曲线的斜率为负值），可知旋转矢量在第二象限，由于 $x_0=-A/2$，所以，$\varphi_0=2\pi/3$，如图 5-1-10 所示。

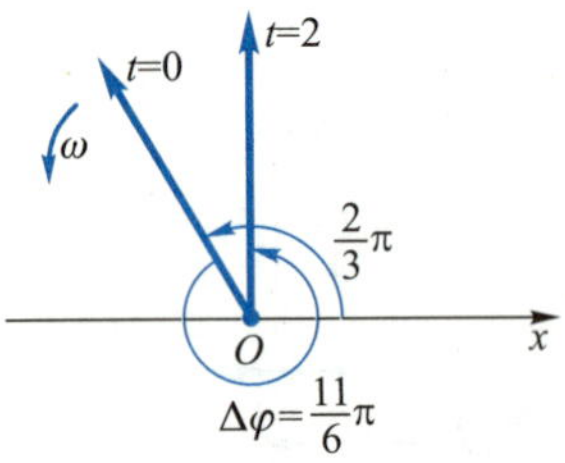

图 5-1-10 例 5-2 题图 2

在 $t=2$ s 时，$x_2=0, v_2<0$，可知旋转矢量垂直向上。由于相位随时间单调增加，即 $\varphi_2>\varphi_0$，而 $\varphi_0=2\pi/3$，因此，取

$$\varphi_2=2\pi+\pi/2=5\pi/2$$

在 $t=0$ 到 $t=2$ s 的过程中，旋转矢量转过的角度为

$$\Delta\varphi=\varphi_2-\varphi_1=11\pi/6$$

经历时间为 $\Delta t=2$ s，所以，旋转矢量的角速度即振动的角频率 ω 为

$$\omega=\Delta\varphi/\Delta t=11\pi/12$$

故质点的振动方程为

$$x=2\cos\left(\frac{11\pi}{12}t+\frac{2\pi}{3}\right)$$

式中 x 的单位是 cm，t 的单位是 s。

5-2 简谐振动的动力学

一、弹簧振子的简谐振动

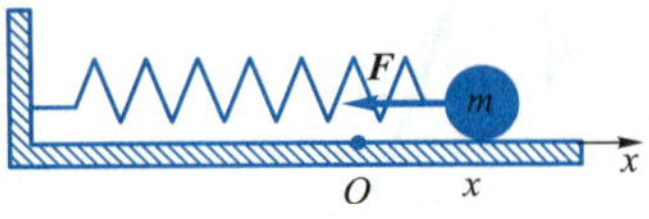

图 5-2-1 弹簧振子

动画 弹簧振子

如图 5-2-1 所示，一个轻质弹簧的一端固定，另一端系一个质量为 m 的小球，并置于水平光滑桌面上，构成一个弹簧振子系统。取 x 轴沿水平方向，以弹簧处于自然长度时物体的位置为坐标原点 O。在这个位置上，物体所受合力为零，称其为平衡位置。如果移动物体使其偏离平衡位置然后释放，则物体会在 Ox 坐标轴上 O 点两侧作往复运动，并且物体对于平衡位置的位移 x 将按余弦函数的规律随时间 t 变化。因此，物体的这种振动就是简谐振动。

在运动过程中，物体在水平方向只受弹性力作用，按胡克定律，这里弹性力的大小与物体相对于平衡位置的位移（即伸长量或压缩量）成正比，方向相反，即

$$F=-kx \tag{5-2-1}$$

由牛顿第二定律，可得

$$m\frac{d^2x}{dt^2}=-kx$$

即

$$\frac{d^2x}{dt^2}+\frac{k}{m}x=0 \tag{5-2-2}$$

令

$$\omega=\sqrt{\frac{k}{m}} \tag{5-2-3}$$

则

$$\frac{d^2x}{dt^2}+\omega^2x=0 \tag{5-2-4}$$

式(5-2-4)称为简谐振动的微分方程，简称为**谐振微分方程**。这是一个二阶线性齐次微分方程，按照微分方程理论，方程的通解为（可以将其代入验证）

$$x=A\cos(\omega t+\varphi)$$

其中 A 和 φ 是积分常量，由初始条件确定。上式正是简谐振动的运动学定义。可见，动力学规律满足谐振微分方程 $\frac{d^2x}{dt^2}+\omega^2x=0$ 的，它的运动是简谐振动。

由上述讨论可知：若质点受合外力 $F=-kx$（称线性回复力）作用，则质点的运动是简谐振动，或者说物体在线性回复力作用下的运动是简谐振动，这可称为简谐振动的**动力学特征**。

简谐振动的 ω 由式(5-2-4)决定，这意味着 ω 是由振动系统本身的力学性质（包括物体的质量和力的性质）所决定的，所以我们把 ω 称为振动系统的固有角频率。通常式(5-2-4)即谐振微分方程称为谐振动的动力学方程，而式(5-1-1)即谐振动的表达式称为谐振动的运动学方程。

二、单摆与复摆的简谐振动

1. 单摆

如图 5-2-2 所示的单摆摆长为 l，摆锤质量为 m，可以证明，单摆的小摆角振动近似简谐振动。

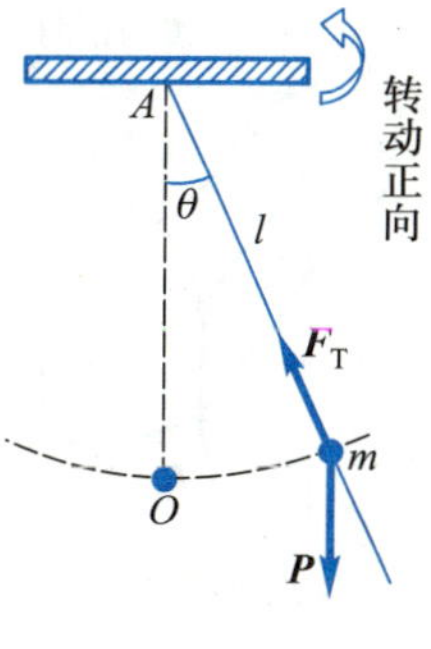

图 5-2-2 单摆

当摆线与竖直方向成 θ 角时，忽略空气阻力，摆球所受的合外力沿着圆弧切线方向的分力为 $mg\sin\theta$。取逆时针方向为角位移 θ 的正方向，则此力应写为

$$F_\tau=-mg\sin\theta$$

当角位移 θ 很小时，$\sin\theta\approx\theta$ 上式改写为

$$F_\tau=-mg\theta \tag{5-2-5}$$

由牛顿第二定律，有

$$F_\tau=ma_\tau=ml\frac{\mathrm{d}^2\theta}{\mathrm{d}t^2}$$

将式(5-2-5)代入得

$$-mg\theta=ml\frac{\mathrm{d}^2\theta}{\mathrm{d}t^2}$$

即

$$\frac{\mathrm{d}^2\theta}{\mathrm{d}t^2}+\omega^2\theta=0 \tag{5-2-6}$$

其中

$$\omega^2=\frac{g}{l} \tag{5-2-7}$$

式(5-2-6)与式(5-2-4)相同，称为谐振微分方程，表示单摆对于平衡位置的角位移 θ 是一个谐振量，其解为

$$\theta=\theta_\mathrm{m}\cos(\omega t+\varphi) \tag{5-2-8}$$

其中 θ_m 表示角位移的振幅。

单摆的周期

$$T=\frac{2\pi}{\omega}=2\pi\sqrt{\frac{l}{g}} \tag{5-2-9}$$

在上面的讨论中，我们取 $\sin\theta\approx\theta$，当 θ 不很小时，我们知道

$$\sin\theta=\theta-\frac{\theta}{3!}+\frac{\theta^5}{5!}-\cdots$$

物体所受的回复力不是线性回复力，因此，物体所做的振动不是简谐振动。至于多大角度称为小角度，这要根据研究具体问题的精度来确定，在通常的近似要求下，当摆角小于5°时，小球的运动就可以看作简谐振动。

2. 复摆

如图 5-2-3 所示，质量为 m 的刚体可绕过 O 点的固定轴作无摩擦转动，将其轻轻拨离平衡位置一个小角度，然后让它作自由运动，可以证明，刚体的运动可近似看作简谐振动。这一套实验装置称为**复摆**。

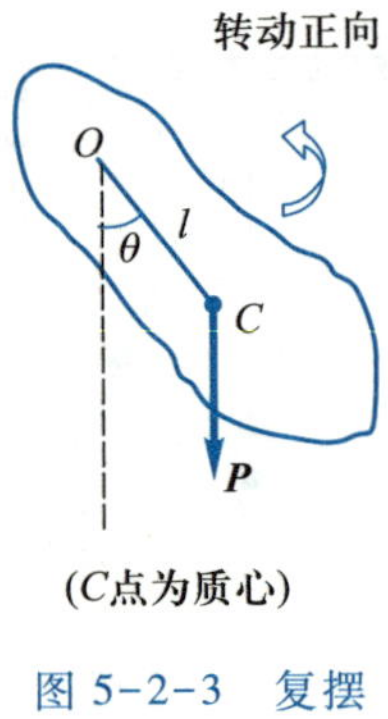

图 5-2-3 复摆

刚体在运动过程中所受到的合外力矩：

$$M=-mgl\sin\theta$$

当 $\theta<5°$时，近似有

$$M=-mgl\theta=-k\theta \tag{5-2-10}$$

为正比回复力矩。则由转动定律可得

$$J\frac{d^2\theta}{dt^2}=M=-k\theta$$

即
$$\frac{d^2\theta}{dt^2}+\omega^2\theta=0 \tag{5-2-11}$$

其中

$$\omega^2=\frac{k}{J}=\frac{mgl}{J} \tag{5-2-12}$$

这表示刚体对于平衡位置的角位移 θ 是一个谐振量,因此可以说,若刚体所受的合外力矩是正比回复力矩,则刚体的转动是简谐振动。

可见,复摆与单摆遵守相同的动力学方程,它们的运动学方程也相同。

事实上,单摆可以看成复摆的特例,在式(5-2-12)中,取$J=ml^2$ 即得单摆的角频率:

$$\omega^2=\frac{k}{J}=\frac{mgl}{ml^2}=\frac{g}{l}$$

$$T=\frac{2\pi}{\omega}=2\pi\sqrt{\frac{l}{g}}$$

与前面的讨论一致。

例 5-3 如图 5-2-4 所示,质量为 m 直径为 d 的比重计,放在密度为 ρ 的液体中,如果用力下压处于平衡的比重计,试证明放手后比重计将作简谐振动,并计算其振动周期(不计液体黏性力)。

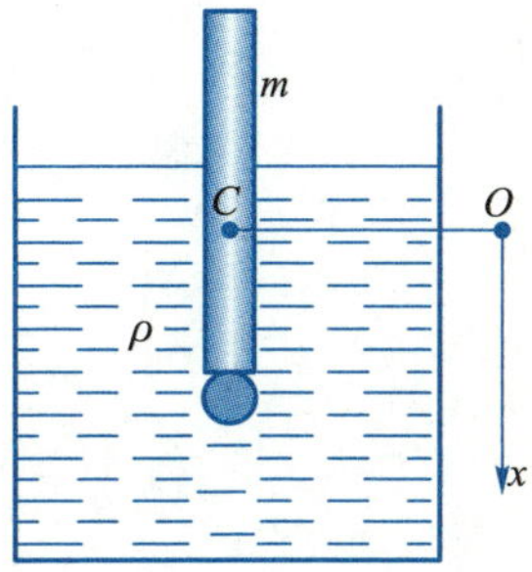

图 5-2-4 例 5-3 题图

解:以平衡时比重计的质心 C 所在高度处为坐标原点 O,向下为正建立坐标轴。如果用力下压比重计,使其偏离平衡位置,设质心 C 从原点 O 处移动至坐标 x 处,则浮力将增加(与平衡时比较)ρgSx,由于平衡时有 $F_{浮}=G$,所以,此时重力与浮力的合力:

$$F=-\rho gSx$$

所以
$$\frac{d^2x}{dt^2}=-\frac{\rho gSx}{m}$$

即
$$\frac{d^2x}{dt^2}+\omega^2x=0$$

其中

$$\omega^2=\frac{\rho gS}{m}=\frac{\rho g\pi d^2}{4m}$$

可见它是一个简谐振动,周期为

$$T=2\pi/\omega=\frac{4}{d}\sqrt{\frac{\pi m}{\rho g}}$$

其实直接由 $F=-\rho gSx=-kx$，可得

$$\omega^2=\frac{k}{m}=\frac{\rho gS}{m}=\frac{\rho g\pi d^2}{4m}$$

例 5-4 证明在稳定平衡位置附近的微小振动近似简谐振动（只讨论一维情况）。

证明：以 $E_p=E_p(x)$ 表示振动系统的势能函数，将稳定平衡位置取作原点，即 $x=0$ 点处势能最小，受力为零。按力与势能的关系，有

$$F=-\left(\frac{dE_p}{dx}\right)_{x=0}=0$$

由于是稳定平衡，还有

$$\left(\frac{d^2E_p}{dx^2}\right)_{x=0}>0$$

现将 $E_p(x)$ 在 $x=0$ 处展开成泰勒级数，即

$$E_p(x)=E_p(x_0)+\left(\frac{dE_p}{dx}\right)_{x=0}x+\frac{1}{2!}\left(\frac{d^2E_p}{dx^2}\right)_{x=0}x^2+\cdots$$

当 x 足够小时，忽略 x^3 以及更高次方项，同时考虑到第二项为零，有

$$E_p(x)\approx E_p(x_0)+\frac{1}{2!}\left(\frac{d^2E_p}{dx^2}\right)_{x=0}x^2$$

两边对 x 求导，得

$$\frac{dE_p}{dx}\approx\left(\frac{d^2E_p}{dx^2}\right)_{x=0}x$$

即

$$F(x)=-\frac{dE_p}{dx}\approx-\left(\frac{d^2E_p}{dx^2}\right)_{x=0}x$$

令

$$k=\left(\frac{d^2E_p}{dx^2}\right)_{x=0}$$

由前可知，

$$k>0$$

于是

$$F(x)=-kx$$

这正是与位移成正比而反向的线性回复力，因此，在稳定平衡位置附近的微小振动近似简谐振动，而且其振动的角频率

$$\omega=\sqrt{\frac{k}{m}}=\left[\frac{1}{m}\left(\frac{d^2E_p}{dx^2}\right)_{x=0}\right]^{1/2}$$

5-3 简谐振动的能量

一、简谐振动的能量

下面,我们以弹簧振子为例来讨论简谐振动的能量。实际上,任何一个作简谐振动的物体,由于它们受到的合外力为正比回复力 $F=-kx$,都相当于一个弹簧振子。不同的是,它们的 k 值不是劲度系数,而是其他的由系统的力学性质决定的常量而已。

利用简谐振动方程及其速度方程,可得任意时刻一个弹簧振子的弹性势能和动能:

$$E_{\mathrm{p}}=\frac{1}{2}kx^2=\frac{1}{2}kA^2\cos^2(\omega t+\varphi) \tag{5-3-1}$$

$$E_{\mathrm{k}}=\frac{1}{2}mv^2=\frac{1}{2}m\omega^2A^2\sin^2(\omega t+\varphi) \tag{5-3-2}$$

由

$$\omega^2=\frac{k}{m}$$

可得到

$$E_{\mathrm{k}}=\frac{1}{2}kA^2\sin^2(\omega t+\varphi)$$

因此,弹簧振子的机械能为

$$E=E_{\mathrm{k}}+E_{\mathrm{p}}=\frac{1}{2}kA^2 \tag{5-3-3}$$

可见弹簧振子的机械能不随时间改变,即其能量守恒。这是由于无阻尼自由振动的弹簧振子是一个孤立系统,在振动过程中没有外力对它做功。

上面的结果还表明弹簧振子的总能量和振幅的平方成正比,这一点对其他的简谐振动系统也是正确的。这意味着振幅不仅描述简谐振动的运动范围,而且还反映振动系统能量的大小。

把动能和势能的表达式改写为

$$E_{\mathrm{p}}=\frac{1}{2}kA^2\cos^2(\omega t+\varphi)=\frac{1}{4}kA^2+\frac{1}{4}kA^2\cos(2\omega t+2\varphi) \tag{5-3-4}$$

$$E_{\mathrm{k}}=\frac{1}{2}kA^2\sin^2(\omega t+\varphi)=\frac{1}{4}kA^2+\frac{1}{4}kA^2\cos(2\omega t+2\varphi+\pi) \tag{5-3-5}$$

式(5-3-4)、式(5-3-5)说明,弹簧振子作简谐振动时,它们的动能和势能都在作简谐变化。如图 5-3-1 所示,它们的平衡点在系统机械能一半处,即 $\frac{E}{2}=\frac{1}{4}kA^2$ 处,能量的振幅亦为 $\frac{E}{2}=\frac{1}{4}kA^2$。动能

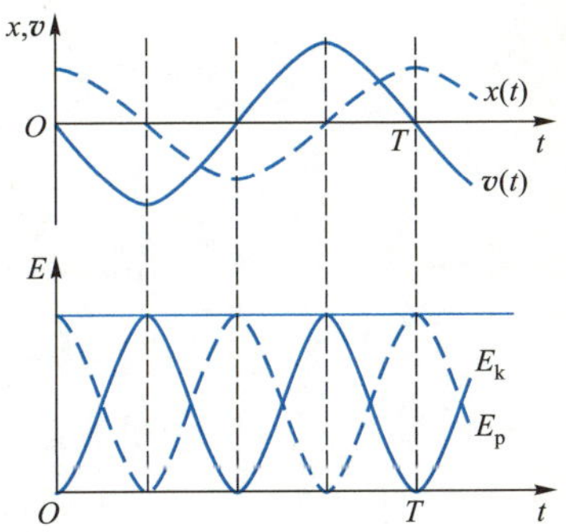

图 5-3-1 简谐振动的能量曲线

动画 谐振子的能量

和势能谐振的频率均为位移振动频率的两倍,它们振动的相位相反,因而它们的总和即机械能守恒。

弹簧振子的动能和势能在一个周期内的平均值:

$$\overline{E}_p=\frac{1}{T}\int_0^T E_p\mathrm{d}t=\frac{1}{T}\int_0^T\frac{1}{2}kA^2\cos^2(\omega t+\varphi)\,\mathrm{d}t=\frac{1}{4}kA^2 \tag{5-3-6}$$

$$\overline{E}_k=\frac{1}{T}\int_0^T E_k\mathrm{d}t=\frac{1}{T}\int_0^T\frac{1}{2}kA^2\sin^2(\omega t+\varphi)\,\mathrm{d}t=\frac{1}{4}kA^2 \tag{5-3-7}$$

即弹簧振子的动能和势能的平均值相等而且等于总机械能的一半。这一结论也同样适用于其他简谐振动。

二、从振动能量建立动力学方程

下面,讨论从振动能量出发建立其动力学方程。

简谐振动系统的机械能守恒,意味着机械能对时间的导数为零。即

$$\frac{\mathrm{d}}{\mathrm{d}t}\left(\frac{1}{2}mv^2+\frac{1}{2}kx^2\right)=0$$

$$mv\frac{\mathrm{d}v}{\mathrm{d}t}+kx\frac{\mathrm{d}x}{\mathrm{d}t}=0$$

化简即得

$$\frac{\mathrm{d}^2x}{\mathrm{d}t^2}+\omega^2x=0 \tag{5-3-8}$$

其中

$$\omega^2=\frac{k}{m}$$

这正是简谐振动的动力学方程。它表明,如果一个振动系统的势能与位置坐标的关系可以表示为 $E_p=\frac{1}{2}kx^2$,且机械能守恒,则可以判断这个振动就是简谐振动。不仅如此,它还给我们提供了又一种证明简谐振动的方法:先写出振动体系的能量关系,如果位置坐标的关系可以表示为 $E_p=\frac{1}{2}kx^2$,且机械能守恒,那么,将能量守恒关系式对时间求一次导数,就可以得到简谐振动系统的动力学方程。

例 5-5 定滑轮的半径为 R,转动惯量为 J,弹簧的劲度系数为 k,物体质量为 m。不计体系的摩擦损耗,证明将物体拉离平衡位置后的自由振动为简谐振动,并求周期 T。

证明 1：直接建立动力学方程。

取物体的平衡位置 O 为原点，向下为正建立坐标，如图 5-3-2 所示。

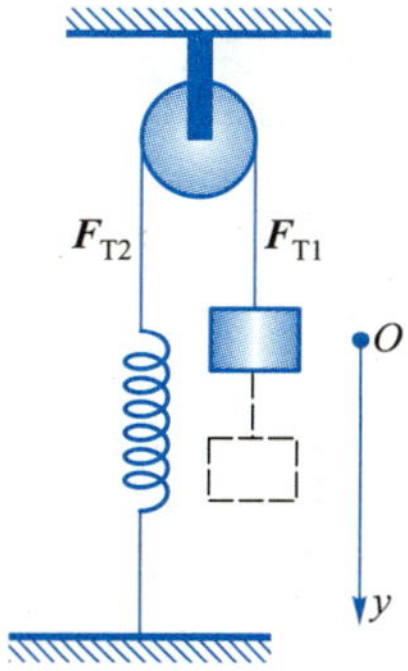

图 5-3-2 例 5-5 题图

当 m 位于平衡位置时，弹簧已伸长 l_0，即

$$mg=kl_0$$

当 m 位于 y 位置时，弹簧伸长 $y+l_0$，因而，弹簧中的张力

$$F_{T2}=k(y+l_0)$$

将前式代入，得

$$F_{T2}=ky+mg \tag{1}$$

由牛顿第二定律和转动定律列方程：

$$mg-F_{T1}=ma \tag{2}$$

$$F_{T1}R-F_{T2}R=J\alpha \tag{3}$$

$$a=R\alpha \tag{4}$$

联立式(1)—(4)，将 y 当作参量，得

$$a=-\frac{kR^2}{J+mR^2}y$$

即
$$\frac{d^2y}{dt^2}+\frac{kR^2}{J+mR^2}y=0$$

令
$$\omega^2=\frac{kR^2}{J+mR^2}$$

得
$$\frac{d^2y}{dt^2}+\omega^2y=0$$

故物体系作简谐振动，其周期为

$$T=\frac{2\pi}{\omega}=2\pi\sqrt{\frac{J+mR^2}{kR^2}}$$

证明 2：从能量的角度建立动力学方程。

选择地球、滑轮、物体与弹簧为物体系，以平衡位置为原点，向下为 y 轴正方向，建立坐标系。物体系的机械能为

$$E=\frac{1}{2}mv^2+\frac{1}{2}J\omega^2+\frac{1}{2}k\ (y+l_0)^2-mgy$$

考虑到 $v=R\omega$，$kl_0=mg$，由上式得

$$2E=\left(m+\frac{J}{R^2}\right)v^2+ky^2+kl_0^2$$

考虑到物体系只受保守内力作用，机械能守恒，将上式求时间求导数并整理，可得

$$\frac{d^2y}{dt^2}+\frac{ky}{m+J/R^2}=0$$

对比简谐振动的动力学公式可知，物体的振动是简谐振动。且角

频率为

$$\omega=\sqrt{\frac{k}{m+J/R^2}}$$

物体系作简谐振动的周期为

$$T=2\pi\sqrt{\frac{mR^2+J}{kR^2}}$$

可见,从能量的角度建立动力学方程更加简洁。

5-4 阻尼振动 受迫振动 共振

一、阻尼振动

简谐振动是一种理想的运动模型,即谐振子系统作无能量损耗的自由振动,它是一种等幅振动,其机械能始终守恒。但是,完全不受阻力的简谐振动在现实中是不存在的,物体的任何机械运动,总会受到来自外界的阻力作用,物体系也总是要克服外界的阻力做功并消耗自身的能量。因此,如果没有来自外界的能量补充,振动系统的振幅就要衰减。这种**振幅随时间不断衰减的振动**,称为**阻尼振动**。

振动系统能量的消耗方式通常有以下两种:一是因为摩擦阻力使振动系统的能量逐渐转化为热能;二是由于振动向外传播,以波的形式向外辐射能量。前者称为**摩擦阻尼**,后者称为**辐射阻尼**。对于机械振动,能量的损耗主要来自摩擦阻尼。下面,我们仅考虑摩擦阻尼的情况。

实验表明,当物体以不太大的速率在黏性介质中运动时,介质对物体的阻力与物体的运动速率成正比,方向与物体运动方向相反,即

$$f=-\gamma v$$

其中,γ 为正的比例常量,它的大小由物体的形状、大小、表面情况以及周围介质的性质决定。

设作阻尼振动物体的质量为 m,在回复力和摩擦阻力共同作用下,其动力学方程可写为

$$-kx-\gamma v=m\frac{d^2x}{dt^2}$$

令 $\omega_0^2=\frac{k}{m}$,$2\beta=\frac{\gamma}{m}$,代入上式可得

$$\frac{d^2x}{dt^2}+2\beta\frac{dx}{dt}+\omega_0^2x=0 \tag{5-4-1}$$

其中,β 称为**阻尼系数**,反映系统受到阻尼的大小,ω_0 为无阻尼时

振子的**固有频率**,由振动系统的性质决定。

式(5-4-1)是一个微分方程,对一个确定的振动系统,根据微分方程理论,当β的取值在不同的范围(即阻尼的大小在不同的范围)时,分别有三种可能的解(即三种可能的运动情况)。

1. 小阻尼情形

当阻尼较小,即$\beta<\omega_0$时,微分方程式(5-4-1)的解为

$$x=A_0 e^{-\beta t}\cos(\omega t+\varphi) \quad (5-4-2)$$

其中

$$\omega=\sqrt{\omega_0^2-\beta^2} \quad (5-4-3)$$

在小阻尼情况下,由式(5-4-2)知,系统的振幅$A(t)=A_0 e^{-\beta t}$呈指数规律衰减,如图5-4-1所示,阻尼系数愈大,振幅衰减愈快。显然,物体的振动已不是严格的周期运动,因为位移并没有恢复原值。这时我们将其视为准周期振动,其周期也称为准周期,即相位变化2π所经历的时间,亦即连续两次同方向经过平衡位置的时间间隔。这样小阻尼振动的准周期为

$$T=\frac{2\pi}{\sqrt{\omega_0^2-\beta^2}}>T_0 \quad (5-4-4)$$

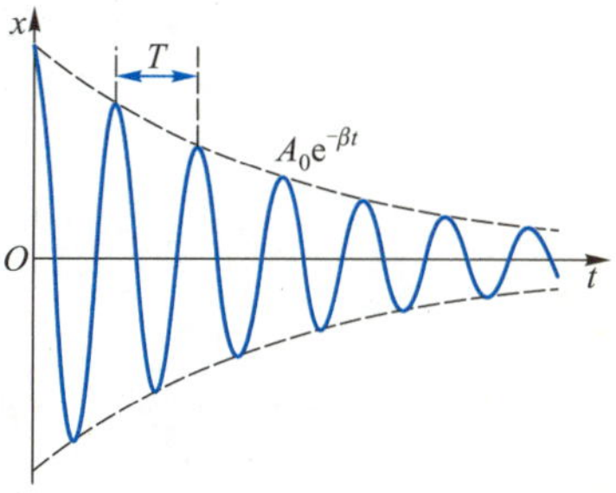

图5-4-1 阻尼振动

上式表明,在有阻尼情况下,振动的准周期T要大于对应无阻尼振动的周期T_0,阻尼愈大,T比T_0大得愈多,即在有阻尼情况下,系统振动的节奏会变缓慢,阻尼愈大,振动愈加缓慢。

2. 过阻尼情形

当阻尼较大以至于阻尼系数满足$\beta>\omega_0$时,称为**过阻尼振动**。在过阻尼振动条件下,式(5-4-1)的解为

$$x=A_1 e^{(-\beta+\sqrt{\beta^2-\omega_0^2})t}+A_2 e^{(-\beta-\sqrt{\beta^2-\omega_0^2})t} \quad (5-4-5)$$

上式表明,在过阻尼情况下,振子的运动不再有周期性,且只能较缓慢地回到平衡位置,如图5-4-2中的曲线b所示。单摆在黏稠液体中的振动,就属于过阻尼振动情形。

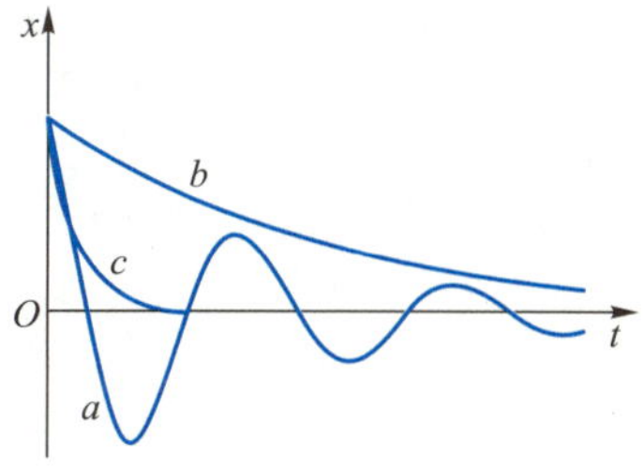

图5-4-2 三种阻尼振动的比较

3. 临界阻尼情形

当阻尼系数满足$\beta=\omega_0$时,对应振子刚好从准周期振动转变为非周期运动,称为**临界阻尼振动**。在临界阻尼振动条件下,式(5-4-1)的解为

$$x=e^{-\beta t}(C_1+C_2 t) \quad (5-4-6)$$

上式表明,在临界阻尼情况下,振子的运动不再有周期性,但能较快回到平衡位置,如图5-4-2中的曲线c所示。

动画 阻尼振动

利用临界阻尼情形下物体可以较快地回到平衡位置的特点,在一些仪表指针设计中,通常设法使指针在临界阻尼条件下振动,这样可以使指针很快地回到平衡位置。如在电流表、电压表等仪表设

计中,采用电磁阻力矩,使其指针在电路开启或关断瞬间指针的摆动处于临界阻尼振动,指针就会很快地停止摆动,便于实验测量。

二、受迫振动

在实际的振动系统中,阻尼或大或小总是客观存在的。由于振动系统要克服阻力做功,不断地消耗能量,因此如果振动系统得不到外界的能量补充,则振动最终就会停止下来。为了获得稳定、持续的振动,通常需要给阻尼振动系统一个周期性的外力,以补充阻尼振动过程中损失的能量,这种周期性的外力称为**驱动力**,在驱动力作用下的振动称为**受迫振动**。扬声器中的纸盆的振动、机器转动时基座的振动都是受迫振动的一个例子。

为研究问题的简便起见,我们假设受迫振动所受的周期性驱动力为

$$F=F_0\cos\ \omega_F t$$

作受迫振动的物体还同时受到回复力和阻力的作用,由牛顿第二定律,其动力学方程可以写为

$$-kx-\gamma\frac{\mathrm{d}x}{\mathrm{d}t}+F_0\cos\ \omega_F t=m\frac{\mathrm{d}^2x}{\mathrm{d}t^2}$$

令 $\omega_0^2=\dfrac{k}{m},2\beta=\dfrac{\gamma}{m},f_0=\dfrac{F_0}{m}$,代入上式得

$$\frac{\mathrm{d}^2x}{\mathrm{d}t^2}+2\beta\frac{\mathrm{d}x}{\mathrm{d}t}+\omega_0^2x=f_0\cos\ \omega_F t \tag{5-4-7}$$

上式称为受迫振动的动力学微分方程,该方程的解为

$$x=A_0\mathrm{e}^{-\beta t}\cos\left(\sqrt{\omega_0^2-\beta^2}\,t+\varphi_0\right)+A\cos(\omega_F t+\varphi) \tag{5-4-8}$$

其中

$$A=\frac{f_0}{\sqrt{(\omega_0^2-\omega_F^2)^2+4\beta^2\omega_F^2}} \tag{5-4-9}$$

$$\varphi=\arctan\frac{-2\beta\ \omega_F}{\omega_0^2-\omega_F^2} \tag{5-4-10}$$

式(5-4-8)表明,小阻尼下的受迫振动是阻尼振动和稳定振动的叠加。式中第一项是阻尼振动,随着时间的推移,该振动的振幅逐渐减小直至为零,即它对受迫振动的影响是逐渐消失的;第二项是稳定振动,振幅及初相位由系统的性质、阻尼的大小及驱动力的特征共同确定,频率与驱动力的频率相同,与振动系统的固有频率无关。因此,稳定振动体现了系统的性质,阻尼的大小同时又反映了驱动力的影响。受迫振动在稳定状态下的运动方程为

$$x=A\cos\ (\omega_F t+\varphi) \tag{5-4-11}$$

将上式对时间求导可得稳定振动时的速度大小为

$$v=v_A\cos\left(\omega_F t+\varphi+\frac{\pi}{2}\right) \tag{5-4-12}$$

其中

$$v_A=\omega_F A=\frac{\omega_F f_0}{\sqrt{(\omega_F^2-\omega_0^2)^2+4\omega_F^2\beta^2}} \tag{5-4-13}$$

三、共振

1. 速度共振

在振动系统的固有频率、阻尼大小和驱动力幅值保持不变的条件下，适当选取驱动力的频率，可使振子的速度取得最大值，这种现象，称为**速度共振**。由式(5-4-13)，令 $\mathrm{d}v_A/\mathrm{d}\omega_F=0$，可获得速度共振的条件为

$$\omega_F=\omega_0 \tag{5-4-14}$$

也就是说，当驱动力的频率等于振动系统的固有频率时，系统将出现速度共振现象。速度共振时的最大速度值为

$$v_{A,\max}=\frac{f_0}{2\beta} \tag{5-4-15}$$

对无阻尼($\beta=0$)情况下的自由振动，共振速度将趋于无限大，如图5-4-3 所示。

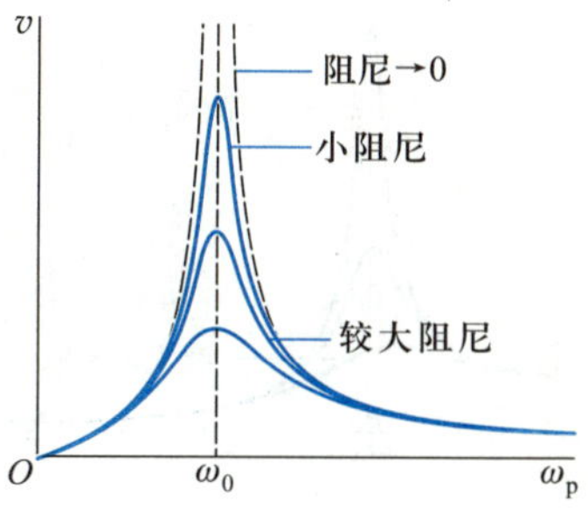

图 5-4-3 速度共振

将速度共振条件 $\omega_F=\omega_0$ 代入式(5-4-10)可得，$\tan\varphi=-\infty$，即 $\varphi=-\pi/2$，表示受迫振动滞后周期性驱动力。把 $\varphi=-\pi/2$ 代入式(5-4-12)，得稳定振动时的速度为

$$v=v_A\cos\omega_F t \tag{5-4-16}$$

比较上式与驱动力 $F=F_0\cos\omega_F t$ 可知，速度的相位与驱动力的相位始终相同，即驱动力对系统永远做正功，充分地把外界的能量转移给振动系统，使系统的能量达到最大值。因此，速度共振又称为**能量共振**。

对速度共振而言，只要满足 $\omega_F=\omega_0$，系统都会在振动系统固有频率处出现速度共振现象，与系统受到的阻尼大小无关，如图 5-4-3 所示。

2. 位移共振

由式(5-4-9)可知，当驱动力的频率趋于无限大时，稳定振动的振幅趋于零，即振动系统将不发生任何振动。而当驱动力的频率趋于零时，稳定振动的振幅趋于 F_0/k。当振动系统的固有频率、阻尼大小和驱动力幅值保持不变时，适当选取驱动力的频率，可以获得稳定振动的最大振幅，这种现象，称为**位移共振**。由式(5-4-9)，令 $\mathrm{d}A/\mathrm{d}\omega_F=0$，可获得位移共振的条件为

$$\omega_F=\sqrt{\omega_0^2-2\beta^2} \tag{5-4-17}$$

稳定振动的极大振幅为

$$A=\frac{f_0}{2\beta\sqrt{\omega_0^2-\beta^2}} \tag{5-4-18}$$

当驱动力的频率满足 $\omega_F=\sqrt{\omega_0^2-2\beta^2}$ 时，将发生位移共振。对无阻尼简谐振动($\beta=0$)，则只要满足 $\omega_F=\omega_0$，就会发生位移共振，在弱阻尼情况下(β 较小)，同样可近似认为在 $\omega_F=\omega_0$ 处发生位移共振，正因为如此，在无阻尼或弱阻尼情况下可以认为速度与位移具有相同的共振条件，并可以不区分速度共振与位移共振。例如，对弹簧谐振子，其动能与势能可以互相转化，且总的机械能守恒。因此，当振子在平衡位置处达到最大动能或速度时，在回转点处就可以获得最大势能或最大位移，速度幅值的最大对应了位移幅值的最大。但是，在较大阻尼的情况下，获得速度共振与位移共振的条件是不同的。当速度出现共振时，位移并没有共振。其原因在于对作受迫振动的振子，在平衡点有最大幅度的速度值时，其运动受到的阻力也达到最大，因此，在平衡点上的最大动能并没有能够完全转化为回转点上的势能，以致速度幅值的最大并不对应位移幅值的最大，这一点可以由图 5-4-4 看出。

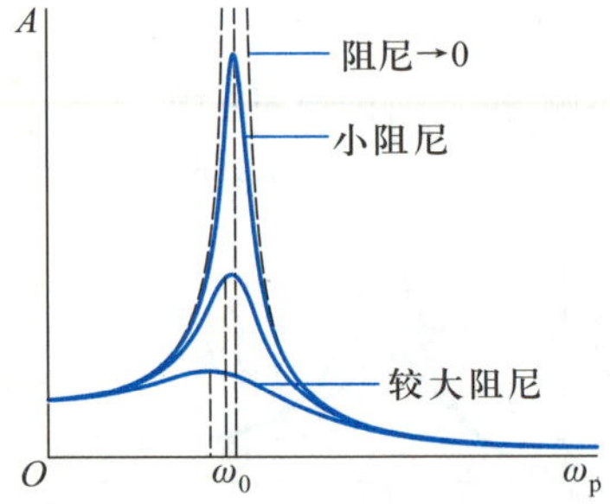

图 5-4-4 位移共振

共振是日常生活中极为普遍且具有重要意义的现象。我国早在公元前 3 世纪就有了乐器相互共鸣的文字记载。现在，人们利用声波共振来提高乐器的音响效果；利用电磁共振(电谐振)来实现收音机选台；利用核磁共振研究物质结构及进行医疗诊断等。当然，共振也有不利的一面，例如在建筑桥梁时，就应避免发生共振现象。1940 年，美国华盛顿州的塔科马大桥就是在周期性风力作用下发生共振而导致毁坏的。各种机器的转动部分都不可能造得完全对称，因此在机器转动时要产生与转动同频率的周期性力，如果力的频率接近机器的固有频率，所引起的受迫振动将影响机器加工的精度，严重的还会造成毁坏事故等，因此在制造机器时，也要尽力避免共振现象的发生。

5-5 振动的合成

一、同方向、同频率简谐振动的合成

前已指出，一切复杂的振动都可以看作多个不同频率的简谐振动的合成。在实际问题中，振动的合成也是经常发生的事情。例如，当两列声波同时传到空间某一点时，该处质点的运动就是两个振动的合成。但一般的振动合成问题比较复杂，下面先讨论振

动方向和振动频率都相同的两个简谐振动的合成。

设两个振动都发生在 x 方向，振动的频率均为 ω，振动方程分别为

$$x_1=A_1\cos(\omega t+\varphi_1),\quad x_2=A_2\cos(\omega t+\varphi_2)$$

按运动的叠加原理，在任意时刻合振动的位移为

$$\begin{aligned}x&=x_1+x_2=A_1\cos(\omega t+\varphi_1)+A_2\cos(\omega t+\varphi_2)\\&=(A_1\cos\varphi_1+A_2\cos\varphi_2)\cos\omega t-(A_1\sin\varphi_1+A_2\sin\varphi_2)\sin\omega t\end{aligned}$$

令　$B_1=A_1\cos\varphi_1+A_2\cos\varphi_2, B_2=A_1\sin\varphi_1+A_2\sin\varphi_2$，上式改写为

$$\begin{aligned}x&=B_1\cos\omega t-B_2\sin\omega t\\&=\sqrt{B_1^2+B_2^2}\left(\frac{B_1}{\sqrt{B_1^2+B_2^2}}\cos\omega t-\frac{B_2}{\sqrt{B_1^2+B_2^2}}\sin\omega t\right)\end{aligned}$$

再令　$\dfrac{B_1}{\sqrt{B_1^2+B_2^2}}=\cos\varphi$，则 $\dfrac{B_2}{\sqrt{B_1^2+B_2^2}}=\sin\varphi$，代入上式得

$$x=\sqrt{B_1^2+B_2^2}(\cos\varphi\cos\omega t-\sin\varphi\sin\omega t)$$

上式可化简为

$$x=A\cos(\omega t+\varphi)\tag{5-5-1}$$

其中合振幅 A 和初相位 φ 分别为

$$\begin{aligned}A&=\sqrt{B_1^2+B_2^2}\\&=\sqrt{A_1^2+A_2^2+2A_1A_2\cos(\varphi_2-\varphi_1)}\end{aligned}\tag{5-5-2}$$

$$\tan\varphi=\frac{B_2}{B_1}=\frac{A_1\sin\varphi_1+A_2\sin\varphi_2}{A_1\cos\varphi_1+A_2\cos\varphi_2}\tag{5-5-3}$$

式(5-5-1)表明，同振动方向同振动频率的两个简谐振动的合振动也是简谐振动。

利用简谐振动的旋转矢量图示法来分析谐振动的合成，可以更简洁地得到上述结果。如图 5-5-1 所示，$\boldsymbol{A}_1$、$\boldsymbol{A}_2$ 分别表示两简谐振动的旋转矢量，它们在 x 轴上的投影 x_1 和 x_2 即作简谐振动。作 $\boldsymbol{A}_1$、$\boldsymbol{A}_2$ 的合矢量 $\boldsymbol{A}$，$\boldsymbol{A}$ 也是一个旋转矢量，也就是相应的合振动的振幅矢量。$\boldsymbol{A}$ 的端点在 x 轴上的投影 x 正是两简谐振动合振动的位移，即 $x=x_1+x_2$。

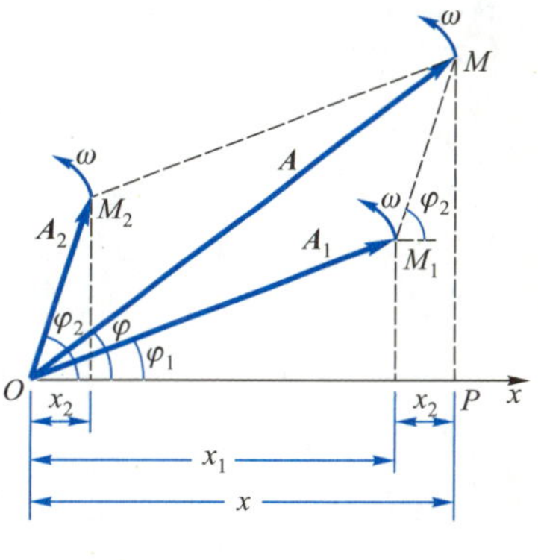

图 5-5-1　同方向同频率简谐振动的合成

由于两个振动的角频率相同，即 $\boldsymbol{A}_1$、$\boldsymbol{A}_2$ 以相同的角速度 ω 匀速旋转，所以在旋转过程中平行四边形的形状保持不变，因而合矢量 $\boldsymbol{A}$ 的长度 A 保持不变，并以同一角速度 ω 匀速旋转。因此，合矢量 $\boldsymbol{A}$ 的端点在 x 轴上的投影坐标可表示为

$$x=A\cos(\omega t+\varphi)$$

即合振动也是简谐振动，其振幅即合矢量 $\boldsymbol{A}$ 的长度 A，初相 φ 就是合矢量的初角位置。在图 5-5-1 中的 $\triangle OMM_1$ 中用余弦定理可求

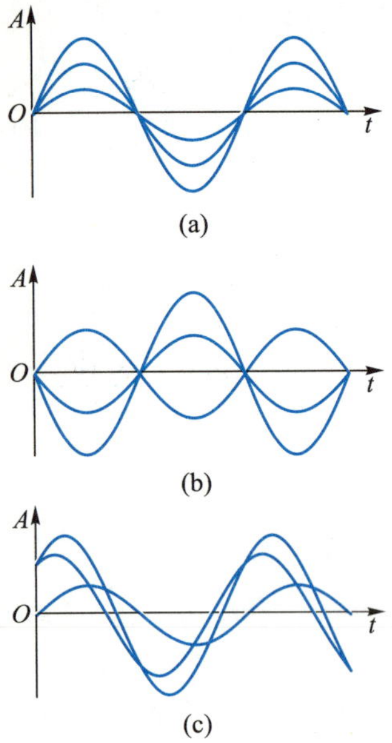

图 5-5-2 合振动的振幅与分振动的关系

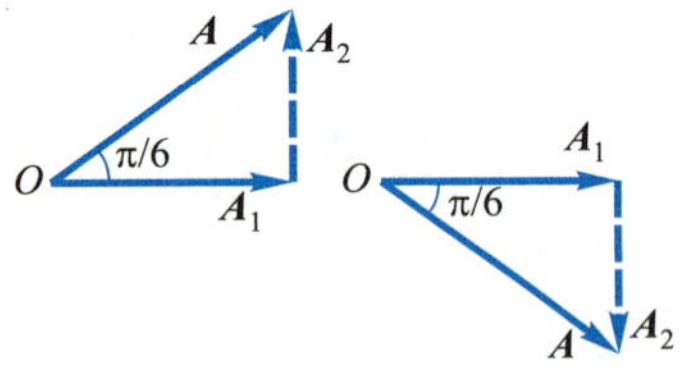

图 5-5-3 例 5-6 题图

动画 同方向同频率的合成

得合振幅 A 满足式(5-5-2);由直角△OMP 可以求得合振动的初相 φ 满足式(5-5-3)。

下面,进一步讨论合振动的振幅与两分振动的相位差 $\varphi_2-\varphi_1$ 的关系。由式(5-5-2)可知:

(1) 如果两个分振动同相,$\varphi_2-\varphi_1=2k\pi, k=0,\pm1,\pm2,\cdots$ 则得

$$A=\sqrt{A_1^2+A_2^2+2A_1A_2}=A_1+A_2 \qquad (5-5-4)$$

这时合振幅达到最大。此时称两个振动相互加强,如图 5-5-2(a)所示。此时如果 $A_1=A_2=A_0$,则 $A=2A_0$。

(2) 如果两个分振动反相,$\varphi_2-\varphi_1=(2k+1)\pi, k=0,\pm1,\pm2,\cdots$ 则得

$$A=\sqrt{A_1^2+A_2^2-2A_1A_2}=|A_1-A_2| \qquad (5-5-5)$$

这时合振幅最小。如图 5-5-2(b)所示。此时称两个振动相互抵消。此时如果 $A_1=A_2$,则 $A=0$。

(3) 一般地,当初相位差 $\varphi_2-\varphi_1$ 为其他值时,合振幅的值介于 $|A_1-A_2|$ 和 $|A_1+A_2|$ 之间,如图 5-5-2(c)所示。

例 5-6 两个同方向同频率的简谐振动,其合振动的振幅为 20 cm,与第一个振动的相位差为 $\pi/6$。若第一个振动的振幅为 $10\sqrt{3}$ cm。求:(1)第二个振动的振幅;(2)两振动的相位差。

解:(1) 由题意及矢量合成可作出旋转矢量如图 5-5-3 所示,图中左右两图分别表示合振动超前与滞后第一个振动两种情况,虚线表示所求的第二振动。由图可知,第二个振动的振幅 A_2 可由余弦定理得

$$\begin{aligned} A_2^2 &= A_1^2+A^2-2A_1A\cos 30^\circ \\ &= (300+400-2\times10\sqrt{3}\times20\times\sqrt{3}/2)\ \text{cm} \\ &= 100\ \text{cm} \end{aligned}$$

所以 $A_2=10$ cm。

(2) 两简谐振动的相位差即 $\boldsymbol{A}_1$、$\boldsymbol{A}_2$ 矢量间的夹角,设为 θ,同样按余弦定理有

$$A^2=A_1^2+A_2^2-2A_1A_2\cos(\pi-\theta)$$

即

$$\cos(\pi-\theta)=\frac{A_1^2+A_2^2-A^2}{2A_1A_2}=\frac{300+100-400}{2\times10\sqrt{3}\times10}=0$$

即 $\theta=\pm\pi/2$(分别对应图中两种情况),说明 A_1 与 A_2 间夹角为 $\pi/2$,即两振动的相位差为 $\pi/2$。

二、同方向、不同频率简谐振动的合成

一般地,如果同振动方向的两个分振动的频率不同,其合成将

比较复杂。从矢量图来看，由于$\boldsymbol{A}_1$与$\boldsymbol{A}_2$的角速度不同，它们之间的夹角将随时间改变，其合矢量的大小也必然随时间改变，该合矢量在x轴上的投影所表示的合振动将不是简谐振动。

为简便同时不失一般性，设两个分振动的振动方程分别为

$$x_1=A_0\cos(\omega_1 t+\varphi)$$
$$x_2=A_0\cos(\omega_2 t+\varphi)$$

则合振动为

$$\begin{aligned}x&=x_1+x_2=A_0\cos(\omega_1 t+\varphi)+A_0\cos(\omega_2 t+\varphi)\\&=2A_0\cos\left(\frac{\omega_2-\omega_1}{2}t\right)\cos\left(\frac{\omega_2+\omega_1}{2}t+\varphi\right)\end{aligned}$$

令　$A(t)=2A_0\cos\left(\frac{\omega_2-\omega_1}{2}t\right)$，$\omega=\frac{\omega_2+\omega_1}{2}$。上式简写为

$$x=A(t)\cos(\omega t+\varphi) \tag{5-5-6}$$

上式表明，同振动方向、不同频率的简谐振动，其合振动的振幅项$A(t)$随时间作周期性变化，不再是等幅的简谐振动了。下面，我们对此进行几点讨论：

(1) 一般地，如果合振动中振幅项$A(t)$的变化快慢与振动项$\cos(\omega t+\varphi)$的变化可以比拟，那么$A(t)$将完全失去振幅的意义。图 5-5-4(a)给出了振幅相同频率分别为 200 Hz、300 Hz 的两个分振动的合成结果（图中虚线为分振动，实线为合振动），图 5-5-4(b)给出了频率分别为 200 Hz、1 000 Hz 的两个分振动的合成结果。图中表明，合振动不再是一个简谐振动，但仍为周期性振动。

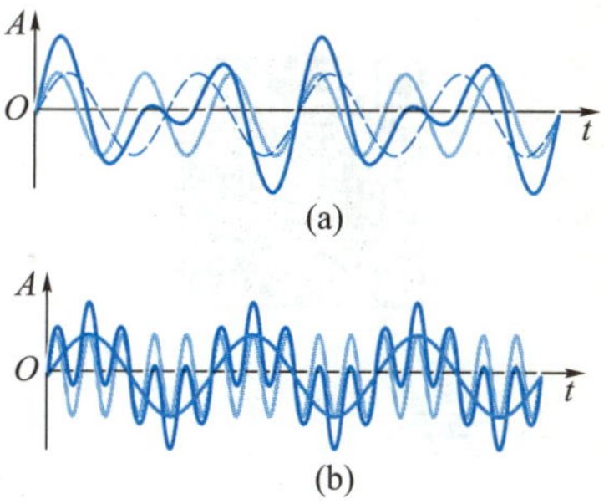

图 5-5-4　两个同方向、不同频率的简谐振动的合成

(2) 如果两个分振动的频率之差远小于频率之和，即$|\omega_2-\omega_1|\ll\omega_1+\omega_2$，此时，振幅项$A(t)=2A_0\cos\left(\frac{\omega_2-\omega_1}{2}t\right)$的变化较其振动项$\cos\left(\frac{\omega_2+\omega_1}{2}t+\varphi\right)$的变化足够缓慢，我们可以将$|A(t)|$看作缓慢变化的“振幅”，此时，式(5-5-6)给出的就是一种振幅作周期性缓慢变化的“准简谐振动”。图 5-5-5 给出了在同一直线的两个频率分别为 20 Hz、22 Hz 的简谐振动及其合振动。

这种两分振动的频率相差很小的同方向的简谐振动，在合成时产生**合振动的振幅时而加强、时而减弱的现象称为拍**。单位时间内振幅取得最大或最小的次数称为**拍频**。

动画　拍频

由于振幅只考虑绝对值，振幅函数$|A(t)|=\left|2A_0\cos\left(\frac{\omega_2-\omega_1}{2}t\right)\right|$的周期满足

$$\frac{\omega_2-\omega_1}{2}T=\pi$$

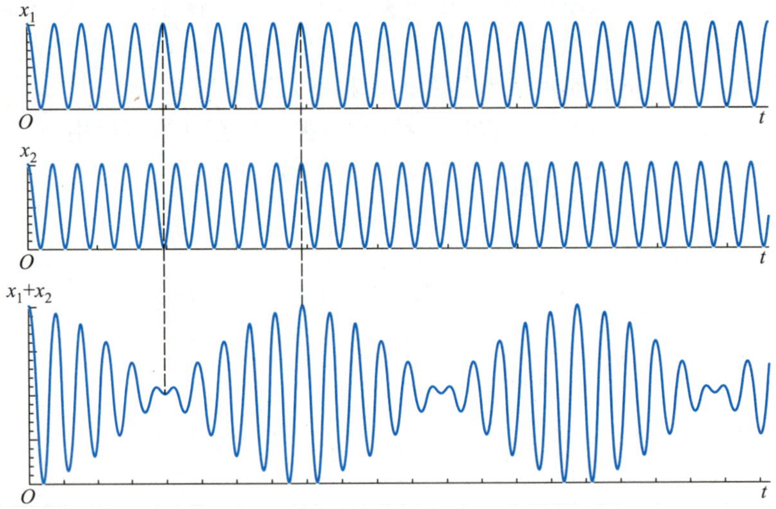

图 5-5-5 两个同方向、频率相近的简谐振动的合成

所以拍频

$$\nu=\frac{1}{T}=\frac{\omega_2-\omega_1}{2\pi}=\nu_2-\nu_1 \qquad (5-5-7)$$

视频 音叉实验

(3) 从旋转矢量的角度来理解上述结果也是自然的，单位时间内振动2的旋转矢量比振动1的旋转矢量多旋转 $\nu_2-\nu_1$ 转，故两矢量重合与反向的次数即振幅取得最大或最小的次数(拍频)亦为 $\nu_2-\nu_1$。

拍现象在声振动、电磁振荡和波动中经常遇到。例如，当两只频率相近、平行放置的音叉同时振动时，就能听到时强时弱的“嗡、嗡……”的拍音。利用这个原理，可以用标准音叉来校准钢琴的音频，因为只要钢琴音频与标准音叉有微小差别，就可以听到拍音(人耳能分辨的拍音低于7次每秒)。拍振动还有许多实际应用。乐器中的双簧管就是利用两个簧片振动的微小差别产生出颤动的拍音；超外差式收音机就是利用外来信号与本机振荡之间的差拍频率；雷达依靠发射波与反射波之间的拍振动来判断观察目标的运动速度等。

上述关于拍现象的讨论只限于线性叠加，如果考虑两振动的某些非线性耦合现象，拍频可能“消失”，出现“同步锁模”现象(即两个本来有频率差的振动被“锁定”在同一频率上的现象)，只有当这种非线性耦合可以忽略不计时，拍振动才又重新出现。惠更斯曾经观察到悬挂在墙壁上的两个靠近的时钟，会相互影响而同步；19世纪，瑞利观察到两风琴管靠近时会同步，而远离时出现拍频现象。以后的观察表明，这种锁模现象也会发生在“生物钟内”。

三、相互垂直的简谐振动的合成

设一个质点同时参与两个相互垂直方向的简谐振动，一个沿 x 轴方向，另一个沿 y 轴方向，其振动频率相同，振动方程分别为

$$x=A_1\cos(\omega t+\varphi_1)$$

$$y=A_2\cos(\omega t+\varphi_2)$$

这是含参变量 t 的运动方程，消去时间 t，可得合振动轨迹方程为

$$\frac{x^2}{A_1^2}+\frac{y^2}{A_2^2}-\frac{2xy}{A_1A_2}\cos(\varphi_2-\varphi_1)=\sin^2(\varphi_2-\varphi_1) \quad (5-5-8)$$

上式是一个椭圆方程，由此可知，质点合振动的轨迹一般为一椭圆。因为质点在两个垂直方向的位移 x 和 y 只在一定范围内变化，所以，椭圆轨道被限制在 $x=\pm A_1$ 和 $y=\pm A_2$ 的矩形范围内。当两个分振动的振幅 A_1、A_2 给定时，椭圆的形状由 $\Delta\varphi=\varphi_2-\varphi_1$ 决定。下面讨论几种特殊情况：

(1) 当 $\Delta\varphi=\varphi_2-\varphi_1=0$ 时，轨迹方程(5-5-8)可简化为

$$y=\frac{A_2}{A_1}x \quad (5-5-9)$$

即合振动为一、三象限的一条直线，如图 5-5-6(a)所示。

(2) 当 $\Delta\varphi=\varphi_2-\varphi_1=\pi$ 时，轨迹方程(5-5-8)可简化为

$$y=-\frac{A_2}{A_1}x \quad (5-5-10)$$

合振动为二、四象限的一条直线，如图 5-5-6(b)所示。

(3) 当 $\Delta\varphi=\varphi_2-\varphi_1=\pm\frac{\pi}{2}$ 时，轨迹方程(5-5-8)可简化为

$$\frac{x^2}{A_1^2}+\frac{y^2}{A_2^2}=1 \quad (5-5-11)$$

此时，轨迹方程是以坐标轴为轴的椭圆。

若 $\Delta\varphi=\varphi_2-\varphi_1=\frac{\pi}{2}$ 时，y 超前 x 相位 $\frac{\pi}{2}$，所以为顺时针右旋椭圆，如图 5-5-6(c)所示。

若 $\Delta\varphi=\varphi_2-\varphi_1=-\frac{\pi}{2}$ 时，y 滞后 x 相位 $\frac{\pi}{2}$，所以为逆时针左旋椭圆，如图 5-5-6(d)所示。

以上是几种特殊情形，一般情况下，若两个分振动的相位取其他值，则合振动的轨迹将为形状和方位各不相同的椭圆，质点的运动方向则可能顺时针或逆时针，如图 5-5-7 所示。如果两分振动的振幅相等，则在 $\Delta\varphi=\frac{\pi}{2}$、$\frac{3}{2}\pi$ 两种情况下，合振动的轨迹是圆。

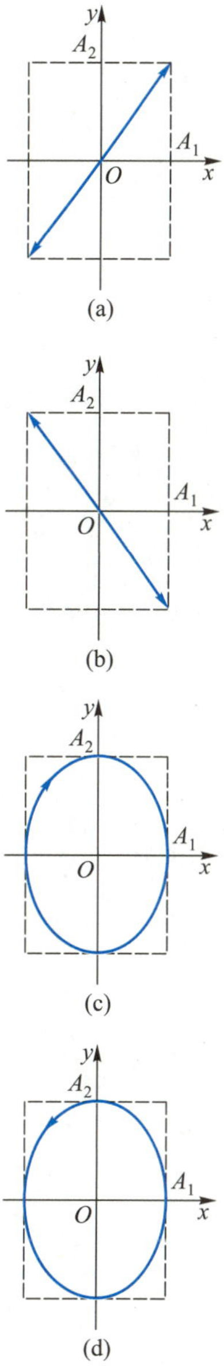

图 5-5-6 两个相互垂直、同频率简谐振动的合成

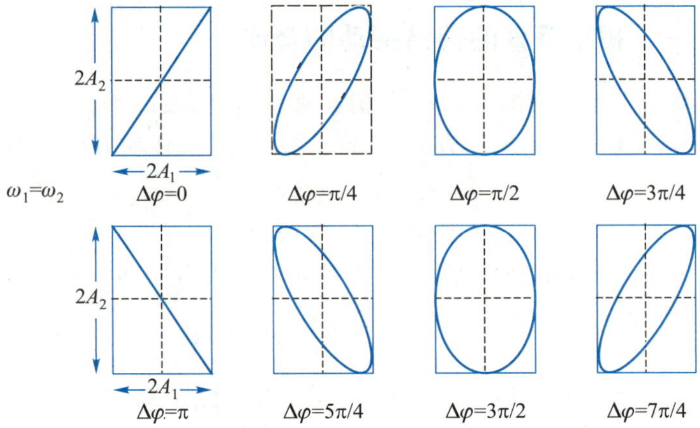

图 5-5-7 两个频率相同、振幅不同的互相垂直简谐振动的合成

如果两个互相垂直的简谐振动，频率仅有微小差别，则合振动的相位是时间的函数，随着时间的增加，相位差逐渐增大，此时，合振动的轨迹按图 5-5-7 所示的顺序依次变化，即由直线变为椭圆，由椭圆变为直线。

(4) 李萨如(Lissajous)图形

动画 相互垂直同频率

如果两个互相垂直的分振动频率不同，而且差别明显，则合振动的相位随着时间而变化，此时，合振动的轨迹不会按图 5-5-7 所示的顺序依次变化。但如果频率之比具有简单倍数关系时，例如 x(水平)方向与 y(竖直)方向振动的频率之比为 n/m(n 和 m 均为简单整数)时，则水平方向每振动 n 次竖直方向将振动 m 次，形成稳定的闭合曲线，并按一定的周期(两分振动周期的最小公倍数)不断地重复。曲线的形状由两个分振动的振幅、频率及相位差决定，称这样的曲线为**李萨如图形**。如图 5-5-8 所示，给出了对

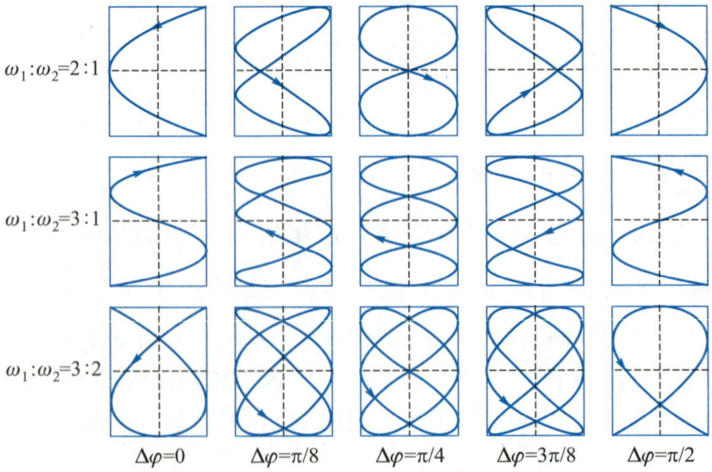

图 5-5-8 李萨如图形

应不同频率比和不同相位差的一组李萨如图形。

利用这些图形，可以由一个已知频率的振动去测得另一个未知频率的振动。在实验中，已知频率的振动通常是可调的信号源，当未知频率的振动与已知频率的信号源产生稳定的李萨如图形时，即可由图的形状知道相应的频率比，从而方便地测定待测振动的频率。

动画 相互垂直不同频率

四、振动的分解

几个不同频率的简谐振动可以合成为一个复杂的振动，反之，一个复杂的振动也可以分解为若干个或无穷个简谐振动。将一个复杂的振动分解为一系列的简谐振动的工作称为**频谱分析**。或者说，频谱分析就是确定一个复杂振动所包含的各种简谐振动的频率及其对应的振幅。

频谱分析的数学方法是傅里叶分析法。在数学上，一个角频率为 ω 的周期函数 $f(t)$，如果它满足狄里希里收敛条件，则可展开为傅里叶级数，

$$f(t)=A_0+\sum_{n=1}^{\infty}A_n\cos\left(n\omega t+\varphi_n\right) \qquad (5\text{-}5\text{-}12)$$

这就是说，对于一个非简谐的周期性振动，可以看成许多谐振动的叠加，这些谐振动中频率最小的一个 ω 称为**基频**，其余的频率都是基频的整数倍数 $n\omega$，称为 n 次**谐频**。级数的各项系数 A_n 为各简谐振动的振幅，振幅 A_n 最大的一项，表明该成分的简谐振动对所分解的复杂振动贡献最大，其相应的频率称为此复杂振动的**主频**。需要指出，主频不一定是基频，而可能是某次谐频。

对图 5-5-9(a)所示的方波形周期振动，可用傅里叶级数展开为

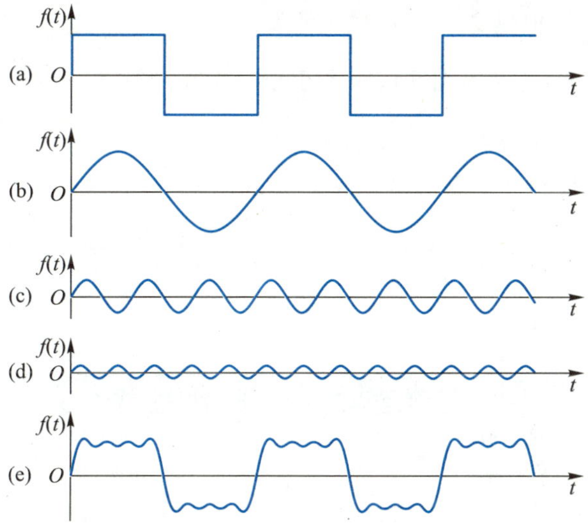

图 5-5-9 方波的各次谐振曲线图

动画 振动分解

$$f(t)=\frac{2A}{\pi}\sin\,\omega t+\frac{2A}{3\pi}\sin\,3\omega t+\frac{2A}{5\pi}\sin\,5\omega t+\cdots$$
$$=x_1+x_2+x_3+\cdots \tag{5-5-13}$$

式中第一、第二、第三项分别是频率为 ω、3ω、5ω 的简谐振动，其振动曲线如图 5-5-9(b)、(c)、(d)所示，它们的合振动曲线如图5-5-9(e)所示，近似为方波。所取级数的项数愈多，这些简谐振动叠加的结果将逐步逼近方波。

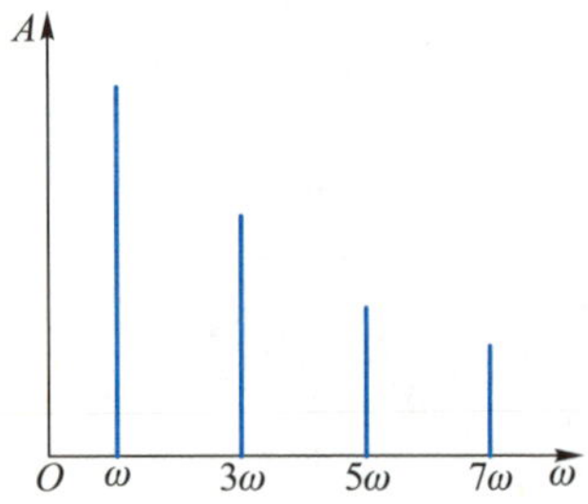

图 5-5-10 频谱图

基频、谐频与它们对应的振幅构成非简谐振动的分离**频谱图**。以频率为横坐标，振幅为纵坐标作出的各频率对应的振幅分布图即频谱图，图 5-5-10 给出了它前几次简谐振动的频谱图。频谱图可直观地反映不同频率的振动在合振动中所占的比例。对于周期振动，其频谱图是分立的。

不仅周期振动可以分解为一系列频率为最低频率整数倍的简谐振动，而且任意一种非周期振动也可以分解为一系列简谐振动。不过对于非周期振动的谐振分析要用傅里叶积分（而不是傅里叶级数）来处理，这里就不介绍了。

谐振分析无论对实际应用或理论研究，都是十分重要的方法。一个复杂振动的特征总与组成它们的各种不同频率的谐振成分有关，各种乐器在同一音阶时，基频相同，但谐频不同、频谱不同。分析物体的振动就是分析这些振动的频谱。

内容概要

一、简谐振动的运动学描述

1. 谐振方程 $x=A\cos\,(\omega t+\varphi)$

三个特征量：

振幅 A：由振动系统的能量确定；

角频率 ω（或周期 T）：决定于振动系统的性质，$\omega=\frac{2\pi}{T}$；

初相位 φ：决定于初始时刻的选择。

2. 振幅初相位与初始条件的关系

$$A=\sqrt{x_0^2+\frac{v_0^2}{\omega^2}}\qquad \varphi=\arctan\left(-\frac{v_0}{\omega x_0}\right)$$

3. 旋转矢量图示法

简谐振动与旋转矢量的对应关系	
振　幅	矢量的模
角频率	角速度
相　位	角位置
初相位	初始角位置

二、简谐振动的动力学方程

1. 动力学特征

正比回复力　$F=-kx$

或正比回复力矩　$M=-k\theta$

2. 动力学方程

$$\frac{\mathrm{d}^2x}{\mathrm{d}t^2}+\omega^2x=0$$

式中 ω 即振动的角频率,由系统的属性所决定。

弹簧振子　$\frac{\mathrm{d}^2x}{\mathrm{d}t^2}+\frac{k}{m}x=0,\omega=\sqrt{\frac{k}{m}}$

单摆小角度振动　$\frac{\mathrm{d}^2\theta}{\mathrm{d}t}+\frac{g}{l}\theta=0,\ \omega=\sqrt{\frac{g}{l}}$

复摆小角度振动　$\frac{\mathrm{d}^2\theta}{\mathrm{d}t}+\frac{mgl}{J}\theta=0,\ \omega=\sqrt{\frac{mgl}{J}}$

三、简谐振动的能量

$$E=E_\mathrm{k}+E_\mathrm{p}=\frac{1}{2}kA^2\quad \overline{E}_\mathrm{k}=\overline{E}_\mathrm{p}=\frac{1}{2}E=\frac{1}{4}kA^2$$

四、阻尼振动　受迫振动　共振

1. 小阻尼情形　$x=A_0\mathrm{e}^{-\beta t}\cos(\omega t+\varphi)$

阻尼振动的周期为 $T=\frac{2\pi}{\sqrt{\omega_0^2-\beta^2}}>T_0$

2. 过阻尼(阻力较大)质点缓慢地回到平衡位置,不再振动。

3. 临界阻尼情形(阻力适当)质点能较快地回到平衡位置,不再振动。

4. 受迫振动、共振

在驱动力作用下,稳定振动的频率由驱动力的频率 ω 决定,与振动系统的固有频率 ω_0 无关。

当 $\omega=\omega_0$ 时,系统将出现速度共振现象。

当 $\omega=\sqrt{\omega_0^2-2\beta^2}$ 时,系统将发生位移共振现象。

在无阻尼($\beta=0$)或弱阻尼($\beta\ll\omega_0$)情况下可以认为速度与位移具有相同的共振条件。

五、两个简谐振动的合成

1. 同方向、同频率的谐振动的合成:合振动仍为简谐振动,振动的频率不变。

合振动的振幅　$A=\sqrt{A_1^2+A_2^2+2A_1A_2\cos\Delta\varphi}$,其中 $\Delta\varphi=\varphi_2-\varphi_1$。

合振动的初相　$\tan\varphi=\frac{A_1\sin\varphi_1+A_2\sin\varphi_2}{A_1\cos\varphi_1+A_2\cos\varphi_2}$

2. 同方向、频率相差不大的谐振动的合成产生拍现象，拍频等于两个分振动的频率之差。

3. 相互垂直、同频率的谐振动合振动为一椭圆振动，其形状由两个分振动的相位差决定。

4. 相互垂直的两个分振动，若频率有简单的整数比，合振动轨迹为李萨如图形。

阅读材料 5 非线性杜芬振子简介

在人们熟知的弹性系统中，其弹性势能与位移的平方成正比（为简单起见，设振子的质量等于 1），也就是胡克定律，即 $U(x)=\frac{1}{2}\omega^2x^2$。式中 x 为离开平衡点的位移，ω 为系统的固有频率。系统的弹力 $F=-\frac{\mathrm{d}U}{\mathrm{d}x}=-\omega^2x$。根据牛顿第二定律，可得系统的运动方程为 $\frac{\mathrm{d}^2x}{\mathrm{d}t^2}+\omega^2x=0$。上式是线性的，即服从胡克定律的弹性系统是线性的。

实际上许多弹性系统并非服从简单地线性规律。一般说来，弹性势能取如下普遍形式，$U(x)=\frac{1}{2}\kappa x^2+\frac{1}{3}\lambda x^3+\frac{1}{4}\mu x^4+\cdots$。其中 κ、λ、μ 都是系统的常量。系统的回复力 $F=-\frac{\mathrm{d}U}{\mathrm{d}x}=-\kappa x-\lambda x^2-\mu x^3+\cdots$。在实际情况中势能 $U(x)$ 的多项式应取哪些项，要根据实际具体问题来确定。

不少弹性系统虽然是非线性的，但其势能却具有对称性，它们的最简单形式是 $U(x)=\frac{1}{2}\kappa x^2+\frac{1}{4}\mu x^4$。这种系统的回复力 $F=-\frac{\mathrm{d}U}{\mathrm{d}x}=-\kappa x-\mu x^3$。对于一般的弹性系统有 $\kappa>0$，此类系统又存在两种情形：$\mu>0$ 的，称为硬弹性系统，此时系统的回复力要大于胡克定律给出的值；$\mu<0$ 的，称为软弹性系统，此时系统的回复力要小于胡克定律给出的值。同样，也存在 $\kappa<0$ 的情形（假设 $\mu>0$）。根据势能的变化，可知此时有三个平衡点：$x=0$ 为不稳定平衡点；$x=\pm\sqrt{-\kappa/\mu}$ 为两个稳定平衡点。

此类弹性系统的运动方程为 $\frac{\mathrm{d}^2x}{\mathrm{d}t^2}+\kappa x+\mu x^3=0$。如果再考虑到实际的运动总是要受到阻尼的作用，阻尼一般是与速度成正比，因此上式可变为 $\frac{\mathrm{d}^2x}{\mathrm{d}t^2}+\alpha\frac{\mathrm{d}x}{\mathrm{d}t}+\kappa x+\mu x^3=0$。这就是著名的杜芬（Duffing）

方程。在有周期外力的情况下，杜芬方程变为$\frac{d^2x}{dt^2}+\alpha\frac{dx}{dt}+\kappa x+\mu x^3=A_F\cos\Omega t$，式中 A_F 为外力的幅值，Ω 为外力的角频率。

我们来考察方程$\frac{d^2x}{dt^2}+0.3\frac{dx}{dt}-x+x^3=0.4\cos 1.2t$。我们从解的波形上能得知，这种振荡没有确定的波形，也没有固定的周期。解的结果是，x 的变化虽然大体上限定在一定的范围内，但变化是杂乱无章的。x 值的变化虽往复变化，但并不是周期过程，因为无论时间多长，x 也不会重复原来形式的变化。这种不是由随机性外因引起的。而是由确定性方程直接得到的具有随机性的运动状态就称为混沌。或者说混沌是具有随机性的非周期振动。

当系统做通常的规则运动时，无法避免的涨落所引起的初始条件的微小变化一般只引起运动状态的微小差别，即初始状态接近的轨道始终是接近的，从而人们可以对系统的运动做出预测。混沌则不然，它具有对初始条件的敏感依赖，即初始条件的微小差别常常使轨道按指数形式分开。图 1 中曲线 1[$x_1(t)$]的初始条件为 $x(0)=1.6$ 和 $\dot{x}(0)=0$，曲线 2[$x_2(t)$]的初始条件为 $x(0)=0.6$ 和 $\dot{x}(0)=0$，曲线 3[$x_3(t)$]的初始条件为 $x(0)=-0.4$ 和 $\dot{x}(0)=0$。

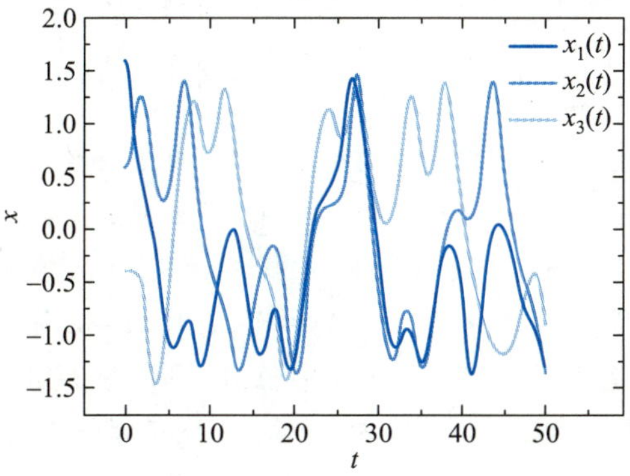

图 1　x 随时间 t 的演化

我们依旧考察受迫的杜芬方程$\frac{d^2x}{dt^2}+0.3\frac{dx}{dt}-x+x^3=0.4\cos 1.2t$，求解此方程。当两初始条件相差极小时，解 $x(t)$ 随时间的变化和在相平面上的轨线分别如图 2(a)和(b)所示。可以看出时间不长时，两个解差别极小，甚至不能分辨。但随着时间增加，两个解差别越来越大，而且很快就变得完全不一样了。其中曲线 1[$x_1(t)$]的初始条件为 $x(0)=1.0$ 和 $\dot{x}(0)=0$，曲线 2[$x_2(t)$]的初始条件为$x(0)=1.01$ 和 $\dot{x}(0)=0$。图 2(b)所示的是方程的解在相空间中的轨迹。

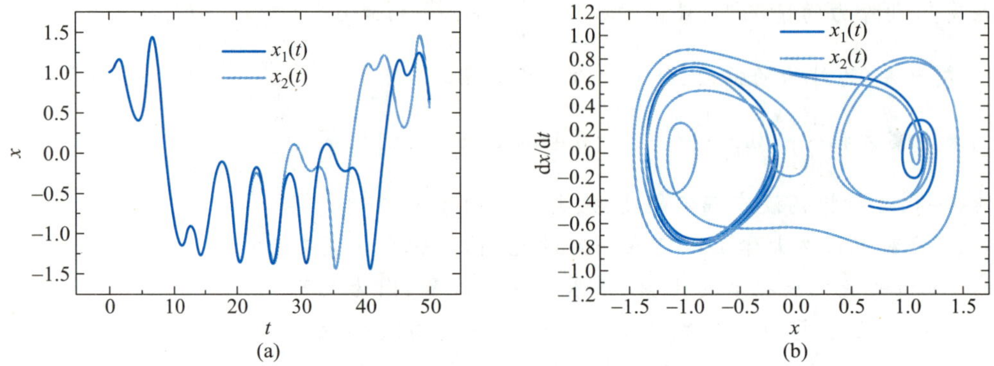

图2 x 随时间 t 的演化

对于一个实际系统，由于内部涨落和外部环境噪声的影响，初始状态的微小差别总是无法避免的，从而混沌对初始状态这种敏感依赖性必然引起运动的不确定性。从稳定性角度看，这不仅表明做混沌运动时系统的定态是不稳定的，而且系统还不具有轨道稳定性，即相邻轨道最后将相互远远地分离。还可看出，即使描述运动的方程是确定的，但由于混沌所引起的随机性，人们无法对系统的状态做出预测，即对于混沌运动，机械决定论不适用。

如果仔细考察上述混沌形成的过程，还能发现某些普遍规律。设方程 $\frac{\mathrm{d}^2x}{\mathrm{d}t^2}+0.3\frac{\mathrm{d}x}{\mathrm{d}t}-x+x^3=A_F\cos 1.2t$，除外加周期力的振幅 A_F 是可变参数外，其余参数都取固定值。当 A_F 由小逐渐变大时，此方程的解依次如图3(a)—(f)所示。当 $A_F<0.3$ 时，解 $x(t)$ 都是周期振荡的，而且周期是逐次成倍增加。当 $A_F=0.2$ 时，振荡周期 τ 等于外力的周期 T，$\tau=T=2\pi/1.2$。$A_F=0.27$ 时，$\tau=2T$；$A_F=0.284$ 时，$\tau=4T$。A_F 继续增大达到某一临界值 $A_{F\infty}$ 时，即周期变成无穷大，实际已经不是周期了。当 $A_F>A_{F\infty}$ 时，系统运动不可能仍是周期性的，于是便出现了混沌。这表明参数逐步变化时，系统由倍周期分岔进入混沌状态是完全自然的事。从混沌区继续增大 A_F，又可能出现周期振荡。这种倍周期振荡并由此通向混沌的情况可由相平面上的轨迹看出。图3(a)为单周期，$A_F=0.2$；图3(b)为倍周期，$A_F=0.27$；图3(c)为四倍周期，$A_F=0.284$；图3(d)为混沌，$A_F=0.31$；图3(e)为三倍周期，$A_F=0.35$；图3(f)为单周期，$A_F=0.75$。

上述过程的物理解释大致是这样的。受迫振荡可以看成是两个运动的耦合，其中之一是杜芬方程 $\frac{\mathrm{d}^2x}{\mathrm{d}t^2}+0.3\frac{\mathrm{d}x}{\mathrm{d}t}-x+x^3=0$ 所表征的非线性系统；另一是外加的周期力，它可看做是一线性简谐振荡

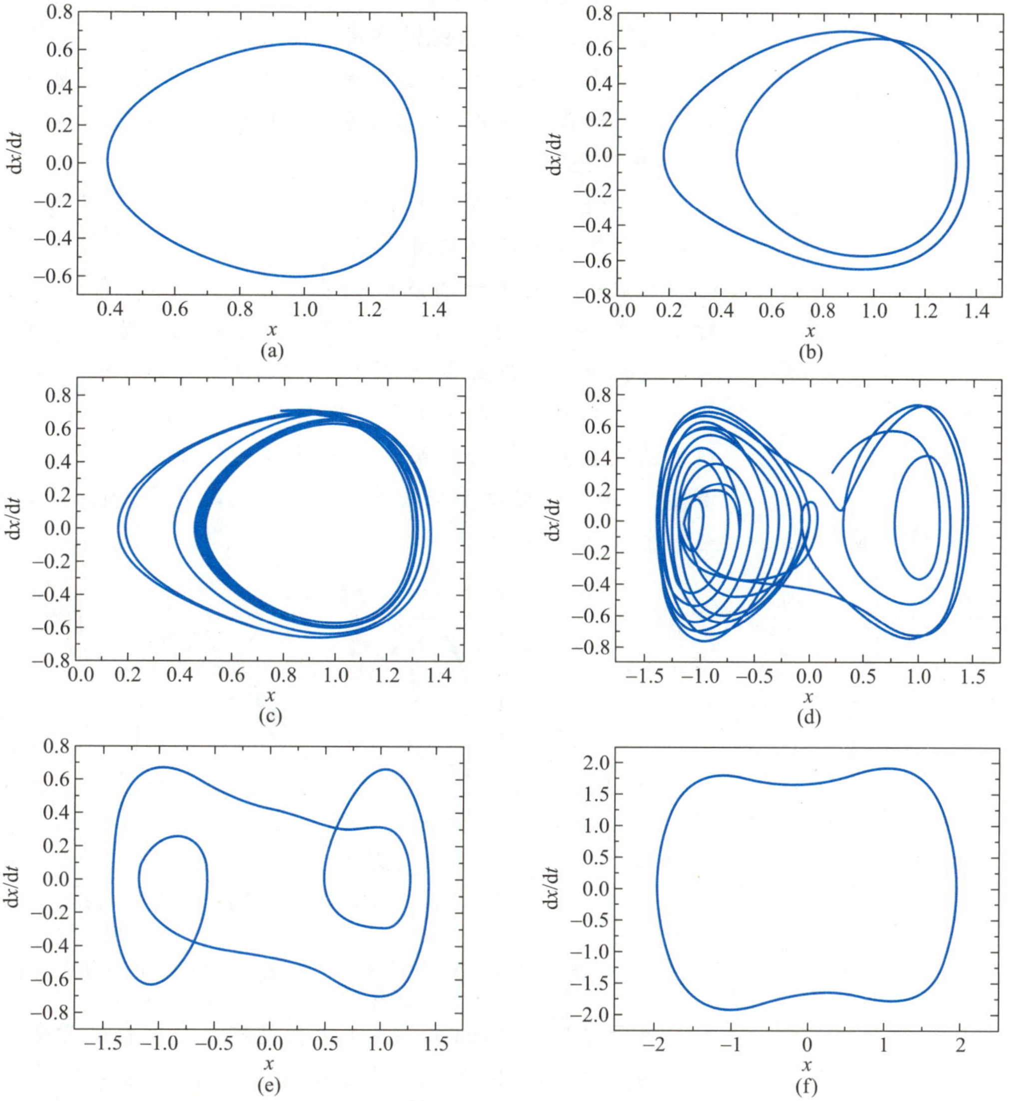

图 3 在不同振幅下的相图

系统。当外加周期力的振幅 A_F 极小时，线性系统的振荡很弱，它对非线性系统的作用也很弱，整个系统的运动便可看作两个独立运动的叠加，即整个系统的运动是围绕非线性系统的两稳定焦点之一以线性振子的频率振荡。稍许加大 A_F 非线性系统的影响只是使整个系统的这种围绕稳定焦点的振荡出现分频。系统这种外加周期力的周期或其倍周期振荡称为锁频，即振荡频率锁在外力频率或其分频上。当 A_F 再增大，系统可以在两个稳态之间振荡，从而运动复杂化了，这就出现了混沌。当 A_F 进一步加大，线性振子又处于主导地位，非线性系统的影响是次要的，整个系统有被锁在外加周期力的各分频上。当 A_F 再进一步加大，线性振子完全处于统治地位，非线性系统的作用相对来说是极弱的，这时整个系统便按线性系统方式运动，它被完全锁在外加周期力的频率上。只有当两系统强弱不相上下时，两系统互相强烈影响，运动才会复杂化，出现混沌。

为了避免复杂运动在相平面上轨迹混乱，可以只限于观察隔一定时间间隔 τ 在相空间的代表点。这样，原来在相平面的连续运动就被一系列离散的点所代表。这些采样点，有如下的特征。对于定态，采样点自然是一固定点。对于周期运动，由于其在相平面中的轨迹是闭合曲线，如果我们的取样周期等于运动周期，则采样点也是一固定点。对于受迫运动如果采样周期等于外力周期，则系统做基振时的采样点，仍然是固定不动的。当系统做 n 次分谐频时，由于这时运动周期等于外力周期的 n 倍，因此这时采样点是 n 个离散点。

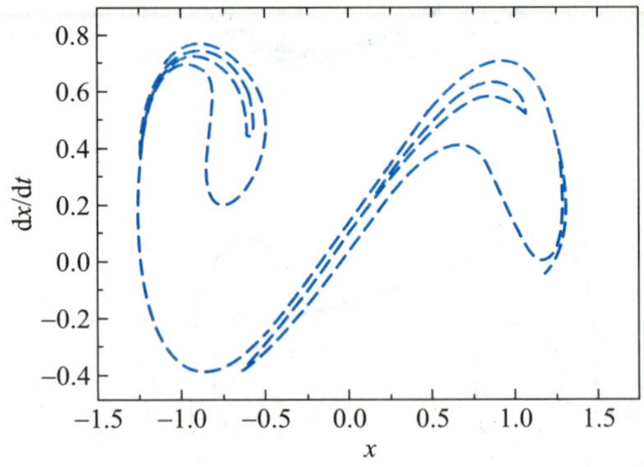

图 4 杜芬方程在相空间的采样图(采样频率等于外力的频率)

对于非周期运动，采样点不可能是有限个。在通常情况下，变量 x 总是取有限值，从而采样点是在一定区域内的一片密集点。图 4 就是杜芬方程 $\frac{d^2x}{dt^2}+0.3\frac{dx}{dt}-x+x^3=0.4\cos 1.2t$ 解的采样结果。可以看出采样点的分布不是完全混乱的，而是有着规则结构的。这时混沌与分子运动论中的随机运动最重要的区别之处，因为后者不可能具有这样的结构。

既然不同类型的运动可得到不同形态的采样结果，反过来便可用这种采样阈选取适当的采样频率，将采样结果作图，由此分析运动的性质。对于周期力作用下的受迫运动，通常采用周期力的频率作为采样频率。当采样结果为一个点时，运动便是周期运动；当采样结果是 n 个离散点时，运动也是周期的，其频率是采样频率的 $1/n$；当采样结果是无穷多离散点集合时，运动就是随机的。如果采样只是在一定区域密集的点而且具有一定的结构，则此运动便是混沌的。

以上我们仅仅对杜芬方程出现的混沌作了简单地介绍。在大量的实践中，不仅仅在物理系统中存在混沌，许多自然系统和社会系统中也存在着混沌现象。目前随着科学理论的进步，非线性科学已经成为一门影响深远、发展迅速的前沿学科。

参考文献

[1] 秦敢，向守平. 力学与理论力学：下册[M]. 北京：科学出版社，2008.

[2] 陆同兴. 非线性物理概论[M]. 合肥：中国科学技术大学出版社，2002.

[3] 刘秉正. 非线性动力学与混沌基础[M]. 长春：东北师范大学出版社，1994.

思考题

5-1. 什么是简谐振动？试从运动学和动力学两方面说明质点作谐振动的特征。并分析以下几种运动是否是简谐振动？(1)拍皮球时球的运动；(2)一小球在半径很大的光滑凹球面底部的小幅度摆动；(3)一质点分别作匀速圆周运动和匀加速圆周运动时，它在直径上的投影点的运动。

5-2. 对给定的弹簧振子，当其振幅增大一倍时，问下列物理量将受到什么影响：劲度系数、频率、总机械能、最大速度和最大加速度。

5-3. 什么是振动的相位？简谐振动中相位是时间的线性函数，既然如此，为什么在时间之外还要引入相位来描述简谐振动？相位是怎样描述简谐振动的？

5-4. 一个弹簧振子由正向最大位移开始运动，这时它的相位是多少？经过中点，到达负向最大位移，再回到中点向正向运动，上述各处相应的相位各是多少？

5-5. 两质点作同方向、同频率的简谐振动，振幅相等。当质点 1 在 $x_1=A/2$ 处，且向左运动时，另一个质点 2 在 $x_2=-A/2$ 处，且向右运动。这两个质点的相位差为多少？质点从 x_1 运动到 x_2 处所需要的最短时间为多少？

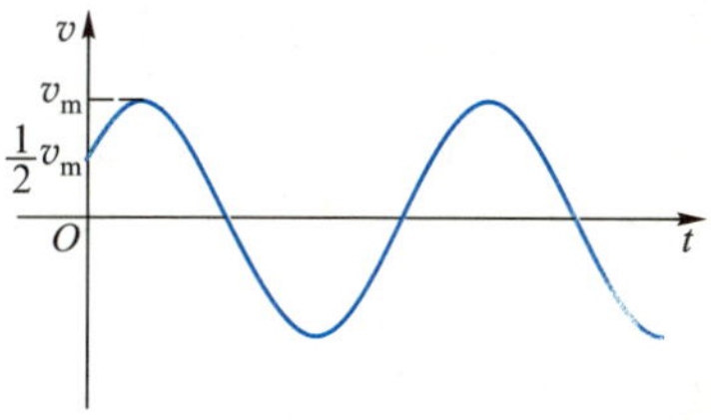

思考题 5-6 图

5-6. 一质点作简谐振动，其运动速度与时间的曲线如图所示，若质点的振动规律用余弦函数描述，则其初相位应为(　　)

A. π/6　　B. 5π/6　　C. −5π/6　　D. −π/6

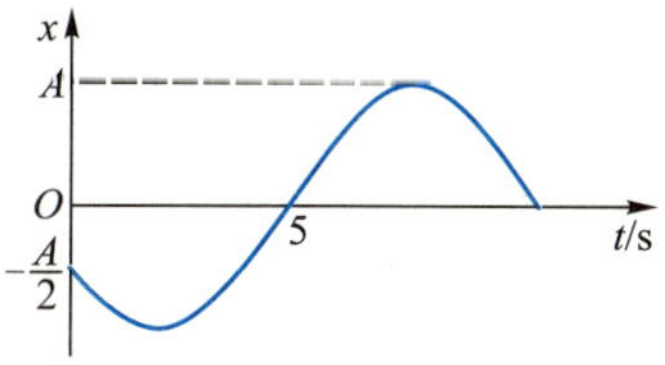

思考题 5-7 图

5-7. 一个简谐振动的振动曲线如图所示。此振动的周期为(　　)

A. 12 s　　B. 10 s　　C. 14 s　　D. 11 s

5-8. 把单摆从平衡位置拉开，使摆线与竖直方向成一微小角度 θ，然后由静止放手任其摆动。从放手时开始计时，若用余弦函数表示其运动方程，则该单摆振动的初相位为(　　)

A. θ　　B. π　　C. 0　　D. $\pi/2$

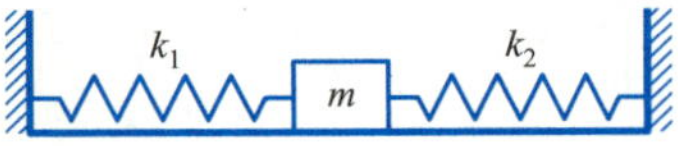

思考题 5-9 图

5-9. 如图所示，质量为 m 的物体由劲度系数为 k_1 和 k_2 的两个轻弹簧连接，在光滑导轨上作微小振动，则系统的振动频率为(　　)

A. $\nu=2\pi\sqrt{\dfrac{k_1+k_2}{m}}$　　B. $\nu=\dfrac{1}{2\pi}\sqrt{\dfrac{k_1+k_2}{m}}$

C. $\nu=\dfrac{1}{2\pi}\sqrt{\dfrac{k_1+k_2}{mk_1k_2}}$　　D. $\nu=\dfrac{1}{2\pi}\sqrt{\dfrac{k_1k_2}{m(k_1+k_2)}}$

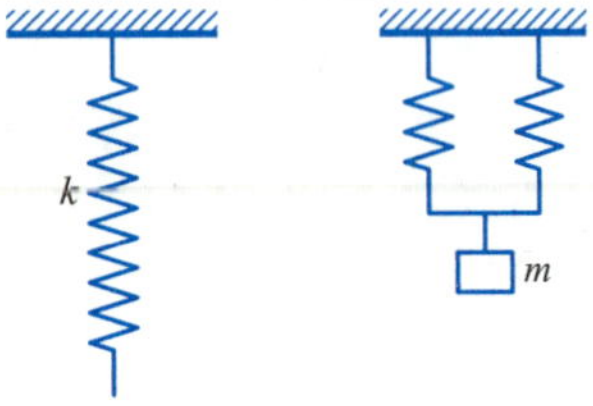

思考题 5-10 图

5-10. 一劲度系数为 k 的轻弹簧截成三等分，取出其中的两根，将它们并联在一起，下面挂一质量为 m 的物体，如图所示。则振动系统的频率为(　　)

A. $\dfrac{1}{2\pi}\sqrt{\dfrac{k}{m}}$　　B. $\dfrac{1}{2\pi}\sqrt{\dfrac{6k}{m}}$

C. $\dfrac{1}{2\pi}\sqrt{\dfrac{3k}{m}}$　　D. $\dfrac{1}{2\pi}\sqrt{\dfrac{k}{3m}}$

5-11. 一弹簧振子作简谐振动，总能量为 E_1，如果简谐振动振幅增加为原来的两倍，重物的质量增加为原来的四倍，则它的总能量 E_1 变为(　　)

A. $E_1/4$　　B. $E_1/2$　　C. $2E_1$　　D. $4E_1$

5-12. 用两种方法使某一弹簧振子作简谐振动：

方法 1：使其从平衡位置压缩 Δl，由静止开始释放。

方法 2：使其从平衡位置压缩 $2\Delta l$，由静止开始释放。

若两次振动的周期和总能量分别用 T_1、T_2 和 E_1、E_2 表示，则它们满足(　　)

A. $T_1=T_2$　$E_1=E_2$　　B. $T_1=T_2$　$E_1\neq E_2$

C. $T_1\neq T_2$　$E_1=E_2$　　D. $T_1\neq T_2$　$E_1\neq E_2$

习题

5-1. 一物体按下述方程做简谐运动 $x=6.0\cos(3\pi t+\pi/3)$ (SI 单位) 求：(1) 在 $t=2.0$ s 时，它的位移、速度、加速度、运动相位是多少？(2) 角频率和周期是多少？

5-2. 作简谐振动的小球振幅为 $A=2$ cm，速度的幅值为 3 cm/s。当小球位移为 $x=0$，速度为 $v=-3$ cm/s 时开始计时。求：

(1)振动的周期和初相,写出振动表达式;(2)小球从开始到 $x=-\sqrt{3}$ cm处所需要的最少时间是多少?

5-3. 一质点作简谐振动的曲线如图所示,求此简谐振动的方程。

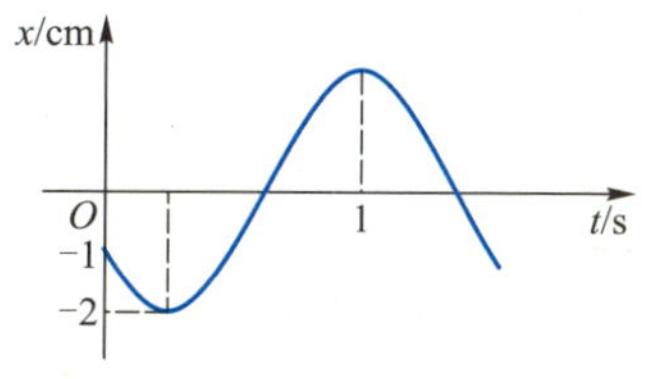

习题 5-3 图

5-4. 有一单摆,摆长 $l=1.0$ m,小球质量 $m=10$ g。$t=0$ 时,小球正好经过 $\theta=-0.06$ rad 处,并以角速度 $\omega=0.2$ rad/s 向平衡位置运动。设小球的运动可看作简谐振动,试求:(1)角频率、频率、周期;(2)用余弦函数形式写出小球的振动式。

5-5. 原长为 0.5 m 的弹簧,上端固定,下端挂一质量为 0.1 kg 的砝码。当砝码静止时,弹簧的长度为 0.6 m,若将砝码向上推,使弹簧回到原长,然后放手,则砝码作上下振动。(1)证明砝码上下作简谐振动;(2)求此简谐振动的振幅、角频率和频率;(3)若从放手开始计时,求此简谐振动的振动方程(取正向向下)。

5-6. 在均匀星球内部,引力强度(单位质量受到的引力)与到球心的距离成正比,即 $g=\frac{4}{3}\pi G\rho r$,式中 ρ 为星球的密度,星球的半径为 R,把星球看作质量分布均匀的球体,若在星球上沿直径方向打通一个隧道,证明一物体落入隧道后将作简谐振动,并求出其振动周期。

5-7. 半径为 R 的圆环静止于刀口上,令其在自身平面内做小角度摆动,求振动周期及等值单摆摆长。

5-8. 如图所示绕过定滑轮的不可伸长的柔绳一端连在水平的轻弹簧的自由端,另一端悬一重物,重物的质量为 m,轮的半径为 r,对转轴 O 的转动惯量为 J,弹簧的劲度系数为 k。当重物受扰动后在竖直方向振动时,绳和滑轮之间不发生相对滑动。求系统的振动周期。

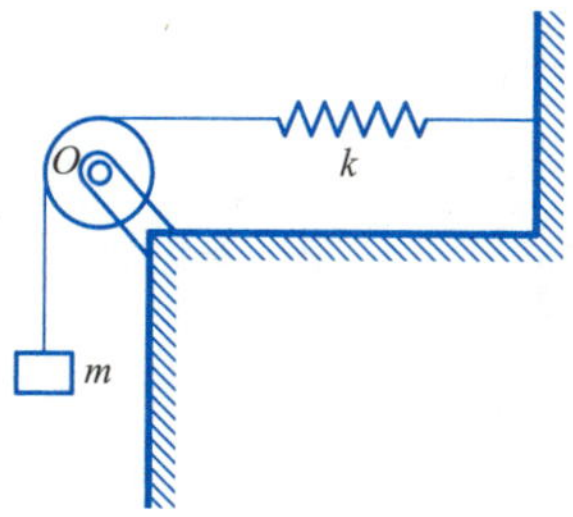

习题 5-8 图

5-9. 已知两个在同一直线上的简谐振动的振动方程分别为 $x_1=0.03\cos 10t$(SI 单位),$x_2=0.04\cos(10t+\pi/2)$(SI 单位)。求:(1)它们合成振动的振幅和初相;(2)另有一同方向的简谐振动 $x_3=0.07\cos(10t+\varphi)$(SI 单位)。问 φ 为何值时,x_1+x_3 的振幅为最大?φ 为何值时,x_1+x_3 的振幅为最小?(3)用旋转矢量图示法表示(1)、(2)的结果。

5-10. 两简谐振动,振动方程为 $x_1=0.12\cos\pi\left(t+\frac{1}{3}\right)$(SI 单位)和 $x_2=0.12\cos\pi\left(t+\frac{2}{3}\right)$(SI 单位),求其合振动的振动方程。

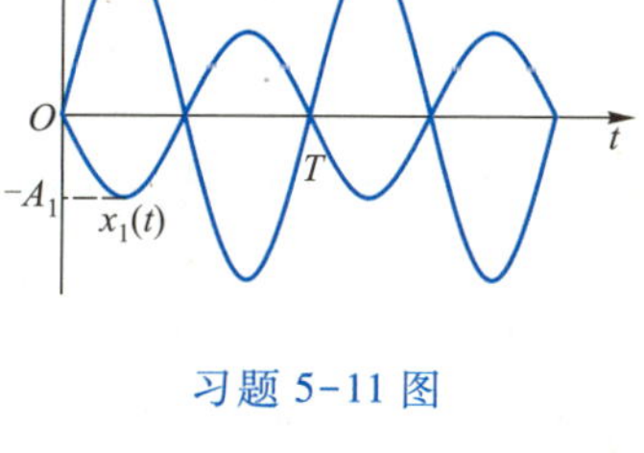

习题 5-11 图

5-11. 两个同方向的简谐振动曲线如图所示,求:(1)合振动的振幅;(2)合振动的振动表达式。

5-12. 单摆在空中作阻尼振动,某时刻振幅为 $A_0=3$ cm,经过 $t_1=10$ s 后,振幅变为 $A_1=1$ cm。求:由振幅为 A_0 时起,经多长时间其振幅减为 $A_2=0.3$ cm?

5-13. 某弹簧振子在真空中自由振动的周期为 T_0,现将该弹簧振子浸入水中,由于水的阻尼作用,经过每个周期振幅降为原来的 90%,求:(1) 振子在水中的振动周期 T;(2) 如果开始时振幅 $A_0=10$ cm,阻尼振动从开始到振子静止求振子经过的路程为多少?

5-14. 质点分别参与下列三组互相垂直的谐振动(SI 单位):

(1) $\begin{cases} x=4\cos\left(8\pi t+\dfrac{\pi}{6}\right) \\ y=4\cos\left(8\pi t-\dfrac{\pi}{6}\right) \end{cases}$ (2) $\begin{cases} x=4\cos\left(8\pi t+\dfrac{\pi}{6}\right) \\ y=4\cos\left(8\pi t-\dfrac{5\pi}{6}\right) \end{cases}$

(3) $\begin{cases} x=4\cos\left(8\pi t+\dfrac{\pi}{6}\right) \\ y=4\cos\left(8\pi t+\dfrac{2\pi}{3}\right) \end{cases}$

试判别质点运动的轨迹。

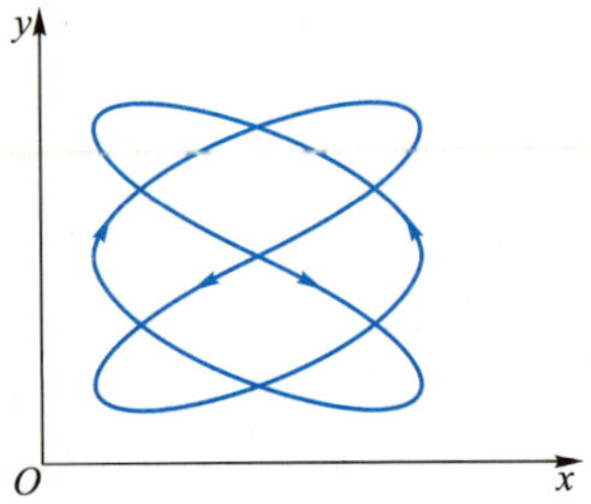

习题 5-15 图

5-15. 在示波器的水平和垂直输入端分别加上余弦式交变电压,荧光屏上出现如图所示的李萨如图形。已知水平方向振动频率为 2.7×10^4 Hz,求垂直方向的振动频率。

第6章

波动学基础

机械振动在弹性介质中的传播形成机械波，如声波、水波。变化的电场和变化的磁场在空间的传播称为电磁波，如无线电波、光波。波是自然界中物质运动的一种常见形式，在日常生活中人们无时无刻不在与波打交道。我们所看到的一切事物是因为光波把周围的信息带入眼睛才被感知，而人与人之间的相互沟通与交流是通过声波在空气中的传播而实现的。

在各种形式的波中，机械波最为直观，通过认识其基本规律，对于我们认识其他形式的波动具有十分重要的意义。本章在平面简谐波学习的基础上，进一步探讨波的能量、惠更斯原理、波的叠加和干涉、驻波以及机械波的多普勒效应。通过本章的学习将会掌握机械波波动的描述及其基本规律，了解机械波在实际生活中的存在和应用。

6-1 机械波的产生和传播

一、机械波形成及条件

机械波的形成必须满足两个条件：一是有扰动源（称波源），二是要有介质。

介质可以看成大量质量元的集合，每个质量元有一定的质量，各质量元之间存在相互作用。在弹性介质内，存在于各质量元间的是弹性相互作用，介质可以看作用轻弹簧连接的质点的集合，如图 6-1-1 所示。如果弹性介质中某一质量元因受外界扰动而偏离平衡位置，邻近的质点将对它施加一个弹性回复力，使其在平衡位置附近产生振动。与此同时，这个质点也将给其邻近的质点以弹性力回复的作用，迫使其也在自己的平衡位置附近振动起来。这样，通过弹性力的带动，振动相继传播到后面各相邻质量元，由近及远形成机械振动以一定的速度传播下去，这种振动状态的传播称为机械波。特别强调，波动过程中的质量元始终只在平衡位置附近运动，并不随着波的传播而远离，波所传播的是振动状态，而不是质点本身。

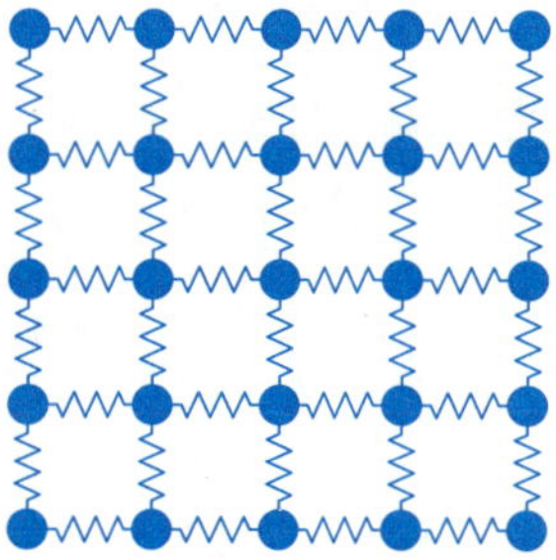

图 6-1-1 弹性介质弹簧模型示意图

如果上述扰动仅仅一次，传播出去的仅仅是一个脉冲，称为脉冲波，如果扰动是持续的简谐振动，则形成的持续波动称简谐波。因此，要产生机械波，首先要有一个振动的物体，即波的激发源，称为波源。波源的外面，还得有弹性介质，没有弹性的介质是不能形成机械波的。故机械波又称为弹性波。电磁波的传播不需要介质，它可以在真空中传播，这是机械波与电磁波的重要区别之一。

二、横波与纵波

按照波的传播方向和质点振动速度的方向之间的关系，我们可以把波分为横波和纵波两个类型。在波动中，如果质点振动的方向和波的传播方向相互垂直，这种波称为横波，如图 6-1-2 所示，绳波就是横波，横波的波形特征表现为波峰和波谷相间。如果在波动中，质点的振动方向和波的传播方向相互平行，这种波称为纵波。如图 6-1-3 所示，将一根弹簧水平放置，扰动弹簧的左端使其沿水平方向左右振动，就可以看到这种振动状态沿着弹簧向右传播。纵波的波形特征表现为稀疏和稠密相间。在空气中传播

图 6-1-2 横波

动画 横波

动画 纵波

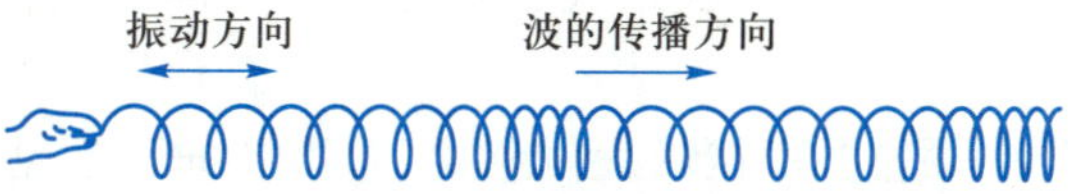

图 6-1-3 纵波

的声波也是纵波。

自然界中某些实际的波动，是横波和纵波的组合，如水面波、地震波。以水波为例，当波动在水面传播时，水面各质量元的实际轨道近似为圆形，如图 6-1-4 所示，使它们回复到平衡位置的力是重力和表面张力。

图 6-1-4 水面波的轨迹近似为圆

动画 水面波

三、行波及其几何描述

1. 行波的位相特点

波源的振动不是被限定在波源处，而是沿着一定的方向传播（行走）出去，这样的波动称为行波。在振动的传播过程中介质本身并不随波动产生定向迁移，正如体育比赛看台上的“人浪”，看台上各位观众依次重复起立、坐下的动作，整体上就形成了沿看台推进的波浪。这里，每个人都没有离开自己的位置，波动中传播的是振动状态（起立、坐下）。

以弹性绳索中传播的横波为例，一根绳子沿 x 轴放置，绳子的左端“0”点有一个波源，它在进行简谐振动，波源带动绳子，就有波不断地从“0”点发出，并沿 x 轴向前传播。波的图形称为波形，对于机械波来说，波的传播过程也就是波形推进的过程。波的传播速度称为波速，随着时间的延续，可以看到，波源随时间的余弦振动在空间被匀速地展开，也生成一条余弦曲线，曲线沿着波的传播方向不断向前平移。如图 6-1-5 所示，以质点 0 处于最大位移时为计时起点，依次画出了一个振动周期内几个典型时刻各质量元的位置分布即波形图。

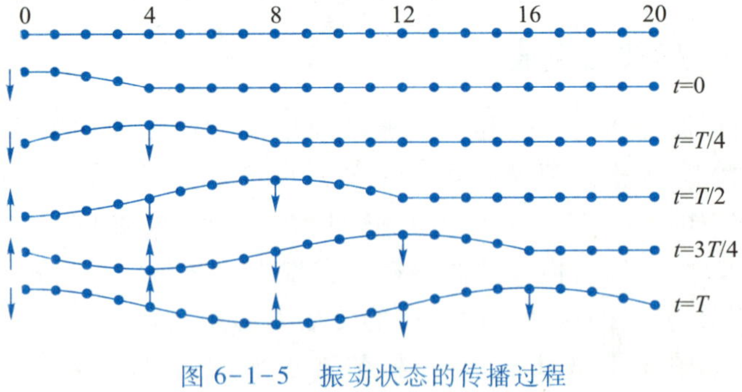

图 6-1-5 振动状态的传播过程

下面进一步以弹性绳索中传播的横波为例，讨论波线上各点的相位关系。以质点“0”在最大位移处时为计时起点，如图6-1-5所示。

$t=0$ 时刻，质点“0”在最大位移处，且准备向下运动，初始相位为 0。

$t=T/4$ 时刻，质点“4”在最大位移处，且准备向下运动，初始相位为 0。可见，$t=T/4$ 时刻质点“4”的相位正是 $t=0$ 时刻质点“0”的相位，或者说 $t=0$ 时刻质点“0”的相位在 $t=T/4$ 时刻传播到了质点“4”。

$t=T/2$ 时刻，质点“8”在最大位移处，且准备向下运动，初始相位为 0。即 $t=0$ 时刻质点“0”的相位在 $t=T/2$ 时刻传播到了质点“8”。

$t=3T/4$ 时刻，质点“12”在最大位移处，且准备向下运动，初始相位为 0，即 $t=0$ 时刻质点“0”的相位在 $t=3T/4$ 时刻传播到了质点“12”。

$t=T$ 时刻，质点“16”在最大位移处，且准备向下运动，初始相位为 0，即 $t=0$ 时刻质点“0”的相位在 $t=T$ 时刻传播到了质点“16”。

在时间 $t=0$ 至 $t=T$ 过程中，振动相位 0 从质点“0”经质点“4”、“8”、“12”最终传到质点“16”。

另一方面，在 $t=T/4$ 时刻，质点“0”回到平衡位置，相位由 $t=0$ 时刻的 0 增加至 $\pi/2$，同样的，该振动相位（$\pi/2$）分别在 $t=T/2$、$t=3T/4$、$t=T$、$t=5T/4$ 时刻传到质点“4”、“8”、“12”和质点“16”。

$t=T$ 时刻，质点“0”、“4”、“8”、“12”、“16”各点的相位依次为 2π、$3\pi/2$、π、$\pi/2$、0，由近及远依次落后，随着时间的增加，这些相位依次向后传播。即是说，波动中每一个质点的振动相位都随着时间的推移而增加，并且，在增加的同时把自己现在的相位传递给邻近的质点。因此，波传播的本质是各质点振动的相位的传播。

2. 行波的几何描述

为了形象地描述波在介质中的传播情况，引入了几何参量波线、波面和波前的概念。

波线 描述波的传播方向的有向曲线称为波射线，简称波线。波线上任意一点的切线方向即该点波的传播方向。

波面 波动过程中，我们把介质中振动相位相同的点连成的面称为波阵面，简称波面，由于波面上各点的相位相同，所以波面是同相面。波面是平面的波称为平面波，如图 6-1-6(a) 所示，波面是球面的波称为球面波，如图 6-1-6(b) 所示。

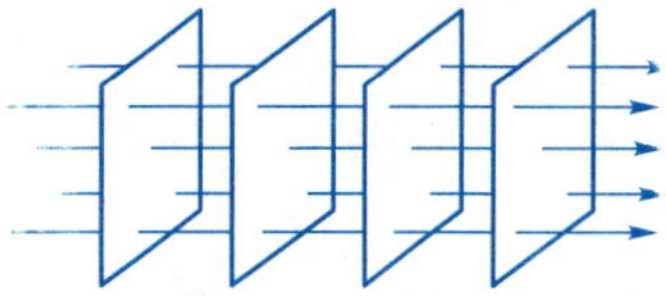

(a) 平面波的波阵面和波线

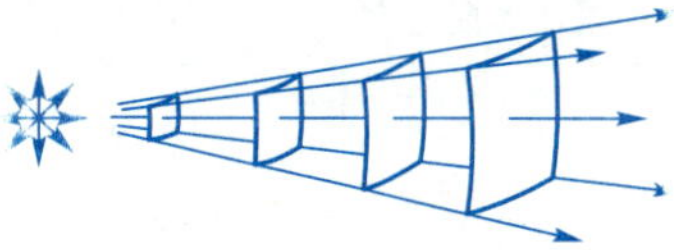

(b) 球面波的波阵面和波线

图 6-1-6

波前 把波面中走在最前面的那个波面称为波前。由前述可知，波是波源振动状态（相位）的传播，因此，波前上各质点振动的相位，一定等于波源振动的初相位，波向外传播过程可以看作波前以波速向前推进的过程。

在各向同性的介质中，波线总是与波面垂直，且指向振动相位降落的方向。所以，平面波的波线是垂直于波阵面的平行直线，球面波的波线是以波源为中心沿半径方向的直线，沿半径向外传播的称为发散波，沿半径向球心传播的称为会聚波。

四、波长、周期、频率与波速

1. 波长

一个完整波形的长度，即在**同一波线上相位差为 2π 的两点之间的距离称为波长**。这个距离也正好是一个振动周期内状态传播的距离，一般用 λ 表示。波长描述波的空间周期性，在横波的情况下，波长 λ 等于两相邻波峰之间或两相邻波谷之间的距离；而在纵波情形下，波长 λ 等于两相邻密部的中心之间的距离或两相邻疏部中心之间的距离。

2. 波的周期和频率

一个完整波形通过介质中一点所需的时间，也就是**波前进一个波长的距离所需要的时间，叫作波的周期**，用 T 表示。一个完整波通过某一点的过程中，该处的质点将进行一次全振动，所以波的周期等于质点的振动周期，也即波动中介质的所有质点振动的周期。

单位时间内，通过波线上一点的完整波的数目，称为波的频率，用 ν 表示。同样地，波的频率等于波动中介质质点的振动频率。波的频率与周期互为倒数关系，即

$$\nu=\frac{1}{T} \tag{6-1-1}$$

3. 波速

波是振动状态（即相位）的传播，**振动状态（相位）在单位时间内传递的距离称波速**，这里波速是相位的传播速度，确切地说称为相速，用 u 表示。由于在一个周期 T 内波前进的距离为一个波长 λ，因此，波速

$$u=\frac{\lambda}{T}=\lambda\nu \tag{6-1-2}$$

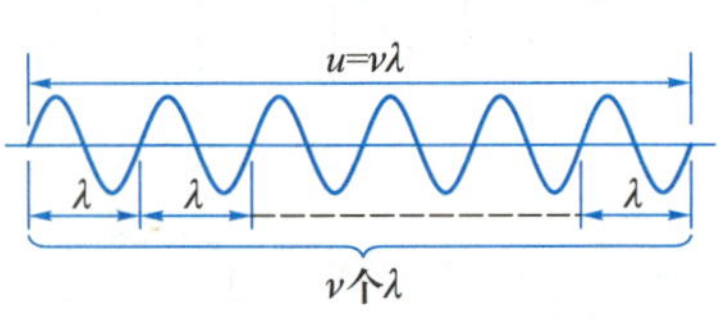

图 6-1-7 波长、频率和波速的关系

式（6-1-2）是波速、波长和周期（或频率）之间的基本关系式。它的物理意义是明显的，即单位时间内通过波线上一点的完整波的数目乘上每个完整波的长度，就等于波向前推进的速度即波的传播速度，如图 6-1-7 所示。

6-2 平面简谐波的运动方程——波方程

正如复杂的振动可以看作多个频率不同的简谐振动的合成一样，任何复杂的波也都可以看作多个频率不同的简谐波的叠加。因此，我们首先研究简谐波。

一、平面简谐波运动方程的建立

在波的传播过程中，介质中各质量元的振动规律分布，即各质量元的位移 y 与其自身的位置 $\boldsymbol{r}$（平衡位置）和时间 t 的函数关系称为波的运动方程，简称**波方程**。波方程是空间坐标 $\boldsymbol{r}$ 和时间坐标 t 的函数 $y=y(\boldsymbol{r},t)$。在平面波的传播过程中，若介质中各质元均作同振幅、同频率的简谐振动，则称该平面波为平面简谐波。由于平面简谐波各波阵面的振动状态完全一样，因此任取一条波线，其上各点的振动状态就代表了整个波动的状态。如果取平面简谐波的传播方向为 x 轴，则波方程为 $y=y(x,t)$。

如图 6-2-1 所示，设平面简谐波沿 x 轴正方向传播，波速为 u，任取一条波线为 x 轴，以纵坐标 y 表示 x 轴上各质元相对于平衡位置的振动位移，若 x_0 处质点的振动规律已知且为

$$y(x_0,t)=A\cos(\omega t+\varphi) \tag{6-2-1}$$

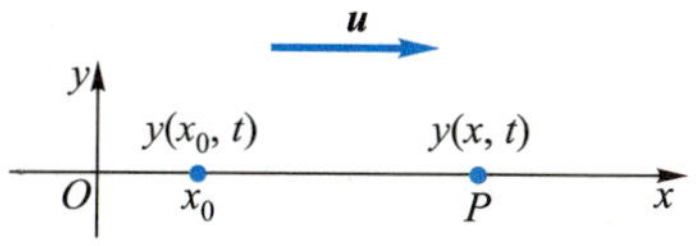

图 6-2-1

振动状态从 x_0 点传播到 P 点（坐标为 x）时，将引起该点处质元的振动，对于传播过程无能量损失的平面简谐波，P 点处质点的振动将完全重复于 x_0 点，只是在时间上落后 $\Delta t=\Delta x/u=(x-x_0)/u$，即 P 点处质点的振动规律为

$$y_P(x,t)=y(x_0,t-\Delta t)=A\cos\left[\omega\left(t-\frac{x-x_0}{u}\right)+\varphi\right]$$

由于 P 点是任意的，可以去掉下标，上式所表示的就是波线上任意位置 x 处的质点的位移随时间的变化规律。

$$y(x,t)=A\cos\left[\omega\left(t-\frac{x-x_0}{u}\right)+\varphi\right] \tag{6-2-2}$$

如果令 $\varphi_0=\varphi+\omega\dfrac{x_0}{u}$，上式可以更加简洁地表示为

$$y(x,t)=A\cos\left[\omega\left(t-\frac{x}{u}\right)+\varphi_0\right] \tag{6-2-3}$$

这里，φ_0 表示原点处振动质点的初相位（φ 表示 x_0 处振动质点的初相位）。式(6-2-3)即沿 x 轴正方向传播的平面简谐波的运动方程。

另一方面，通过直接比较同一波线上任意点 P（坐标为 x）与 x_0 点处质点的振动相位，同样可以方便地得到平面简谐波的运动方程。

由于沿波的传播方向每增加一个波长 λ，相位滞后一个 2π，所以，P 点处振动质点的相位滞后 x_0 点处的质点

$$\Delta\varphi=2\pi\frac{x-x_0}{\lambda}=k(x-x_0)$$

其中

$$k=\frac{2\pi}{\lambda} \tag{6-2-4}$$

称为**角波数**，表征波线上 2π 长度内包含的完整波的数目。

由 $y(x_0,t)=A\cos(\omega t+\varphi)$ 知，t 时刻 x_0 点处振动质点的相位为 $(\omega t+\varphi)$，所以，同一时刻 P 点处振动质点的相位为 $(\omega t+\varphi)-\Delta\varphi=[\omega t+\varphi-k(x-x_0)]$，因此，$P$ 点处质点的振动规律为

$$y(x,t)=A\cos[\omega t-k(x-x_0)+\varphi] \tag{6-2-5}$$

如果令 $\varphi_0=\varphi+kx_0$，上式可以简洁地表示为

$$y(x,t)=A\cos(\omega t-kx+\varphi_0) \tag{6-2-6}$$

利用 $\omega=\frac{2\pi}{T}$，$uT=\lambda$ 和 $k=\frac{2\pi}{\lambda}$，容易证明上式和式(6-2-3)是一致的。同时，上式还可以改写为

$$y(x,t)=A\cos\left[2\pi\left(\frac{t}{T}-\frac{x}{\lambda}\right)+\varphi_0\right] \tag{6-2-7}$$

讨论：在上述波方程的建立过程中，点 P 位于已知点 x_0 的右侧，即 $x>x_0$，如果所取点 P 位于已知点 x_0 的左侧($x<x_0$)，如图6-2-2所示，结果会是怎样的呢？

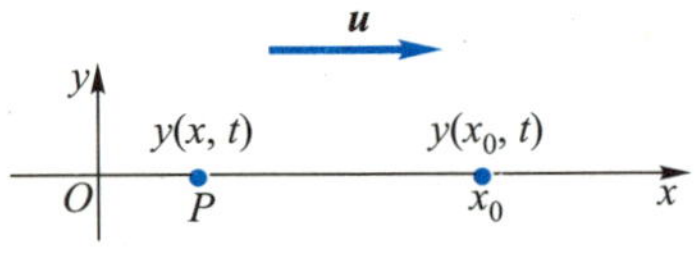

图 6-2-2

从时间上考虑，P 点处（坐标为 x）的质点将超前 x_0 点 $\Delta t=|x-x_0|/u=(x_0-x)/u\ (x<x_0)$，所以 P 点处质点的振动规律，即沿 x 轴正方向传播的平面简谐波的运动方程为

$$\begin{aligned} y(x,t)&=y(x_0,t+\Delta t)\\ &=A\cos\left[\omega\left(t+\frac{x_0-x}{u}\right)+\varphi\right]\\ &=A\cos\left[\omega\left(t-\frac{x-x_0}{u}\right)+\varphi\right] \end{aligned}$$

与式(6-2-2)相同。

同样，如果直接比较相位，P 点处的质点将超前 x_0 点处的质点 $\Delta\varphi=k|x-x_0|=k(x_0-x)$，因此，$P$ 点处质点的振动规律即沿 x 轴正方向传播的平面简谐波的运动方程为

$$\begin{aligned} y(x,t)&=A\cos(\omega t+\varphi+\Delta\varphi)\\ &=A\cos[\omega t+\varphi+k(x_0-x)]\\ &=A\cos[\omega t+\varphi-k(x-x_0)] \end{aligned}$$

与式(6-2-5)相同。可见，波方程的形式与 P 点位置的选择无关。

二、波方程的意义讨论

1. 波的传播方向与波方程

在上面的讨论中，我们设波是沿着 x 轴正向传播的，这称为正

行波。若波沿着 x 轴反方向传播(反行波),则图 6-2-1 中 P 点的振动在时间上应比 x_0 点超前 $\Delta t=\Delta x/u$,这里波速 u 始终取正值,即

$$y(x,t)=y(x_0,t+\Delta t)=A\cos\left[\omega\left(t+\frac{x-x_0}{u}\right)+\varphi\right] \tag{6-2-8}$$

利用 $\omega=\dfrac{2\pi}{T}$,$uT=\lambda$ 和 $k=\dfrac{2\pi}{\lambda}$,式(6-2-8)可以改写为

$$y(x,t)=A\cos[\omega t+k(x-x_0)+\varphi] \tag{6-2-9}$$

$$y(x,t)=A\cos\left[2\pi\left(\frac{t}{T}+\frac{x-x_0}{\lambda}\right)+\varphi\right] \tag{6-2-10}$$

因而平面简谐波波方程的一般形式可以有以下三种形式:

$$y(x,t)=A\cos\left[\omega\left(t\mp\frac{x-x_0}{u}\right)+\varphi\right] \tag{6-2-11}$$

$$y(x,t)=A\cos[\omega t\mp k(x-x_0)+\varphi] \tag{6-2-12}$$

$$y(x,t)=A\cos\left[2\pi\left(\frac{t}{T}\mp\frac{x-x_0}{\lambda}\right)+\varphi\right] \tag{6-2-13}$$

式中负号对应于正行波,正号对应于反行波,φ 为 x_0 点处振动质点的初相位。

如果令 $\varphi_0=\varphi\pm\omega\dfrac{x_0}{u}=\varphi\pm kx_0=\varphi\pm2\pi\dfrac{x_0}{\lambda}$,则式(6-2-11)、式(6-2-12)、式(6-2-13)简化为

$$y(x,t)=A\cos\left[\omega\left(t\mp\frac{x}{u}\right)+\varphi_0\right] \tag{6-2-14}$$

$$y(x,t)=A\cos[\omega t\mp kx+\varphi_0] \tag{6-2-15}$$

$$y(x,t)=A\cos\left[2\pi\left(\frac{t}{T}\mp\frac{x}{\lambda}\right)+\varphi_0\right] \tag{6-2-16}$$

以上三式为沿 x 轴传播的平面简谐波波方程的三种常见形式,也称三种标准形式,式中 φ_0 为原点处振动质点的初相位。

2. 振动曲线与波形曲线

为了弄清楚波方程的物理意义,我们作进一步的分析。在波方程中含有 x 和 t 两个自变量,即 $y=y(x,t)$,如果 x 给定,即 $x=x_0$,该处质点的位移 y 就只是 t 的函数,即 $y=y(x_0,t)=y(t)$。该方程表示 x_0 处质点在各不同时刻的位移,也就是该质点的振动方程,方程的曲线就是该质点的振动曲线。图 6-2-3(a)中描述的即一列简谐波在 $x=0$ 处质点的振动曲线。

如果波方程中的 t 给定,即 $t=t_0$,那么位移 y 将只是 x 的函数,即 $y=y(x,t_0)=y(x)$。该方程表示 t_0 时刻波线上各个不同质点的位移,也就是该时刻的波形方程,方程的曲线就是该时刻的波形曲

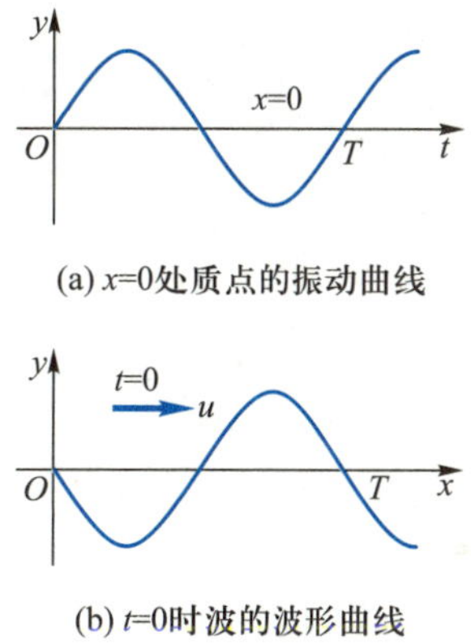

(a) $x=0$处质点的振动曲线

(b) $t=0$时波的波形曲线

图 6-2-3 振动曲线和波形曲线

动画 波函数意义

线。图 6-2-3(b)中描出的即 $t=0$ 时一列沿 x 正方向传播的简谐波的波形曲线。无论是横波还是纵波,它们的波形曲线在形式上没有区别,不过横波的位移指的是横向位移,表现的是峰谷相间的图形;纵波的位移指的是纵向位移,表现的是疏密相间的图形。

在一般情况下,波方程中的 x 和 t 都是变量。这时波方程具有它完整的含义,表示波动中各质点的振动规律分布,或者说给出了任一质点的振动规律。波动中任一质点的相位随时间变化,每经过一个时间周期 T 相位增加 2π;任一时刻各质点的相位随空间变化,每经过一个空间周期 λ 相位落后一个 2π。

综上讨论可以看出波方程、振动方程和波形方程的联系与区别:波方程描述波动中所有质点的振动规律分布,因此,它有两个自变量,其函数形式为 $y=y(x,t)$;振动方程描述某一点的运动,只有一个自变量 t,函数形式为 $y=y(t)$;波形方程表示的是某一时刻各质点的位移分布,也只有一个自变量,函数形式为 $y=y(x)$。当波方程中的坐标变量 x 为一定值 x_0 时,波方程演变为 x_0 点的振动方程;当波方程中的时间变量 t 为一定值 t_0 时,波方程演变为 t_0 时刻的波形方程。

还需要强调,反映在函数曲线上,振动是 $y-t$ 曲线而波形是 $y-x$ 曲线;振动曲线的周期是时间周期 T,波形曲线的周期是空间周期 λ;振动曲线中质点的相位随时间逐步增加,波形曲线中质点的相位是沿波的传播方向逐点减少。在利用已知曲线来建立相应的方程时,这一点尤其重要。

3. 波速与相速

不同时刻的波形曲线记录的是不同时刻各质点的位移图形,就像该时刻波的照片。而波动的图形是动态的,犹如这些照片的连续放映,表现为波形沿着波线以波速 u 向前推进,波形曲线的平移就表示波的传播,每一个周期 T 走一个波长 λ。在波动的分析中应用这样的形象模型,常常能较为直观地得出正确的判断。

式(6-2-12)中 $\omega(t\mp x/u)$ 为 x 处 t 时刻振动质点的相位,对某一给定的相位 $\varphi=\omega(t\mp x/u)$,它在给定的时刻 t 所处的位置 x 满足

$$x=\pm u\left(t-\frac{\varphi}{\omega}\right) \tag{6-2-17}$$

即对给定的相位值 φ,它所在的位置 x 随着时间 t 的改变而改变,它的移动速度为

$$\frac{\mathrm{d}x}{\mathrm{d}t}=\pm u \tag{6-2-18}$$

式中正号对应于正行波，负号对应于反行波，式(6-2-18)说明，波速 u 就是相位的传播速度。

应该注意，对于非简谐波，按傅里叶分解观点，它可以看作系列简谐波的叠加。一般情况下，简谐波在介质中的相速度与其频率有关，人们把这一现象称为波的**色散**。由于色散，非简谐波中不同频率成分的简谐波的相速度不再相同，各种频率的波振动步调不再一致，相速度的概念已经失去意义，而且非简谐波的波形就会发生变化。非简谐波(有限长的波列)也称为**波包**，通常把波包中振幅最大的地方称为**波包中心**，波包中心的前进速度称为**群速度**，在有色散的情况下，相速度与群速度不再相等。

三、波动过程中质点的振动速度与加速度

介质中任一质点的振动速度，可通过波方程表式，把 x 看作定值，将 y 对 t 求导数得到，记作 $\partial y/\partial t$。以常用的波函数为例(为简化取原点处质点的振动初相位为零)。质点的振动速度为

$$v=\frac{\partial y}{\partial t}=-A\omega\sin\,\omega\left(t-\frac{x}{u}\right) \tag{6-2-19}$$

质点的加速度为 y 对 t 的二阶偏导数：

$$a=\frac{\partial^2 y}{\partial t^2}=-A\omega^2\cos\,\omega\left(t-\frac{x}{u}\right) \tag{6-2-20}$$

由此可知，介质中各质点的振动速度和加速度都是变化的。

例 6-1 如图 6-2-4 所示，一平面简谐波以速度 $u=20\ \text{m}\cdot\text{s}^{-1}$ 沿直线传播，波线上一点 A 的简谐运动方程为 $y_A=3\times10^{-2}\cos(4\pi t)$(SI 单位)，求：(1) 以 A 为坐标原点，写出波方程；(2) 以 B 为坐标原点，写出波方程；(3) 传播方向上点 C 的振动方程。

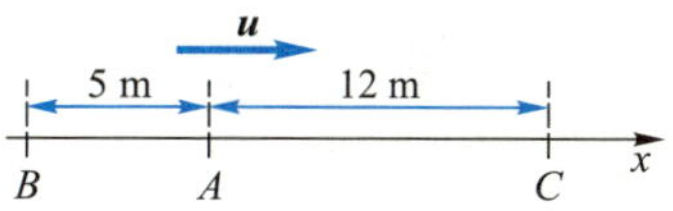

图 6-2-4 例 6-1 题图

解：(1) 以 A 为坐标原点，按题意有

$$y_A=y(0,t)=3\times10^{-2}\cos(4\pi t) \tag{1}$$

已知点 A 为原点，按式(6-2-3)，其中 $\varphi_0=0$，波方程为

$$y(x,t)=y(0,t-\Delta t)=3\times10^{-2}\cos\left[4\pi\left(t-\frac{x}{u}\right)\right]$$

将 $u=20\ \text{m}\cdot\text{s}^{-1}$ 代入上式，得

$$y(x,t)=(3\times10^{-2})\cos\left(4\pi t-\frac{\pi x}{5}\right) \tag{2}$$

这就是以 A 为坐标原点的波方程。

若按 $y(x,t)=A\cos(\omega t-kx+\varphi_0)$ [式(6-2-6)]，其中 $\varphi_0=0$，波方程为

$$y(x,t)=3\times10^{-2}\cos(4\pi t-kx)$$

将 $k=\frac{2\pi}{\lambda}=\frac{2\pi}{uT}=\frac{\omega}{u}=\frac{\pi}{5}$，代入上式同样得到式(2)。

(2) 以 B 为坐标原点，

$$y_A=y(5,t)=(3\times10^{-2})\cos(4\pi t) \tag{3}$$

已知点 A 不在原点，按式(6-2-2)，其中 $\varphi=0$，波方程为

$$y(x,t)=3\times10^{-2}\cos\left[4\pi\left(t-\frac{x-x_A}{u}\right)\right]$$

将 $u=20\ \mathrm{m\cdot s^{-1}}$，$x_A=5\ \mathrm{m}$ 代入上式得

$$y(x,t)=(3\times10^{-2})\cos\left(4\pi t-\frac{\pi x}{5}+\pi\right) \tag{4}$$

这就是以 B 为坐标原点的波方程。

同样，若按 $y(x,t)=A\cos[\omega t-k(x-x_0)+\varphi]$[式(6-2-5)]，其中 $\varphi=0$，波方程为

$$y(x,t)=3\times10^{-2}\cos[4\pi t-k(x-x_A)]$$

将 $k=\frac{\pi}{5}$，$x_A=5\ \mathrm{m}$ 代入上式，同样得到式(4)。

(3) 写出传播方向上点 C 的振动方程。

以 A 为坐标原点，点 C 的坐标 $x_C=12\ \mathrm{m}$，代入式(2)得

$$\begin{aligned}y_C=y(12,t)&=(3\times10^{-2})\cos\left(4\pi t-\frac{\pi x}{5}\right)\Bigg|_{x=12\ \mathrm{m}}\\&=(3\times10^{-2})\cos\left(4\pi t-\frac{12}{5}\pi\right)\\&=(3\times10^{-2})\cos\left(4\pi t-\frac{2}{5}\pi\right)\end{aligned} \tag{5}$$

以 B 为坐标原点，点 C 的坐标 $x_C=17\ \mathrm{m}$，代入式(4)得

$$\begin{aligned}y_C=y(17,t)&=(3\times10^{-2})\cos\left(4\pi t-\frac{x}{5}\pi+\pi\right)\Bigg|_{x=17\ \mathrm{m}}\\&=(3\times10^{-2})\cos\left(4\pi t-\frac{2}{5}\pi\right)\end{aligned}$$

结果与式(5)相同，这是必然的。

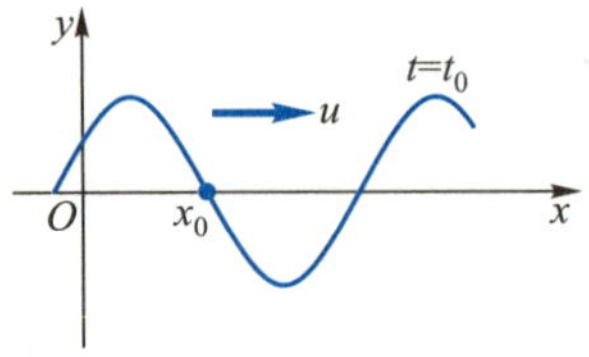

图 6-2-5 例 6-2 题图

例 6-2 一平面简谐波沿 x 轴正向传播，其振幅为 A，角频率为 ω，波速为 u。设 $t=t_0$ 时刻波形曲线如图 6-2-5 所示。求：该波的表达式。(图中 x_0 为某一已知坐标。)

解法1：设 x_0 处质点的振动方程为

$$y(x_0,t)=A\cos(\omega t+\varphi) \tag{1}$$

由图可知，t_0 时刻 x_0 处质点的位移为零、速度沿 x 轴正向，即

$$y(x_0,t_0)=A\cos(\omega t_0+\varphi)=0$$

$$\left.\frac{\mathrm{d}y}{\mathrm{d}t}\right|_{t=t_0}=-\omega A\sin(\omega t_0+\varphi)>0$$

所以

$$\omega t_0+\varphi=-\pi/2$$

即
$$\varphi=-\omega t_0-\frac{1}{2}\pi \tag{2}$$

将式(2)代入式(1)得 x_0 处的振动方程为

$$y(x_0,t)=A\cos\left[\omega(t-t_0)-\frac{1}{2}\pi\right] \tag{3}$$

按式(6-2-2)该波的表达式为

$$y(x,t)=A\cos\left[\omega\left(t-t_0-\frac{x-x_0}{u}\right)-\frac{1}{2}\pi\right] \tag{4}$$

解法 2:令 $t'=t-t_0$,当 $t=t_0$ 时,$t'=0$。下面我们用时间坐标 t' 来讨论。

设 x_0 处质点的振动方程为

$$y(x_0,t')=A\cos(\omega t'+\varphi) \tag{1}$$

由图可知,$t'=0$ 时刻 x_0 处质点的位移为零、速度沿 x 轴正向,即

$$y(x_0,0)=A\cos\varphi=0$$

$$\left.\frac{\mathrm{d}y}{\mathrm{d}t}\right|_{t'=0}=-\omega A\sin\varphi>0$$

所以 $\varphi=-\frac{1}{2}\pi$。代入式(1)得 x_0 处的振动方程为

$$y(x_0,t')=A\cos\left(\omega t'-\frac{\pi}{2}\right) \tag{2}$$

按式(6-2-2)该波的表达式为

$$y(x,t')=A\cos\left[\omega\left(t'-\frac{x-x_0}{u}\right)-\frac{1}{2}\pi\right] \tag{3}$$

将 $t'=t-t_0$ 代入得

$$y(x,t)=A\cos\left[\omega\left(t-t_0-\frac{x-x_0}{u}\right)-\frac{1}{2}\pi\right]$$

与解法 1 所得结果一致。

解法 3:运用波方程的标准形式来求解。

设波方程为

$$y(x,t)=A\cos\left[\omega\left(t-\frac{x}{u}\right)+\varphi_0\right] \tag{1}$$

由图可知,$t=t_0$ 时 $x=x_0$ 处位移为零、速度沿 x 轴正向,即

$$y(x_0,t_0)=A\cos\left[\omega\left(t_0-\frac{x_0}{u}\right)+\varphi_0\right]=0$$

且
$$\left.\frac{\mathrm{d}y}{\mathrm{d}t}\right|_{t=t_0}=-\omega A\sin\left[\omega\left(t_0-\frac{x_0}{u}\right)+\varphi_0\right]>0$$

所以

$$\left[\omega\left(t_0-\frac{x_0}{u}\right)+\varphi_0\right]=-\pi/2,$$

即

$$\varphi_0=-\omega\left(t_0-\frac{x_0}{u}\right)-\frac{1}{2}\pi \tag{2}$$

将式(2)代入式(1)得波的表达式为

$$\begin{aligned}y&=A\cos\left[\omega\left(t-\frac{x}{u}\right)+\varphi_0\right]\\&=A\cos\left[\omega\left(t-\frac{x}{u}\right)-\omega\left(t_0-\frac{x_0}{u}\right)-\frac{1}{2}\pi\right]\\&=A\cos\left[\omega\left(t-t_0-\frac{x-x_0}{u}\right)-\frac{1}{2}\pi\right]\end{aligned} \tag{3}$$

用简谐波方程的几种标准形式[式(6-2-14)、式(6-2-15)、式(6-2-16)]求简谐波方程是一个通用方法，在数学上这相当于由通解求定解的过程。具体地说，如果已知某一点 x_0 的振动规律求波方程，只需在标准方程中令 $x=x_0$ 并与已知的振动规律比较即可；如果已知某一时刻 t_0 的波形曲线，则需在标准方程中令 $t=t_0$ 并与已知的波形曲线比较即可。下面用这种方法重解例6-1。

解：(1) 以 A 为坐标原点，设波方程为

$$y(x,t)=A\cos\left[\omega\left(t-\frac{x}{u}\right)+\varphi_0\right]$$

其中 $A=3\times10^{-2}$ m，$\omega=4\pi$ rad·s^{-1}，$u=20$ m·s^{-1}，代入上式得

$$y(x,t)=3\times10^{-2}\cos\left[4\pi\left(t-\frac{x}{20}\right)+\varphi_0\right]\quad(\text{SI 单位}) \tag{1}$$

所以

$$y(0,t)=3\times10^{-2}\cos(4\pi t+\varphi_0) \tag{2}$$

又按题意

$$y_A=3\times10^{-2}\cos(4\pi t)=y(0,t) \tag{3}$$

比较式(2)与式(3)得 $\varphi_0=0$，代入式(1)得波方程为

$$y(x,t)=(3\times10^{-2})\cos\left(4\pi t-\frac{\pi x}{5}\right)$$

(2) 以 B 为坐标原点，设波方程为

$$y(x,t)=A\cos(\omega t-kx+\varphi_0)$$

其中 $A=3\times10^{-2}$ m，$\omega=4\pi$ rad·s^{-1}，$k=\frac{2\pi}{\lambda}=\frac{2\pi}{uT}=\frac{\omega}{u}=\frac{\pi}{5}$ m^{-1}，代入上式得

$$y(x,t)=(3\times10^{-2})\cos\left(4\pi t-\frac{\pi}{5}x+\varphi_0\right) \tag{4}$$

所以

$$y(5,t)=(3\times10^{-2})\cos(4\pi t-\pi+\varphi_0) \tag{5}$$

又按题意

$$y_A=3\times10^{-2}\cos(4\pi t)=y(5,t) \tag{6}$$

比较式(5)与式(6)得 $\varphi_0=\pi$,代入式(4)得波方程为

$$y(x,t)=(3\times10^{-2})\cos\left(4\pi t-\frac{\pi x}{5}+\pi\right)$$

这里分别从波方程的两种常见形式出发求解所需的波方程,事实上,从任何一种形式出发都是可行的,由于已知参量的不同,选择不同的形式其方便程度略有差异。

6-3 弹性介质中的波速 波动方程

一、弹性介质中的波速

在弹性介质中,波速由介质的特性决定,这里我们介绍物体弹性形变的几种基本形式及其规律。

1. 线变 杨氏模量

如图 6-3-1 所示,在截面积为 S 长为 l 的细棒两端施加大小相等、方向相反的轴向力 $\boldsymbol{F}$,使棒的长度发生改变 Δl,这种改变称为**线变**,相对变化 $\Delta l/l$ 称**线应变**,通过单位面积的作用力 F/S 称为**正应力**。实验证明:在弹性限度内,正应力 F/S 与线应变 $\Delta l/l$ 成正比,即

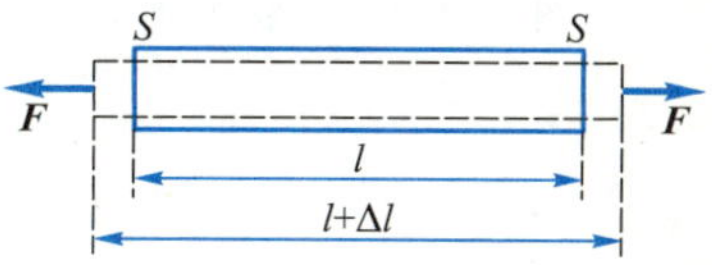

图 6-3-1 杨氏模量

$$\frac{F}{S}=E\frac{\Delta l}{l} \tag{6-3-1}$$

上式叫作胡克定律,其中比例系数 E 由材料的弹性决定,称为**杨氏模量**(弹性模量)。

在外力不太大时,Δl 较小,S 基本不变,ES/l 近似为一常量,用 k 表示,式(6-3-1)可以改写为

$$F=\frac{ES}{l}\Delta l=k\Delta l \tag{6-3-2}$$

k 称为劲度系数。类比弹簧的弹性势能公式,可得:细棒发生线变时,其弹性势能为

$$W_p=\frac{1}{2}k(\Delta l)^2=\frac{1}{2}\frac{ES}{l}(\Delta l)^2=\frac{1}{2}ESl\left(\frac{\Delta l}{l}\right)^2=\frac{1}{2}EV\left(\frac{\Delta l}{l}\right)^2$$

单位体积的弹性势能为

$$w_p=\frac{1}{2}E\left(\frac{\Delta l}{l}\right)^2 \tag{6-3-3}$$

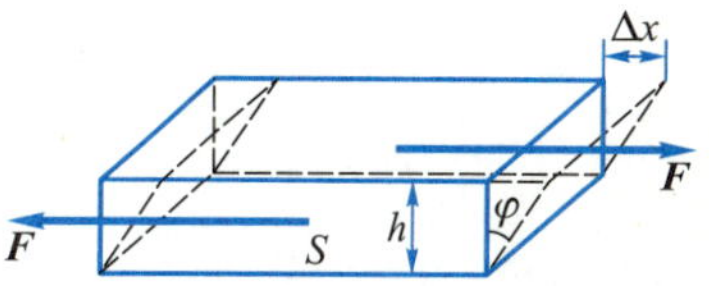

图 6-3-2 切变模量

2. 剪切形变 切变模量

如图 6-3-2 所示,在主体上下表面 S 上作用一大小相等,方

向相反的切向力 $\boldsymbol{F}$，使柱体发生形变，这种形变称为**剪切形变**，简称**切变**，F/S 称为**切应力**，$\Delta x/h\approx\varphi$ 称为**切应变**。实验证明：在弹性限度内，切应力 F/S 与切应变 $\Delta x/h\approx\varphi$ 成正比，即

$$\frac{F}{S}=G\varphi=G\frac{\Delta x}{h} \tag{6-3-4}$$

式(6-3-4)为切变形式的胡克定律，其中比例系数 G 由材料的切变弹性决定，称为**切变模量**。可以证明：材料发生剪切形变时，单位体积的弹性势能为

$$w_{\mathrm{p}}=\frac{1}{2}G\varphi^{2}=\frac{1}{2}G\left(\frac{\Delta x}{h}\right)^{2} \tag{6-3-5}$$

3. 体变　体积模量

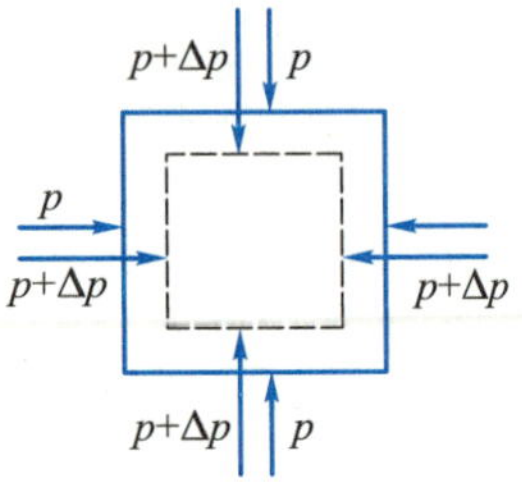

图 6-3-3　体变模量

如图 6-3-3 所示，设流体体积在压强为 p 时等于 V，如果是压强增加到 $p+\Delta p$，则体积变化为 $V+\Delta V$，$\Delta V/V$ 称**体应变**，则胡克定律表示为

$$\Delta p=-K\frac{\Delta V}{V} \tag{6-3-6}$$

比例系数 K 称为**体积模量**。式中负号表示当 $\Delta p>0$ 时，$\Delta V<0$。E、G、K 的单位均为 $\mathrm{N/m^2}$。可以证明：材料发生剪切形变时，单位体积的弹性势能为

$$w_{\mathrm{p}}=\frac{1}{2}K\left(\frac{\Delta V}{V}\right)^{2} \tag{6-3-7}$$

在弹性介质中，波速决定于介质的弹性，可以证明：在固体中传播的横波和纵波的波速分别为

$$\text{横波波速}\quad u=\sqrt{\frac{G}{\rho}} \tag{6-3-8}$$

$$\text{纵波波速}\quad u=\sqrt{\frac{E}{\rho}} \tag{6-3-9}$$

式子中 G 和 E 分别为介质的切变模量和杨氏模量，ρ 为介质的质量密度。

绷紧的柔软绳索或弦线中传播的横波的速度为

$$u=\sqrt{\frac{F_{\mathrm{T}}}{\rho_{l}}} \tag{6-3-10}$$

式中 F_{T} 为绳索或弦线中的张力，ρ_l 为绳索或弦线单位长度的质量。

在液体和气体中不可能发生切变，所以不可能传播横波。液体和气体中只能传播与体变有关的弹性纵波（液体表面的波是由重力和表面张力引起的，包含纵波和横波两种成分）。在液体和气体中纵波传播速度为

$$u=\sqrt{\frac{K}{\rho}} \qquad (6-3-11)$$

式中 K 是介质的体积模量，ρ 是介质的质量密度。对于理想气体，把声波中的气体过程作为绝热过程近似处理，根据分子动理论和热力学，可证明声速公式为

$$u=\sqrt{\frac{\gamma p}{\rho}}=\sqrt{\frac{\gamma RT}{M}} \qquad (6-3-12)$$

式中 M 是气体的摩尔质量，γ 是气体的比热容比，p 是气体的压强，T 是热力学温度，R 是摩尔气体常量。

可见，影响机械波传播速度的主要因素是介质的力学性质，如绳的张力、杨氏模量和薄膜表面张力等；波的传播速度也与介质的电磁性质有关；还与波的传播方式有关（纵波还是横波）。表 6-3-1 给出某些介质中波的传播速度。

表 6-3-1 某些介质中波的传播速度　　单位：$m\cdot s^{-1}$

1	空气	331(20 ℃)
2	水	1 400(20 ℃)
3	冰	5 100(0 ℃)
4	木材	3 400～4 700(纵波，沿纤维方向)
5	砖或水泥块	3 650(纵波)
6	地表	8 000(纵波)，4 450(横波)
7	钢	5 854(纵波)，3 150(横波)

二、波动的动力学方程——波动方程

建立机械波动力学方程的理论基础仍然是牛顿运动定律。建立动力学的基本步骤是：首先在波动介质中任取一介质微元，对微元进行受力分析；然后利用牛顿运动定律列动力学方程；忽略动力学方程物理量中的次要因素或作适当近似，就可以得到机械波的动力学方程。具体步骤可以参阅一般力学教材，这里不再推导。考虑到运动学方程是动力学方程的解，下面我们从平面简谐波的运动方程出发，给出波的动力学方程的基本形式。

设平面简谐波的运动学方程为

$$y(x,t)=A\cos(\omega t\mp kx+\varphi_0)$$

将上式分别对时间和空间求二阶导数，可得

$$\frac{\partial^2 y(x,t)}{\partial t^2}=-\omega^2 A\cos(\omega t\mp kx+\varphi_0) \qquad (6-3-13)$$

$$\frac{\partial^2 y(x,t)}{\partial x^2}=-\frac{\omega^2}{u^2}A\cos(\omega t\mp kx+\varphi_0) \qquad (6-3-14)$$

比较式(6-3-13)和式(6-3-14)有

$$\frac{\partial^2 y}{\partial t^2}-u^2\frac{\partial^2 y}{\partial x^2}=0 \tag{6-3-15}$$

这就是沿 x 轴传播的波动微分方程,简称波动方程,这一方程不限于平面波,平面波只是它的一个特解而已,它适用于一切机械波,也适用于电磁波。由式(6-3-15)可以看出,波动方程中空间二次导数前的系数 u 就是波的传播速度。

6-4 波的能量 波的强度

一、波的能量和能量密度

1. 波的能量

波源的振动状态在弹性介质中不断向前传播,原来处于静止状态的质元逐个获得能量,并开始振动起来。各质元在振动中不仅具有动能,而且介质要发生形变因而同时具有势能。下面以细杆中传递纵波为例,讨论机械波的能量问题。

设杆的质量密度为 ρ,在细杆中传播的机械波为

$$y(x,t)=A\cos\omega\left(t-\frac{x}{u}\right)$$

考虑介质中一体积为 $\mathrm{d}V$ 的微元,时刻 t 微元的动能为

$$\mathrm{d}E_{\mathrm{k}}=\frac{1}{2}\rho\mathrm{d}V\left(\frac{\partial y}{\partial t}\right)^2=\frac{1}{2}\rho\mathrm{d}V\omega^2A^2\sin^2\omega\left(t-\frac{x}{u}\right) \tag{6-4-1}$$

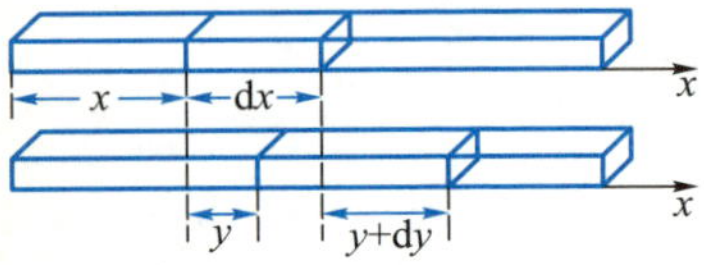

图 6-4-1 细杆中波的能量

同时,质量元由于形变而具有势能,如图 6-4-1 所示,对固体细杆,设体积微元的长度为 $\mathrm{d}x$,t 时刻伸长量为 $\mathrm{d}y$,线应变为 $\frac{\Delta l}{l}=\frac{\partial y}{\partial x}$。由式(6-3-3)得单位体积的弹性势能为

$$w_{\mathrm{p}}=\frac{1}{2}E\left(\frac{\Delta l}{l}\right)^2=\frac{1}{2}E\left(\frac{\partial y}{\partial x}\right)^2$$

于是,细杆中体积微元 $\mathrm{d}V$ 的弹性势能为

$$\begin{aligned}\mathrm{d}E_{\mathrm{p}}&=\frac{1}{2}E\left(\frac{\Delta l}{l}\right)^2\mathrm{d}V=\frac{1}{2}E\left(\frac{\partial y}{\partial x}\right)^2\mathrm{d}V\\&=\frac{1}{2}E\frac{\omega^2A^2}{u^2}\sin^2\omega\left(t-\frac{x}{u}\right)\mathrm{d}V\end{aligned}$$

考虑到式 $u=\sqrt{E/\rho}$ 有

$$\mathrm{d}E_{\mathrm{p}}=\frac{1}{2}\rho\omega^2A^2\sin^2\omega\left(t-\frac{x}{u}\right)\mathrm{d}V \tag{6-4-2}$$

则在 x 点处 $\mathrm{d}V$ 介质内的机械能为

$$dE=dE_k+dE_p=\rho\omega^2A^2\sin^2\omega\left(t-\frac{x}{u}\right)dV \qquad (6-4-3)$$

上式表明，波动在介质中传播时，介质中任一体积元的总能量随时间作周期性的变化，说明该体积元和邻近的介质之间有能量交换，体积元能量增加时，它从邻近介质中吸收能量（更准确地说是它吸收的能量多于它释放的能量），体积元能量减少时，它向邻近介质中放出能量。这样，能量不断地从介质中的一部分传递到另一部分，所以波动过程也是能量的传播过程。

应当注意到，如式（6-4-1）、式（6-4-2）和式（6-4-3）所示，波动中介质微元的动能、势能和总机械能总是同时达到最大值或最小值，它们随时间的变化是同步的。而谐振动中动能与势能交替变化，其和不变，下面对此进行讨论。

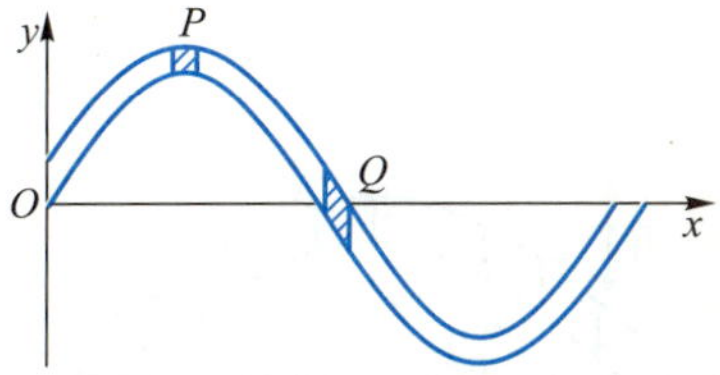

图 6-4-2 波动中质量元的位移与形变

讨论：

（1）波动中微元的动能与势能同步变化。

对简谐振动来说，速度决定动能、位移决定势能。因而，在平衡位置动能最大而势能最小。在简谐波动中，尽管各质点都作简谐振动，但波动中质元的势能并不由其位移来决定，而是由其形变（相对位移）决定的，所以必须考察其形变。由于平衡位置点两侧邻近质点的位移相反，此时，形变为最大值，如图 6-4-2 中的 Q 点。所以，当质元回到平衡位置时，振动速度最大，所以动能也最大，此时的势能尽管位移为零，但相对位移最大，即形变最大，因而势能也最大。同样，当质点到达最大位移处时，如图 6-4-2 中的 P 点，振动速度为零，动能最小，此时两侧邻近质点的相对位移最小，即形变为最小（余弦曲线的波峰处，在一较小范围内近似为直线），势能最小。由此可以知道，简谐波中动能、势能随时间变化步调一致的根本原因是波动中质元的势能不是由位移而是由形变（相对位移）来决定的。

（2）单个微元的机械能不守恒，但其平均总机械能守恒。

由式（6-4-3），体积微元 dV 内的机械能是随时间变化的函数，并不是一个守恒量。然而，在一个周期内体积微元 dV 内的平均机械能为

$$\overline{dE}=dV\cdot\frac{1}{T}\int_0^T\rho\omega^2A^2\sin^2\omega\left(t-\frac{x}{u}\right)dt=\frac{1}{2}\rho\omega^2A^2dV \qquad (6-4-4)$$

体积微元 dV 内机械能的平均值是守恒量。

简谐波的机械能与简谐振动的机械能遵守不同的规律。在简谐振动中，谐振子没有能量的输入和输出，其机械能只在动能和势能之间转化，因此机械能守恒。在简谐波中，质元被上一个质元带动而开始振动，同时又带动下一个质元振动，有能量的输入和输

出,在某一时刻 t,微元输入和输出的能量并不相同,从而导致总机械能随时间的不同而不同。但是,在一个周期内,输入质元的能量和质元输出的能量却是相同的,或者说能量并不在某一个特别的微元上累积,也不会将某一个特别微元的能量全部输出。类似地,微元在一个周期内的平均动能和平均势能也是守恒的,其量值等于平均机械能的一半。

例 6-3 证明对于固体中传播的机械横波,其能量密度与纵波有完全相同的形式。

证明: 仍设杆的质量密度为 ρ,在细杆中传播的机械横波为

$$y(x,t)=A\cos\left(\omega t-\frac{\omega}{u}x\right) \tag{1}$$

动能: 显然介质中一体积微元 $\mathrm{d}V$ 在时刻 t 微元的动能仍为

$$\mathrm{d}E_{\mathrm{k}}=\frac{1}{2}\rho\mathrm{d}V\left(\frac{\partial y}{\partial t}\right)^2=\frac{1}{2}\rho\mathrm{d}V\omega^2A^2\sin^2\omega\left(t-\frac{x}{u}\right) \tag{2}$$

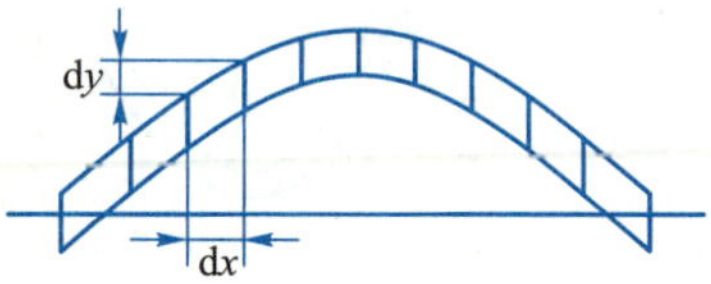

图 6-4-3 细杆中的纵波
例 6-3 题图

势能: 固体细杆发生如图 6-4-3 所示的剪切形变,取微元的长度为 $\mathrm{d}x$,t 时刻发生的切变位移为 $\mathrm{d}y$,由式(6-3-5)得单位体积的弹性势能为

$$w_{\mathrm{p}}=\frac{1}{2}G\left(\frac{\Delta x}{h}\right)^2=\frac{1}{2}G\left(\frac{\partial y}{\partial x}\right)^2$$

细杆中体积微元 $\mathrm{d}V$ 内的弹性势能为

$$\mathrm{d}E_{\mathrm{p}}=w_{\mathrm{p}}\mathrm{d}V=\frac{1}{2}G\frac{\omega^2A^2}{u^2}\sin^2\omega\left(t-\frac{x}{u}\right)\mathrm{d}V \tag{3}$$

考虑到 $u=\sqrt{G/\rho}$,有

$$\mathrm{d}E_{\mathrm{p}}=\frac{1}{2}\rho\omega^2A^2\sin^2\omega\left(t-\frac{x}{u}\right)\mathrm{d}V \tag{4}$$

则在 x 点处 $\mathrm{d}V$ 介质内的机械能为

$$\mathrm{d}E=\mathrm{d}E_{\mathrm{k}}+\mathrm{d}E_{\mathrm{p}}=\rho\omega^2A^2\sin^2\omega\left(t-\frac{x}{u}\right)\mathrm{d}V \tag{5}$$

与纵波的讨论结果式(6-4-3)一致。

2. 波的能量密度

为描述波动中的能量分布,引入了**能量密度**的概念。**单位体积介质中波的能量称为波的能量密度**,用 w 表示,由式(6-4-3)可得

$$w=\frac{\mathrm{d}E}{\mathrm{d}V}=\rho\omega^2A^2\sin^2\omega\left(t-\frac{x}{u}\right) \tag{6-4-5}$$

能量密度是随时间变化的,通常取其在一个周期内的平均值,称为平均能量密度,记作 $\overline{w}$,则

$$\overline{w}=\frac{1}{T}\int_0^T w\mathrm{d}t=\frac{1}{T}\int_0^T \rho\omega^2A^2\sin^2\omega\left(t-\frac{x}{u}\right)\mathrm{d}t$$

$$=\frac{1}{2}\rho A^2\omega^2 \tag{6-4-6}$$

可见,平均能量密度与波振幅的平方、角频率的平方以及介质的密度成正比。此结论适用于一切弹性波。

在国际单位制中,能流密度的单位为焦耳每立方米($\mathrm{J\cdot m^{-3}}$)。

二、波的能流及能流密度

在机械波的传播过程中,质元从上一个振动质元处吸收能量而振动,同时又把能量传给下一个质元带动其振动,把能量继续向前传递。因此,机械波的传递过程必然伴随着能量的传递。显然,对波动来说,更重要的就是它传播能量的本领,为反映波动中能量传输的特点,引入能流与能流密度的概念。

1. 能流

单位时间通过某一截面 S 的能量称为通过该截面的能流。如图 6-4-4 所示,取垂直于波的传播方向的一个面积 S,在 $\mathrm{d}t$ 时间内通过面积 S 的能量就是该 S 面积后体积为 $uS\mathrm{d}t$ 的长方体内的能量,其大小为 $\mathrm{d}W=wuS\mathrm{d}t$。因此,单位时间内通过此面积的能量即能流 $P=wuS\mathrm{d}t/\mathrm{d}t=wuS$。如果 $\boldsymbol{S}$ 为介质内任一方向上截取的面积,则通过该截面的能流为

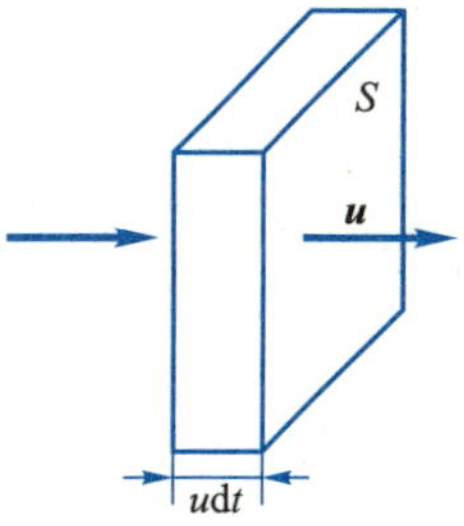

图 6-4-4 能流密度

$$P=w\boldsymbol{u}\cdot\boldsymbol{S} \tag{6-4-7}$$

将式(6-4-5)代入得

$$P=w\boldsymbol{u}\cdot\boldsymbol{S}=\rho\omega^2A^2\sin^2\omega\left(t-\frac{x}{u}\right)\boldsymbol{u}\cdot\boldsymbol{S} \tag{6-4-8}$$

能流的平均值称为**平均能流**,用 $\overline{P}$ 表示,显然,$\overline{P}=\overline{w}\boldsymbol{u}\cdot\boldsymbol{S}$。将式(6-4-6)代入得

$$\overline{P}=\overline{w}\boldsymbol{u}\cdot\boldsymbol{S}=\frac{1}{2}\rho\omega^2A^2\boldsymbol{u}\cdot\boldsymbol{S} \tag{6-4-9}$$

在国际单位制中,能流的单位为瓦特(W),因此也把波的能流称为波的功率。

2. 能流密度

单位时间通过垂直于波的传播方向单位面积的能量称为能流密度,其平均值即平均能流密度又称**波的强度**,用 $\boldsymbol{I}$ 表示,按定义:

$$I=\frac{\overline{P}}{S_{\perp}}=\overline{w}u=\frac{1}{2}\rho\omega^2A^2u$$

考虑到能流密度的方向,上式进一步写为

$$I=\overline{w}\boldsymbol{u}=\frac{1}{2}\rho\omega^2A^2\boldsymbol{u} \qquad (6-4-10)$$

平均能流密度(波的强度)矢量 $\boldsymbol{I}$,又称**坡印廷矢量**。

在国际单位制中,能流密度的单位为瓦特每平方米($W\cdot m^{-2}$)。表 6-4-1 给出某些机械波和电磁波的强度。

表 6-4-1 某些机械波和电磁波的强度

波源	强度 $I/(W\cdot m^{-2})$
低语声波	约 10^{-10}
钢琴弦上的横波	约 10^{-6}
电视发射机(5 kW 在 5 km 处)	约 1.6×10^{-4}
飞机起飞 30 m 远处噪声	约 5
检测用超声波	约 10^{2}
地面阳光	约 1 368
相机闪光灯(1 m 远处)	约 4 000
微波炉内	约 6 000
地震(里氏 7 级,距震中 5 km)	约 4×10^{4}
引起核聚变的激光	约 10^{18}

例 6-4 用聚焦超声波的方法,可以在液体中产生强度达 120 kW/cm^2的超声波。设波源作简谐振动,频率为 500 kHz,水的密度为 10^3 kg/m^3,声速为 1 500 m/s,求这时液体质点的位移振幅、速度振幅和加速度振幅。

解:因波强 $I=\frac{1}{2}\rho uA^2\omega^2$,所以

$$A=\frac{1}{\omega}\sqrt{\frac{2I}{\rho u}}=1.27\times10^{-5}\ \text{m}$$

$$v_m=\omega A=40\ \text{m/s}$$

$$a_m=\omega^2A=1.25\times10^8\ \text{m/s}^2$$

可见液体中声振动的振幅是极小的,但高频超声波的加速度振幅却可以很大。上述结果中的加速度振幅约为重力加速度的 1.28×10^7 倍,这意味着介质的质元受到的作用力要比重力大 7 个数量级。可见超声波的机械作用是很强的,在机械加工、粉碎技术、清除垢污等方面有广阔的应用前景。

例 6-5 在各向同性的理想介质中,求点波源振幅、强度随距离的变化关系,并写出球面波方程。

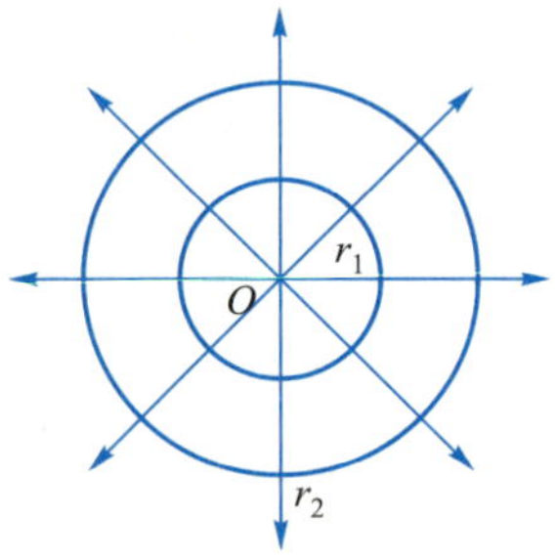

图 6-4-5 例 6-5 题图

解:如图 6-4-5 所示,设在 O 点有一点波源发射球面波,波源周围的介质为各向同性介质,机械波的角频率为 ω,波速大小为 u。

以 O 点为球心，取半径分别为 r_1 和 r_2 的两个球面，在介质无吸收的情况下，通过两球面的能流应该相等，即

$$I_1S_1=I_2S_2 \tag{1}$$

而通过两球面的能流密度分别为

$$I_1=\frac{1}{2}\rho A_1^2\omega^2 u$$

$$I_2=\frac{1}{2}\rho A_2^2\omega^2 u$$

将以上两式代入式(1)可得

$$A_1^2S_1=A_2^2S_2$$

所以，振幅随距离的变化关系为

$$\frac{A_1}{A_2}=\sqrt{\frac{S_2}{S_1}}=\frac{r_2}{r_1} \tag{2}$$

强度随距离的变化关系为

$$\frac{I_1}{I_2}=\frac{A_1^2}{A_2^2}=\frac{r_2^2}{r_1^2} \tag{3}$$

对球面波，将振幅随距离的变化关系式(2)改写为 $\frac{A}{A_0}=\frac{r_0}{r}$，其中，$A_0$ 是 r_0 处的振幅，A 是 r 处的振幅。因此，球面波的波方程可以写为

$$y=\frac{A_0r_0}{r}\cos(\omega t-kr) \tag{4}$$

视频 超声波

三、声强和声强级

声波是频率在 20~20 000 Hz 之间、能够引起人的听觉的机械纵波。频率介于 10^{-4}~20 Hz 之间的称为**次声波**；频率介于 20 000~5×10^8 Hz 的，称为**超声波**；次声波和超声波都不能引起人的听觉。

声波的平均能流密度称为声波的强度，简称**声强**。由式(6-4-10)可知声强为

$$\boldsymbol{I}=\frac{1}{2}\rho\omega^2A^2\boldsymbol{u}$$

其中，ρ 为传播声波介质的质量密度，ω 为声波的角频率，$\boldsymbol{u}$ 为声波的传播速度，A 为声波的振幅。

人类能听到的声音的频率范围其上下限相差 10^3 倍，而能听到的声强范围则大得多。比如，对 1 kHz 的机械波，刚好能听见的声强约为 10^{-12} W/m^2，而能承受的最大声强(超过此声强将引起耳鼓膜的疼痛感)可达 1 W/m^2，两者相差 10^{12} 倍，如此大的声强范围给声强的比较带来了不便，此外实验表明，人耳对声压强弱

的主观感觉——响度并不与声强成正比，而是近似与声强的对数成正比，因此，引入了声强级的概念，并用声强级来表示声音的强弱。

取声强 10^{-12} W/m^{2}为标准声强，记作 I_0，其他声强 I 与标准声强 I_0 的比值的对数定义为该声强的**声强级**，记作 L_I，即

$$L_I = \lg \frac{I}{I_0} \tag{6-4-11}$$

声强级的单位为贝尔(B)，由于贝尔(B)的单位太大，通常用 B 的 1/10 为单位，称为分贝(dB)，以分贝为单位时，声强级公式(6-4-11)应为

$$L_I = 10\lg \frac{I}{I_0} \tag{6-4-12}$$

如声强级为 1 dB 时，$I/I_0 = 10^{0.1} = 1.26$；声强级为 60 dB 时，$I/I_0 = 10^6$。表 6-4-2 列出常见声波的声强级。

表 6-4-2 常见声波的声强级

现象	I/I_0	L_I/dB	现象	I/I_0	L_I/dB
风吹树叶	10^2	20	摇滚乐	10^{12}	120
正常交谈	10^6	60	开炮	10^{12}	120
机器房	10^8	80	气动铆钉机	10^{13}	130
大瀑布	10^9	90	喷气机起飞	10^{15}	150

6-5 波的叠加原理 波的干涉

前面我们讨论了一列波在弹性介质中的传播规律，下面我们将讨论两列或两列以上的波在它们相遇时，介质中各质元的振动情况以及波的传播规律。

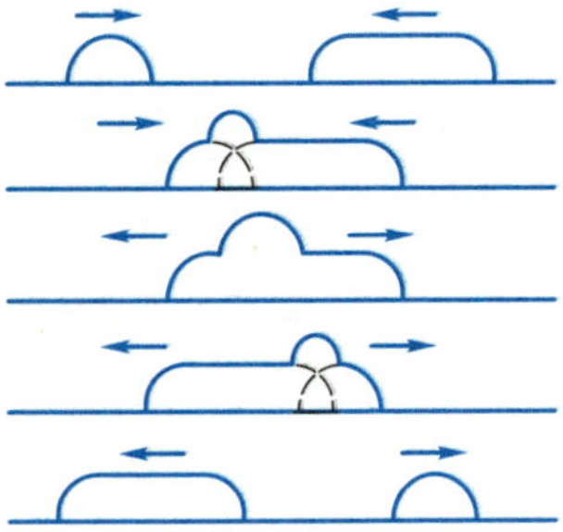

图 6-5-1 波的叠加

视频 波的叠加

一、波的叠加原理

如图 6-5-1 所示，两个脉冲相向传播，在传播过程中将保持自己原有的特性；但在相遇处介质元的振动为各列波单独在该点引起振动的合振动。在几个人同时讲话时，我们能够听到每个人的声音，这就是声波的独立性的例子。天空中同时有许多无线电波在传播，我们能接收到某一电台的广播，这是电磁波传播的独立性的例子。

波传播的独立性 如果有几列波在空间相遇，那么每一列波都将独立地保持自己原有的特性(频率、波长、振动方向、传播方向)，并不会因其他波的存在而改变，这称为波传播的独立性。

波的叠加原理 在相遇区域，任一介质元的振动为各列波单独在该点引起振动的合振动，这一规律称为波的**叠加原理**。波的叠加原理实际上是运动叠加原理在波动中的表现。波传播的独立性是叠加原理的基础，如果独立性不成立，则叠加原理将失去意义。

从微分方程理论上讲，波的叠加原理与波动方程式(6-3-15)为线性微分方程是一致的。如果描述波的微分方程为非线性方程，如强烈爆炸形成的大振幅波动情况，介质会表现出非线性特征，这时波一般不满足叠加原理。

二、波的干涉

一般来说，任意的几列简谐波在空间相遇时，叠加的情形是很复杂的，它们可以合成多种形式的波动。下面我们只讨论波的叠加中一种最简单而又最重要的情形，即两列频率相同、振动方向相同、相位差恒定的简谐波的叠加。

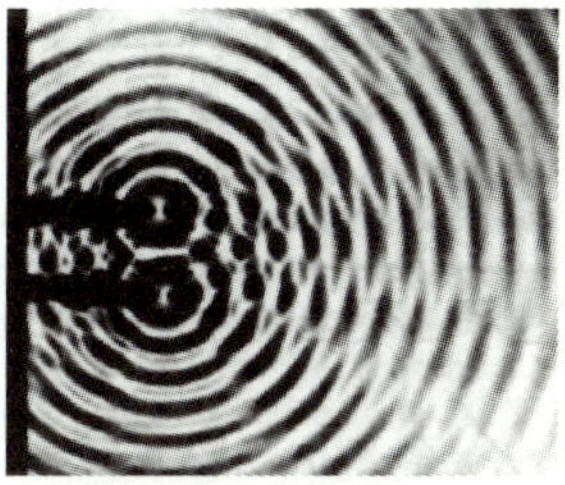

图 6-5-2 机械波的合成

如图 6-5-2 所示，当两个波源发出的机械波满足频率相同、振动方向相同、相位差恒定的条件时，两列波在其公共区域内叠加，合振幅将形成稳定的强弱分布，这种现象称为**波的干涉**现象，能产生干涉现象的波称为**相干波**，相应的波源称为**相干波源**。而同频率、同振动方向、相位差恒定称为**相干条件**。

视频 波的干涉

如图 6-5-3 所示，设两个相干波源 S_1、S_2的振动规律分别为

$$y_{S_1}=A_1\cos(\omega t+\varphi_1)$$

$$y_{S_2}=A_2\cos(\omega t+\varphi_2)$$

它们发出的两列相干波在空间某 P 点(干涉点)相遇，两列波在该点引起的分振动为

$$y_{1P}=A_1\cos\left(\omega t+\varphi_1-2\pi\frac{r_1}{\lambda}\right) \qquad (6-5-1)$$

$$y_{2P}=A_2\cos\left(\omega t+\varphi_2-2\pi\frac{r_2}{\lambda}\right) \qquad (6-5-2)$$

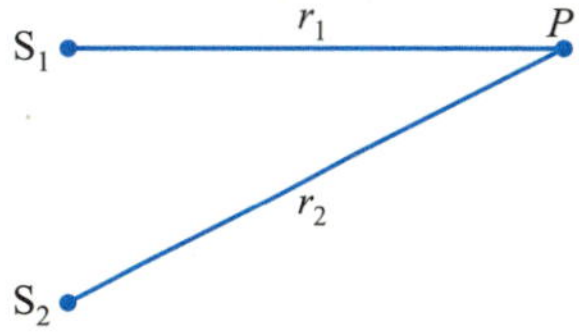

图 6-5-3 波的合成

根据叠加原理，干涉点的合振动为

$$y_P=y_{1P}+y_{2P}=A\cos(\omega t+\varphi)$$

式中合振动的振幅为

$$A=\sqrt{A_1^2+A_2^2+2A_1A_2\cos\Delta\varphi} \qquad (6-5-3)$$

其中

$$\Delta\varphi=\varphi_2-\varphi_1-2\pi\frac{r_2-r_1}{\lambda} \qquad (6-5-4)$$

合振动的初相位 φ 满足

$$\tan\varphi=\frac{A_1\sin\left(\varphi_1-2\pi\dfrac{r_1}{\lambda}\right)+A_2\sin\left(\varphi_2-2\pi\dfrac{r_2}{\lambda}\right)}{A_1\cos\left(\varphi_1-2\pi\dfrac{r_1}{\lambda}\right)+A_2\cos\left(\varphi_2-2\pi\dfrac{r_2}{\lambda}\right)} \tag{6-5-5}$$

由式(6-5-4)可知,对于给定的干涉点,r_2-r_1 为一定值(与时间无关),因而相位差 $\Delta\varphi$ 恒定,由式(6-5-3)可知合振幅 A 为定值。对于不同的干涉点,r_2-r_1 不同,因而相位差 $\Delta\varphi$ 不同,合振幅也不同,即合振动随空间呈现强弱不同的分布。

讨论:合振动振幅强弱的空间分布。

(1) 相长干涉:

$$\Delta\varphi=\varphi_2-\varphi_1-2\pi\frac{r_2-r_1}{\lambda}=2k\pi \quad (k=0,\pm1,\pm2,\cdots) \tag{6-5-6}$$

时,合振幅达到极大 $A=A_1+A_2$,称为干涉极大点。

(2) 相消干涉:

$$\Delta\varphi=\varphi_2-\varphi_1-2\pi\frac{r_2-r_1}{\lambda}=(2k+1)\pi \quad (k=0,\pm1,\pm2,\cdots) \tag{6-5-7}$$

时,合振幅为极小,$A=|A_1-A_2|$,称为干涉极小点。

在实际问题中,两个相干源常常是由同一个振源驱动的,这时两个波源的相位相同,$\varphi_1=\varphi_2$。对于同相位的相干波源,式(6-5-6)、式(6-5-7)表述的干涉极值条件可简化为

$$\delta=r_2-r_1=k\lambda \quad (k=0,\pm1,\pm2,\cdots) \tag{6-5-8}$$

此时,$A=A_1+A_2$,合振幅极大。

$$\delta=r_2-r_1=\left(k+\frac{1}{2}\right)\lambda \quad (k=0,\pm1,\pm2,\cdots) \tag{6-5-9}$$

此时,$A=|A_1-A_2|$,合振幅极小。

这里 $\delta=r_2-r_1$ 表示从波源 S_1 和 S_2 发出的两列相干波到干涉点的几何路程差,又称**波程差**。上式说明,若两相干波源为同相源,当两列波干涉的时候,在波程差等于波长的整数倍的各点,振幅极大;在波程差等于半波长的奇数倍的各点,振幅极小。

用式(6-5-8)和式(6-5-9)替代式(6-5-6)和式(6-5-7)作为干涉相长相消的条件,其意义在于它们将抽象的相位差条件转换成了形象具体的波程差条件,使得对干涉强弱分布的研究,可以通过波程的几何计算方法来实现。

在实际问题中,为获得相干波,通常是在同一机械波的相同波面上取两个微元作为新的波源(如双缝干涉实验),或者是将同一列波的振幅一分为二作为两个新的波源(如利用入射波与反射波进行

干涉)，用这两个新波源发出的波作为相干波(见后面光的干涉部分内容)，前者获得相干波的方法称为**分波阵面法**，后者称为**分振幅法**。

例 6-6 在 x 轴上有两个波源，S_1 的位置在 $x_1=0$ 处，S_2 的位置在 $x_2=5$ m 处，它们的振幅均为 A_0，S_1 的相位比 S_2 超前 $\pi/2$。假设每个波源都向 x 轴的正方向和负方向发出简谐波，每列波都可以传播到无穷远处，波长为 $\lambda=4$ m。求：(1) $x<0$ 区间的合成波的振幅；(2) $x>5$ m 区间合成波的振幅；(3) $0<x<5$ m 区间形成的干涉极大与干涉极小点的位置。

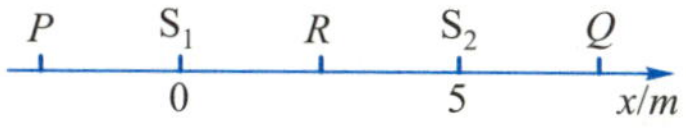

图 6-5-4 例 6-6 题图

解：(1) 如图 6-5-4 所示，在 $x<0$ 区间，波源 S_1 和 S_2 发出的反行波相互干涉，考察任意点 P，S_2 和 S_1 到 P 点的波程差为 $r_2-r_1=5$ m，在 P 点干涉的相位差为

$$\Delta\varphi=\varphi_2-\varphi_1-2\pi\frac{r_2-r_1}{\lambda}=-\frac{\pi}{2}-2\pi\frac{5}{4}=-3\pi$$

又由于两列波的振幅相等，故合振幅为零。同时 $\Delta\varphi$ 与 P 点的位置无关。即在 $x<0$ 区间，两列波因干涉而完全抵消。

(2) 在 $x>5$ m 区间，两波源发出的正行波干涉形成正行波，考察任意点 Q，S_2 和 S_1 到 Q 点的波程差 $r_2-r_1=-5$ m，干涉的相位差为

$$\Delta\varphi=\varphi_2-\varphi_1-2\pi\frac{r_2-r_1}{\lambda}=-\frac{\pi}{2}-2\pi\frac{-5}{4}=2\pi$$

按干涉极值公式，该区间的合振幅为极大，即两列波振幅之和

$$A=2A_0$$

(3) 在 $0<x<5$ m 区间，S_1 发出的正行波与 S_2 发出的反行波相干叠加，设考察点 R 的坐标为任意 x，S_2 和 S_1 到 R 点的波程差 $r_2-r_1=(5-x)-x=5-2x$，故相位差为

$$\Delta\varphi=\varphi_2-\varphi_1-2\pi\frac{r_2-r_1}{\lambda}=-\frac{\pi}{2}-2\pi\frac{5-2x}{4}=-3\pi+\pi x$$

与 R 点的位置有关，若

$$\Delta\varphi=-3\pi+\pi x=2k\pi \quad (k=0,\pm1,\pm2,\cdots)$$

即

$$x=2k+3$$

在 $0<x<5$ m 区间，取 $x=1$ m，3 m 两点 $(k=-1,0)$，为干涉极大点。

若 $\Delta\varphi=-3\pi+\pi x=(2k+1)\pi \quad (k=0,\pm1,\pm2,\cdots)$

即

$$x=2k+4$$

在 $0<x<5$ m 区间，取 $x=2$ m，4 m 两点 $(k=-1,0)$，为干涉极小点。

这里，x 的单位是 m。

三、驻波

图 6-5-5 驻波实验

如图 6-5-5 所示，把一根弦一端用一尖劈固定，另一端系在一音叉末端。音叉振动时，弦随之振动，调节尖劈的位置，结果形成如图 6-5-5 所示的稳定波形。弦上每一点都在振动，但它们的振幅不同，有的点振幅达到极大，有的点振幅为零，且等间距排列。具有这种波形特征的波称为**驻波**。驻波是由振幅相同的两列相干波沿相反方向传播时叠加形成的，这是一种特殊的干涉现象。下面，我们对驻波的形成进行定量的讨论。

设有两列同振幅的相干波在 x 轴上相向传播的，为简便设它们的波方程分别为

$$y_1=A\cos\left(\omega t-\frac{2\pi}{\lambda}x\right)$$

$$y_2=A\cos\left(\omega t+\frac{2\pi}{\lambda}x\right)$$

其叠加结果为

$$\begin{aligned}y&=y_1+y_2\\&=A\left[\cos\left(\omega t-\frac{2\pi}{\lambda}x\right)+\cos\left(\omega t+\frac{2\pi}{\lambda}x\right)\right]\\&=\left(2A\cos\frac{2\pi}{\lambda}x\right)\cos\omega t\end{aligned}\tag{6-5-10}$$

式(6-5-10)称为驻波方程，图 6-5-6 为其相应的形成示意图。

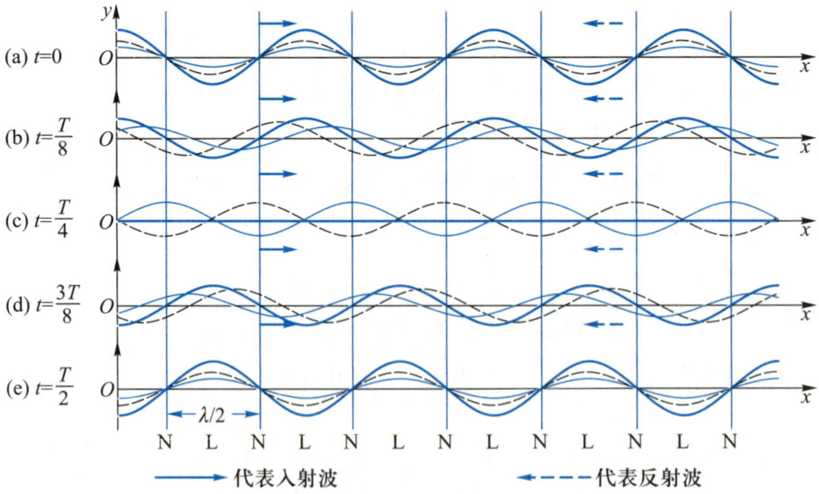

图 6-5-6 驻波的形成

从驻波方程与其形成示意图可以看出，驻波具有以下特点。

1. 驻波的波腹和波节

驻波各点都在作同频率的简谐运动，每一点的振幅为 $|2A\cos(2\pi x/\lambda)|$，与位置有关，振幅最大值发生在 $|\cos(2\pi x/\lambda)|=1$ 的点，称为**波腹**。波腹的位置可由 $2\pi x/\lambda=k\pi(k=0,\pm1,\pm2,\cdots)$ 求出，为

$$x=k\frac{\lambda}{2}\quad(k=0,\pm1,\pm2,\cdots)\qquad(6-5-11)$$

该点的振幅为 $2A$，是驻波中的干涉极大点，相邻的两个波腹间的距离为

$$\Delta x=x_{k+1}-x_k=\frac{\lambda}{2}\qquad(6-5-12)$$

同样，振幅的最小值发生在 $|\cos(2\pi x/\lambda)|=0$ 的点，称为**波节**。波节的位置可由 $2\pi x/\lambda=(2k+1)\pi/2(k=0,\pm1,\pm2,\cdots)$ 求出，为

$$x=(2k+1)\frac{\lambda}{4}\quad(k=0,\pm1,\pm2,\cdots)\qquad(6-5-13)$$

波节是驻波的干涉极小点，振幅为零，即干涉静止点。相邻的两个波节之间的距离也是 $\lambda/2$，而相邻的一个波腹和一个波节之间的距离则为 $\lambda/4$。

视频 驻波的形成

2. 相位分布规律

在两相邻波节 $x=-\lambda/4$ 和 $x=\lambda/4$ 之间，$\cos\dfrac{2\pi x}{\lambda}>0$。考虑到振幅项必定为正，驻波方程式(6-5-10)可以写为

$$y=2A\cos\frac{2\pi x}{\lambda}\cos\omega t=2A\left|\cos\frac{2\pi x}{\lambda}\right|\cos\omega t\qquad(6-5-14)$$

可见，振幅与位置 x 有关，但相位相同，均为 $\varphi=\omega t$，即相邻两波节之间的质点振动相位总是相同的。同样，在两相邻波节 $x=\lambda/4$ 至 $x=3\lambda/4$ 之间，$\cos\dfrac{2\pi x}{\lambda}<0$。考虑到振幅项必定为正，驻波方程式可以写为

$$\begin{aligned}y&=2A\cos\frac{2\pi x}{\lambda}\cos\omega t=-2A\left|\cos\frac{2\pi x}{\lambda}\right|\cos\omega t\\&=2A\left|\cos\frac{2\pi x}{\lambda}\right|\cos(\omega t+\pi)\end{aligned}\qquad(6-5-15)$$

相位相同，均为 $\varphi=\omega t+\pi$。比较式(6-5-14)和式(6-5-15)，节点 $x=\lambda/4$ 一侧质点振动的相位为 $\varphi=\omega t$，而节点另一侧质点振动的相位为 $\varphi=\omega t+\pi$。即每一波节两侧半个波长内的质点振动的相位相反。

在驻波中，节点将介质划分为 $\lambda/2$ 的整数段，相邻两波节之间

的质点振动的振幅虽然不同，但振动的相位始终相同，因此，驻波中并不显现相位的空间移动。在每一波节两侧半个波长内的质点振动的相位始终相反。

动画 驻波能量

3. 驻波的能量

下面我们进一步考察驻波的能量，以细绳上的驻波为例来讨论这个问题。当介质中各质点的位移达到最大值时，其速度为零，即动能为零，如图 6-5-6(a) 所示。这时介质的形变最大，驻波上质元的全部能量都是势能。由于在波节附近的相对形变最大，所以势能最大；而在波腹附近的相对形变为零，所以势能为零。此时驻波的能量以势能的形式集中在波节附近。

当驻波上所有质点同时到达平衡位置时，如图 6-5-6(c) 所示，介质的形变为零，所以势能为零，驻波的全部能量都是动能。这时在波腹处的质点的速度最大，动能最大；而在波节处质点的速度为零，动能为零。此时驻波的能量以动能的形式集中在波腹附近。

由此可见，介质在振动过程中，驻波的动能和势能不断地转化。在转化过程中，能量不断地由波腹附近转移到波节附近，再由波节附近转移到波腹附近。能量就这样在波节与波腹间来回振荡。相邻波节的能量保持恒定，没有能量的定向传播。

4. 半波损失

在实验室中往往是通过入射波和反射波的叠加来形成驻波，就像图 6-5-7 所示的实验那样。由于弦线的一端固定，因此，反射点恒为波节，即反射点的振动与入射点的振动相位相反。这意味着反射波在反射的时候，发生了相位突变，变化了一个 π，最终与入射点的振动相位相反，结果形成了波节。在谐波方程中，通常是用波程来计算两点之间的相位差，相位变化 π 相当于波程中变化半个波长，即 $\lambda/2$，因此，我们又将这种现象称为“**半波损失**”。图 6-5-7 为有半波损失时入射波与反射波的示意图，实线为入射波，虚线为反射波。

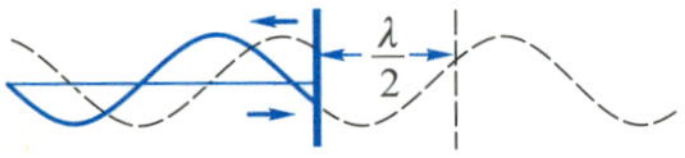

图 6-5-7 有半波损失

动画 半波损失

并不是所有的反射点都会形成波节。实验表明，当波在介质中传播并垂直入射介质的分界面时，在两种介质的分界面处究竟出现波节还是波腹，取决于两种介质的特性阻抗 ρu，它是介质的密度 ρ 与波速 u 的乘积。特性阻抗较大的介质称为波密介质，特性阻抗较小的介质称为波疏介质。在实验中发现，在波垂直入射界面的情况下，如果波是从波疏介质入射到波密介质界面而反射，反射点将出现波节（即反射时发生相位 π 的突变）；如果波是从波密介质入射到波疏介质界面，反射点将出现波腹（即反射时不发生相位 π 的突变，反射点和入射点的相位是相同的）。图 6-5-8 为

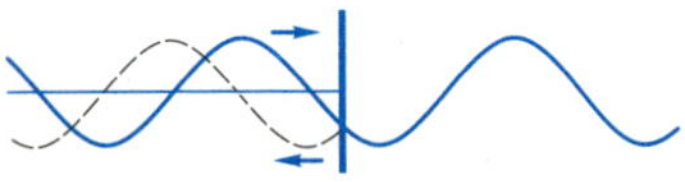

图 6-5-8 无波损失

无半波损失时入射波与反射波的示意图。

如果波不是垂直入射介质的分界面，入射波和反射波之间的关系要复杂得多，这里不再讨论。

半波损失也即相位突变问题不仅在机械波反射时存在，在电磁波包括光波反射时也存在。对于光波，我们把折射率 n 较大的介质称为光密介质，折射率 n 较小的介质称为光疏介质，当光从光疏介质入射到光密介质表面反射时，在反射点也有半波损失，以后在光学中还要反复地讨论这个问题。

例 6-7 在 x 轴的原点处有一波源，振动方程为 $y_0=A\cos(\omega t+\pi)$，发出的波沿 x 轴正方向传播，波长为 λ，波在 $x=x_0(x_0>0)$ 被一刚性壁反射，求：(1) 入射波方程；(2) 反射波方程；(3) 驻波方程；(4) 所有的波腹和波节的位置。

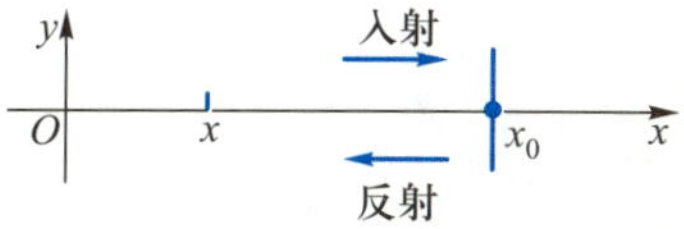

图 6-5-9 例 6-7 题图

解：(1) 如图 6-5-9 所示，波源（原点处）的振动规律为 $y_0=A\cos(\omega t+\pi)$，由式(6-2-6)知，沿 x 轴正方向传播的波方程为

$$y_1(x,t)=A\cos\left(\omega t-2\pi\frac{x}{\lambda}+\pi\right) \tag{1}$$

(2) 设反射波方程为

$$y_2(x,t)=A\cos\left(\omega t+2\pi\frac{x}{\lambda}+\varphi\right) \tag{2}$$

在式(2)中令 $x=x_0$ 得反射波在 $x=x_0$ 点处的振动方程为

$$y_2(x_0,t)=A\cos\left(\omega t+2\pi\frac{x_0}{\lambda}+\varphi\right) \tag{3}$$

另一方面，在式(1)中令 $x=x_0$ 得入射波在 $x=x_0$ 点处的振动方程为

$$y_1(x_0,t)=A\cos\left(\omega t-2\pi\frac{x_0}{\lambda}+\pi\right) \tag{4}$$

按题意，入射波被一刚性壁反射，反射将产生相位突变 π（半波损失），因此式(4)与式(3)比较，相位差为 π。即

$$\omega t+2\pi\frac{x_0}{\lambda}+\varphi=\omega t-2\pi\frac{x_0}{\lambda}$$

$$\varphi=-4\pi\frac{x_0}{\lambda} \tag{5}$$

将式(5)代入式(2)得反射波方程为

$$\begin{aligned}y_2(x,t)&=A\cos\left(\omega t+2\pi\frac{x}{\lambda}+\varphi\right)\\&=A\cos\left(\omega t+2\pi\frac{x-2x_0}{\lambda}\right)\end{aligned} \tag{6}$$

(3) 由入射波方程(1)与反射波方程(6)叠加即得驻波方程为

$$
\begin{aligned}
y &= y_1 + y_2 \\
&= A\cos\left(\omega t - 2\pi \frac{x}{\lambda} + \pi\right) + A\cos\left(\omega t + 2\pi \frac{x - 2x_0}{\lambda}\right) \\
&= 2A\cos\left(2\pi \frac{x - x_0}{\lambda} + \frac{\pi}{2}\right)\cos\left(\omega t - 2\pi \frac{x_0}{\lambda} + \frac{3\pi}{2}\right)
\end{aligned} \tag{7}
$$

（4）波腹和波节的位置可以从驻波方程式(7)中的振幅因子求出。

振幅因子

$$2A\cos\left(2\pi \frac{x - x_0}{\lambda} + \frac{\pi}{2}\right) = 0$$

即

$$2\pi \frac{x - x_0}{\lambda} + \frac{\pi}{2} = (2k+1)\frac{\pi}{2}$$

所以

$$x = x_0 - k\frac{\lambda}{2}, \quad k = 0, 1, 2, 3, \cdots \tag{8}$$

为全部波节的位置。

振幅因子

$$2A\cos\left(2\pi \frac{x - x_0}{\lambda} + \frac{\pi}{2}\right) = 2A$$

即

$$2\pi \frac{x - x_0}{\lambda} + \frac{\pi}{2} = k\pi$$

所以

$$x = x_0 - k\frac{\lambda}{2} - \frac{\lambda}{4}, \quad k = 0, 1, 2, 3, \cdots \tag{9}$$

为全部波腹的位置。

事实上，由于反射点 x_0 处是波节，根据相邻波节距离为 $\lambda/2$，全部波节的位置为

$$x = x_0 - k\frac{\lambda}{2}, \quad k = 0, 1, 2, 3, \cdots$$

与式(8)一致。

再根据相邻的波腹和波节相距 $\lambda/4$，全部波腹的位置为

$$x = x_0 - k\frac{\lambda}{2} - \frac{\lambda}{4}, \quad k = 0, 1, 2, 3, \cdots$$

与式(9)一致。

6-6 惠更斯原理 波的衍射

一、惠更斯原理

波在弹性介质中传播，由于弹性力的作用，介质中任何一点的

振动都会引起邻近各质点的振动,邻近再带动邻近,因此介质中任何一点相对于其后面的点来说,都可以看作波的源。观察在水面上激起的一列平行波,如图 6-6-1 所示,在波的前方设置一个障碍物,障碍物上留有一个小孔,这时,我们可以清楚地看到,水波将激起小孔处水面的振动,而小孔处水面的振动又会在障碍物的后面激起一列圆形的波,这圆形波就好像是以小孔为波源发出来的一样。换句话说,对于小孔以外的波,小孔就是波的源。

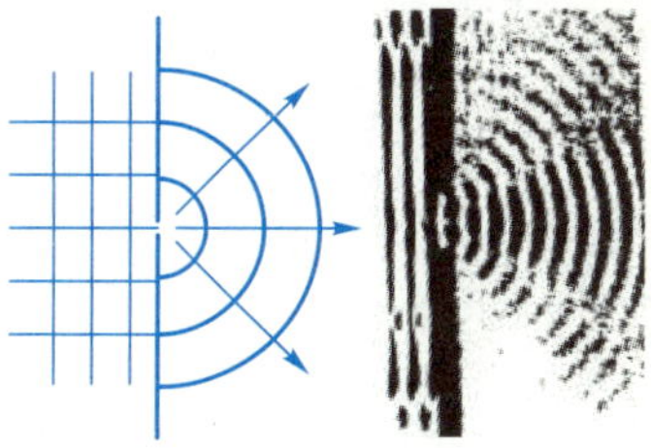

图 6-6-1 障碍物的小孔成为新的波源

惠更斯(C.Huygens)总结了上述现象,于 1690 年提出:**在波的传播过程中,波阵面(波前)上的每一点都可以看作发射子波的波源,在其后的任一时刻,这些子波的包迹就成为新的波阵面**。这就是**惠更斯原理**。

惠更斯原理适用于任何波动过程,无论是机械波或是电磁波。根据这一原理所提供的方法,只要知道某一时刻的波阵面,就可用几何作图方法来确定下一时刻的波阵面。如图 6-6-2 所示是用惠更斯原理描绘的平面波和球面波的传播过程,其中 S_1 为某一时刻 t 的波阵面,S_1 上的每一点发出的球面子波,经 Δt 时间后形成半径为 $u\Delta t$ 的球面,在波的前进方向上,这些子波的包迹 S_2 就成为 $t+\Delta t$ 时刻的新波阵面。根据惠更斯原理作图,还可简捷地说明波在传播中发生的衍射、反射和折射等现象。

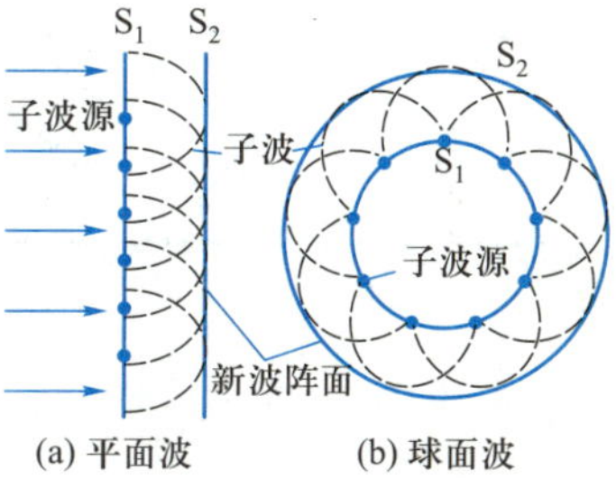

图 6-6-2 用惠更斯原理解释平面波与球面波的传播过程

动画 惠更斯原理 1

动画 惠更斯原理 2

二、波的衍射

当平面波传播遇到障碍物时,对于障碍物处未被遮挡部分的波阵面,其上各点发出的子波的包迹,显示波能绕过障碍物的边界向障碍物后方几何阴影内传播。这种**波能够绕过障碍物到达几何阴影内的现象**(亦即偏离直线传播的现象)称为**波的衍射**。

如图 6-6-3(a)所示,平面波到达障碍物上的一条狭缝时,根据惠更斯原理,缝上各点都可以看成发射子波的波源,各子波的包迹构成新的波阵面。这个新的波面已不再是平面,在狭缝的边缘处,波面弯曲,波线向上下发生偏折,使波偏离原来的直线传播方向而向两侧扩展,即发生了波的衍射现象。

衍射现象是否明显,与障碍物的几何尺寸有关,如图 6-6-3(b)所示,当缝宽变小时,缝后出现圆形衍射波,彻底改变了入射波的波面形状,这时衍射现象十分显著。

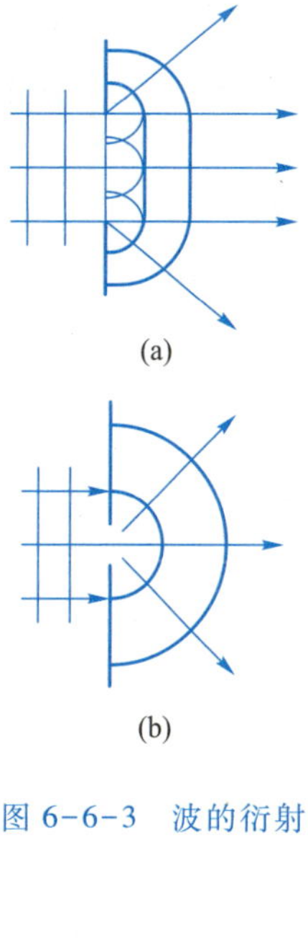

图 6-6-3 波的衍射

应当明确,惠更斯原理只能定性地解释波的衍射现象,它不能给出子波的振幅,因而不能定量给出衍射波的强度分布,亦不能解释为什么没有"后退波",菲涅耳后来对此进行了补充和完善,建立了惠更斯-菲涅耳原理。关于惠更斯-菲涅耳原理,我们在基础光学教程中会有进一步的认识,这里不再讨论。

三、波的反射与折射

动画 衍射

当波从一种介质传向另一种介质时，在介质的分界面上波的传播方向随之改变。用惠更斯作图法可以说明波在两种各向同性均匀介质的分界面传播时方向改变的规律，即波的反射与折射规律。

波的反射定律

下面我们先用惠更斯原理来推导反射定律。

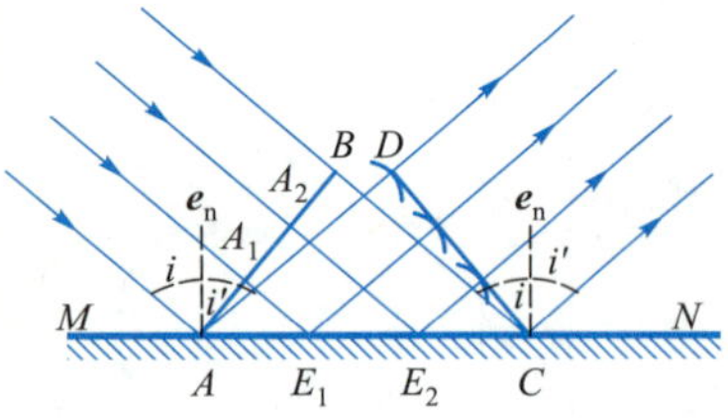

图 6-6-4 波的反射

如图 6-6-4 所示，一列平面波在图面内向两种介质的分界面 MN 传播，设 $t=0$ 时，入射波的波阵面 AB 上的 A 点先到达分界面，随后，波阵面上的 A_1、A_2 各点陆续到达分界面上 E_1、E_2 点，直到 $t=t_0$ 时刻，B 点到达 C 点。

入射波到达分界面上的各点作为反射波的子波源发出子波，当 $t=t_0$ 时，从 A、E_1、E_2 各点发射的反射波的子波面均为半球面（在图面内是一组圆弧线），这些圆弧的包迹就是通过 C 点并与这些圆弧相切的直线 CD，根据惠更斯原理，CD 连线就是 $t=t_0$ 时刻反射波的波阵面。用 $\boldsymbol{e}_n$ 表示分界面的法线方向，i 为入射角，i' 为反射角。由于 $AD=BC$，$\angle ADC=\angle ABC=90°$，$AC$ 为公共边，所以两个直角三角形 $\triangle BAC$ 和 $\triangle DCA$ 是全等的。因此，$\angle DAC=\angle BCA$。又 i' 和 i 分别为 $\angle DAC$ 和 $\angle BCA$，互为余角，所以，$i=i'$，即入射角等于反射角。

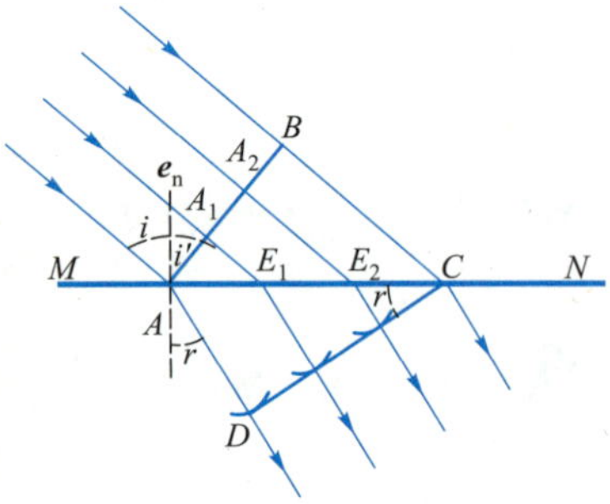

图 6-6-5 波的折射

波的折射定律

当波从一种介质进入另一种介质时，在分界面上还要发生折射现象，用 u_1 表示波在第一种介质中的波速，u_2 表示波在第二种介质中的波速，MN 为两种介质的分界面，如图 6-6-5 所示。$t=0$ 时，入射波波阵面上的 A 点先到达分界面。随后，A_1、A_2 陆续到达分界面上的 E_1、E_2 点，直到 $t=t_0$ 时，B 点到达 C 点。此时，从 A 发出的折射波的子波正好传到 D 点，$AD=u_2t_0$，因而，在图面内，折射波此时的波阵面就是 CD 连线。

图中 $\boldsymbol{e}_n$ 表示分界面的法线方向，i 为入射角，γ 为折射角。由几何关系知道，$\angle BAC=i$，$\angle ACD=\gamma$，而 $BC=u_1t_0=AC\sin i$，$AD=u_2t_0=AC\sin\gamma$，所以

$$\frac{BC}{AD}=\frac{AC\sin i}{AC\sin\gamma}=\frac{u_1}{u_2}=\frac{n_2}{n_1}=n_{21}$$

即

$$\frac{\sin i}{\sin\gamma}=\frac{n_2}{n_1}=n_{21} \tag{6-6-1}$$

其中 n_1，n_2 分别为介质 1 和介质 2 的折射率，$n_{21}=n_2/n_1$ 为介质 2 对介质 1 的相对折射率。这就是折射定律。

6-7 多普勒效应

我们有过这样的体会，当一列鸣着笛的火车从我们身旁快速驶过时，会明显感觉到火车笛声的音调变化，即火车向我们快速驶来时鸣笛的音调较高，亦即频率较大；而当火车离开我们远去时，鸣笛音调较低，亦即频率较小。1842 年，多普勒（J.C.Doppler）发现，**波源或观察者相对于介质运动时，观察者接收到的波的频率与波源实际发出的频率不同**，这种现象称为**多普勒效应**。

视频 多普勒效应 1

设介质中波速为 u，波源的振动频率为 ν，观察者接收到的频率为 ν'，以 v_S 表示波源相对于介质的运动速率，v_0 表示观察者相对于介质的运动速率。下面分几种情况进行讨论。

1. 波源和观察者都相对于介质静止

观察者接收到的频率即观察者在单位时间内接收到完整波形的数目。如果波源和观察者都相对于介质静止，则波源在单位时间内发出的完整波形的数目应等于观察者在单位时间内接收到的完整波形的数目，即

$$\nu'=\nu \tag{6-7-1}$$

观察者接收到的频率与波源振动频率相等。

2. 波源静止，观察者以速度 $\boldsymbol{v}_0$ 相对于介质运动

设观察者以速率 v_0 向着波源运动，由于波速（相对于介质）为 u，按照速度的合成，相对于观察者来说波速应该是 $u+v_0$，而波长仍为 λ。则单位时间内通过观察者的完整波形的数目即观察者接收到的频率为

$$\nu'=\frac{u+v_0}{\lambda}=\frac{u+v_0}{u}\nu \tag{6-7-2}$$

由此可见，观察者向着波源运动时，接收到的频率大于波源的实际频率。

当观察者远离波源运动时，只要将式（6-7-2）中的 v_0 取为负值即可。这时观察者接收到频率小于波源的实际频率。

动画 多普勒效应 2

3. 观察者静止，波源相对于介质以速率 $\boldsymbol{v}_S$ 运动

当波源相对于介质运动时，它发出球面波的球心不断向前移动，如图 6-7-1 所示。当从波源 S 发出的波到达 A 点时，波源 S 已经运动到 S′处，故波长将改变为

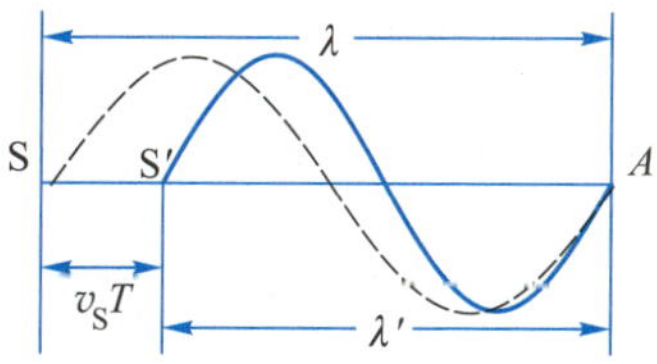

图 6-7-1 波源相对介质运动

$$\lambda'=\lambda-v_S T=(u-v_S)T=\frac{u-v_S}{\nu}$$

观察者接收到的频率为

$$\nu'=\frac{u}{\lambda'}=\frac{u}{u-v_S}\nu \tag{6-7-3}$$

动画 多普勒效应 3

可见，波源向着观察者运动时，接收到的频率大于波源的实际频率。

当波源远离观察者运动时，只要将式(6-7-3)中的 v_S 取为负值即可。这时观察者接收到的频率小于波源的实际频率。

4. 观察者与波源同时相对于介质运动

当观察者与波源同时运动时，同上述分析，相对于观察者来说波速为 $u+v_0$，介质中的波长为 $\lambda'=\lambda-v_ST$，所以，观察者接收到的频率为

$$\nu'=\frac{u+v_0}{\lambda'}=\frac{u+v_0}{u-v_S}\nu \tag{6-7-4}$$

其中，当观察者向着波源运动时 v_0 取正，反之取负；当波源向着观察者运动时 v_S 取正，反之取负。

以上的讨论，无论是波源还是接收器都在连接波源和接收器的直线上运动，相应的多普勒效应称纵向多普勒效应。当波源和接收器在垂直于连接波源和接收器的直线上运动时，其多普勒效应称横向多普勒效应，机械波不产生横向多普勒效应。一般地，如果运动方向不在连接波源和接收器的直线上，应该取其速度在该直线上的分量，其关系不变。

电磁波也会产生多普勒效应，但是两者有本质上的区别。电磁波的传播不需要介质，因此，决定接收频率的只是波源和接收器之间的相对速度 v 和波源的频率 ν。由于电磁波以光速传播，所以，在涉及相对运动时必须应用相对论时空变换。当光源和观察者在同一直线上运动时，观察者接收到的频率为

$$\nu'=\sqrt{\frac{1+v/c}{1-v/c}}\nu \tag{6-7-5}$$

当二者相互接近时 v 取正，反之取负。

在地球上的观察者观察天体的运动，当天体远离地球而去时，相对运动方向与光线传播方向相反，接收到的频率变小，光波波长变长，这种现象称为“**红移**”。测量光线的红移程度，可知天体的运动情况。

动画 多普勒效应 4

例 6-8 飞行物以速率 v 远离观察者飞行，由静止波源向飞行物发射频率 $\nu=30$ kHz 的超声波，波源测得反射波与发射波引起的拍频为 100 Hz，声速为 $u=340$ m/s。求飞行物的飞行速率 v。

解：这里实际上是两个过程。第一步，飞行物接收从静止波源发出的波；第二步，飞行物以接收到的频率作为波源频率发出反射波，再被静止的观察者接收。

(1) 飞行物接收到从静止波源发出波的频率，由式(6-7-2)决定，由于飞行物以速率 v 远离波源运动，这里有 $v_0=-v$，即飞行物接收到的频率为

$$\nu'=\frac{u+v_0}{u}\nu=\frac{u-v}{u}\nu \qquad (1)$$

（2）从飞行物反射波的频率应等于飞行物接收到的频率，所以再被静止的观察者接收到的频率由式（6-7-3）决定，由于飞行物作为波源以速率 v 远离运动观察者，这里有 $v_S=-v$，即再被静止的观察者接收到的频率为

$$\nu''=\frac{u}{u-v_S}\nu'=\frac{u}{u+v}\nu' \qquad (2)$$

将式（2）代入式（1）得

$$\nu''=\frac{u}{u+v}\nu'=\frac{u-v}{u+v}\nu \qquad (3)$$

反射波与发射波引起的拍频为

$$\nu_p=\nu-\nu''=\frac{2v}{u+v}\nu=100\ \text{Hz} \qquad (4)$$

由式（4）解得 $$v=\frac{\nu_p u}{2\nu-\nu_p}=0.57\ \text{m/s}$$

马赫锥 当波源的运动速度 v_S 大于机械波的传播速度 u 时，式（6-7-3）将失去意义。因为这时在任一时刻波源本身将超过它此前发出的波的波前，在波源的前方不可能产生任何波动。如图 6-7-2 所示，波源在 S 位置发出的波的波阵面在经过 t 时间后形成半径为 ut 的球面，此时波源已前进到 v_St 到达前方 S_1 处（$v_St>ut$）。在整个 t 时间内，波源发出机械波的波前构成以波源为顶点的圆锥面，该圆锥称为**马赫锥**，这种圆锥形的机械波称为**冲击波**，其半顶角为

$$\sin\alpha=\frac{ut}{v_St}=\frac{u}{v_S}=\frac{1}{Ma} \qquad (6-7-6)$$

式中波源速度与声速的比值 Ma 称为马赫数（Mach number），马赫数决定了 α 角。

动画 雷达测速

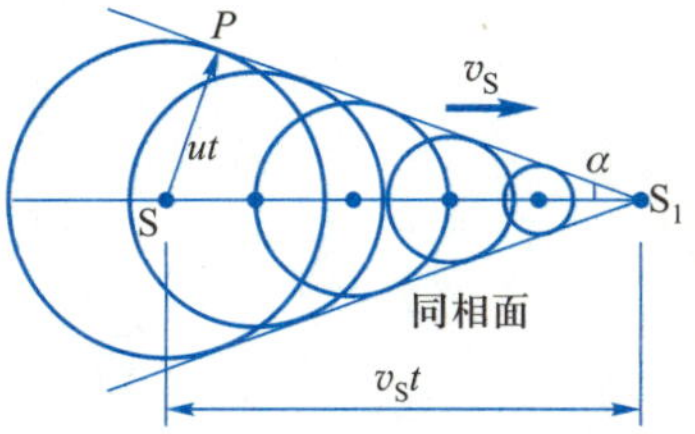

图 6-7-2 马赫锥

动画 激波

只要满足 $v_S\geqslant u$ 的条件，就会形成冲击波。日常生活或科研实验中存在大量的冲击波现象，如高速快艇的速度大于水波的传播速度时形成的艏波；子弹在空气中高速运动形成的声波；介质中电子以超过该介质中光的传播速度时发出的切连科夫辐射等，都是形成冲击波的实例。

此外，当 $v_S=u$ 时，由式（6-7-3）知，$\nu'\to\infty$，由式（6-7-6）知马赫锥的顶角为 90°，这时波阵面由圆锥变成了平面，波源在所有时刻发出的波几乎同时到达接收器，这样就会产生极大的冲击波，对于声波通常称这种冲击波为“**声爆**”。如果超音速飞机的飞行速度等于声速，飞机机体的任何振动都将尾随飞机机体

附近，并引起机身的共振，给飞行带来很大的危险。通常将声速附近的飞行速度称为“**声障**”。超音速飞机加速飞行时，应尽快越过“声障”区。

内容概要

一、机械波的产生和传播

1. 形成条件：一是有波源，二是有传播这种振动的介质；

2. 分类：横波与纵波；

3. 几何描述：波线、波面及波前，平面波与球面波；

4. 基本物理量及其关系：周期 T、频率 ν、波速 u、波长 λ、角波数 k。

$$T=\frac{1}{\nu},\quad u=\frac{\lambda}{T}=\nu\lambda,\quad k=\frac{2\pi}{\lambda}$$

二、平面简谐波的运动方程

$$y(x,t)=A\cos\left[\omega\left(t\mp\frac{x}{u}\right)+\varphi_0\right]$$

$$y(x,t)=A\cos(\omega t\mp kx+\varphi_0)$$

$$y(x,t)=A\cos\left[2\pi\left(\frac{t}{T}\mp\frac{x}{\lambda}\right)+\varphi_0\right]$$

式中负号对应于正行波，正号对应于反行波，φ_0 为原点处振动质点的初相位。

三、弹性介质中的波速

1. 固体中，横波波速 $u=\sqrt{\dfrac{G}{\rho}}$；纵波波速 $u=\sqrt{\dfrac{E}{\rho}}$

2. 弹性绳柔软绳索中横波的速度 $u=\sqrt{\dfrac{F_T}{\rho_l}}$

3. 液体和气体中纵波传播速度 $u=\sqrt{\dfrac{K}{\rho}}$；对于理想气体，声速 $u=\sqrt{\dfrac{\gamma p}{\rho}}=\sqrt{\dfrac{\gamma RT}{M}}$

四、波的能量

1. 平均能量密度 $\overline{w}=\dfrac{1}{2}\rho A^2\omega^2$

2. 平均能流 $\overline{P}=\overline{w}\boldsymbol{u}\cdot\boldsymbol{S}=\dfrac{1}{2}\rho\omega^2A^2\boldsymbol{u}\cdot\boldsymbol{S}$

3. 平均能流密度（波强） $\boldsymbol{I}=\overline{w}\boldsymbol{u}=\dfrac{1}{2}\rho A^2\omega^2\boldsymbol{u}$

4. 声波的平均能流密度称为声波的强度，简称**声强**。

声强级 $L_I=\lg\frac{I}{I_0}$（贝尔） $L_I=10\lg\frac{I}{I_0}$（分贝）

五、波的叠加原理　波的干涉

1. 波的叠加原理

波传播的独立性：如果有几列波在空间相遇，那么每一列波都将独立地保持自己原有的特性，并不会因其他波的存在而改变。

波的叠加原理：在相遇区域，任一介质元的振动为各列波单独在该点引起振动的合振动。

2. 波的干涉　一种稳定的叠加现象

相干条件：同振动方向，同频率，恒相位差。

合振动的振幅　$A=\sqrt{A_1^2+A_2^2+2A_1A_2\cos\Delta\varphi}$

其中　$\Delta\varphi=\varphi_2-\varphi_1-2\pi\frac{r_2-r_1}{\lambda}$

相长干涉：$\Delta\varphi=2k\pi\quad(k=0,\pm1,\pm2,\cdots)$，$A=A_1+A_2$

相消干涉：$\Delta\varphi=2(k+1)\pi\quad(k=0,\pm1,\pm2,\cdots)$，$A=|A_1-A_2|$

若 $\varphi_1=\varphi_2$，干涉极值条件可简化为

相长干涉：$\delta=r_2-r_1=k\lambda\quad(k=0,\pm1,\pm2,\cdots)$，$A=A_1+A_2$

相消干涉：$\delta=r_2-r_1=\left(k+\frac{1}{2}\right)\lambda\quad(k=0,\pm1,\pm2,\cdots)$，$A=|A_1-A_2|$

六、驻波　半波损失

1. 驻波的产生：两列同振幅、反方向传播的相干波叠加的结果，其表达式为

$$y=\left(2A\cos\frac{2\pi}{\lambda}x\right)\cos\omega t。$$

2. 驻波的特点：

波腹：干涉极大点，相邻波腹间距 $\Delta x=\frac{\lambda}{2}$；

波节：干涉静止点，相邻波节间距 $\Delta x=\frac{\lambda}{2}$，相邻的波腹与波节间距为$\frac{\lambda}{4}$。

相位分布特点：相邻两个波节之间所有质点振动相位同相，任一波节两侧的质点振动相位相反。

3. 半波损失：波从波疏介质垂直入射到波密介质，在分界面处反射时，反射点有半波损失，即有相位 π 的突变，出现波节；波从波密介质入射到波疏介质，反射点没有半波损失，出现波腹。

七、惠更斯原理　波的衍射

1. 惠更斯原理:在波的传播过程中,波阵面(波前)上的每一点都可以看作发射子波的波源,在其后的任一时刻,这些子波的包迹就成为新的波阵面。

2. 波的衍射:波能够绕过障碍物到达几何阴影内的现象(亦即偏离直线传播的现象)称为波的衍射。

3. 波的反射与折射:当波从一种介质传向另一种介质时,在介质的分界面上波的传播方向随之改变。用惠更斯作图法可以说明波在两种各向同性均匀介质的分界面传播时方向改变的规律,即波的反射与折射规律。

八、多普勒效应

波源或观察者相对于介质运动时,观察者接收到的频率为

$$\nu'=\frac{u+v_0}{\lambda'}=\frac{u+v_0}{u-v_S}\nu$$

其中,当观察者朝波源运动时 v_0 取正,反之取负;当波源朝观察者运动时 v_S 取正,反之取负。

这里波源和接收器都在连接波源和接收器的直线上运动,如果运动方向不在连接波源和接收器的直线上,应该取其速度在该直线上的分量,其关系不变。

思考题

6-1. 什么是波动? 波动和振动有什么联系?

6-2. 机械波的波长、频率、周期和波速四个量中,(1)在同一介质中,哪些量是不变的?(2) 当波从一种介质中进入另一种介质中时,哪些量是不变的?

6-3. 波动方程中 $y=A\cos\omega\left(t-\frac{x}{u}\right)$ 中的$\frac{x}{u}$表示什么? 如果把它写成 $y=A\cos\left(\omega t-\frac{\omega x}{u}\right)$,$\frac{\omega x}{u}$又表示什么?

6-4. 波形曲线和振动曲线有什么不同? 试说明之。

6-5. 如图(a)所示为沿 x 轴负向传播的平面简谐波在 $t=0$ 时刻的波形图,则图(b)表示的是(　　)

A. 质点 m 的振动曲线　　B. 质点 n 的振动曲线

C. 质点 p 的振动曲线　　D. 质点 q 的振动曲线

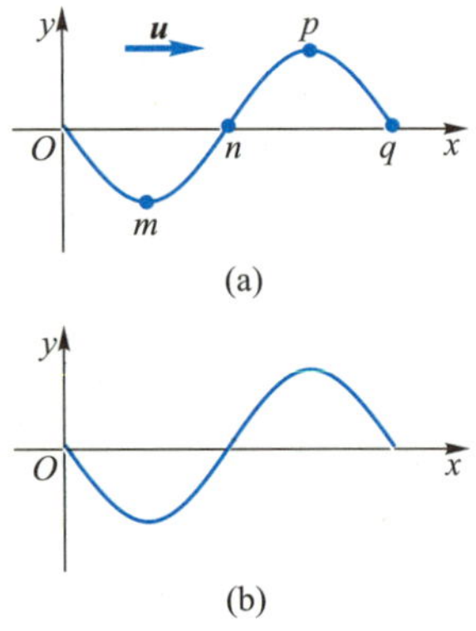

思考题 6-5 图

6-6. 机械波的表示式为 $y=0.05\cos(6\pi t+0.06\pi x)$,式中 y 和 x 的单位为 m,t 的单位为 s,则(　　)

A. 波长为 5 m　　B. 波速为 10 m/s

C. 周期为$\frac{1}{3}$ s　　　　D. 波沿 x 轴正向传播

6-7. 波动过程中体积元的总能量随时间变化，这和能量守恒是否矛盾？

6-8. 波的干涉的产生条件是什么？若两波源所发出的波的振动方向相同、频率不同，则它们在空间叠加时，加强和减弱是否稳定？

6-9. 两列波在空间某一点相遇，如果某一时刻该点合振动的振幅等于两列波振幅之和，那么这两个波就一定是相干波吗？

6-10. 如图所示，两列波长为 λ 的相干波在 P 点相遇。波在点 S_1 振动的初相是 φ_1，点 S_1 到 P 点的距离是 r_1。波在点 S_2 振动的初相是 φ_2，点 S_2 到 P 点的距离是 r_2，以 k 代表零或正负整数，则点 P 是干涉极大的条件为(　　)

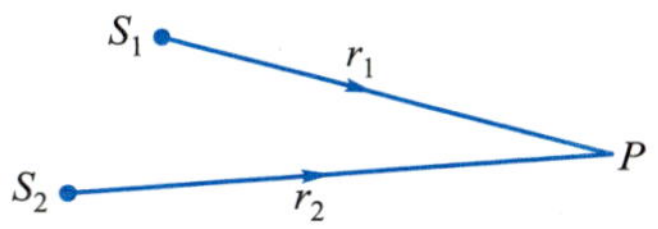

思考题 6-10 图

A. $\varphi_2-\varphi_1=2k\pi$

B. $\varphi_2-\varphi_1+2\pi(r_1-r_2)/\lambda=2k\pi$

C. $2\pi(r_2-r_1)/\lambda=2k\pi$

D. $\varphi_2-\varphi_1+2\pi(r_2-r_1)/\lambda=2k\pi$

6-11. 在驻波中，相邻两波节间各点的振动(　　)

A. 振幅相同，相位相同　　　　B. 振幅不同，相位相同

C. 振幅相同，相位不同　　　　D. 振幅不同，相位不同

6-12. 两列相干波形成驻波后的某一时刻，波线上各点的位移都为零，此时波的能量是否为零？

6-13. 在弦线上有一简谐波，波方程为 $y_1=2.0\times10^{-2}\cos\left[2\pi\left(\frac{t}{0.02}-\frac{x}{20}\right)+\frac{\pi}{3}\right]$ (SI 单位)，为在此弦线上形成驻波，并且在 $x=0$ 处为一波节，此弦线上还应有一简谐波，其表达式为(　　)

A. $y_2=2.0\times10^{-2}\cos\left[2\pi\left(\frac{t}{0.02}+\frac{x}{20}\right)+\frac{\pi}{3}\right]$

B. $y_2=2.0\times10^{-2}\cos\left[2\pi\left(\frac{t}{0.02}+\frac{x}{20}\right)+\frac{2\pi}{3}\right]$

C. $y_2=2.0\times10^{-2}\cos\left[2\pi\left(\frac{t}{0.02}+\frac{x}{20}\right)+\frac{4\pi}{3}\right]$

D. $y_2=2.0\times10^{-2}\cos\left[2\pi\left(\frac{t}{0.02}+\frac{x}{20}\right)-\frac{\pi}{3}\right]$

6-14. 如图所示为一向右传播的简谐波在 t 时刻的波形图，BC 为波密介质的反射面，波由 P 点反射，则反射波在 t 时刻的波形图为(　　)

6-15. 波源向着观察者运动和观察者向着波源运动，都会产

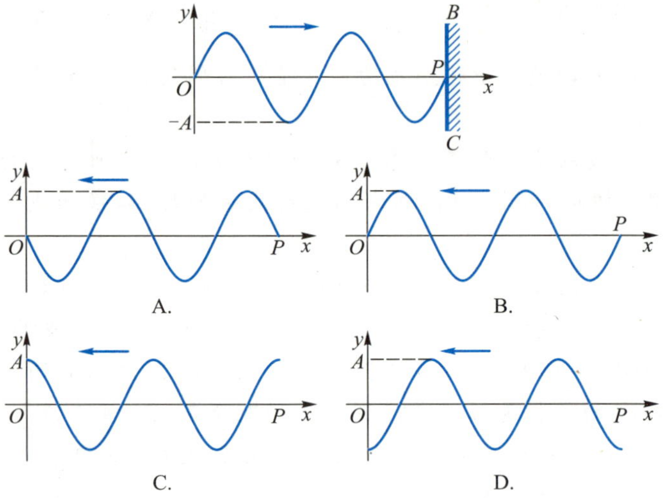

思考题 6-14 图

生频率升高的多普勒效应,这两种情况有何区别?

习题

6-1. 一机械波的表达式为 $y=0.05\sin(10\pi t-2x)$ (SI 单位),求:(1) 波的振幅、波速、频率及波长;(2) 说明 $x=0$ 时方程的意义,并作图表示。

6-2. 波源作简谐振动,其运动方程为 $y=4\times10^{-3}\cos(240\pi t)$ (SI 单位),它所形成的波以 30 m/s 的速度沿一条直线传播。求:(1) 波的周期及波长;(2) 写出波方程。

6-3. 一平面简谐波以速度 $u=0.8$ m/s 沿 x 轴负方向传播。已知原点的振动曲线如图所示。试写出:(1) 原点的振动表达式;(2) 波动表达式;(3) 同一时刻相距 1 m 的两点之间的相位差。

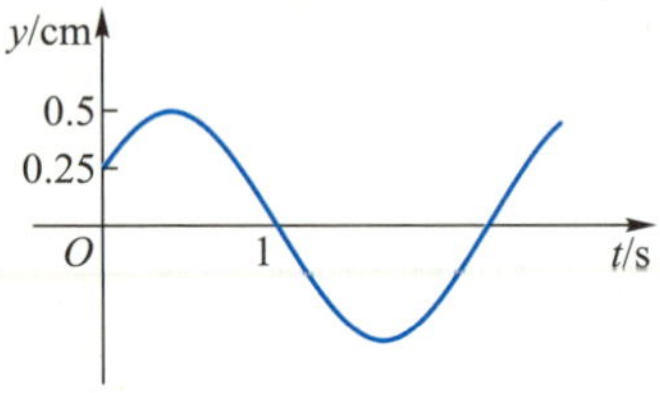

习题 6-3 图

6-4. 一平面简谐波沿 x 轴正向传播,其振幅和角频率分为 A 和 ω,波速为 u,设 $t=0$ 时的波形曲线如图所示。试求:(1) 写出此波的波动方程;(2) 距 O 点分别为 $\lambda/8$ 和 $3\lambda/8$ 两处质点的振动方程;(3) 距 O 点分别为 $\lambda/8$ 和 $3\lambda/8$ 两处质点在 $t=0$ 时的振动速度。

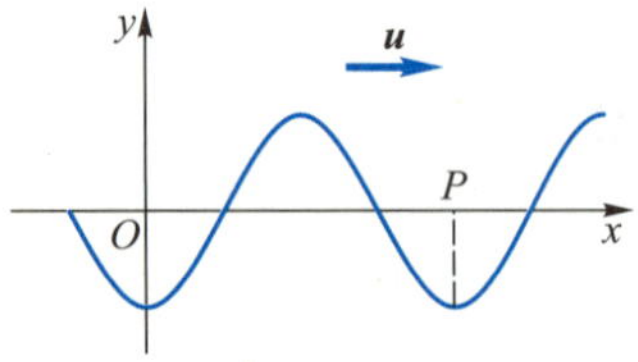

习题 6-4 图

6-5. 一平面简谐波沿 x 轴正向传播,其振幅为 A,角频率为 ω,波速为 u。设 $t=t_0$ 时刻的波形曲线如图所示。求:(1) $x=0$ 处质点振动方程;(2) 该波的表达式。

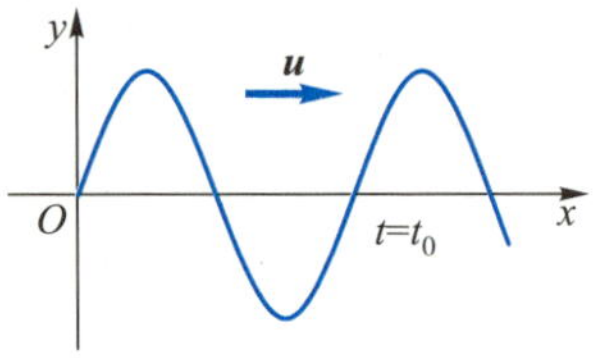

习题 6-5 图

6-6. 已知一沿 x 正方向传播的平面余弦波,$t=\dfrac{1}{3}$ s 时的波形如图所示,且周期 T 为 2 s。试求:(1) 写出 O 点和 A 点的振动方

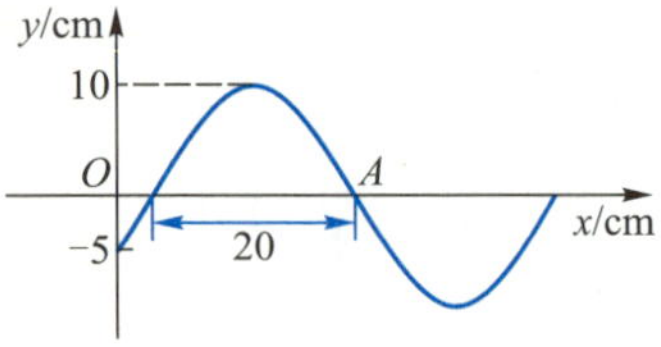

习题 6-6 图

程;(2)写出该波的波动方程;(3)O 点和 A 点之间的距离。

6-7. 当两列频率相同的平面简谐波在同一直线上沿同一方向传播时,合成的振幅是多少?已知两列波的振幅分别为 3 cm 和 4 cm,它们的相位常量分别是 0 和$\frac{\pi}{2}$。

6-8. 有一平面简谐波 $y=2\cos 600\pi\left(t-\frac{x}{330}\right)$(SI 单位),传到隔板上的两个小孔 A、B 上,A 与 B 相距 1 m。$PA\perp AB$,如图所示,若 A 和 B 传出的子波到达 P 点时恰好相消,求 P 点到 A 点的距离。

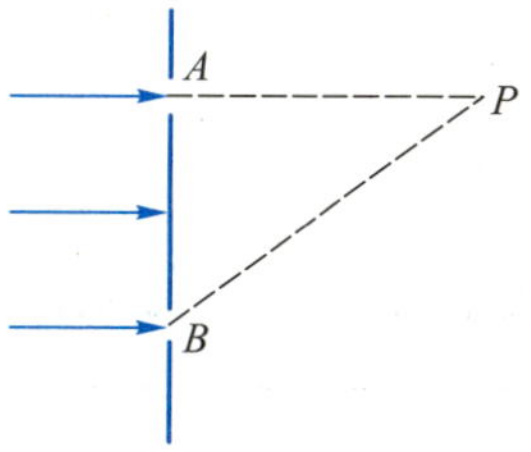

习题 6-8 图

6-9. 图中所示为声音干涉仪,用以演示声波的干涉。S 为声源,D 为声音探测器,如耳或话筒。路径 SBD 的长度可以变化,但路径 SAD 是固定的。干涉仪内有空气,且知声音强度在 B 的第一位置时为极小值 100 单位,而渐增至 B 距第一位置为 1.65 cm 的第二位置时,有极大值 900 单位。求:(1)声源发出的声波频率;(2)抵达探测器的两波的振幅之比。

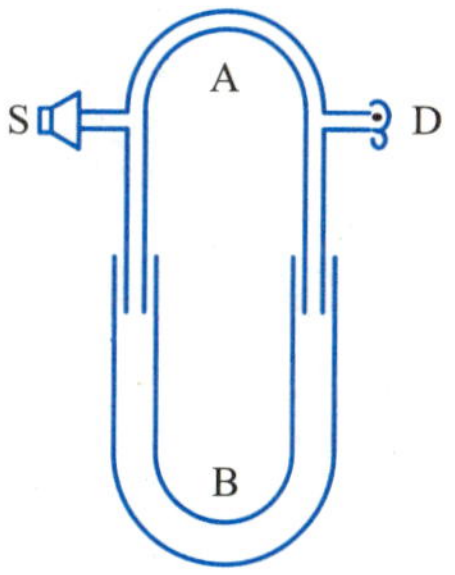

习题 6-9 图

6-10. 如图所示,从声源发出向右传的波长是 40.0 cm 的声波。此波通过一只由一段直管和一段半圆形管组成的管子。部分声波通过半圆形的管后又与通过直管的声波汇合,这种汇合产生了干涉。问半径 r 最小是多少时产生的声强最小?

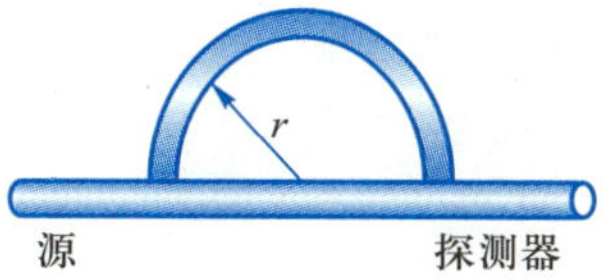

习题 6-10 图

6-11. 两列横向行波合成一驻波,两行波的方程是 $y_1=0.05\cos(\pi x-4\pi t)$ 和 $y_1=0.05\cos(\pi x+4\pi t)$(SI 单位)。求:(1)对应波节的最小的正 x 值是多少?(2)在时间间隔 $0\leqslant t\leqslant 0.50$ s 内的什么时刻,$x=0$ 处质点的速度为零?

6-12. 一列横波在绳索上传播,其表达式为 $y_1=0.05\cos\left[2\pi\left(\frac{t}{0.05}-\frac{x}{4}\right)\right]$(SI 单位),现有另一列横波(振幅也是 0.05 m)与上述已知横波在绳索上形成驻波。设这一横波在 $x=0$ 处与已知横波同相位。试求:(1)该波的波动方程;(2)绳索上驻波方程;(3)各波节的位置坐标表达式;并写出离原点最近的四个波节的坐标数值。

6-13. 由振动频率为 400 Hz 的音叉在两端固定拉紧的弦线上建立驻波。这个驻波共有三个波腹,其振幅为 0.30 cm 。波在弦上的速度为 320 $\mathrm{m\cdot s^{-1}}$。试求:(1)此弦线的长度;(2)若以弦线中点为坐标原点,试写出驻波的方程式。

6-14. 一根线上的驻波用下面的方程表示:$y(x,t)=0.040\cos 5\pi x\cos 40\pi t$(SI 单位)。求:(1)$0\leqslant x\leqslant 0.40$ m 内所有波节的位置;(2)线上任意点(非波节)的振动周期是多少?(3)干涉形成

驻波的两行波的波速和振幅分别是多少？

6-15. 交警 B 正在一条笔直的路上追赶一违法超速的司机 A，双方的车速都是 160 km/h。交警 B 没能抓住司机 A，于是再次鸣响警笛。若空气中的声速为 343 m/s，声源的频率为 500 Hz，问司机 A 听到的多普勒频率是多少？

6-16. 一架喷气式飞机以 200 m/s 的速度飞行，其引擎的汽轮机发出 16 000 Hz 的轰鸣声。另一架飞机以 250 m/s 的速度试图超过它。问这第二架飞机的驾驶员听到的声音频率是多少？

6-17. A、B 为两个汽笛，其频率皆为 500 Hz，A 静止，B 以 60 m/s 的速率向右运动。在两个汽笛之间有一观察者 O，以 30 m/s 的速度也向右运动。已知空气中的声速为 330 m/s，求：(1) 观察者听到来自 A 的频率；(2) 观察者听到来自 B 的频率；(3) 观察者听到的拍频。

习题 6-17 图

第7章

气体动理论

热学是物理学的一门分支学科，专门研究热运动规律及热运动与其他运动形式间的相互转化。热运动的研究可从微观和宏观两个方面分别入手，其内容分属于统计物理学和热力学。在这一章中，我们从微观角度对热力学系统进行分析，运用统计物理的基本方法研究大量微观粒子的热运动规律，称之为气体动理论；下一章从宏观角度研究热力学系统的规律。

本章根据理想气体的微观模型和统计假设，导出了热动平衡态下理想气体的压强公式和温度的微观实质；由热运动特征分析了能量均分定理，定义了理想气体内能；介绍了气体分子速率分布律、平均碰撞频率和平均自由程等概念。

7-1 平衡态 理想气体的物态方程

一、平衡态

热学的研究对象是由大量微观粒子(分子、原子等)组成的宏观物体,叫作**热力学系统**,简称系统。系统可以是固体、液体或气体,本书第 7 章和第 8 章仅研究气体系统。研究对象以外的物体称外界或环境。一般情况下,系统与外界之间既可以有能量交换(如热量传递、做功),又可以有物质交换(如泄漏、蒸发等)。若一个系统不受外界的影响,即与外界既没有物质交换也没有能量交换,称为孤立系统。实际上任何一个系统都或多或少受到外界的影响,故严格意义上的孤立系统并不存在。与外界只有能量交换无物质交换的系统称封闭系统;与外界既有物质交换又有能量交换的系统称开放系统。

一个热力学系统在恒定的外界条件下,经过一定时间,其宏观性质不随时间发生改变,这样的稳定状态称为定态。例如,两端连接两个不同恒温热源的金属棒,经过一段时间后,棒上不同位置温度虽不同,但其温度分布不随时间变化,金属棒处于一个稳定的宏观状态,即定态。但这样的定态并非平衡态。一个系统,在不受外界影响的条件下,其宏观性质不随时间发生变化的状态称为**平衡态**。平衡态并不为孤立系统所独有,封闭系统和开放系统也可出现平衡态,一旦达到平衡态,与外界不再进行物质或能量的交换。例如,一滴墨水滴入一定量的清水中,经过足够长时间的扩散后所达到的状态就可看作平衡态。达到平衡态的热力学系统虽宏观性质不随时间发生改变,但微观粒子仍处在永不停息的无规则的运动变化中,只不过大量粒子运动的平均效果不随时间改变,故热力学系统的平衡态称为**热动平衡态**。

二、状态参量 温度

热力学系统处于某平衡态时,其宏观性质不随时间变化,这些宏观性质可以用几个物理量来表征。描述系统状态的物理量称为**状态参量**。

一般情况下,处于平衡态的热力学系统,我们可以选用几何参量、力学参量、化学参量和电磁参量等来对系统的状态进行描述。究竟用哪几个参量就能全面描述系统状态,由系统本身的性质决定。例如,储存在气缸中一定量的某种气体,保持体积不变,加热后其压强增大;保持压强不变,加热后其体积增大。气体的体积和压强可以独立改变,描述气体状态就需用这两个不同类型的参量,体积是几何参量,压强是力学参量。

除了上述几类参量,由于我们研究的对象是热力学系统,还需要一个描述其热运动性质的物理量,我们把这个参量称为**温度**。温度是热学所特有的表示物体冷热程度的状态参量。热的物体温度高,冷的物体温度低,这是我们大家的共同感受。但仅有建立在主观感受上、定性的解释是不够的,还需为温度建立严格、科学的定义。

温度概念的建立是以热平衡为基础的。

假如有A、B两系统,各自处于一定的平衡态。在与外界隔绝的条件下,让A、B两系统相互接触,使两系统之间发生传热。一般情况下,两系统的状态都会发生改变。经过一段时间后,两系统的状态不再发生变化,处于一个新的共同的平衡态。

现考虑三个热力学系统A、B、C,将A和B互相隔绝,但使它们同时与C热接触。经过一段时间后,A和C处于热平衡,B和C也处于热平衡。这时,若再使A和B热接触,则发现A和B的状态都不会发生变化。这说明A和B在与C接触后、相互接触前就已经处于热平衡状态了。

实验表明:如果两热力学系统中的每一个都与第三个热力学系统处于热平衡,则这两个热力学系统彼此也处于热平衡。这个结论通常叫作**热力学第零定律**,也称为热平衡定律。

热力学第零定律反映出,处于同一热平衡状态的所有系统必定有相同的热学性质,我们定义描述这个宏观性质的状态参量就是温度。也就是说,温度是决定一系统是否与其他系统处于热平衡的宏观性质,互为热平衡的系统具有相同的温度。

实验表明,当几个系统作为一个整体处于热平衡状态后,若将它们分开,各个系统仍然保持这个热平衡状态不变,即温度不会发生变化。这说明,热接触只是为热平衡的建立创造了条件,每个系统在热平衡时的温度仅决定于系统自身。在讨论温度的统计意义时将看到,温度反映了组成系统的大量分子的无规则运动的剧烈程度,即温度仅决定于系统内部热运动状态。

一切互为热平衡的物体有相同的温度,这是用温度计测量物体温度的依据。我们可以选用一定量的某种物质作为系统,通过这个系统与温度有关的特性来测量其他系统的温度,这个选定的系统就成了一个温度计。例如,水银或酒精温度计就是利用液体的体积随温度变化的特性,将温度通过液面位置的高低显现出来。测量时将温度计与待测系统接触,经过一段时间等它们达到热平衡后,温度计的温度就等于待测系统的温度。

以上对温度的定义是定性的,任何一个物理量除了定性的描述外，还需要定量的表示。温度的数值表示法叫作**温标**。生活中常用的温标为摄氏（Celsius）温标，用 t 表示，以液体（如水银或酒精）作为测温物质，用液柱的高度随温度的变化作为测温特性，并规定纯水的冰点为 0 ℃，汽点为 100 ℃，认定液柱高度（实为液体体积）随温度作线性变化，在 0 ℃和 100 ℃之间将温度分成 100 等份，一份表示 1 ℃。科学研究中常用的是热力学温标（或称绝对温标），这种温标不依赖测温物质及其物理性质，是由开尔文（Kelvin）建立的一种理论性温标，用 T 表示，单位为开尔文（简称开，记为 K），是 SI 中七个基本单位之一。由热力学第二定律可以证明，适当选择温标的零点可使理想气体温标与热力学温标一致，故可用理想气体温标实现热力学温标。国际温标规定水的三相点为 273.16 K，由热力学温度可导出摄氏温度

$$t/℃ = T/K - 273.15$$

即热力学温标的 273.15 K 为摄氏温标的 0 ℃。表 7-1-1 为一些典型的温度值。

表 7-1-1 一些典型的温度值

宇宙大爆炸后 10^{-43} s	10^{32} K
氢弹爆炸中心	10^{8} K
实验室内已获得的最高温度	6×10^{7} K
太阳中心	1.5×10^{7} K
地球中心	4×10^{3} K
乙炔焰	2.9×10^{3} K
地球上出现的最高温度（利比亚）	331 K（58 ℃）
地球上出现的最低温度（南极）	185 K（−88 ℃）
氮的沸点（101.325 kPa）	77 K
氦的沸点（101.325 kPa）	4.2 K
宇宙微波背景辐射	2.7 K
用激光冷却法获得的最低温度	2.4×10^{-11} K

三、理想气体物态方程

当选定了能全面描述系统状态的一组参量之后，描述系统状态的其他宏观物理量就可以表示为这组状态参量的函数，这些函数与系统的状态是一一对应的，通常称它们为**态函数**，或**物态方程**。

气体是较典型和简单的热力学系统，是普通热学常研究的对象。实验指出，在压强不太大（与大气压相比）和温度不太低（与

室温相比)的条件下,各种气体都近似遵守玻-马(Boyle-Mariotte)定律、盖吕萨克(Gay-Lussac)定律和查理(Charles)定律。我们把严格遵守上述三定律的气体称为**理想气体**。可见,理想气体是实际气体的理想化模型,在常温常压下可以近似用理想气体这个模型来代替实际气体。

由上述气体的三个实验定律,处于平衡态的理想气体满足

$$pV=\frac{m}{M}RT=\nu RT \tag{7-1-1}$$

式中 p 为气体的压强,V 为气体的体积,T 为气体的温度,是描述理想气体在某平衡态的三个状态参量;m 为气体的质量,M 为气体的摩尔质量,ν 为气体的物质的量;$R=8.31\ \mathrm{J\cdot mol^{-1}\cdot K^{-1}}$,称摩尔气体常量。我们把式(7-1-1)称作**理想气体物态方程**。其实,式(7-1-1)可以由玻-马定律和理想气体温标直接推出,将盖吕萨克定律和查理定律视为理想气体物态方程的推论,感兴趣的同学可参考热学有关温标的内容。要注意的是,物态方程仅适用于处于平衡态的系统;非平衡态系统由于其不稳定性,不能用宏观状态参量来描述,故不能应用物态方程。

理想气体的物态方程还可改写为

$$p=\frac{N}{V}\frac{R}{N_A}T=nkT \tag{7-1-2}$$

式中 N 为气体分子的总数、n 为气体分子的数密度(单位体积气体分子数);$N_A=6.02\times10^{23}\ \mathrm{mol^{-1}}$,为阿伏伽德罗常量;令 $k=\frac{R}{N_A}=1.38\times10^{-23}\ \mathrm{J\cdot K^{-1}}$,称作玻耳兹曼常量。式(7-1-2)是理想气体物态方程的另一种重要形式,是联系宏观物理量和微观物理量的一个重要公式,在我们处理有的问题时使用较方便。例如,我们可以由它估算出在标准状态(101.325 kPa,0 ℃)下,空气分子数密度 $n\approx3\times10^{25}\ \mathrm{m^{-3}}=3\times10^{19}\ \mathrm{cm^{-3}}$,即 1 $\mathrm{cm^3}$ 空气中约有 3 000 亿亿个分子。可见我们研究的热力学系统包含的分子数目众多,不可能再使用经典力学的方法对每一个分子一一进行跟踪,而应采用一种新的方法对其整体进行研究。

7-2 理想气体的压强公式和温度的统计意义

热力学系统包含大量的、作无规则运动的分子、原子等微观粒子,描述系统状态的宏观状态参量与这些微观粒子的无规则运动之间有什么联系呢?这就是统计物理要解决的问题。

气体动理论是统计物理最基础、最本质的内容。气体动理论

依据单个粒子所遵循的力学规律，用统计物理的基本方法对大量气体分子进行统计平均来描述其宏观性质，解释并揭示热力学系统宏观热现象及其规律的微观本质。

一、理想气体的微观模型及平衡态的统计假设

1. 理想气体的微观模型

（1） 分子可以视为质点

在标准状态下，同一种物质，其气态的密度大约为液态的1/1 000。设液体分子紧密排列，则气体分子的间距大约是分子自身线度（10^{-10} m）的10倍。分子的大小比起它们之间的平均距离可忽略不计，故可看作质点处理。

（2） 除碰撞外，分子之间的作用可忽略不计

实际气体分子间的作用力随距离的变化关系见图7-2-1。在运动过程的大多数时间内，气体分子间距较大，相互作用可以忽略。对于理想气体，除碰撞瞬间外，分子间没有相互作用力；在两次碰撞之间，分子作匀速直线运动。

（3） 分子间的碰撞是完全弹性的

气体的平衡是一种动态平衡，气体分子作永不停息的、无规则的热运动。处于平衡态的气体的宏观性质不变，描述气体系统的状态参量之一——能量不因分子间的碰撞而变化，故分子间或分子与器壁之间的碰撞为弹性碰撞。

动画 气体分子运动模拟

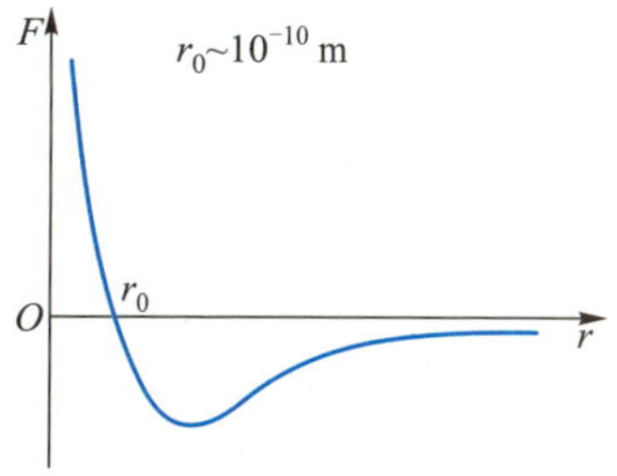

图7-2-1 分子作用力随间距的变化关系

动画 分子作用力

2. 理想气体平衡态的统计假设

在包含大量气体分子的热力学系统中，虽然每个分子的运动都应遵守动力学规律，但由于频繁的碰撞（约 10^{10} s^{-1}），使得单个分子的运动变得极为复杂和难以预测，即个别分子的运动都带有偶然性。然而正是每个分子运动具有偶然性，才使大量分子整体呈现出确定的规律性，这是统计平均的效果。当气体处在平衡态时，分子在容器中的空间分布平均来说是均匀的，向各个方向运动的分子数平均来说也相同，故可提出以下统计假设：

（1） 分子的速度各不相同，而且通过碰撞不断变化着；平衡态时，不因碰撞而丢失具有某一速度的分子。

（2） 忽略外场（如重力）影响下，平衡态时分子按空间位置的分布是均匀的，即分子数密度到处一样。

$$n=\frac{dN}{dV}=\frac{N}{V} \tag{7-2-1}$$

dV 为**物理无限小体积元**，宏观上可视为足够小的体积元（能代表空间各点），而微观上则包含大量的分子、原子等微观粒子。当然，由于微观粒子的热运动，dN/dV 的值会随时间、随空间变化，我们

把 dN/dV 的值相对于 n 平均值的差异称为**涨落**。

（3）平衡态时分子的速度按方向的分布是均匀的。显然应有

$$\overline{v_x}=\overline{v_y}=\overline{v_z}=0$$

若定义分子速度分量 v_x、v_y、v_z 的平方平均值为

$$\overline{v_x^2}=\frac{\sum_i v_{ix}^2}{N};\quad \overline{v_y^2}=\frac{\sum_i v_{iy}^2}{N};\quad \overline{v_z^2}=\frac{\sum_i v_{iz}^2}{N}\tag{7-2-2}$$

应有

$$\overline{v_x^2}=\overline{v_y^2}=\overline{v_z^2}$$

分子速率平方的平均值为

$$\overline{v^2}=\overline{v_x^2}+\overline{v_y^2}+\overline{v_z^2}$$

所以

$$\overline{v_x^2}=\overline{v_y^2}=\overline{v_z^2}=\frac{1}{3}\overline{v^2}\tag{7-2-3}$$

二、理想气体的压强公式

从微观上来看，气体分子在作永不停息的、无规则的热运动。单个分子与器壁的碰撞是不连续的，每次碰撞在器壁的什么地方、给器壁施加的冲量的大小，都具有偶然性。但对大量气体分子整体而言，每个时刻都有许多气体分子碰撞器壁各处，宏观上表现出一个恒定的、持续的压力，如同密集的雨点打在伞面上一样。由此可见，气体对容器壁的压强，是大量气体分子不断撞击器壁的统计结果。

假定有一任意形状的密闭容器，体积为 V，储有分子质量为 m_0 的 N 个同类气体分子，我们按照分子运动速度范围将其分成若干组。例如，第 i 组的分子速度在 $\boldsymbol{v}_i$ 到 $\boldsymbol{v}_i+d\boldsymbol{v}_i$ 之间，这组 N_i 个分子运动速度的大小和方向都相差不多，我们就用 $\boldsymbol{v}_i$ 近似表示这组每个分子的速度，用 n_i 表示其数密度。则总的分子数密度

$$n=n_1+n_2+\cdots+n_i+\cdots=\sum_i n_i$$

在平衡态下，器壁各处的压强都相等，在器壁上任取一面元 dA（宏观上足够小可视为一个点，微观上比分子的横截面积大得多），设垂直面元 dA 为 x 轴方向。

一个速度为 $\boldsymbol{v}_i=v_{ix}\boldsymbol{i}+v_{iy}\boldsymbol{j}+v_{iz}\boldsymbol{k}$ 的分子与面元 dA 发生完全弹性碰撞。碰撞前后，分子在 y、z 方向的速度分量不变，在 x 方向的速度分量由 v_{ix} 变为 $-v_{ix}$，其动量的改变量为 $m_0(-v_{ix})-m_0v_{ix}=-2m_0v_{ix}$。根据动量定理，这就等于碰撞过程器壁对分子的冲量。由牛顿第三定律可知，速度为 $\boldsymbol{v}_i$ 的每个分子对器壁的冲量大小等

于 $2m_0v_{ix}$，方向与器壁面元 dA 垂直。

在 dt 时间内，有多少个速度为 $\boldsymbol{v}_i$ 的分子与 dA 发生碰撞呢？我们作一个以 dA 为底，高为 $v_{ix}dt$ 的斜柱体，凡在此以 $v_i dt$ 为母线的斜柱体内速度为 $\boldsymbol{v}_i$ 的分子在 dt 时间内都将先后与 dA 发生碰撞（图 7-2-2），碰撞次数为

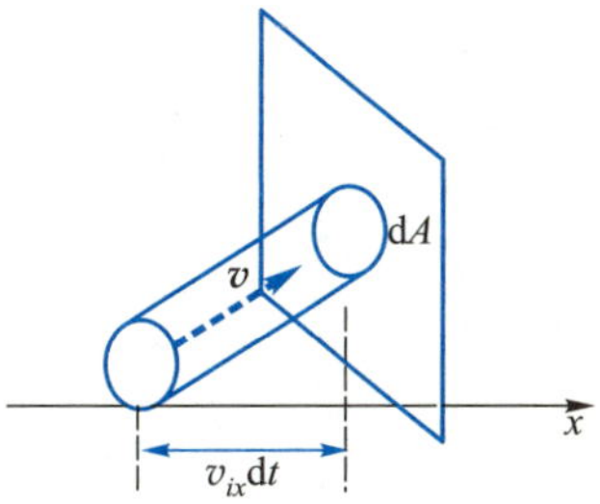

图 7-2-2 速度为 $\boldsymbol{v}_i$ 的分子与 dA 碰撞

$$n_i v_{ix} dt dA$$

这些分子在 dt 时间内对 dA 的总冲量为

$$(2m_0v_{ix})\cdot(n_iv_{ix}dtdA)=2n_im_0v_{ix}^2dAdt$$

在 dt 时间内，各种速度的分子对 dA 的总冲量

$$dI=\sum_{v_{ix}>0}2n_im_0v_{ix}^2dAdt$$

$v_{ix}<0$ 的分子不会与 dA 碰撞。由分子热运动的统计假设——平衡态下分子速度按方向的分布是均匀的，在全体分子中，$v_{ix}>0$ 和 $v_{ix}<0$ 的分子应各占一半，则

$$dI=\frac{1}{2}\sum_i 2n_im_0v_{ix}^2dAdt=\sum_i n_im_0v_{ix}^2dAdt$$

根据压强的定义

$$p=\frac{dF}{dA}=\frac{dI}{dtdA}=\sum_i n_im_0v_{ix}^2=\sum_i\frac{N_i}{V}m_0v_{ix}^2=\frac{m_0}{V}\sum_i N_iv_{ix}^2$$

其中 $\sum_i N_i=N$，由式(7-2-2)（式中视 $N_i=1$），

$$\sum_i N_iv_{ix}^2=N\overline{v_x^2}$$

所以

$$p=\frac{N}{V}m_0\overline{v_x^2}=nm_0\overline{v_x^2}=\frac{1}{3}nm_0\overline{v^2}=\frac{2}{3}n\overline{\varepsilon_{kt}}\qquad(7-2-4)$$

其中

$$\overline{\varepsilon_{kt}}=\frac{1}{2}m_0\overline{v^2}\qquad(7-2-5)$$

为分子的**平均平动动能**。

式(7-2-4)称为**理想气体的压强公式**，将宏观状态量 p 与统计平均值 n 和 $\overline{\varepsilon_{kt}}$ 联系起来了，表明气体压强具有统计意义。式(7-2-4)表明：n 越大，单位体积内气体分子的数目越多，相同时间内与器壁的碰撞次数多，则压强越大；气体分子的平均平动动能 $\overline{\varepsilon_{kt}}$ 越大，则每次分子与器壁碰撞的平均冲力就越大，单位时间内碰撞次数也增多，压强也就越大。

三、温度的统计意义

由式(7-1-2)和式(7-2-4)，很容易得出

$$\overline{\varepsilon_{kt}}=\frac{3}{2}kT \tag{7-2-6}$$

式(7-2-6)表明,平衡态下分子的平均平动动能$\overline{\varepsilon_{kt}}$只是温度$T$的函数,揭示了温度的微观实质:**温度是大量分子平均平动动能的量度,反映了分子热运动的剧烈程度**。分子的热运动越剧烈,分子的平均平动动能越大,则系统的温度就越高。分子的平均平动动能是系统内大量分子热运动的一个统计值,故温度是统计结果,是大量分子的集体表现,对个别分子谈论温度是没有意义的。

由式(7-2-6)可见,温度相同时,无论何种气体其分子平均平动动能都相等,与气体分子的种类无关。气体温度高,分子平均平动动能大,热运动剧烈;反之,温度低,平均平动动能小,热运动就不那么剧烈。照此观点,热力学温标的零度将是理想气体分子热运动停止的温度,而实际上(即使固态系统)分子的热运动永远都不会停息,故**热力学绝对零度只能无限趋近、永远不可能达到**,人们称之为**热力学第三定律**。

由式(7-2-5)和式(7-2-6),可以得到

$$\sqrt{\overline{v^2}}=\sqrt{\frac{3kT}{m_0}}=\sqrt{\frac{3RT}{M}} \tag{7-2-7}$$

$\sqrt{\overline{v^2}}$为大量气体分子速率平方平均值的平方根,称为**方均根速率**。方均根速率越大,分子平均平动动能就越大,速率大的分子就越多,热运动就越剧烈。

7-3 能量均分定理

理想气体是实际气体的理想化模型。在前面的研究中,我们把气体分子当作没有大小的质点,没有考虑分子内部情况,而气体分子是有大小和结构的,分子的运动不仅有平动,还有转动和分子内原子之间的振动。

视频 自由度

一、自由度

自由度是一个力学概念,是指确定一个物体的空间位置所需要的独立坐标个数。

分子的结构比较复杂,在不考虑分子内原子间振动的情况下,我们将气体分子简单分为单原子、双原子和多原子三大类。单原子分子可以视为一个质点,在容器内可以自由运动,描述它的空间位置需要 3 个平动自由度;刚性双原子分子中的两原子由一个刚性键连接,可以视为由一轻质杆连接两个质点组成的一刚性力学系统,描述系统质心位置需要 3 个平动自由度、两质点连线的方位

需要 2 个转动自由度,共有 5 个自由度;三原子或多原子刚性分子则视为一自由刚体,有 6 个自由度,其中 3 个为平动自由度,另外 3 个为转动自由度。

而实际上,双原子或多原子的气体分子一般不是刚性的,原子间的距离在原子间相互作用下发生变化,即分子内部存在振动,除平动自由度、转动自由度,还有振动自由度。但在常温下,把气体分子当作刚性的处理结果与实验大致相符,故可以不考虑振动自由度。

二、能量均分定理

式(7-2-6)表明,分子平均平动动能只与温度有关,与气体分子种类没有关系。无论是单原子、双原子或多原子气体分子,其平动自由度都是 3。由式(7-2-3)和式(7-2-6),

$$\frac{1}{2}m_0\overline{v_x^2}=\frac{1}{2}m_0\overline{v_y^2}=\frac{1}{2}m_0\overline{v_z^2}=\frac{1}{3}\left(\frac{1}{2}m_0\overline{v^2}\right)=\frac{1}{2}kT$$

即每一个平动自由度的平均能量都应该为$\frac{1}{2}kT$。就能量分配来说,3 个平动自由度没有哪一个比其他两个优越。这种能量分配方式,也应该扩展到其他自由度,可以得出一般性的结论:在温度为 T 的平衡态下,**气体分子每个自由度的平均动能都等于**$\frac{1}{2}kT$。这一结论首先由玻耳兹曼提出,称为**能量按自由度均分定理**,简称**能量均分定理**。经典统计物理可以从理论上给出严格的证明,有兴趣的同学可以查阅相关资料。

能量均分定理是对大量分子无规则运动能量统计的平均结果。热运动的特征是分子的无规则运动与频繁碰撞。在碰撞过程中,一个分子的能量可以传递给另外一个分子,一种形式的能量可以转化为另外一种形式的能量,一个自由度的能量可以转移到另外一个自由度。对单个分子而言,由于频繁与其他分子碰撞,其动能不断发生变化,各种形式的动能也未按自由度均分,即使在平衡态下,任一瞬时它的各种形式的动能完全可能与能量均分定理所确定的平均值有很大的差异。由于系统分子数目众多,我们不可能给出、也没必要给出某一个分子在某一时刻的各种能量。对由大量分子组成的热力学系统,其平衡态就是通过气体分子之间频繁的碰撞来建立和维持的。若分配于某些分子、某一种运动形式或某一个自由度上的能量多了,则在碰撞时能量由这些分子、这种运动形式或这一自由度转移到其他分子、其他运动形式或其他自由度的概率就比较大。当系统达到平衡状态时,气体分子的各种不同运动形式的能量已经进行了充分地交换,没有哪一种运动形式具有的能量比其他运动形式占优势,总的能量只能机会均等地平均分配到每一种运动形式或每一个自由度。因此,在平衡状态下,能量就按自由度平均分配。若外界提供给气体系统能量(不管做功或传递热量),系统原来的平衡被破坏,仍然是通过分子间的碰撞,将能量重新分配到各个自由度,当达到新的平衡态后,气体的每个自由度的平均能量又相等了。其实,能量均分定理不仅适用于气体系统,也适用于液体和固体。

按照能量均分定理,某种气体分子的自由度为 i,则分子平均(总)动能就是

$$\overline{\varepsilon_k}=\frac{i}{2}kT \qquad (7-3-1)$$

由此可得出几类气体分子的平均动能:

单原子分子

$$\overline{\varepsilon_k}=\frac{3}{2}kT$$

刚性双原子分子

$$\overline{\varepsilon_k}=\frac{5}{2}kT$$

刚性多原子分子

$$\overline{\varepsilon_k}=3kT$$

三、理想气体内能

大量分子组成的系统除了分子的热运动而具有的动能外,还有因分子相互间作用而具有的势能。我们把系统内全体分子的动能和势能的总和称为系统的**内能**。对于理想气体,由于分子间无相互作用,不存在势能,故理想气体的内能就是全体气体分子热运动动能之和。

由式(7-3-1),平衡态下 1 mol 理想气体的内能为

$$E_m=N_A\overline{\varepsilon_k}=\frac{i}{2}N_AkT=\frac{i}{2}RT \qquad (7-3-2)$$

物质的量为 ν 的理想气体,其内能为

$$E=\nu E_m=\nu\frac{i}{2}RT \qquad (7-3-3)$$

分子总自由度 $i=t+r$,其中 t 为分子的平动自由度,r 为转动自由度。由式(7-3-3)可见,一定量的理想气体的内能完全决定于分子运动的自由度和气体的热力学温度,与气体的体积和压强无关。对一定量的某种理想气体而言,其内能是温度的单值函数。理想气体在不同的状态变化过程中,只要温度变化相同,其内能的改变

量就相同,与过程没有关系。

对非刚性分子气体,式(7-3-3)仍然可用,但其中 $i=t+r+2s$,s 为振动自由度。因非刚性分子中原子间有相互作用,与平动自由度和转动自由度不同的是,振动自由度既有振动动能又有振动势能。

例 7-1 将水蒸气分解为同温度的氢气和氧气,即

$$2H_2O \rightarrow 2H_2+O_2$$

也就是 2 mol 的水蒸气分解为同温度的 2 mol 氢气和 1 mol 氧气,当不计振动自由度时,求此过程中内能增量的百分比。

解: 当不计振动自由度时,由理想气体内能公式

$$E=\nu\frac{i}{2}RT$$

2 mol H_2O 的内能为

$$E_{H_2O}=2\ \text{mol}\times\frac{6}{2}RT=6\ \text{mol}RT$$

2 mol H_2 的内能为

$$E_{H_2}=2\ \text{mol}\times\frac{5}{2}RT=5\ \text{mol}RT$$

1 mol O_2 的内能为

$$E_{O_2}=\frac{5}{2}\ \text{mol}RT$$

故内能的增量为

$$\Delta E=E_{H_2}+E_{O_2}-E_{H_2O}=\frac{3}{2}\ \text{mol}RT$$

内能增量的百分比为

$$\Delta E/E_{H_2O}=\frac{3}{2}RT/(6RT)=25\%$$

例 7-2 1 mol 温度为 T_1 的氢气与 2 mol 温度为 T_2 的氦气混合后的温度为多少?

解: 氢气的自由度为 5,氦气的自由度为 3,混合前两种气体的总内能为

$$E_{前}=1\ \text{mol}\ \frac{5}{2}RT_1+2\ \text{mol}\times\frac{3}{2}RT_2$$

设混合后温度为 T,则混合后气体的总内能为

$$E_{后}=1\ \text{mol}\ \frac{5}{2}RT+2\ \text{mol}\times\frac{3}{2}RT$$

气体混合前后内能相等,则有

$$T=\frac{5T_1+6T_2}{11}$$

7-4 麦克斯韦气体分子速率分布定律

在气体内部，大量的分子以不同的速率沿各个方向运动，有的分子速率大，有的分子速率小。由于分子间的频繁碰撞，对某个分子来说，其运动速率和方向都在不断改变着。虽然单个分子的速率带有偶然性和不可预测性，但对整个气体系统，处于平衡态的气体分子的速率却有一个确定的分布。具体地说，在某平衡态下，分布在任意速率区间（例如 $v \sim v+\Delta v$）的分子数与总分子数的比值是确定的。如果气体系统处于非平衡态，它的分子速率分布就偏离平衡态时的分布。若为孤立系统，气体将由非平衡态逐渐过渡到平衡态，其分子的速率分布就会通过分子间不断碰撞最终达到平衡态下的确定分布。这个规律在 1859 年（当时分子概念还是一种假说）由英国物理学家麦克斯韦（Maxwell）应用统计概念首先导出，称为麦克斯韦速率分布定律。

动画 伽尔顿板实验

一、气体分子速率分布函数

研究气体分子速率分布规律，与研究一般的分布问题相似，需要把速率分成若干区间。在 $v \sim v+\Delta v$ 区间的分子数 ΔN 占总分子数 N 的比率 $\Delta N/N$ 随速率区间不同而不等。$\Delta N/N$ 除与速率 v 有关外，还与速率区间的间隔 Δv 有关。在 Δv 较小时，$\Delta N/N$ 与 Δv 近似成正比；Δv 越小，这种近似程度越高；当 $\Delta v \to 0$ 时，有

$$\lim_{\Delta v \to 0} \frac{\Delta N}{N} = \lim_{\Delta v \to 0} f(v) \Delta v$$

即

$$\frac{\mathrm{d}N}{N} = f(v)\,\mathrm{d}v \tag{7-4-1}$$

其中 $f(v) = \lim_{\Delta v \to 0} \frac{\Delta N}{N \cdot \Delta v} = \frac{\mathrm{d}N}{N\mathrm{d}v}$，表示分布在速率 v 附近单位速率区间内的气体分子数占总分子数的百分比，称为气体分子的**速率分布函数**。

我们也可从另外一个角度来理解这个问题：对于单个分子而言，其速率不断变化，有时可能处在 v 到 $v+\mathrm{d}v$ 区间内，有时也可能处在这个速率区间之外，故 $f(v)\mathrm{d}v$ 也表示分子速率处在 v 到 $v+\mathrm{d}v$ 区间内的可能性，即概率，$f(v)$ 又称为**概率密度**。由此可见，用分子数比率和用单个分子的概率来描述气体分子速率分布问题是完全等价的。

只要给出了速率分布函数，整个系统分子的速率分布就完全确定了。由速率分布函数 $f(v)$ 可求出：

（1）在 v 到 $v+\mathrm{d}v$ 区间的分子数

$$\mathrm{d}N = Nf(v)\,\mathrm{d}v$$

速率在此区间的分子数占总分子数的百分比，或一个分子的速率在此区间的概率

$$\frac{\mathrm{d}N}{N} = f(v)\,\mathrm{d}v$$

在分布函数 $f(v)$ 随 v 变化的曲线图（图 7-4-1）上，它对应曲线下一个微元矩形的面积。

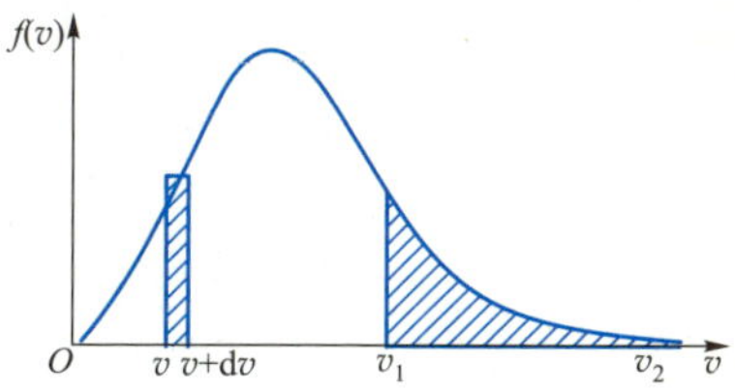

图 7-4-1 速率分布图

（2）在 v_1 到 v_2 这个有限速率区间的分子数

$$\Delta N = \int_{v_1}^{v_2} Nf(v)\,\mathrm{d}v \qquad (7-4-2)$$

速率在此区间的分子数占总分子数的百分比，或一个分子的速率在此区间的概率

$$\frac{\Delta N}{N} = \int_{v_1}^{v_2} f(v)\,\mathrm{d}v$$

在分布曲线图上，它对应曲线下 v_1 到 v_2 区间的面积。

（3）在 0～∞整个速率区间的分子数（即分子总数）

$$N = \int_0^{\infty} Nf(v)\,\mathrm{d}v$$

即

$$\int_0^{\infty} f(v)\,\mathrm{d}v = 1 \qquad (7-4-3)$$

在分布曲线图上，它对应曲线下的总面积，即在 0～∞区间曲线下的总面积为 1，表示在全部速率区间发现分子的概率为 100%。式 (7-4-3) 是分布函数 $f(v)$ 必须满足的一个条件，称为**归一化条件**。

二、麦克斯韦气体分子速率分布定律

动画 麦克斯韦速率分布

1. 速率分布函数

麦克斯韦和玻耳兹曼从理论上证明了系统处于平衡态时，在不考虑外场的影响和分子间相互作用的条件下，气体分子速率分布函数为

$$f(v) = 4\pi\left(\frac{m_0}{2\pi kT}\right)^{3/2} v^2 \mathrm{e}^{-\frac{m_0 v^2}{2kT}} \qquad (7-4-4)$$

其中 T 为热力学温度，m_0 为气体分子质量，k 为玻耳兹曼常量。我们把式 (7-4-4) 称为**麦克斯韦速率分布定律**（或**麦克斯韦速率分布函数**），分布函数 $f(v)$ 随 v 变化的曲线如图 7-4-1 所示。

2. 三个统计速率

（1）最概然速率

由麦克斯韦速率分布图 7-4-1 可以看到速率分布函数有一

极大值，在极大值两边衰减较快。这表明分子速率可以取 0 到 ∞ 之间的一切数值，但是速率很小和很大的分子的概率都很小（实际上，分子的速率不可能超过光速，也可理解为超光速的概率为 0），而中等速率的分子的概率较大。图中曲线极大值所对应速率的分子出现的概率最大，这个极大值所对应的分子速率称为**最概然速率**（曾经叫作最可几速率）v_p，可由 $\frac{df(v)}{dv}=0$ 求出。

$$v_p=\sqrt{\frac{2kT}{m_0}}=\sqrt{\frac{2RT}{M}}\approx 1.414\sqrt{\frac{RT}{M}} \tag{7-4-5}$$

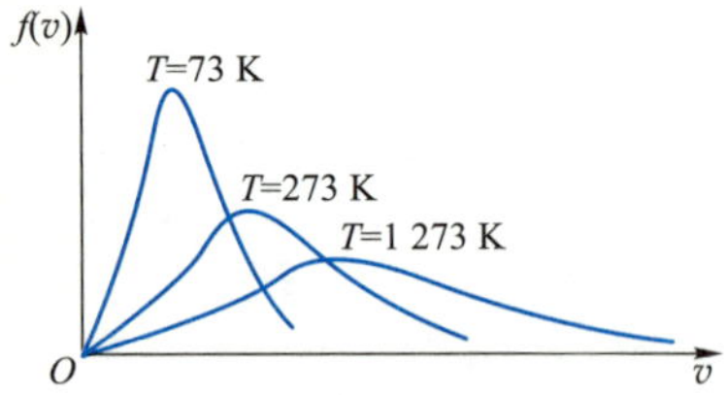

图 7-4-2 不同温度下的速率分布曲线

对同一种气体（m_0 一定），分布曲线的形状随温度而变；而在同一温度下，分布曲线的形状因气体不同（m_0 不等）而异。图 7-4-2 给出了不同温度下的速率分布曲线，可以看出温度对速率分布曲线的影响。随着温度的升高，v_p 增大，由于曲线下的总面积恒等于 1，曲线变得平缓，并向高速率区域扩展。即温度越高，速率较大的分子数越多。这就是通常所说的温度越高，分子运动越剧烈的真正含义。类似有，温度相同时，分子质量越小，v_p 越大，曲线越平缓。

（2）平均速率

$$\bar{v}=\int_0^{\infty} v\cdot f(v)\,dv=\sqrt{\frac{8kT}{\pi m_0}}=\sqrt{\frac{8RT}{\pi M}}\approx 1.60\sqrt{\frac{RT}{M}} \tag{7-4-6}$$

（3）方均根速率

速率平方的平均值为

$$\overline{v^2}=\int_0^{\infty} v^2\cdot f(v)\,dv=\frac{3kT}{m_0}$$

方均根速率为

$$\sqrt{\overline{v^2}}=\sqrt{\frac{3kT}{m_0}}=\sqrt{\frac{3RT}{M}}\approx 1.732\sqrt{\frac{RT}{M}} \tag{7-4-7}$$

从式（7-4-5）—（7-4-7）很容易看出，三个统计速率都和 $\sqrt{T}$ 成正比，都和 $\sqrt{M}$ 成反比。对处于同一温度的某种气体，就其麦克斯韦速率分布而言，有 $v_p:\bar{v}:\sqrt{\overline{v^2}}=1.41:1.60:1.73$，最概然速率最小，平均速率次之，方均根速率最大（图 7-4-3）。在室温下，三个统计速率的数量级一般为几百米每秒或几千米每秒。三个统计速率在科学研究中经常使用，故又称其为特征速率，各有其应用。如描述分子速率分布用最概然速率，讨论分子的平均平动动能和气体压强要用方均根速率，在计算分子运动的平均自由程时，要用到

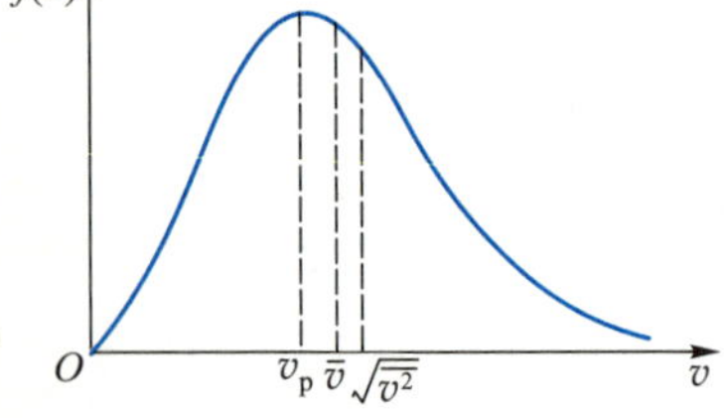

图 7-4-3 麦克斯韦速率分布下的三个统计速率的比较

平均速率(参见 7-5 节)。

例 7-3 如图 7-4-4 所示,两条曲线分别表示氢气和氧气在同一温度下的麦克斯韦速率分布,由图上数据求出氢气和氧气的最概然速率。

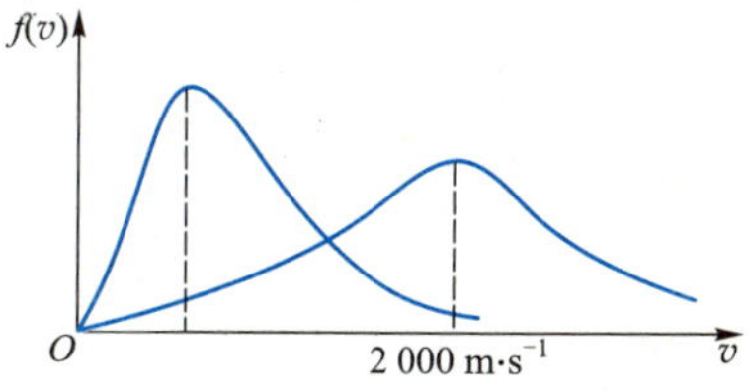

图 7-4-4 例 7-3 题图

解:

$$v_{p}=\sqrt{\frac{2RT}{M}}$$

$$\frac{v_{p,H_2}}{v_{p,O_2}}=\sqrt{\frac{M_{O_2}}{M_{H_2}}}=\sqrt{\frac{32}{2}}=4$$

$$v_{p,H_2}=2\ 000\ m\cdot s^{-1}$$

$$v_{p,O_2}=v_{p,H_2}/4=500\ m\cdot s^{-1}$$

例 7-4 用总分子数 N,气体分子速率 v 和速率分布函数 $f(v)$ 表示以下各量:

(1)速率大于 v_0 的分子数;(2)速率大于 v_0 的那些分子的平均速率;(3)多次观察某一分子的速率,发现其速率大于 v_0 的概率。

解:(1) 由 $f(v)=\dfrac{dN}{Ndv}$有

$$dN=Nf(v)dv$$

速率在 $v_0\sim\infty$ 区间的分子数为

$$\Delta N=\int dN=\int_{v_0}^{\infty}Nf(v)dv$$

(2) 由平均值公式

$$\bar{v}=\frac{\int v dN}{\Delta N}=\frac{\int_{v_0}^{\infty}vNf(v)dv}{\int_{v_0}^{\infty}Nf(v)dv}=\frac{\int_{v_0}^{\infty}vf(v)dv}{\int_{v_0}^{\infty}f(v)dv}$$

注意:$\int_{v_0}^{\infty}f(v)dv\neq 1$,故 $\bar{v}\neq\int_{v_0}^{\infty}vf(v)dv$。

(3) 发现分子速率大于 v_0 的概率等于速率大于 v_0 的分子数占总分子数的百分比

$$\frac{\Delta N}{N}=\frac{\int_{v_0}^{\infty}Nf(v)dv}{N}=\int_{v_0}^{\infty}f(v)dv$$

由于麦克斯韦速率分布下的计算较为复杂,下面我们举一个较为简单的速率分布情况来进行练习。

例 7-5 一个由 N 个粒子组成的系统,平衡态下粒子的速率分布曲线如图 7-4-5 所示。试求:(1)速率分布函数;(2)速率在 $0\sim v_0/2$ 范围内的粒子数;(3)粒子的平均速率、方均根速率和最概

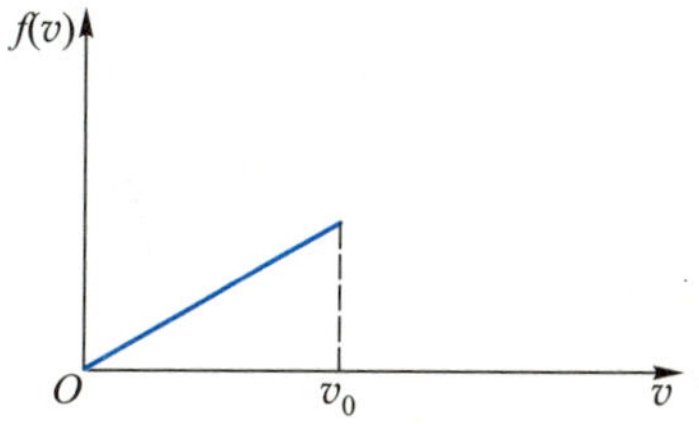

图 7-4-5 例 7-5 题图

然速率。

解:(1) 按图 7-4-5 所示的速率分布曲线,应有

$$f(v)=\begin{cases}kv & (v\leqslant v_0)\\ 0 & (v>v_0)\end{cases}$$

k 为 $0\sim v_0$ 之间直线段的斜率。由速率分布函数的归一化条件,可得

$$\int_0^{\infty}f(v)\,\mathrm{d}v=\int_0^{v_0}kv\,\mathrm{d}v=\frac{1}{2}kv_0^2=1$$

解得

$$k=\frac{2}{v_0^2}$$

故速率分布函数为

$$f(v)=\begin{cases}\dfrac{2v}{v_0^2} & (v\leqslant v_0)\\ 0 & (v>v_0)\end{cases}$$

(2) 速率在 $0\sim v_0/2$ 范围内的分子数为

$$\Delta N=\int_0^{\frac{v_0}{2}}Nf(v)\,\mathrm{d}v=\int_0^{\frac{v_0}{2}}N\frac{2v}{v_0^2}\mathrm{d}v=\frac{N}{4}$$

(3) 由 $\bar{v}=\int_0^{\infty}vf(v)\,\mathrm{d}v$ 和 $\overline{v^2}=\int_0^{\infty}v^2f(v)\,\mathrm{d}v$,可得粒子的平均速率

$$\bar{v}=\int_0^{v_0}v\,\frac{2v}{v_0^2}\mathrm{d}v=\frac{2}{3}v_0$$

方均速率

$$\overline{v^2}=\int_0^{v_0}v^2\,\frac{2v}{v_0^2}\mathrm{d}v=\frac{v_0^2}{2}$$

故方均根速率

$$\sqrt{\overline{v^2}}=\frac{\sqrt{2}}{2}v_0$$

最概然速率 v_p 使 $f(v)$ 具有最大值,即速率分布曲线峰值所对应的速率。由图 7-4-5 的速率分布曲线,可得

$$v_\mathrm{p}=v_0$$

三、速率分布律的实验测量

由于实验条件的限制,当时还不能对麦克斯韦速率分布定律进行实验验证。直到 20 世纪 20 年代,由于真空技术的发展,实验验证才有了可能。实验一般都采用分子射线技术,施特恩(Stern)

于 1920 年最早测定了分子速率。1934 年,我国物理学家葛正权曾测定过铋、银金属蒸气分子的速率分布,实验结果都与麦克斯韦分布定律大致相符。1956 年,米勒(Miller)和库什(P. Kusch)用钍蒸气的分子射线做实验精确验证了麦克斯韦速率分布定律。

米勒-库什实验装置如图 7-4-6 所示,S 是炽热的钍分子射线源,C 是一个可绕中心轴旋转的铝合金圆柱体,上面沿纵向刻有一系列长螺距的螺旋形细槽(图中只画出了一条示意),圆柱体的半径为 r,长为 L,在侧视图上,细槽两端对圆柱体轴线的张角为 φ。S′是根据电离计原理制成的分子射线探测器,它可以通过钍分子电离空气产生的电流大小,测出进入探测器的钍分子射线的强度。

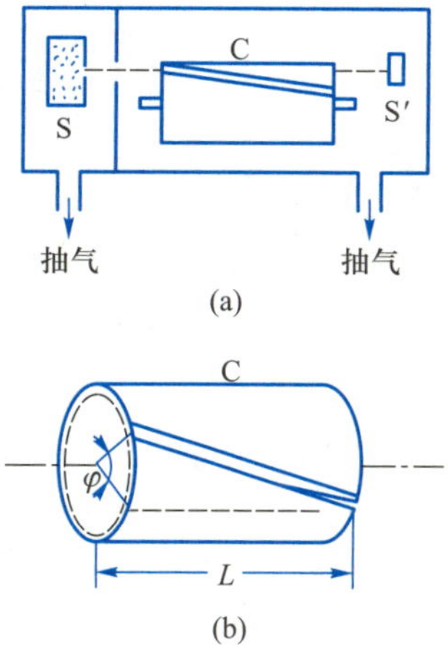

图 7-4-6 米勒-库什实验装置示意图

动画 速率分布实验

实验时,整个装置都放在抽成高真空的容器内。开有斜沟槽的圆柱体以一定的角速度 ω 旋转,构成了滤速器:从加热的蒸气源逸出进入沟槽的分子中,只有那些沿轴向通过距离 L 所用时间恰好等于圆柱体转动角度 φ 所需时间的分子,即速率满足式(7-4-8)关系的分子才能沿着沟槽进入探测器。

$$\Delta t=\frac{L}{v}=\frac{\varphi}{\omega} \quad \text{或} \quad v=\frac{L\omega}{\varphi} \tag{7-4-8}$$

而其他速率的分子都会先后沉积在沟槽的侧壁上。由于沟槽有一定的宽度,相当于张角 φ 有一定的偏差范围。实际进入探测器的分子的速率,分布在 $v \sim v+\Delta v$ 的范围内。改变 ω 的大小,就能测出不同速率范围的钍分子射线强度,从而得到不同速率范围的分子数比率。实验表明,若根据实验条件对实验数据进行必要的拟合,那么实验结果与麦克斯韦速率分布符合得相当好。

*四、有外场作用下气体分子的分布规律

麦克斯韦用统计的方法得出了处于平衡态时的理想气体分子的速率分布规律,在其理论中没有涉及力场(如重力场、电场)对气体分子的影响,认为气体分子在空间的分布是均匀的。而实际中的气体分子总是处于一定的外力场中,下面我们以重力场为例讨论这个问题。

将麦克斯韦速率分布函数 $f(v)=4\pi\left(\frac{m_0}{2\pi kT}\right)^{3/2} v^2 e^{-\frac{m_0 v^2}{2kT}}$ 改写为

$$dN=N\left(\frac{m_0}{2\pi kT}\right)^{3/2} e^{-\varepsilon_k/kT} 4\pi v^2 dv \tag{7-4-9}$$

式中,$\varepsilon_k=\frac{1}{2}m_0 v^2=\frac{1}{2}m_0(v_x^2+v_y^2+v_z^2)$ 为分子的动能。如果把气体放在保守力场中,那么气体分子不仅有动能,而且还有势能。一般说

来，动能是速率的函数，即 $\varepsilon_k=\varepsilon_k(v)$；而势能则为分子在空间位置（即坐标）的函数，即 $\varepsilon_p=\varepsilon_p(x,y,z)$。例如，在重力场中，分子的势能为 $\varepsilon_p=m_0gh$（设 $h=0$ 处，$\varepsilon_p=0$）。在有力场的情况下，我们既要考虑分子按速率的分布（即按动能分布），又要考虑分子按空间的分布（即按势能分布），式(7-4-9)中因子 $e^{-\varepsilon_k/kT}$ 中的 ε_k 应当用粒子的总能量 $\varepsilon=\varepsilon_k+\varepsilon_p$ 来代替。玻耳兹曼从这个观点出发，进一步运用统计物理学基本原理得出，当分子速度处于 $v_x\sim v_x+dv_x$，$v_y\sim v_y+dv_y$，$v_z\sim v_z+dv_z$ 区间内，坐标处于 $x\sim x+dx$，$y\sim y+dy$，$z\sim z+dz$ 的空间体积元 $dV=dxdydz$ 内的分子数为

$$dN=n_0\left(\frac{m_0}{2\pi kT}\right)^{3/2}e^{-\frac{\varepsilon_k+\varepsilon_p}{kT}}dv_xdv_ydv_zdxdydz \qquad (7-4-10)$$

其中，n_0 表示零势能位置处单位体积内所含的分子数，我们把气体分子按能量（动能和势能）的分布规律，称为**玻耳兹曼能量分布律**。式(7-4-10)指出，在平衡态下，当气体的温度给定时，在确定的速率区间和空间区域内，分子数只取决于概率因子 $e^{-\varepsilon/kT}=e^{-(\varepsilon_k+\varepsilon_p)/kT}$。分子的能量越大，概率因子越小，分子数就越少。从统计意义上看，这说明气体分子占据能量较低状态的概率，比占据能量较高状态的概率大。一般来说，气体分子占据基态（最低能量状态）的概率要比占据激发态（较高能量状态）的概率大得多。

把式(7-4-10)对位置积分，就可以回到麦克斯韦速率分布，可以把麦克斯韦速率分布视为玻耳兹曼能量分布律的一个特例。

根据玻耳兹曼能量分布律，可以推出气体分子在重力场中按高度分布的规律：

$$n=n_0e^{-m_0gh/kT} \qquad (7-4-11)$$

式中，n_0 是 $h=0$ 处，单位体积内所含各种速度的分子数，n 则是在高度 h 处单位体积内所含各种速度的分子数，T 是系统的温度。由此还可进一步得到，气体压强随高度变化的规律等，有兴趣的同学可以自己试试。

7-5 碰撞频率和平均自由程

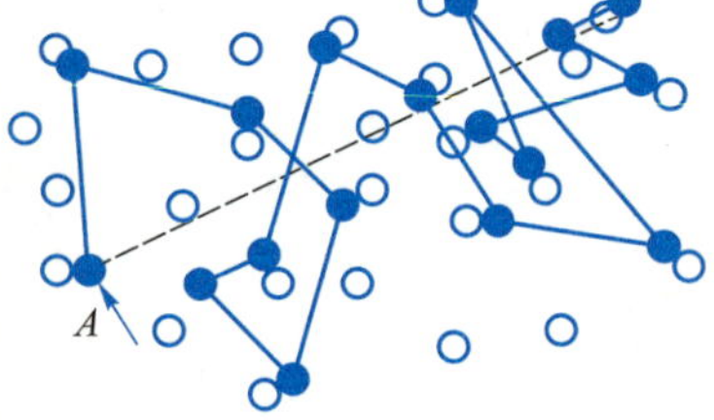

图 7-5-1 分子碰撞示意图

前面我们提到过，常见的几种气体分子在常温下的平均速率，一般都在数百米每秒或上千米每秒，人们可能对气体分子的速率有如此之高表示怀疑：相隔数米远的地方打开一瓶香水的瓶盖，挥发的香水分子若以数百米每秒的速率运动，应该很快传到我们的嗅觉器官，但事实上要经过一段时间才能被闻到呢？原来香水分子在传播过程中要经历的路程非常曲折，沿途不断地与其他分子碰撞而改变方向，如图 7-5-1 所示，因此尽管分子运动速率很快，但传

播数米远的距离仍需要数十秒乃至几分钟的时间。这正是分子热运动的特征——无规则的运动与频繁的碰撞，大家熟知的布朗(Brown)运动实验间接、形象地反映了分子热运动的存在。

一、碰撞频率

动画 碰撞频率的推导

气体分子在作永不停息的无规则热运动，碰撞是气体分子热运动的基本特征之一，分子之间通过碰撞来实现动量或能量交换，使热力学系统由非平衡态向平衡态过渡，并保持平衡态的宏观性质不变。单位时间内一个分子与其他分子发生碰撞的平均次数，称为**平均碰撞频率**，简称碰撞频率，用 $\overline{Z}$ 表示。

为了确定分子的碰撞频率 $\overline{Z}$，我们把所有分子都看作有效直径为 d 的刚体球，跟踪某一个运动分子 A，把其他分子都看成静止不动的。假设分子 A 以平均速率 $\overline{v}$ 运动，在运动过程中，由于它不断地与其他分子碰撞，它的球心轨迹是一条折线。以折线为轴，以分子的有效直径 d 为半径作一个曲折的圆柱体。显然，只有球心在圆柱体内的分子才能与分子 A 发生碰撞，如图 7-5-2 所示。我们把圆柱体的横截面积 πd^2 称为分子的碰撞截面，用 σ 表示。在时间 Δt 内，运动分子 A 平均走过的路程为 $\overline{v}\Delta t$，相应折柱体的体积为 $\sigma\,\overline{v}\Delta t$，设分子数密度为 n，此折柱体内的分子总数为 $n\sigma\,\overline{v}\Delta t$，显然这就是运动分子 A 在 Δt 时间内与其他分子碰撞的次数，则单位时间内的平均碰撞次数为

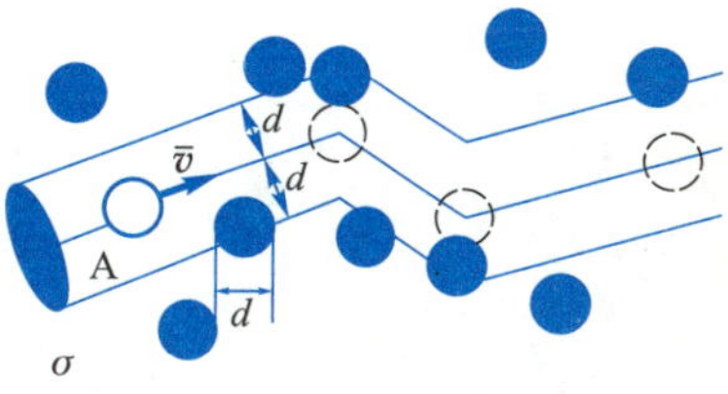

图 7-5-2 分子碰撞区域示意图

$$\overline{Z}=\sigma\,\overline{v}n$$

上式是在假定一个分子运动，而其他分子都静止不动时所得出的结果。实际上，所有分子都在运动，故必须对上式加以修正。根据统计物理学知识，从理论上可以证明，分子间的相对平均速率为 $\sqrt{2}\,\overline{v}$，故分子的平均碰撞频率是

$$\overline{Z}=\sqrt{2}\sigma\,\overline{v}n \qquad (7-5-1)$$

二、平均自由程

动画 平均自由程

每发生一次碰撞，气体分子速度的大小和方向都会发生变化，分子运动的轨迹为折线。分子在与其他分子发生频繁碰撞的过程中，连续两次碰撞之间自由通过的路程有长有短(具有偶然性)，我们把这一路程的平均值称为**平均自由程**，用 $\overline{\lambda}$ 表示。显然，在时间 Δt 内，平均速率为 $\overline{v}$ 的分子走过的路程的平均值为 $\overline{v}\Delta t$，碰撞的平均次数为 $\overline{Z}\Delta t$，则分子平均自由程为

$$\overline{\lambda}=\frac{\overline{v}\Delta t}{\overline{Z}\Delta t}=\frac{\overline{v}}{\overline{Z}}=\frac{1}{\sqrt{2}\sigma n} \tag{7-5-2}$$

由式(7-5-2)可见，分子的平均自由程与分子的碰撞截面成反比，与分子数密度成反比。由理想气体物态方程 $p=nkT$，式(7-5-2)又可表示为

$$\overline{\lambda}=\frac{kT}{\sqrt{2}\sigma p} \tag{7-5-3}$$

上式表明，当温度恒定时，平均自由程与压强成反比。压强越小，气体越稀薄，平均自由程越长。由式(7-5-3)计算可得出，在标准状态下，若分子的有效直径为 10^{-10} m 数量级，则分子平均碰撞频率数量级为 $10^{10}\ \mathrm{s}^{-1}$，平均自由程数量级为 10^{-9} m。可见分子碰撞的频繁程度和分子定向运动的艰难。

例 7-6 在标准状态下，1 cm^3 中有多少个氮气分子？氮气分子的平均速率为多少？平均碰撞频率为多少？平均自由程为多少？（已知氮气分子的有效直径 $d=3.76\times10^{-10}$ m。）

解： 单位体积内的分子数

$$n=\frac{p}{kT}=\frac{1.013\times10^{5}}{1.38\times10^{-23}\times273}\ \mathrm{m}^{-3}=2.7\times10^{25}\ \mathrm{m}^{-3}$$

1 cm^3 氮气中的分子数为

$$N=nV=2.7\times10^{25}\times10^{-6}=2.7\times10^{19}(\text{个})$$

平均速率为

$$\overline{v}=\sqrt{\frac{8RT}{\pi M}}=\sqrt{\frac{8\times8.31\times273}{3.14\times28\times10^{-3}}}\ \mathrm{m\cdot s^{-1}}=454\ \mathrm{m\cdot s^{-1}}$$

平均碰撞频率

$$\begin{aligned}\overline{Z}&=\sqrt{2}\pi d^2 n\overline{v}\\&=\sqrt{2}\times3.14\times(3.76\times10^{-10})^2\times2.7\times10^{25}\times454\ \mathrm{s}^{-1}\\&=7.7\times10^{9}\ \mathrm{s}^{-1}\end{aligned}$$

于是，可算得平均自由程为

$$\overline{\lambda}=\frac{\overline{v}}{\overline{Z}}=\frac{454}{7.7\times10^{9}}\ \mathrm{m}=5.9\times10^{-8}\ \mathrm{m}$$

内容概要

一、平衡态　理想气体的物态方程

1. 平衡态：一个系统在不受外界影响下，其宏观性质不随时间发生变化的状态。

2. 状态参量　温度

状态参量：描述处于某平衡态的热力学系统状态的物理量。

温度:描述处于同一热平衡状态的所有系统具有的相同的热学性质的状态参量。

热力学第零定律:如果两热力学系统中的每一个都与第三个热力学系统处于热平衡,则这两个热力学系统彼此也处于热平衡。

温标:温度的数值表示法。常用温标:摄氏温标、热力学温标。

3. 理想气体物态方程

$$pV=\frac{m}{M}RT=\nu RT$$

或

$$p=nkT$$

其中摩尔气体常量 $R=8.31\ \mathrm{J\cdot mol^{-1}\cdot K^{-1}}$;玻耳兹曼常量 $k=R/N_A=1.38\times10^{-23}\ \mathrm{J\cdot K^{-1}}$。

二、理想气体压强公式和温度的意义

1. 理想气体的压强公式

$$p=\frac{1}{3}nm_0\overline{v^2}=\frac{2}{3}n\overline{\varepsilon_{kt}}$$

其中 $\overline{\varepsilon_{kt}}=\frac{1}{2}m_0\overline{v^2}$ 为分子的平均平动动能。

2. 温度的微观统计意义

$$\overline{\varepsilon_{kt}}=\frac{3}{2}kT$$

3. 热力学第三定律:热力学绝对零度不可达到。

三、能量均分定理

平衡态下,分子热运动的每个自由度的平均动能都等于 $\frac{1}{2}kT$。

某种气体分子的自由度为 i,其平均(总)动能 $\overline{\varepsilon_k}=\frac{i}{2}kT$

物质的量为 ν 的理想气体,其内能 $E=\nu\frac{i}{2}RT$

四、麦克斯韦速率分布律

速率分布函数:$f(v)=\lim\limits_{\Delta v\to0}\frac{\Delta N}{N\cdot\Delta v}=\frac{\mathrm{d}N}{N\mathrm{d}v}$,表示速率在 v 附近单位速率区间内的分子数占总分子数的百分比,也称分子速率分布的概率密度。

麦克斯韦速率分布函数 $f(v)=4\pi\left(\frac{m_0}{2\pi kT}\right)^{3/2}v^2\mathrm{e}^{-\frac{m_0v^2}{2kT}}$

最概然速率 $v_p=\sqrt{\frac{2kT}{m_0}}=\sqrt{\frac{2RT}{M}}\approx1.414\sqrt{\frac{RT}{M}}$

平均速率 $\bar{v}=\sqrt{\dfrac{8kT}{\pi m_0}}=\sqrt{\dfrac{8RT}{\pi M}}\approx 1.60\sqrt{\dfrac{RT}{M}}$

方均根速率 $\sqrt{\overline{v^2}}=\sqrt{\dfrac{3kT}{m_0}}=\sqrt{\dfrac{3RT}{M}}\approx 1.732\sqrt{\dfrac{RT}{M}}$

*玻耳兹曼分布律 $\mathrm{d}N=n_0\left(\dfrac{m_0}{2\pi kT}\right)^{3/2}\mathrm{e}^{-\frac{\varepsilon}{kT}}\mathrm{d}v_x\mathrm{d}v_y\mathrm{d}v_z\mathrm{d}x\mathrm{d}y\mathrm{d}z$

五、碰撞频率和平均自由程

平均碰撞频率 $\overline{Z}=\sqrt{2}\pi d^2\bar{v}n$

平均自由程 $\overline{\lambda}=\dfrac{\bar{v}}{\overline{Z}}=\dfrac{1}{\sqrt{2}\pi d^2 n}$

阅读材料 6 麦克斯韦妖简介

麦克斯韦(J. C. Maxwell)作为气体分子动理论和电磁理论的主要奠基人,在物理学史上具有极高的地位,他从分子动理论的观点,成功地解释了当时已知的波意耳-马略特定律、气体的黏性和扩散现象等大量实验事实。他提出的麦克斯韦妖思想实验,直接触及了热力学的核心——热力学第二定律。这个思想实验激励了一代又一代的物理学家为之努力,100 多年来,占据了许多物理学家的心,使对熵的讨论远远超出了经典热力学的范畴,深入到了信息论、控制论等各个领域。

众所周知,热力学第二定律指出:通过一个热力学循环,不可能从一个单一热源吸热做功,而不对外界产生影响(熵总是增加的)。根据该定律,当能量从高温物体传到低温物体时,它们之间的温差会减小,能量会耗散,也更加无用。人们对热力学的宏观性质从各个角度进行了大量的研究,但是对于一些热力学性质的定量刻画还面临诸多困难(如热力学第二定律)。

为了解决这些困难,1877 年,奥地利物理学家玻耳兹曼(L. Boltzmann)开启了从微观粒子出发,基于统计的定量研究,并引入了著名的**玻耳兹曼熵**的计算公式:

$$S=k\ln\Omega \tag{1}$$

从统计的角度证明了能量变得分散、熵会增加的趋势:在一个系统中,能量分散在粒子中的方式要比集中在几个粒子上多得多,因此在粒子到处运动并相互作用的过程中,系统会自然地趋向于能量更分散的状态。

在玻耳兹曼熵公式提出后不久,麦克斯韦于 1867 年提出了他的著名悖论,麦克斯韦妖思想实验:假设在某个温度下有一个充满气体的箱子(这意味着分子的平均速率取决于温度的高低),有些分子会比平均速率快，有些会比平均速率慢。一个隔板被放置在箱子的中间，将箱子分成左右两个部分。箱子的两侧现在都充满了相同温度的气体。在隔间上有一扇分子大小的门，一个小妖怪正站在门口，它能观察气体中每个分子的速率，并能自由的开关这扇门，如图 1 所示。在理想情况下，开关门都不做功。当右边一个比平均速率更快的分子接近门时，妖怪打开门让该分子通过进入左边，如果右边一个比平均速率更慢的分子接近门时，妖怪关上门不让该分子通过以留在右边。对箱子左边的分子进行相反的操作，当分子接近门时，把比平均速率更快的分子留在左边，让比平均速率慢的分子穿过门进入右边。

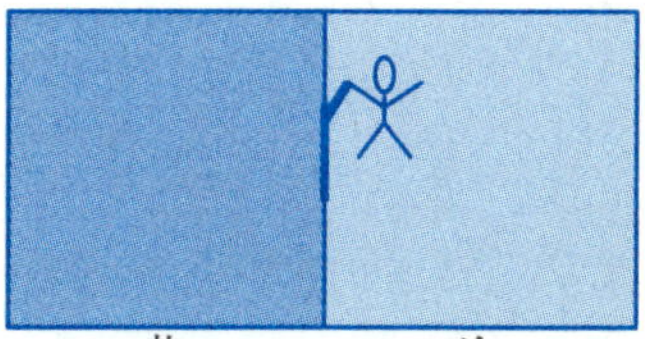

图 1　麦克斯韦妖示意图

由于妖怪的干预，快速的分子全部到左边，慢速分子全部到右边。在经过一段时间后，最终得到这样的一个箱子，里面所有快于平均速率的气体分子都在左边，所有慢于平均速率的气体分子都在右边。妖的行为将箱子分成左边是热的，右边是冷的两个部分，集中了能量并且降低了整体的熵。这样，曾经无用的气体就又可以用来做功了。置于它们之间的热机随后就可通过完成热力学循环对外做功，而且妖怪和系统也没有发生能量交换。这么看来，麦克斯韦妖的存在使得热量自动地从低温物体流向高温物体，而没有产生任何其他的后果。这就违反了热力学第二定律（克劳修斯表述），第二类永动机有可能存在。因此，麦克斯韦妖的思想实验本质上是一个和热力学第二定律有关的悖论。

在之后数十年里，很多物理学家对该悖论进行深入的研究并发现，这个悖论揭示了热力学和信息科学之间存在紧密的联系。

1929 年物理学家齐拉德（L. Szilard）提出了一个简化版的麦克斯韦妖模型——齐拉德单分子热机模型。他深入分析了所谓有智力的存在物，并认为这个存在物必须具有某种记忆。除非测量过程本身蕴含着熵产生的必然性，这种记忆能够引起熵的连续减小，而任何导致一个系统的熵减小的行为都必然跟随在一个要求获得信息的操作之后，这种操作往往产生大量的熵。

1951 年，物理学家布里渊（L. Brillouin）把齐拉德的想法进一步的具体化了，他假设妖怪通过光信号照射到单个分子来对分子进行测量，获取信息（测量）过程具有能量消耗并导致熵增。因此得到结论：即使存在这样的麦克斯韦妖，也不会违反热力学第二定律。布里渊声称，他发现了一个重要的物理定律：每次测量过程都伴随着一个熵增，而且存在一个熵增下限，如果低于这个下限，测量无法完成。

然而事实证明布里渊等人的论断并非完全正确，因此并未真正解决麦克斯韦妖问题。在 1960 年左右，IBM 公司的物理学家兰道(R. Landauer)在研究数据处理的热力学问题的时候发现:完成几乎所有的信息处理过程,比如"读""写"和"复制"数据,原则上可以不消耗任何能量,但是在信息擦除过程,会同时导致热量耗散,并且该耗散存在一个下限,此称之为兰道原理。文字表述如下:任何对于信息的逻辑上不可逆操作,比如擦除1比特(bit)的信息,一定伴随信息载体以外的系统的响应的熵增。擦除一个比特信息并且系统恢复平衡态时至少需要消耗的能量为 $kT\ln 2\sim 10^{-21}$ J(k 是玻耳兹曼常量,T 是环境温度)。这是因为,擦除1比特的信息,环境熵将增加 $k\ln 2$,这里的熵增总是会补偿之前的妖怪引起的熵减少。换句话说,当妖怪将气体分成冷热两部分、降低气体熵的同时,它的大脑需要消耗能量,产生更多的熵来进行补偿。对于气体和妖怪构成的总系统,熵仍然是增加的,满足热力学第二定律。

为了说明测量与观察等信息提取过程在上述麦克斯韦妖热机循环过程中的作用,我们首先说明什么是信息和信息的度量,以及为什么信息本质上是物理的。一般说来,一个物体所包含的信息是由其可能状态的多少来确定的,一个人事先并不知道物体处在 n 个状态中的哪一个状态上,只是知道每一个状态相应的概率为 $P_1, P_2, P_3, \cdots, P_n$,香农(C. E. Shannon)用公式:

$$S=-\sum_{k=1}^{n} P_k \ln P_k \tag{2}$$

来刻画信息量,S 称为**香农熵**。在齐拉德模型中,气体分子开始以50%的概率分别处于箱子左和右两个区域。一旦人们知道气体分子是处在两个态之中的哪一个态上,人们便获得了1比特的信息。

信息擦除的物理过程其基本思想是:无论分子开始在左(0态)还是右(1态),挡板从左侧开始等温压缩气体分子,直到挡板到达活塞中间,这样分子必然在右边(1态),原来的信息被擦除。这个过程的耗能为 $W=kT\ln 2$。

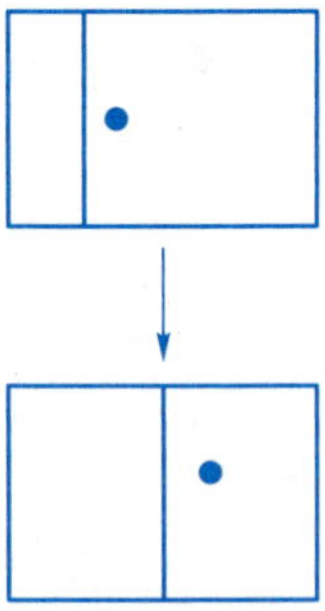
图2 信息擦除的物理过程

基于以上关于信息及其度量的简单讨论,我们可以用图2描述一个信息的擦除过程。假设一个气体分子可能处在箱子的左边或右边,但是我们不知道到底是哪一边,概率各为 $P_1=P_2=0.5$(此时香农熵为:$S=-\left(\frac{1}{2}\ln\frac{1}{2}+\frac{1}{2}\ln\frac{1}{2}\right)=1\times\ln 2$,即1比特)。我们事先不管分子是处在左边或右边,只要抽出中间挡板,并且把活塞从左向右等温压缩逐步推到中间,分子最后必然是处在右边(此时香农熵 $S=0$,即0比特)。于是,体系的香农熵减少1比特。相应地,

外界对系统做功为 $W=kT\ln 2$。

基于以上物理过程的分析,我们看到擦除信息需要消耗功。1982 年,美国物理学家班尼特(C. Bennett)在上述的工作基础上发现,测量并获得信息的过程原则上是逻辑可逆的过程,可以做到不消耗能量,也不导致熵增。问题的关键在于麦克斯韦妖信息存储单元中信息擦除的过程,而不是布里渊等人认为的测量过程。相反,信息擦除的过程一定是逻辑上不可逆的过程,它总是伴随着一个最低的能量消耗和一个最小的熵增。这保证了即使存在麦克斯韦妖,热力学第二定律也不会被违反。班尼特证明的一个关键点是,认识到用光信号来做测量手段不是必须的。若用别的手段来测量,测量过程原则上可以不导致能量耗散,他给出的一个例子是通过分子磁矩来进行测量,所耗散的能量原则上可以无穷小。物理学家几乎一致接受了班尼特(兰道尔-彭罗斯-班尼特方案)的这一最终解决方案。

在物理学家们经历了一百多年的努力之后,有关麦克斯韦妖的争论终于尘埃落定。麦克斯韦在最初提出他的思想实验的时候估计没有想到这个问题的答案出现时间远远超过了他所处的时代,对他的问题的最终回答必须等到信息科学的建立。这个问题的解决过程也告诉我们:他山之石,可以攻玉,不同学科的发展可以相互借鉴,相互支持,相互促进。

参考文献

[1] 孙昌璞,全海涛. 麦克斯韦妖与信息处理的物理极限[J]. 物理,2013,42(11):756-768.

[2] 苏汝铿. 从比热商到麦克斯韦妖[J]. 自然杂志,1979(11):19-21.

[3] Maddox J,戴恩文. 麦克斯韦妖[J]. 世界科学,2002(11).

[4] 冯端,冯步云. 熵与信息:麦克斯韦妖的启示[J]. 现代物理知识,1991(5):15-16.

思考题

7-1. 气体在平衡状态时有何特征? 气体的平衡态与力学中所指的平衡有什么不同?

7-2. 设有 A、B 和 C 三个气体系统,当 A 和 C 处于热平衡时满足方程

$$p_A V_A - a p_A - p_C V_C = 0;$$

当 B 和 C 处于平衡时满足方程

$$p_B V_B - p_C V_C + \frac{b p_C V_C}{V_B} = 0$$

式中 a 和 b 均为常量。试根据热力学第零定律，求当 A 和 B 处于热平衡时满足的关系式。

7-3. 在推导理想气体的压强公式过程中，什么地方用到理想气体微观模型的基本假设？什么地方用到了气体处于平衡态的条件？什么地方用到了统计平均值的概念？

7-4. 对一定量的气体来说，当温度不变时，气体的压强随体积的减小而增大；当体积不变时，压强随温度的升高而增大。从宏观来看，这两种变化同样使压强增大；从微观来看，它们是否有区别？

7-5. 温度微观本质是什么？对于个别分子能说它的温度有多大吗？为什么？

7-6. 一瓶氮气，在以一定速度运输过程中，突然因急刹车被迫停止下来，瓶内气体的温度升高还是降低？气体压强是升高还是降低？为什么？

7-7. 设人们可获得 1.33×10^{-12} Pa 的真空度，问在此真空度下和 0℃ 时每立方厘米有多少个气体分子？

7-8. 如果盛有气体的容器相对某坐标系开始运动，容器内的分子速度相对这坐标系变化了，温度也因此而变化吗？为什么？

7-9. 叙述下列各式的物理意义：

(1) $\frac{1}{2}kT$；　(2) $\frac{3}{2}kT$；　(3) $\frac{i}{2}kT$；

(4) $\frac{i}{2}RT$；　(5) $\frac{m}{M}\frac{i}{2}RT$；　(6) $\frac{m}{M}\frac{i}{2}R(T_2-T_1)$。

7-10. 如果氢和氦的物质的量和温度相同，则下列各量是否相等，为什么？

(1) 分子的平均平动动能；　(2) 分子的平均动能；

(3) 内能。

7-11. 设氢弹爆炸时的温度为 10^8℃，在此高温下有自由氢核（质子）和氘核（质量为质子的两倍）存在，试求：(1) 质子的方均根速率；(2) 热平衡时，质子的平均动能与氘核的平均动能之比。

7-12. 速率分布函数 $f(v)$ 的物理意义是什么？试说明下列各量的物理意义。（n 为分子数密度，N 为系统总分子数。）

(1) $f(v)\mathrm{d}v$；　(2) $nf(v)\mathrm{d}v$；　(3) $Nf(v)\mathrm{d}v$；

(4) $\int_0^v f(v)\mathrm{d}v$；　(5) $\int_0^\infty f(v)\mathrm{d}v$；　(6) $\int_{v_1}^{v_2} Nf(v)\mathrm{d}v$。

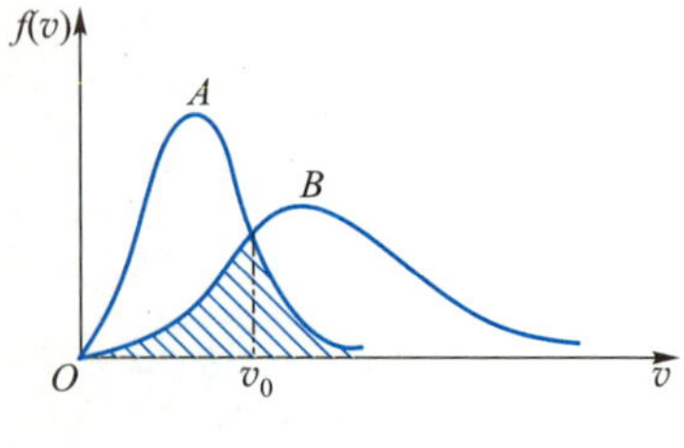

思考题 7-13 图

7-13. 氦气、氧气分子数均为 N，$T_{氧}=2T_{氦}$，速率分布曲线如图所示，且阴影面积为 S，求：(1) 哪条是氦气的速率分布曲线？(2) $\frac{v_{p_{氧}}}{v_{p_{氦}}}=$？(3) v_0 的意义？(4) $\int_{v_0}^{\infty} N[f_B(v)-f_A(v)]\mathrm{d}v$ 为多少？

对应的物理意义是什么？(5)将 S 用分布函数表示出来。

7-14. 两种理想气体分子数分别为 N_A 和 N_B，某一温度下，速率分布函数分别为 $f_A(v)$ 和 $f_B(v)$，问此温度下 A 和 B 组成的系统的速率分布函数如何？

习题

7-1. 有一个具有活塞的容器中盛有一定量的气体，如果压缩气体并对它加热，使它的温度从 27 °C 升到 177 °C，体积减小一半，求气体压强变化的百分比是多少？

7-2. 在标准状态下，若氧气(视为刚性双原子分子的理想气体)和氦气的体积比 $V_1/V_2=1/2$，则其内能之比 E_1/E_2 为多少？

7-3. 容积为 $9.6\times10^{-3}\ m^3$ 的瓶子以速率 $v=200\ m\cdot s^{-1}$ 匀速运动，瓶子中充有质量为 100 g 的氦气。设瓶子突然停止，且气体的全部定向运动动能都转变为气体分子热运动的动能，瓶子与外界没有热量交换，求热平衡后氦气的温度、压强各增加多少？

7-4. 已知某种理想气体，其分子方均根速率为 $400\ m\cdot s^{-1}$，当其压强为 1 atm 时，求气体的密度。

7-5. 某些恒星的温度可达到约 1.0×10^8 K，这是发生聚变反应(也称热核反应)所需的温度。通常在此温度下恒星可视为由质子组成。求：(1)质子的平均平动动能是多少？(2)质子的方均根速率为多大？

7-6. 容器的体积为 $2V_0$，绝热板 C 将其隔为体积相等的 A、B 两个部分，A 内储有 1 mol 单原子理想气体，B 内储有 2 mol 双原子理想气体，A、B 两部分的压强均为 p_0。求：(1) A、B 两部分气体各自的内能；(2)现抽出绝热板 C，求两种气体混合后达到平衡时的压强和温度。

7-7. 已知空气中几种主要组分的体积百分比是 N_2：78%，O_2：21%，Ar：1%，求：

(1) 空气的平均摩尔质量；

(2) 各组分的质量百分比；

(3) 标准状态下各组分的分压强；

(4) 标准状态下各组分的密度及空气的密度。

7-8. 总分子数为 N 的气体分子的速率分布如图所示，试求：(1) 若已知 N 和 v_0，求 c；(2) 平均速率；(3) 速率在 $v_0\sim2v_0$ 间的分子数。

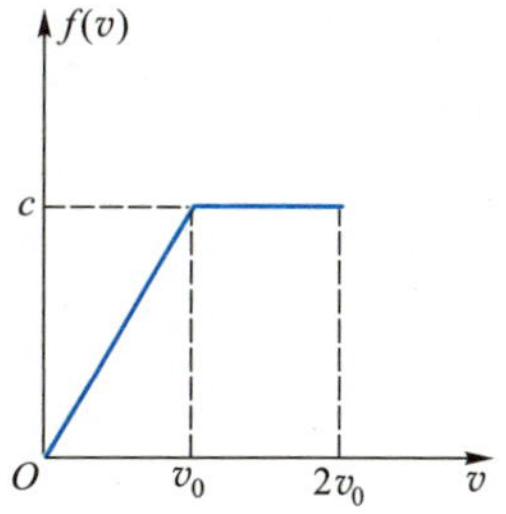

习题 7-8 图

7-9. 大量粒子($N_0=7.2\times10^{10}$ 个)的速率分布函数图像如图所示，试求：(1)速率小于 $30\ m\cdot s^{-1}$ 的分子数约为多少？(2)速率

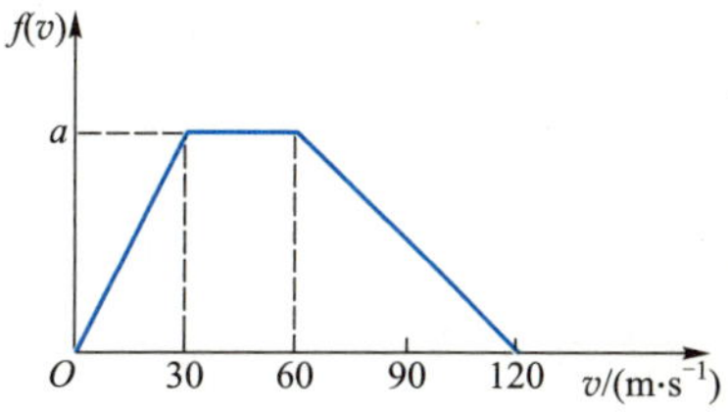

习题 7-9 图

处在99 m·s^{-1}到101 m·s^{-1}之间的分子数约为多少？(3)所有N_0个粒子的平均速率为多少？(4)速率大于60 m·s^{-1}的那些分子的平均速率为多少？

7-10. 在麦克斯韦分布下，(1)计算温度$T_1 = 300$ K和$T_2 = 600$ K时氧气分子最概然速率v_{p_1}和v_{p_2}；(2)计算在这两温度下的最概然速率附近单位速率区间内的分子数占总分子数的比率；(3)计算300 K时氧分子在$2v_p$处单位速率区间内的分子数占总分子数的比率。

7-11. 气缸内盛有一定量的氢气(可视作理想气体)，当温度不变而压强增大一倍时，氢气分子的平均碰撞频率$\overline{Z}$和平均自由程$\overline{\lambda}$的变化情况怎样？

第8章

热力学基础

上一章我们从微观角度对热力学系统进行了分析，以气体动理论为基础，用统计方法揭示了热运动的本质，但在其研究中人们常采取一些理想化的近似，计算结果同实验比较可能有一定的偏差。热力学则以观察和实验为基础，总结出热现象所遵循的宏观规律，用严密的逻辑推理的方法，研究宏观物体的热性质，因此具有较高的可靠性和准确性，可以验证微观理论的正确性；但热力学没有涉及热现象的本质，需要用统计物理的方法找出宏观观测量的微观决定因素，以弥补热力学的不足。由此可见，热力学和统计物理学虽然出发点和研究方法不同，但各有所长、相辅相成。

在这一章中，我们主要研究热力学系统宏观状态变化时所遵循的普遍规律。热力学第一定律从能量守恒出发，给出系统内能与热和功的转化关系，并应用于理想气体等值过程，对循环过程和效率进行了讨论；热力学第二定律给出态函数熵，指明了热力学过程进行的方向。

8-1 热力学第一定律

一、热力学过程

处在平衡态的热力学系统,受到外界影响而发生能量或物质交换时,平衡将被破坏,状态参量将发生变化。我们把热力学系统的状态随时间变化的过程称为**热力学过程**,简称**过程**。

一个热力学系统的平衡被打破后,需要一段时间来达到新的平衡,我们把这段时间称为**弛豫时间**。如果过程进行得较快,而弛豫时间相对较长,系统还未实现新的平衡之前,又继续了下一步的变化,系统必然要经历一系列非平衡的中间状态,不能用统一的确定的状态参量来描述,这样的过程称为**非静态过程**。如果过程进行得非常缓慢,过程经历的时间远大于弛豫时间,以至于过程的一系列的中间状态都无限接近于平衡态,因而过程的进行可以用系统的一组状态参量的变化来描述,这样的过程称为**准静态过程**(也叫作**平衡过程**)。可见,准静态过程是一种理想化过程,它的优点在于对系统的描述和讨论都比较方便,在热力学理论研究中具有重要意义。在实际的热力学过程中,只要弛豫时间远远小于状态变化的时间,就可以近似看成准静态过程,所以准静态过程也具有实际意义。例如,发动机中气缸压缩气体的时间约为 10^{-2} s,气缸中气体压强的弛豫时间约为 10^{-3} s,如果要求不是非常精确,在讨论气体做功时把发动机中气体压缩的过程作为准静态过程,依然是合理的。

由于准静态过程所经历的每一个状态都是平衡态,有确定的状态参量,在状态图(如 $p-V$ 图、$V-T$ 图)上对应一个点,一个准静态过程(即平衡过程)对应状态图上的一条曲线,不同的曲线代表不同的准静态过程。而非静态过程由于没有确定的状态参量,无法在状态图上表示出来。

二、热力学过程中与能量有关的物理量

系统经历一个热力学过程,状态参量发生变化,热力学第一定律从能量角度找到系统变化所遵循的规律。我们首先讨论几个与热力学第一定律有关的物理量。

1. 内能

第 7 章式(7-3-3)给出了理想气体内能公式:

$$E=\nu\frac{i}{2}RT=\frac{m}{M}\frac{i}{2}RT$$

可见,对于一定量的某种理想气体(ν、i 一定,即确定的热力学系

统),内能是温度的单值函数,故内能与温度一样也是只与分子热运动有关的状态参量。

无论系统经历的是准静态过程还是非静态过程,若其温度发生变化,过程初态和末态的内能是不同的,其改变量称为**内能增量**:

$$\Delta E=\nu\frac{i}{2}R\Delta T \tag{8-1-1}$$

某过程系统温度升高($\Delta T>0$),系统内能随之增大($\Delta E>0$);反之亦然。

可见,内能增量与过程无关,只与系统始末状态的温度差有关。无论经历什么样的过程,只要始末状态的温度差相等,内能增量都是相同的。在 $p-V$ 图中,不同的曲线代表不同的准静态过程,但只要曲线的起点和终点相同,内能增量就相同。

改变系统内能可以有两种不同的方法:做功和热传递。例如,烧杯中盛有一定量的水,我们可以通过搅拌的方式即做功使其温度升高,也可置于火炉上加热使其温度升高。著名的焦耳热功当量实验给出了热量和功两者的数值关系:1 cal=4.18 J。采用国际单位制后,热量和功均使用能量的单位——焦耳(J)。

2. 体积功

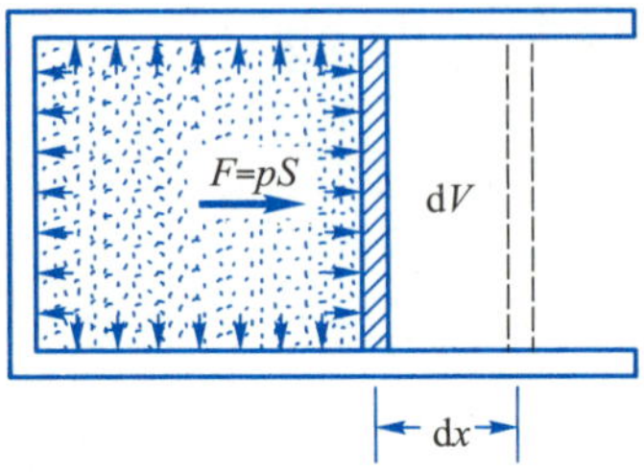

图 8-1-1　气体的膨胀

为简化问题,我们讨论如图 8-1-1 所示气缸中气体的缓慢膨胀(保证气体内部各处压强等宏观量相同),气体经历没有摩擦(无耗散,保证气体压强与外界压强相等)的准静态过程。设活塞面积为 S,膨胀过程中气体压强可能不断发生变化,假设某一时刻压强为 p,当活塞向外移动微小距离 dx 时,气体推动活塞对外界所做的元功为

$$dW=Fdx=pSdx=pdV$$

式中,$dV=Sdx$ 为气体膨胀时体积的微小增量。由上式可以看到,气体系统做功一定与气体体积变化有关,所以我们将系统所做的功叫作**体积功**。显然,气体膨胀($dV>0$),系统对外界做正功($dW>0$);气体被压缩($dV<0$),系统对外界做负功($dW<0$),即外界对系统做正功。如果系统的体积,经过一个准静态过程由 V_1 变到 V_2,则该过程中,系统对外界做的总功为

$$W=\int_{V_1}^{V_2}pdV \tag{8-1-2}$$

上述结果虽然是从气缸中气体推动活塞的运动推导出来的,但对于任何形状的容器,流体系统在准静态过程中对外界所做的功,都可用式(8-1-2)计算。

在 $p-V$ 图上,系统所做元功 pdV 可以用过程曲线下的小矩形

面积(图 8-1-2 斜线部分)来表示;系统对外所做的总功$\int_{V_1}^{V_2} p\mathrm{d}V$可以用曲线下$V_1 \sim V_2$之间的面积来表示。根据上述几何解释,对一些特殊过程体积功的计算可以不用式(8-1-2),而直接由计算过程曲线下的面积得到。由此也可看出 p-V 图在描述热力学准静态过程中的重要性。

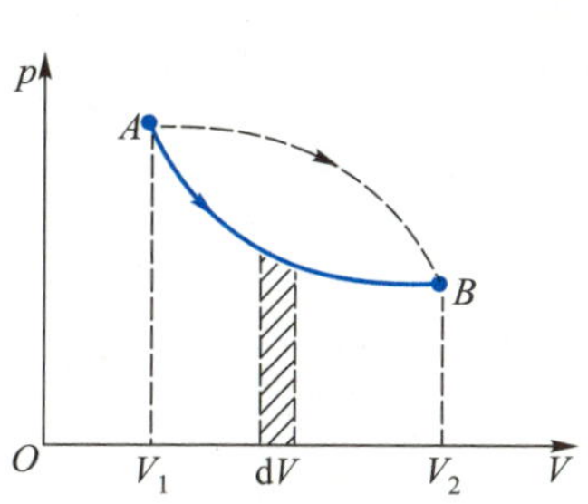

图 8-1-2 体积功

系统从状态 A 经准静态过程到达状态 B,可以沿着不同的过程曲线(如图 8-1-2 中的实线或虚线),即经历不同的准静态过程,所做的体积功一般不相等。可见,体积功是一个与过程相关的物理量,即**过程量**。

3. 热量

在系统与外界之间(或系统的不同部分之间),由于温度不同,从高温物体向低温物体转移的无规则热运动能量叫作**热量**,用 Q 表示。在某个微小热量传递过程中,系统吸收的热量为 $\mathrm{d}Q$,温度升高了 $\mathrm{d}T$,定义

$$C=\frac{\mathrm{d}Q}{\mathrm{d}T} \tag{8-1-3}$$

为系统在该过程中的**热容**。不同系统物质有多有少,为了便于比较,引入**摩尔热容**

$$C_{\mathrm{m}}=\frac{C}{\nu}=\frac{\mathrm{d}Q/\mathrm{d}T}{m/M} \tag{8-1-4}$$

即 1 mol 物质温度升高(或降低)1 K 所吸收(或放出)的热量,单位为 $\mathrm{J\cdot mol^{-1}\cdot K^{-1}}$。在后面的讨论中,我们会发现摩尔热容与热力学过程有关,如式(8-2-7)表明等压过程和等体过程的摩尔热容是不同的。

反过来,我们可以由摩尔热容计算相应热力学过程中系统吸收的热量。在某一微小过程中系统吸收的热量

$$\mathrm{d}Q=\nu C_{\mathrm{m}}\mathrm{d}T$$

若系统经历一有限的过程,温度从 T_1 升到 T_2,吸收的热量为

$$Q=\nu\int_{T_1}^{T_2} C_{\mathrm{m}}\mathrm{d}T \tag{8-1-5}$$

既然摩尔热容与过程有关,系统吸收的热量也与过程有关,故热量是一过程量。

三、热力学第一定律

前面我们讨论的体积功,系统和外界的边界发生了宏观位移,称为宏观功。从分子动理论的观点来看,这一做功过程是系统内分子的无规则热运动能量与外界(如活塞)分子有规则运动动能

的传递和转化过程。而热量传递,是在系统和外界之间只有温度差异没有宏观位移的情况下发生的。从微观上看,高温物体的分子通过碰撞将热运动动能传递给低温物体的分子,即通过分子的微观位移进行能量交换,故又称热量为微观功。

无论宏观功还是微观功,都能使系统的内能发生变化。外界对系统做的功 W'和外界传递给系统的热量 Q 均可以增加系统的内能。根据能量守恒定律,有

$$Q+W'=\Delta E$$

这就是**热力学第一定律**的表达式。若用 W 表示系统对外界做的功,则 $W=-W'$,现热力学第一定律一般写为

$$Q=\Delta E+W \tag{8-1-6}$$

上式表示**系统从外界吸收的热量,一部分转化为系统的内能,另一部分用于系统对外做功**。由此可见,热力学第一定律的实质就是能量转化和守恒定律在热力学过程中的具体表现。历史上,有人曾想设计制造一种热机,一种能使系统不断循环,不需要消耗任何动力或燃料,却能源源不断对外做功的所谓永动机,理所当然地失败了。这种违反热力学第一定律,也就是违反能量守恒定律的永动机,称为第一类永动机。因此,热力学第一定律的另一种表述是:第一类永动机是不可能制成的。

式(8-1-6)中,Q、W 及 ΔE 三个量均可取正、负值,代表不同的意义。$Q>0$,系统从外界吸收热量;$Q<0$,系统向外界放出热量。$W>0$,系统对外界做功;$W<0$,系统对外界做负功,实为外界对系统做功。$\Delta E>0$,系统内能增加;$\Delta E<0$,系统内能减少。

式(8-1-6)适用于有限过程,若为无限小过程,这时式(8-1-6)变为

$$\mathrm{d}Q=\mathrm{d}E+\mathrm{d}W$$

热力学第一定律应用时只要求初态和末态是平衡态,至于过程中所经历的各个中间态并不要求一定是平衡态,即对任何系统、任何过程都适用,可见热力学第一定律具有广泛性和普遍性。

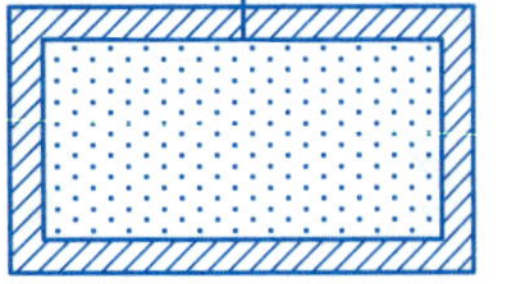

图 8-1-3 例 8-1 题图

动画 绝热自膨

例 8-1 如图 8-1-3 所示,一个用绝热材料制作的容器,用隔板分为 A、B 两室。A 室中储有理想气体,B 室为真空。若将隔板抽去,A 室中的气体将向 B 室膨胀,这就是**气体的自由膨胀**。假如 A、B 两室的体积均为 V,抽去隔板前气体的压强、温度分别为 p 和 T,求抽去隔板,气体达到平衡态后的压强和温度。

解: 气体向真空的膨胀过程弛豫时间非常短,气体来不及与外界交换热量就已经达到平衡态,且容器用绝热材料制作,故此过程系统与外界交换的热量 $Q=0$。气体向真空膨胀的过程中没有阻力,故此过程气体做的功 $W=0$。由热力学第一定律 $Q=\Delta E+W$,此

过程气体内能的增量 $\Delta E=0$，故气体膨胀前后温度相同，即 $T'=T$。

气体向真空的自由膨胀过程是一个非静态过程，故不能对整个过程应用理想气体物态方程，但初、末态为平衡态，可对初、末两态应用理想气体物态方程 $pV=\nu RT$，有 $pV=p'V'$，因 $V'=2V$，故 $p'=p/2$。

8-2　热力学第一定律在理想气体准静态过程中的应用

一、等体过程

动画　等体过程

系统体积保持不变的过程称为**等体过程**（流体也称等容过程）。若对一刚性容器内的气体缓慢进行加热，使气体温度逐渐上升，同时压强增大，但是气体的体积保持不变，这样的过程可视为一准静态的等体过程。过程曲线如图 8-2-1 所示。

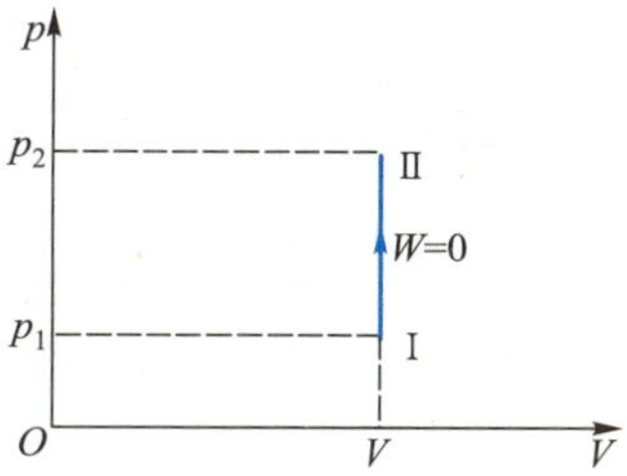

图 8-2-1　等体过程

等体过程的特征是 V 为常量，由理想气体物态方程可得到等体过程的特征方程为

$$\frac{p}{T}=\text{常量} \tag{8-2-1}$$

在等体过程中，$\mathrm{d}V=0$，所以 $\mathrm{d}W=p\mathrm{d}V=0$，即系统不对外做功。根据热力学第一定律，在等体过程中系统从外界吸收的热量

$$\mathrm{d}Q_V=\mathrm{d}E$$

对一有限过程，则有

$$Q_V=E_2-E_1$$

所以，在等体过程中，外界传递给系统的热量，全部用来增加系统的内能。

等体过程的摩尔热容称**摩尔定容热容**：

$$C_{V,\mathrm{m}}=\frac{\mathrm{d}Q_V}{\nu\mathrm{d}T}=\frac{\mathrm{d}E}{\nu\mathrm{d}T}=\frac{i}{2}R \tag{8-2-2}$$

用摩尔定容热容，可以把理想气体的内能记为

$$E=\nu\frac{i}{2}RT=\nu C_{V,\mathrm{m}}T$$

内能增量记为

$$\Delta E=\nu\frac{i}{2}R\Delta T=\nu C_{V,\mathrm{m}}\Delta T \tag{8-2-3}$$

二、等压过程

动画　等压过程

系统压强保持不变的过程称为**等压过程**。如气缸连续地与一

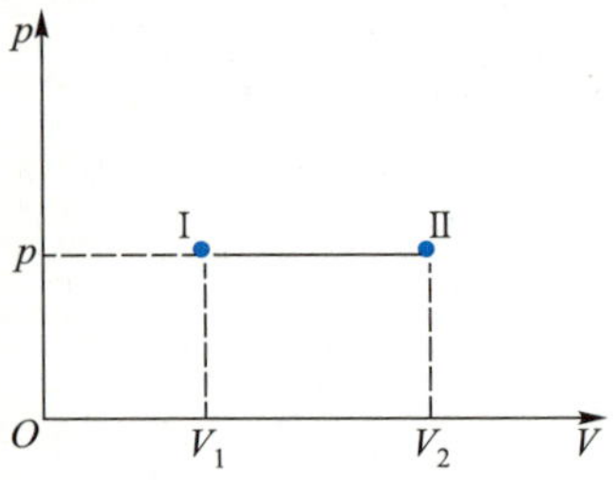

图 8-2-2 等压过程

系列温度增量极小的恒温热源相接触，同时活塞上所加的外力保持不变，这一过程可视为一个准静态的等压过程。过程曲线如图 8-2-2 所示。

等压过程的特征是 p 为常量，由理想气体物态方程可得到等压过程的特征方程为

$$\frac{V}{T}=\text{常量} \tag{8-2-4}$$

如果气体的体积从 V 增加到 $V+\mathrm{d}V$，温度从 T 增加到 $T+\mathrm{d}T$，气体所做的元功为

$$\mathrm{d}W=p\mathrm{d}V=\nu R\mathrm{d}T$$

根据热力学第一定律，在等压过程中系统从外界吸收的热量

$$\mathrm{d}Q_p=\mathrm{d}E+\nu R\mathrm{d}T$$

对一有限的等压过程，气体从状态Ⅰ(p,V_1,T_1)变化到状态Ⅱ(p,V_2,T_2)时，气体对外做的功

$$W_p=\int_{V_1}^{V_2}p\mathrm{d}V=p(V_2-V_1)=\nu R(T_2-T_1)$$

由于内能增量取决于初末状态的温度差，与过程无关，所以等压过程内能增量仍为

$$\Delta E=\nu C_{V,\mathrm{m}}(T_2-T_1)$$

气体在等压过程中所吸收的热量

$$\begin{aligned}Q_p&=\nu C_{V,\mathrm{m}}(T_2-T_1)+\nu R(T_2-T_1)\\&=\nu(C_{V,\mathrm{m}}+R)(T_2-T_1)\end{aligned} \tag{8-2-5}$$

等压过程的摩尔热容称为**摩尔定压热容**：

$$C_{p,\mathrm{m}}=\frac{\mathrm{d}Q_p}{\nu\mathrm{d}T}=\frac{\mathrm{d}E+\nu R\mathrm{d}T}{\nu\mathrm{d}T}=\frac{i}{2}R+R=\frac{i+2}{2}R \tag{8-2-6}$$

比较式(8-2-2)和式(8-2-6)，可得出摩尔定压热容与摩尔定容热容的关系：

$$C_{p,\mathrm{m}}=C_{V,\mathrm{m}}+R \tag{8-2-7}$$

上式称为**迈耶**(Mayer)**公式**。$C_{p,\mathrm{m}}$ 比 $C_{V,\mathrm{m}}$ 大 R，表明 1 mol 的物质每升高 1 K，等压过程比等体过程要多吸收 8.31 J 的热量。在等压和等体两个不同的过程中，内能的增量相同时，等压过程需吸收的热量比等体过程要多，多出的热量用来对外做功。这个关系也可以用**摩尔热容比**(工程上称为**绝热系数**)来表示：

$$\gamma=\frac{C_{p,\mathrm{m}}}{C_{V,\mathrm{m}}}=\frac{i+2}{i} \tag{8-2-8}$$

单原子分子、刚性双原子分子、刚性多原子分子的自由度分别为 $i=3,5,6$，则其理想气体的摩尔定容热容分别为 $C_{V,\mathrm{m}}=\frac{3}{2}R$，

$\frac{5}{2}R,3R$；摩尔定压热容 $C_{p,\mathrm{m}}=\frac{5}{2}R,\frac{7}{2}R,4R$；摩尔热容比 $\gamma=\frac{5}{3},\frac{7}{5},\frac{4}{3}$。

摩尔定压热容与摩尔定容热容虽然不同，但它们在各自的变化过程中都是一个常量。而在一般的热力学过程中，摩尔热容不仅与过程有关而且在过程中也是变化的，其变化规律很难确定，这时热量计算不用式(8-1-5)，而直接由热力学第一定律进行计算可能还容易些。

从表 8-2-1 可以看到，对于单原子分子和双原子分子气体，$C_{p,\mathrm{m}}$和 $C_{V,\mathrm{m}}$的理论值与实验值大致相符，这表明在一定范围内经典的热容理论近似地反映了客观事实；但是对多原子分子，$C_{p,\mathrm{m}}$和 $C_{V,\mathrm{m}}$理论值与实验值相差很大，表明经典热力学理论存在缺陷，而量子论能对气体的热容作出较完美的解释。

表 8-2-1　气体摩尔热容的理论值与实验数据
($C_{p,\mathrm{m}}$, $C_{V,\mathrm{m}}$的单位为 $\mathrm{J\cdot mol^{-1}\cdot K^{-1}}$)

分子种类	$C_{p,\mathrm{m}}$理论值	$C_{V,\mathrm{m}}$理论值	气体种类	$C_{p,\mathrm{m}}$实验值	$C_{V,\mathrm{m}}$实验值
单原子	20.8	12.5	氦 氩	20.95 20.9	12.61 12.53
双原子	29.1	20.8	氢 一氧化碳 氧	28.83 29.0 29.61	20.47 21.2 21.16
三原子或多原子	33.21	24.9	水蒸气 甲烷 氯仿 乙醇	36.2 35.6 72.0 87.5	27.8 27.2 63.7 79.1

三、等温过程

动画　等温过程

系统温度保持不变的过程称为**等温过程**。如气缸置于一恒温热源中(这里所说的恒温热源是指无论怎样进行热交换，其温度都不会改变的部分环境，如实际热源足够大，系统与其交换热量后其温度变化几乎可以忽略，则可视为恒温热源)，气体从恒温热源吸热，缓慢膨胀推动活塞做功，气缸中气体经历的过程可视为一准静态的等温膨胀过程，过程曲线如图 8-2-3 所示。

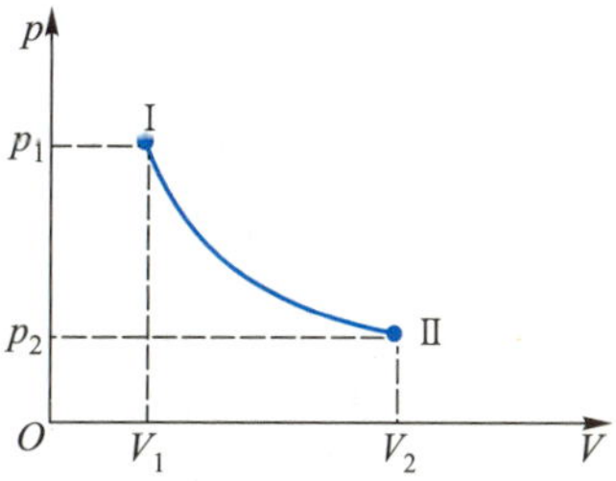

图 8-2-3　等温过程

等温过程的特征是 T 为常量，由理想气体物态方程可得到等温过程的特征方程为

$$pV=\text{常量} \tag{8-2-9}$$

等温过程中 T 不变，则 $\mathrm{d}T=0$。理想气体的内能只取决于温度，所以理想气体的内能也保持不变，即 $\mathrm{d}E=0$。

当气体发生微小变化时，由热力学第一定律，有

$$\mathrm{d}Q_T=\mathrm{d}W_T=p\mathrm{d}V$$

又由理想气体物态方程，有

$$p=\nu RT\frac{1}{V}$$

因此

$$\mathrm{d}Q_T=\nu RT\frac{\mathrm{d}V}{V}$$

当理想气体从状态 Ⅰ (p_1,V_1,T) 等温地变为状态 Ⅱ (p_2,V_2,T) 时（图 8-2-3），气体吸收的热量 Q_T 等于对外做功 W_T：

$$\begin{aligned}Q_T&=W_T=\int p\mathrm{d}V=\int_{V_1}^{V_2}\nu RT\frac{\mathrm{d}V}{V}\\&=\nu RT\ln\frac{V_2}{V_1}\end{aligned} \tag{8-2-10}$$

应用等温过程的过程方程 $p_1V_1=p_2V_2$，上式也可写为

$$Q_T=\nu RT\ln\frac{p_1}{p_2} \tag{8-2-11}$$

可见等温膨胀过程中，理想气体从恒温热源吸取的热量全部转化为对外所做的功；在等温压缩过程中，外界对理想气体所做的功，全部转化为传给恒温热源的热量。

等温过程中，温度 T 恒定不变，即 $\mathrm{d}T=0$，$C_{T,\mathrm{m}}=\dfrac{\mathrm{d}Q_T}{\nu\mathrm{d}T}=\infty$，等温过程的摩尔热容没有实际意义。

动画 绝热过程

四、绝热过程

所谓**绝热过程**指系统在与外界完全没有热量交换的情况下发生的状态变化过程。显然这是一种理想过程，对于实际发生的过程，只要满足一定的条件，则可视为绝热过程。例如：用绝热性能良好的材料将系统与外界分开，系统与外界交换的热量很少，可以忽略；内燃机中混合气体的爆炸、例 8-1 中气体的自由膨胀等过程，由于过程进行得非常快，以致系统来不及与外界进行明显的热交换。这些过程中系统与外界交换的热量远小于系统的内能，可以近似看成绝热过程。

绝热过程的特征是 $Q=0$，由热力学第一定律，有

$$-\Delta E=W \quad 或 \quad \Delta E=-W$$

即在绝热过程中,如果系统对外界做正功,就必须以消耗系统的内能为代价,即系统的内能减少;反之,如果系统对外界做负功(即外界对系统做正功),则系统的内能就增加。由于内能增量与过程无关,我们有

$$W_Q=-\Delta E=-\nu C_{V,\mathrm{m}}(T_2-T_1)=\frac{i}{2}(p_1V_1-p_2V_2)=\frac{1}{\gamma-1}(p_1V_1-p_2V_2)\tag{8-2-12}$$

最后一步推导用到了式(8-2-8)。绝热过程没有热量交换,故其摩尔热容为零。

当气体作绝热膨胀而对外做功时,气体的内能减少,温度就要降低,而压强也在减小。可见在绝热过程中,气体的体积、温度、压强三个参量同时发生变化,与前面讨论的准静态等体、等温、等压过程不同,准静态绝热过程不是一个等值过程,但它和其他准静态过程一样有一个描写过程的曲线方程,这个方程叫作**绝热方程**。

下面推导理想气体准静态绝热过程的过程方程。对理想气体物态方程求微分,有

$$p\mathrm{d}V+V\mathrm{d}p=\nu R\mathrm{d}T$$

又由热力学第一定律得

$$\mathrm{d}Q_Q=\mathrm{d}E+\mathrm{d}W=\nu C_{V,\mathrm{m}}\mathrm{d}T+p\mathrm{d}V=0$$

联立以上两式,消去 $\mathrm{d}T$,整理后得

$$(C_{V,\mathrm{m}}+R)p\mathrm{d}V+C_{V,\mathrm{m}}V\mathrm{d}p=0$$

上式改写为

$$\frac{\mathrm{d}p}{p}+\gamma\frac{\mathrm{d}V}{V}=0\tag{8-2-13}$$

积分后得

$$pV^{\gamma}=\text{常量}\tag{8-2-14}$$

上式称为绝热过程的**泊松(Poisson)方程**。再利用理想气体的物态方程 $pV=\nu RT$,还可求出另两个方程:

$$TV^{\gamma-1}=\text{常量}\tag{8-2-15}$$

$$p^{\gamma-1}T^{-\gamma}=\text{常量}\tag{8-2-16}$$

式(8-2-14)、式(8-2-15)和式(8-2-16)均称为绝热过程方程,式中 γ 为摩尔热容比(即绝热系数),常量的大小与给定系统和初始状态有关,且三个方程中常量各不相同。我们可以根据不同的问题,在三个方程中选取一个比较方便的来应用。

当气体作准静态绝热变化时,在 $p-V$ 图上,p 与 V 的关系曲线叫作绝热线。图 8-2-4 中的实线表示绝热线,虚线表示同一气体系统的一条等温线,A 点是两线的交点。由式(8-2-14)可得绝热

图 8-2-4　绝热线与等温线

线在 A 点的斜率为

$$\left(\frac{\mathrm{d}p}{\mathrm{d}V}\right)_Q=-\gamma\frac{p_A}{V_A}$$

同一点等温线的斜率为

$$\left(\frac{\mathrm{d}p}{\mathrm{d}V}\right)_T=-\frac{p_A}{V_A}$$

由式(8-2-8)，$\gamma=\dfrac{i+2}{i}>1$，可见在 $p-V$ 图上同一点，绝热线斜率的绝对值大于等温线斜率的绝对值，即绝热线比等温线“陡”。

绝热过程的压强变化大于等温过程的压强变化，也可用气体动理论来加以解释。以压缩气体为例，从图 8-2-4 两条曲线的交点 A 所对应的状态出发，一次为等温压缩，一次为绝热压缩。由气体压强公式 $p=\dfrac{2}{3}n\,\overline{\varepsilon}_{\mathrm{kt}}$，在等温过程中，分子的热运动平均平动动能不变，引起压强增大的因素仅是因体积减小引起的分子数密度的增大；而在绝热过程中，除了分子数密度有同样的增加引起压强增大外，还由于外界对气体做功使气体温度升高，分子的平均平动动能也随之增大，进一步引起压强的增大。可见，在体积压缩均为 ΔV 时，绝热过程压强的增大要比等温过程的大，即 $\Delta p_Q>\Delta p_T$。

实际上，气体系统进行的过程，可能既不是等温过程也不是绝热过程，而介于二者之间。一般将 $pV^n=$常量的准静态过程，称为**多方过程**，其中 n 称为多方指数。我们前面讨论的一些准静态过程，可视为多方过程的特例：$n=1$，$pV=$常量，为等温过程；$n=\gamma$，$pV^\gamma=$常量，为绝热过程；$n=0$，$p=$常量，为等压过程；$n=\infty$，对应等体过程。

例 8-2 一定量的双原子分子理想气体，经 $pV^2=b$(常量)的准静态过程，从状态(p_1，V_1)变到体积为 V_2 的状态，试求气体在该过程中对外所做的功 W，内能增量 ΔE，吸入的热量 Q 和摩尔热容 C_{m}。

解：由题所给过程方程

$$pV^2=p_1V_1^2=p_2V_2^2=b$$

可得末态气体的压强

$$p_2=\frac{V_1^2}{V_2^2}p_1$$

以及压强 p 随体积 V 变化的函数关系

$$p=\frac{b}{V^2}$$

代入体积功公式，可得气体在该过程中对外所做的功

$$W=\int_{V_1}^{V_2}p\mathrm{d}V=\int_{V_1}^{V_2}b\frac{\mathrm{d}V}{V^2}=b\left(\frac{1}{V_1}-\frac{1}{V_2}\right)$$

$$=p_1V_1-p_2V_2=p_1V_1\left(1-\frac{V_1}{V_2}\right)$$

由 $p_1V_1=\nu RT_1, p_2V_2=\nu RT_2$ 得到过程中温度的改变为

$$T_2-T_1=\frac{1}{\nu R}(p_2V_2-p_1V_1)$$

理想气体双原子分子的自由度 $i=5$，故内能增量

$$\Delta E=\nu\frac{i}{2}R(T_2-T_1)=\frac{5}{2}(p_2V_2-p_1V_1)=\frac{5}{2}p_1V_1\left(\frac{V_1}{V_2}-1\right)$$

由热力学第一定律，可得气体吸入的热量为

$$Q=\Delta E+W=\frac{3}{2}(p_2V_2-p_1V_1)=\frac{3}{2}p_1V_1\left(\frac{V_1}{V_2}-1\right)$$

则过程的摩尔热容为

$$C_{\mathrm{m}}=\frac{Q}{\nu(T_2-T_1)}=\frac{3}{2}R$$

摩尔热容也可以用其基本公式计算：

$$C_{\mathrm{m}}=\frac{i}{2}R+\frac{p\mathrm{d}V}{\nu\mathrm{d}T}=\frac{5}{2}R+\frac{p\mathrm{d}V}{\nu\mathrm{d}\left(\frac{pV}{\nu R}\right)}=\frac{5}{2}R+\frac{p\mathrm{d}V}{\mathrm{d}(pV)}R$$

$$=\frac{5}{2}R+\frac{\frac{b}{V^2}\mathrm{d}V}{\mathrm{d}\left(\frac{b}{V^2}V\right)}R=\frac{5}{2}R-R=\frac{3}{2}R$$

例 8-3 2 mol 的氧气，分别经图 8-2-5 中的 Ⅰ→A→Ⅱ 和 Ⅰ→Ⅱ 过程由状态Ⅰ变化到状态Ⅱ。试分别求该两过程中气体对外所做的功 W、内能增量 ΔE 和吸收的热量 Q。设氧气为刚性双原子分子理想气体。

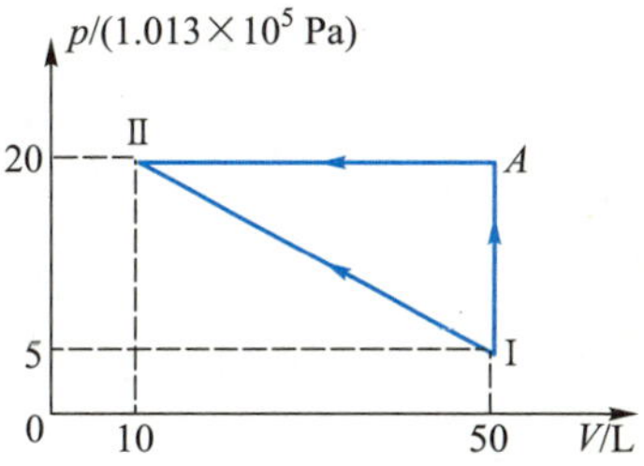

图 8-2-5 例 8-3 题图

解：(1) 在 Ⅰ→A→Ⅱ 过程中，Ⅰ→A 等体变化，气体不做功，A→Ⅱ 为等压压缩，气体对外做功 $p_2(V_2-V_1)$，故 Ⅰ→A→Ⅱ 过程中气体对外做的总功

$$W=p_2(V_2-V_1)=20\times1.013\times10^5\times(10-50)\times10^{-3}\ \mathrm{J}$$
$$=-8.10\times10^4\ \mathrm{J}$$

氧为双原子分子，自由度 $i=5$，内能增量

$$\Delta E=\nu\frac{i}{2}R(T_2-T_1)=\frac{i}{2}(p_2V_2-p_1V_1)$$

$$=\frac{5}{2}(20\times10-5\times50)\times1.013\times10^5\times10^{-3}\ \mathrm{J}$$

$$=-1.27\times10^4\ \text{J}$$

由热力学第一定律可知，该过程吸收热量。

$$Q=\Delta E+W=(-1.27\times10^4-8.10\times10^4)\ \text{J}=-9.37\times10^4\ \text{J}$$

（2）在Ⅰ→Ⅱ过程中（具体为何种准静态过程，过程方程的具体形式，此题中我们没有必要一一弄清楚），气体对外所做的功，可以由 $p-V$ 图上 $V_1\sim V_2$ 间过程曲线下面的梯形面积计算。因气体被压缩，功为负值，故

$$\begin{aligned}W&=-\frac{1}{2}(p_1+p_2)(V_1-V_2)\\&=-\frac{1}{2}(5+20)\times1.013\times10^5\times(50-10)\times10^{-3}\ \text{J}\\&=-5.07\times10^4\ \text{J}\end{aligned}$$

内能是状态量，内能增量与过程无关，仍为

$$\Delta E=-1.27\times10^4\ \text{J}$$

故

$$Q=\Delta E+W=(-1.27\times10^4-5.07\times10^4)\ \text{J}=-6.34\times10^4\ \text{J}$$

例 8-4 双原子分子的理想气体，经历 $p=bV$（b 为常量）的热力学过程。求：(1) 此过程的摩尔热容；(2) 若 2 mol 的该气体温度从 T_1 升至 T_2，问该过程中气体吸收的热量和对外做功各是多少？

解：(1) 由热力学第一定律和摩尔热容定义得平衡过程的摩尔热容计算公式：

$$C_{\text{m}}=\frac{i}{2}R+\frac{p\text{d}V}{\nu\text{d}T}$$

为了计算 $\text{d}V/\text{d}T$，可将过程方程 $p=bV$ 代入物态方程 $pV=\nu RT$，得到

$$bV^2=\nu RT$$

它表示该过程的 V、T 关系。对上式求微分：

$$\frac{\text{d}V}{\text{d}T}=\frac{\nu R}{2bV}=\frac{\nu R}{2p}$$

双原子分子的理想气体 $i=5$，即得此过程的摩尔热容

$$C_{\text{m}}=\frac{5}{2}R+\frac{R}{2}=3R$$

（2）$C_{\text{m}}=3R$ 表明在 $p=bV$ 过程中摩尔热容为常量。由此可得气体在该升温过程中吸收的热量

$$Q=\nu C_{\text{m}}(T_2-T_1)=2\ \text{mol}\times3R(T_2-T_1)=6\ \text{mol}\times R(T_2-T_1)$$

因内能增量

$$\Delta E=\nu C_{V,\text{m}}(T_2-T_1)=2\ \text{mol}\times\frac{5}{2}R(T_2-T_1)=5\ \text{mol}\times R(T_2-T_1)$$

由热力学第一定律，即得该过程中气体对外做功

$$W=Q-\Delta E=1\ \mathrm{mol}\times R(T_2-T_1)$$

8-3 循环过程和卡诺循环

一、循环过程

生产实践中，用机械代替人力，以提高劳动生产率，因此常常需要把热转化为功，驱动机器运转。等温膨胀过程中，气体把从外界吸收的热量全部转化为对外界所做的功，转化效率最高，看起来是最理想的转化过程，但由于实际气缸长度有限，这个过程不能持续地进行下去（即使气缸足够长，当气体压强等于外界压强时，也不再对外做功了）。于是人们设计了所谓**热机**，就是能够把热量源源不断地转化为宏观功的装置。历史上，热力学理论的发展是与人们改进热机的实践密切联系的，这是一个生产实践促进科学理论发展的典型事例。为了持续不断地将热量转化为功，热机中的工作物质（简称工质，如气体）在经历一系列的变化过程后状态必须复原，再开始下一个转化过程。我们将系统经历一系列状态变化又回到原来状态的过程，称为**循环过程**。

循环过程的重要特征是状态复原，每完成一次循环，系统内能增量 $\Delta E=0$。根据热力学第一定律可知：在系统每一次完整的循环过程中，系统从外界吸收的净热量一定等于系统对外界所做的净功（$Q=W$），或外界对系统做的净功等于系统向外界放出的净热量。所谓“净热量”是指循环过程中系统吸收的热量与放出热量的差值，“净功”是指循环过程中系统对外界所做的功和外界对系统所做的功的差值。

如果组成一循环过程的每一个分过程都是准静态过程，即准静态的循环过程，可用 $p-V$ 图上一条闭合的曲线来表示。过程曲线沿顺时针方向进行的循环称为**正循环**（如图 8-3-1 中 $abcda$）；过程曲线沿逆时针方向进行的循环称为**逆循环**（如图 8-3-1 中 $adcba$）。

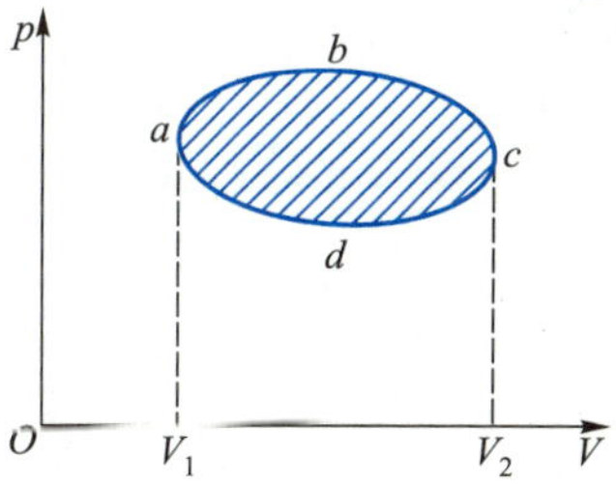

图 8-3-1 循环过程

1. 正循环 热机效率

对于正循环，系统在 abc 过程中所接触的热源温度较高，这些热源称为高温热源；在 cda 过程中所接触的热源温度较低，称为低温热源。系统要完成一个完整的循环，外界必须提供这样两个热源供系统吸热和放热。例如，汽车发动机的燃烧室是高温热源，汽车尾管向大气排出废气，则大气为低温热源，若只有一个热源，发动机没法工作。需要说明的是，高温（或低温）热源往往不是一个单一温度的热源，而由一系列恒温热源组成，因为系统循环到不同

的阶段所需要的热源的温度可能不同。

在 abc 过程中，系统从高温热源吸取热量 Q_1，对外做功 W_1（等于 $p-V$ 图中曲线 abc 下面 $V_1 \sim V_2$ 段之间的面积）；在 cda 过程中，外界对系统做功 W_2'（数值等于曲线 cda 到 V 轴间的面积），系统向低温热源放出热量，用 Q_2 表示其绝对值（注意：讨论循环过程热量的传递时，无论系统吸热还是放热，都取其绝对值，与热力学第一定律中的规定不同）。系统经历一个完整的循环后，内能增量 $\Delta E=0$，对外界所做的净功 $W=W_1-W_2'>0$，等于 $p-V$ 图中闭合曲线 $abcda$ 所包围的面积（图中的斜线部分）。根据热力学第一定律，我们有

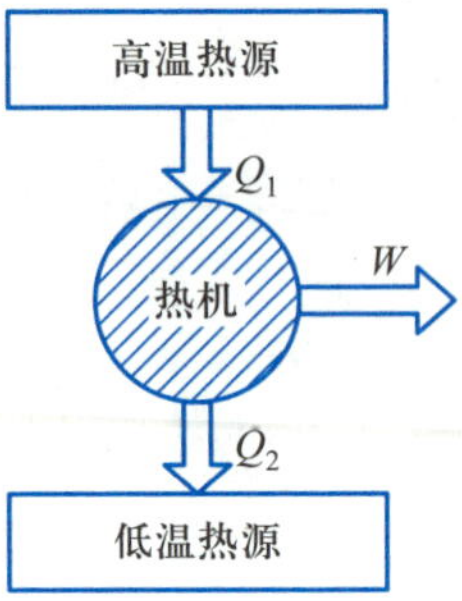

图 8-3-2 热机工作能流图

动画 热机

$$W=Q=Q_1-Q_2 \tag{8-3-1}$$

可见，当系统经历一次完整的正循环后，系统从高温热源吸取热量 Q_1，将其一部分用于对外所做净功 W，剩余热量 Q_2 向低温热源放出。这正是热机的工作原理。蒸汽机、内燃机、汽轮机等，其结构或工作物质不相同，但物理学原理是相同的。图 8-3-2 为热机工作过程中能量的交换与转化示意图。

热机效能的重要标志之一就是它的效率，即吸收来的热量有多少转化为功。**热机效率**定义为

$$\eta=\frac{W}{Q_1} \tag{8-3-2}$$

由式（8-3-1），热机的效率还可以表示为

$$\eta=1-\frac{Q_2}{Q_1} \tag{8-3-3}$$

式中 Q_1 表示系统从外界吸收的热量，Q_2 表示系统向外界放出热量的绝对值。Q_2 的值不可能为 0（这是热力学第二定律要讨论的问题），故热机效率 η 总是小于 1。

动画 电冰箱

2. 逆循环 制冷系数

如图 8-3-1 所示，对于逆循环 $adcba$，在 adc 过程中，系统对外做功，从低温热源吸热 Q_2；在 cba 过程中，外界对系统做功，系统向高温热源放热 Q_1（绝对值）。根据热力学第一定律，系统对外界所做的净功为 $W=Q=Q_2-Q_1$。

和正循环相反，系统作逆循环时，系统对外界做的净功 $W<0$，也就是外界对系统做正功（$W'=Q_1-Q_2>0$）；系统从外界吸收的净热量 $Q<0$，也就是系统向外界放热。在逆循环过程中，以外界对系统做功 W' 为代价，系统从低温热源吸入热量 Q_2，并向高温热源放出热量 $Q_1=Q_2+W'$。这正是制冷机的工作原理。所谓**制冷机**就是利用外界对系统（工作物质）做功，使部分外界（低温热源）通过放热得到冷却或维持较低温度的机器。因此，逆循环也称制冷循环，

按制冷循环工作的机器有冰箱、冷空调等。

反映制冷机性能最重要的物理量是其制冷系数。**制冷系数**定义为：在一次循环中系统从低温热源吸收的热量 Q_2 与外界对系统所做净功 W' 的比率。

$$e=\frac{Q_2}{W'} \tag{8-3-4}$$

因外界的净功 $W'=Q_1-Q_2$，上式还可表示为

$$e=\frac{Q_2}{Q_1-Q_2} \tag{8-3-5}$$

需要注意的是，热机的效率总是小于 1，而制冷机的制冷系数则往往可能大于 1。在掌握热机效率和制冷系数的公式时，应该注意二者在定义时有一个共同点，那就是都把所获取的效益放在分子上，而付出的代价则放在分母上。

热泵是制冷机的一种巧妙地应用。我们注意到，制冷机的制冷系数完全可以大于 1。假设某制冷机的制冷系数为 5，若外界对系统做 1 J 的功，系统就可以从低温热源吸收 5 J 的热量，在高温热源放出 6 J 的热量。如果我们将制冷机反过来应用于制热（如取暖），使用 1 J 的电能就可以在其高温热源获得 6 J 的热能，这时的制冷机就成为热泵。单冷空调在夏天使用是制冷机，在寒冷的冬天我们若将空调反转安装（将冷冻装置安装在室外，散热装置安装在室内），它就成为一个热泵，比我们使用一般的空调制热，要经济、环保。近年市面上出现的空气能热水器（也称空气源热泵热水器、冷气热水器等），其工作原理就是一热泵，把空气中的低温热量吸收进来，经过压缩机压缩后转化为高温热能以此来加热水温。空气能热水器具有高效节能的特点，生产等量的热水，空气能热水器消耗费用的成本仅为电热水器的 1/4、燃气热水器的 1/3，比电辅助太阳能热水器利用能效还高。

二、卡诺循环

从 19 世纪起，蒸汽机在工业、交通运输中起着越来越重要的作用，但是蒸汽机的效率很低，一般不到 5%，也就是有 95% 以上的热能没有被利用。在生产需求的推动下，许多科学家和工程师开始从理论上来研究热机的效率问题。卡诺循环就是在这样的情况下，由法国年轻的工程师卡诺提出来的。

卡诺循环由两个等温的准静态过程和两个绝热的准静态过程组成，如图 8-3-3 所示。在循环过程中，工作物质（理想气体）只与温度为 T_1 的高温热源和温度为 T_2 的低温热源交换热量，按卡诺循环运行的热机和制冷机，分别称为卡诺热机和卡诺制冷机。

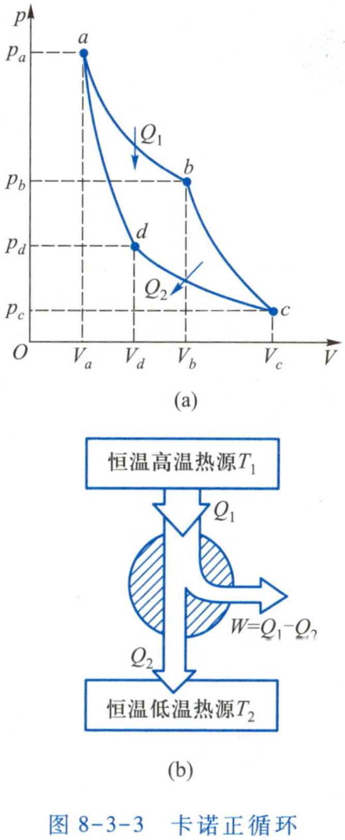

图 8-3-3　卡诺正循环及能流图

1. 卡诺热机

图 8-3-3 表示的是卡诺正循环(卡诺热机循环),在 ab 等温膨胀过程中,系统从温度为 T_1 的热源吸入热量为

$$Q_{ab}=\nu RT_1\ln\frac{V_b}{V_a};$$

在 bc 绝热膨胀过程中,$Q_{bc}=0$;在 cd 等温压缩过程中,系统从温度为 T_2 的热源吸入热量为

$$Q_{cd}=\nu RT_2\ln\frac{V_d}{V_c}$$

$Q_{cd}<0$,实为系统放热;在 da 绝热压缩过程中,$Q_{da}=0$。

在整个循环过程中,系统从外界吸收的热量之和

$$Q_1=Q_{ab}=\nu RT_1\ln\frac{V_b}{V_a} \tag{8-3-6}$$

系统向外界放出热量(绝对值)之和为

$$Q_2=|Q_{cd}|=\nu RT_2\ln\frac{V_c}{V_d} \tag{8-3-7}$$

于是卡诺热机的效率为

动画 卡诺循环

$$\eta_C=1-\frac{Q_2}{Q_1}=1-\frac{T_2\ln\dfrac{V_c}{V_d}}{T_1\ln\dfrac{V_b}{V_a}} \tag{8-3-8}$$

因 bc、da 为准静态的绝热过程,应用绝热过程方程:

$$T_1V_b^{\gamma-1}=T_2V_c^{\gamma-1},T_1V_a^{\gamma-1}=T_2V_d^{\gamma-1}$$

两式相除可得

$$\frac{V_b}{V_a}=\frac{V_c}{V_d} \tag{8-3-9}$$

代入式(8-3-8),可得

$$\eta_C=1-\frac{T_2}{T_1} \tag{8-3-10}$$

卡诺热机被证明是在温度差相同的高低温热源之间工作的效率最高的热机(参见例 8-10),式(8-3-10)为我们指明了提高热机效率的基本方法:或者提高高温热源的温度,或者降低低温热源的温度。显然,实用的方法是提高高温热源温度,把低温热源的温度降低到常温以下太不经济了。在蒸汽机后发明的内燃机就是在上面这个公式的指导下实现的。

2. 卡诺制冷机

如果理想气体进行卡诺制冷循环时,只要把图 8-3-3 中的箭

头全部反向即可示意。从低温热源 T_2 吸热

$$Q_2=Q_{dc}=\nu RT_2\ln\frac{V_c}{V_d}$$

向高温热源 T_1 放热

$$Q_1=|Q_{ba}|=\nu RT_1\ln\frac{V_b}{V_a}$$

故卡诺制冷机的制冷系数

$$e_C=\frac{Q_2}{Q_1-Q_2}=\frac{T_2}{T_1-T_2} \tag{8-3-11}$$

上式提示我们，低温热源的温度越低，或高、低温热源的温差越大，制冷系数就越小，制冷的能耗就越大，要进一步制冷就越困难。由此可见，制冷机的制冷系数，不是由机器性能唯一决定的，它还与外界条件有关。例如，高温热源均为 36 ℃，低温热源若为 16 ℃，卡诺制冷机制冷系数为 14.5；若低温热源为 26 ℃，制冷系数则为 30，提高了一倍多。若从低温热源带走的热量相同时，后者的能耗不到前者的一半！卡诺制冷机虽然是一种理想的制冷机，但对实际生活有重要的指导意义，我们在夏季使用空调时，不宜把室内温度设置得太低，可以大大地降低能耗。

例 8-5 一定量的某单原子理想气体，经历如图 8-3-4 所示的循环，其中 AB 为等温线。已知 $V_A=3.00\ \text{L}$，$V_B=6.00\ \text{L}$，求热机效率。

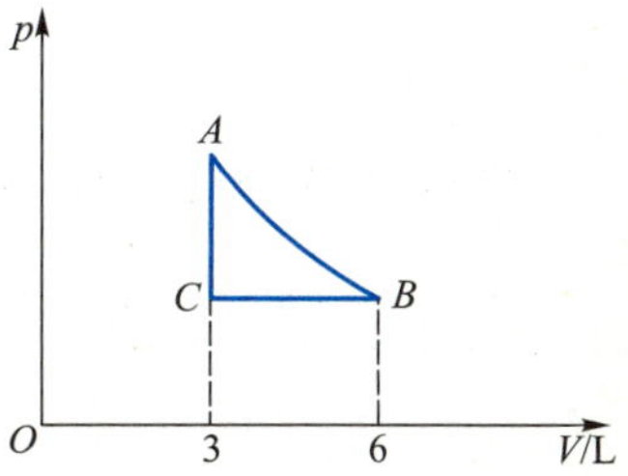

图 8-3-4 例 8-5 题图

解：图示循环由 3 个分过程组成：

（1）$A\to B$ 为等温膨胀过程，$\Delta E=0$，$W>0$，$Q_{AB}=\nu RT_A\ln\dfrac{V_B}{V_A}=\nu RT_A\ln 2$

$Q_{AB}>0$，$A\to B$ 过程系统从外界吸收热量；

（2）$B\to C$ 为等压压缩降温过程，$\Delta E<0$，$W<0$，且有

$$\frac{V_B}{T_B}=\frac{V_C}{T_C},\quad T_C=T_B\frac{V_C}{V_B}=\frac{1}{2}T_B=\frac{1}{2}T_A$$

$$Q_{BC}=\nu C_{p,\text{m}}(T_C-T_B)=-\frac{1}{2}\nu C_{p,\text{m}}T_A$$

单原子分子理想气体的摩尔定压热容 $C_{p,\text{m}}=\dfrac{5}{2}R$，故 $Q_{BC}=-\dfrac{5}{4}\nu RT_A$，$Q_{BC}<0$，$B\to C$ 实为放热过程；

（3）$C\to A$ 为等体增压升温过程，$\Delta E>0$，$W=0$，

$$Q_{CA}=\nu C_{V,\text{m}}(T_A-T_C)=\frac{1}{2}\nu C_{V,\text{m}}T_A$$

单原子分子理想气体的摩尔定容热容 $C_{V,\mathrm{m}}=\frac{3}{2}R$，故

$$Q_{CA}=\frac{3}{4}\nu RT_A,\quad Q_{CA}>0$$

系统吸热。

在一个完整的循环中，系统从高温热源吸收热量的总和为

$$Q_1=Q_{AB}+Q_{CA}=\nu RT_A\left(\ln 2+\frac{3}{4}\right)$$

向低温热源放出热量的总和为

$$Q_2=|Q_{BC}|=\frac{5}{4}\nu RT_A$$

故热机效率为

$$\eta=1-\frac{Q_2}{Q_1}=1-\frac{5}{4\ln 2+3}=0.134$$

例 8-6　一定量的理想气体氦，经历如图 8-3-5 所示的循环，求热机效率。

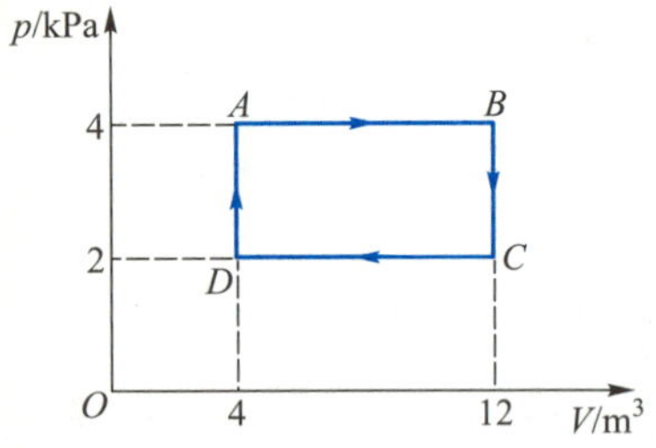

图 8-3-5　例 8-6 题图

解：题中的热机循环由两个等压过程和两个等体过程组成。其中，AB 等压膨胀和 DA 等体增压为吸热过程，BC 等体降压和 CD 等压压缩为放热过程。

由于循环过程中系统对外所做的净功 W，在本题中很容易由 $p-V$ 图中循环曲线所包围的矩形面积计算出，故在计算热机效率时，采用 $\eta=W/Q_1$ 的定义式。

由图 8-3-5，一次循环过程系统的净功为

$$\begin{aligned}W&=S_{ABCD}=(V_B-V_A)(p_A-p_B)\\&=(12-4)\times(4-2)\times10^3\ \mathrm{J}\\&=8\times2\times10^3\ \mathrm{J}=1.6\times10^4\ \mathrm{J}\end{aligned}$$

从高温热源吸入的总热量为

$$\begin{aligned}Q_1&=Q_{AB}+Q_{DA}=\nu C_{p,\mathrm{m}}(T_B-T_A)+\nu C_{V,\mathrm{m}}(T_A-T_D)\\&=\frac{5}{2}\nu R(T_B-T_A)+\frac{3}{2}\nu R(T_A-T_D)\\&=\frac{5}{2}(p_BV_B-p_AV_A)+\frac{3}{2}(p_AV_A-p_DV_D)\\&=\frac{5}{2}p_BV_B-p_AV_A-\frac{3}{2}p_DV_D\\&=\left(\frac{5}{2}\times12\times4-4\times4-\frac{3}{2}\times2\times4\right)\times10^3\ \mathrm{J}=9.2\times10^4\ \mathrm{J}\end{aligned}$$

故热机效率为

$$\eta=W/Q_1=16/92=17.4\%$$

例 8-7 一定量的理想气体，经历如图 8-3-6 所示的循环过程，AB、CD 是等压过程，BC、DA 为绝热过程。已知 $T_C=300\ \mathrm{K}$，$T_B=400\ \mathrm{K}$，求热机效率和逆循环的制冷系数。

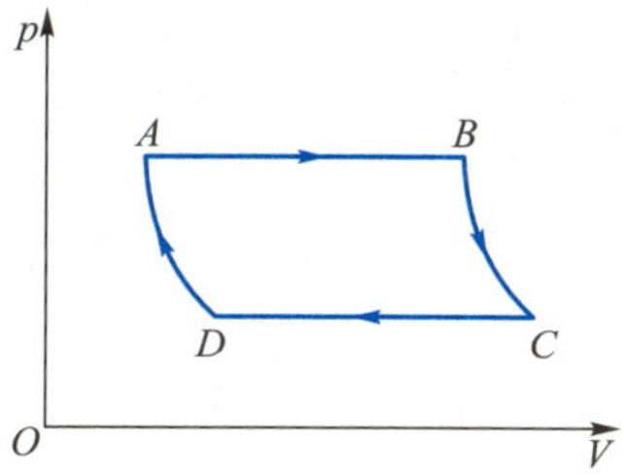

图 8-3-6 例 8-7 题图

解：该循环中只有 AB 等压膨胀过程吸热和 CD 等压压缩过程放热：

$$Q_1=Q_{AB}=\nu C_{p,\mathrm{m}}(T_B-T_A)$$
$$Q_2=|Q_{CD}|=\nu C_{p,\mathrm{m}}(T_C-T_D)$$

故热机效率为

$$\eta=1-\frac{Q_2}{Q_1}=1-\frac{T_C-T_D}{T_B-T_A}$$

因 BC、DA 为绝热过程，由绝热过程方程 $p^{\gamma-1}T^{-\gamma}=$常量，有

$$p_B^{\gamma-1}T_B^{-\gamma}=p_C^{\gamma-1}T_C^{-\gamma},\quad p_D^{\gamma-1}T_D^{-\gamma}=p_A^{\gamma-1}T_A^{-\gamma}$$

两式相除，并注意到 $p_A=p_B$，$p_C=p_D$，可得

$$\left(\frac{T_A}{T_B}\right)^{-\gamma}=\left(\frac{T_D}{T_C}\right)^{-\gamma}$$

即

$$T_D=T_C\frac{T_A}{T_B}$$

将它代入热机效率的表达式，即得

$$\eta=1-\frac{T_C\left(1-\dfrac{T_A}{T_B}\right)}{T_B\left(1-\dfrac{T_A}{T_B}\right)}=1-\frac{T_C}{T_B}=1-\frac{300}{400}=0.25$$

当上述各分过程反向进行，形成制冷机循环时，制冷系数为

$$e=\frac{Q_2}{Q_1-Q_2}=\frac{\nu C_{p,\mathrm{m}}(T_C-T_D)}{\nu C_{p,\mathrm{m}}(T_B-T_A)-\nu C_{p,\mathrm{m}}(T_C-T_D)}$$
$$=\frac{T_C-T_D}{(T_B-T_A)-(T_C-T_D)}$$

动画 奥托内燃机

将 $T_D=T_C\dfrac{T_A}{T_B}$ 代入上式，可得

$$e=\frac{T_C}{T_B-T_C}=\frac{300}{400-300}=3$$

例 8-8 四冲程火花点燃式汽油发动机经历的循环，在理想情况下可认为由两条绝热线和两条等体线构成，称为**奥托**（Otto）**循环**，如图 8-3-7 所示。内燃机的四冲程为

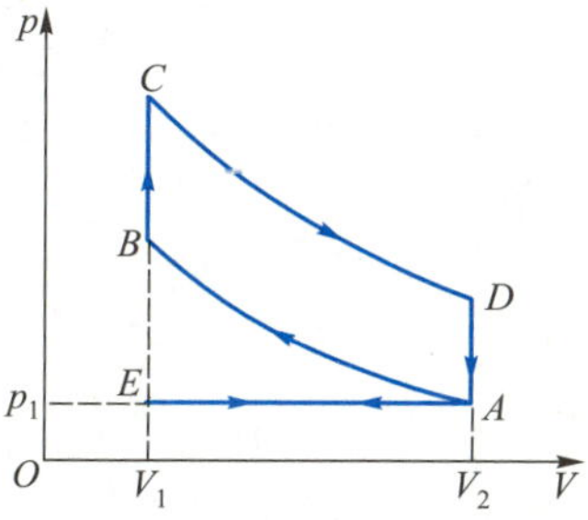

图 8-3-7 四冲程汽油内燃机

（1）吸气过程：打开阀门，气缸开始吸入汽油蒸气及助燃空气，这是个等压过程（图中 EA）；

（2）压缩过程：关闭阀门，将气缸内的混合气体压缩，温度升高，压强增大，由于压缩较快，气缸散热较慢，可看作一绝热过程（AB）；

（3）爆炸、做功过程：当高温压缩气体的体积被压缩到 V_1 时，用电火花点燃混合气体引起其燃烧爆炸，气体压强、温度骤增，由于爆炸时间短促，活塞在这一瞬间移动的距离极小，近似看作等体吸热过程（BC）；随之巨大的压强推动活塞做功，压强随着气体的膨胀而降低，爆炸后的做功过程可看成一绝热过程（CD）；

（4）排气过程：打开阀门，使气体压强突然降为大气压，近似于一个等体放热过程（DA）；然后再由飞轮的惯性带动活塞，排出废气，这是个等压过程（AE）。

严格地说，上述内燃机进行的过程不能看作循环过程。因为过程进行中，最初的工作物质为燃料及空气；后经燃烧，工作物质变为二氧化碳、水蒸气等废气，并从气缸向外排出，不再回复到初始状态。但由于内燃机做功主要是在 $p-V$ 图上 $ABCDA$ 这一封闭曲线所代表的过程中进行，为了分析与计算的方便，我们可换用空气作为工作物质，并经历 $ABCDA$ 这个循环，这样的理想循环过程称为空气标准奥托循环。下面我们来计算奥托循环的效率。

解：在两个等体过程中吸收和放出的热量分别为

$$Q_1=Q_{BC}=\nu C_{V,\mathrm{m}}(T_C-T_B)$$

$$Q_2=|Q_{DA}|=\nu C_{V,\mathrm{m}}(T_D-T_A)$$

热机效率为

$$\eta=1-\frac{|Q_{DA}|}{Q_{BC}}=1-\frac{T_D-T_A}{T_C-T_B}$$

由绝热过程方程：

$$\frac{T_A}{T_B}=\left(\frac{V_1}{V_2}\right)^{\gamma-1},\quad \frac{T_D}{T_C}=\left(\frac{V_1}{V_2}\right)^{\gamma-1}$$

得

$$\frac{T_A}{T_B}=\frac{T_D}{T_C}$$

所以奥托循环的效率为

$$\eta=1-\frac{T_D-T_A}{T_C-T_B}=1-\frac{T_A}{T_B}=1-\left(\frac{V_1}{V_2}\right)^{\gamma-1}$$

由此可见，奥托循环的效率决定于压缩比 V_2/V_1。现代汽油内燃机的压缩比约为 10，若压缩比更大时，空气和汽油的混合气体尚未压缩到 B 状态，温度就已升到足以引起混合气体燃烧了。设压缩比为 10，空气的绝热系数取 1.4，奥托循环的效率为

$$\eta=1-\frac{1}{10^{0.4}}=0.60=60\%$$

实际的汽油机的效率比这小得多,一般只有 30%左右。

8-4 热力学第二定律

热力学第一定律指出热力学过程中能量转化和守恒的关系,人们在研究热机的实践中发现,满足能量守恒的热力学过程不一定能够进行,实际的热力学过程只能按照一定的方向进行,这就是热力学第二定律要讨论的问题。热力学第二定律独立于热力学第一定律,并与热力学第一定律一起,构成了热力学的主要理论基础。

一、热力学过程的方向性

实际生活有很多这样的例子:夏天我们从冰箱中取出的冰块很快就融化成水了;冬天暖手袋暖和了我们的手自身逐渐变凉了。这些过程反向进行并不违反热力学第一定律,但是我们从来没有见其发生过!显然,这些过程具有方向性。对于实际的自发过程具有方向性这一事实,我们引入可逆过程和不可逆过程的概念进行说明。

一个热力学系统经历从状态 A 变到状态 B 的过程,一般都会在系统状态变化的同时对外界产生一定的影响(如向外界放热、对外做功等)。如果在系统进行逆向变化(从状态 B 变到状态 A)的过程中,能够使系统和外界同时完全复原,我们称状态 A 到状态 B 的过程为**可逆过程**;反之,无论用什么方法都不能使系统和外界同时完全复原,这样的过程称为**不可逆过程**。不可逆过程不是不能逆向进行的过程,如果系统逆向进行的过程中不能重现原过程的每一个宏观状态,或逆过程虽重现了原过程的每一个状态但不能完全消除原过程在外界产生的影响,这些过程则均为不可逆过程。

单纯的无摩擦的机械运动是可逆过程。例如,单摆作无阻力(无摩擦)的来回往复运动,从任一位置出发,经过一个周期又回到原来的位置,且对外界没有产生任何影响,因此单摆的无阻力摆动是可逆过程。

无摩擦的准静态热力学过程也是可逆过程。因为在准静态的正过程与逆过程中,对于每一个微小的中间过程,系统与外界交换的热量和所做的功都正好相反,当通过准静态的逆过程使系统从末态返回初态时,正过程中给外界留下的痕迹在逆过程中正好被一一消除,使外界完全恢复了原状。

但显然,上述这些可逆过程都只在理想化条件下才存在,完全没有摩擦的机械运动和严格意义上的准静态热力学过程实际上并不存在。

通过分析自然界的不可逆过程，人们发现，不可逆过程产生的原因是：系统内部出现了非平衡因素，如有限的压强差、有限的密度差、有限的温度差等，使平衡态遭到破坏；或存在耗散效应，如摩擦、黏滞、电阻等。因此，若一个过程是可逆过程，它必须具有下面两个特征：首先过程中不能出现非平衡因素，即必须是准静态过程，以保证过程的每一个中间状态都是平衡态；其次过程中无摩擦等耗散效应。可见，可逆过程只是一种理想过程，一切实际过程都是不可逆过程。

实际过程往往都很复杂，处理起来比较困难。如果能够忽略摩擦等耗散力所做的功，并且过程进行得足够缓慢，这样的实际过程可以近似作为可逆过程处理。研究实际过程的极限情况——可逆过程，可以基本掌握实际过程的规律性。可见，可逆过程的概念不但在热力学理论研究和计算中具有重要作用，对实际过程也有重要的指导意义。

二、热力学第二定律

一切与热现象有关的实际过程都是不可逆的，反映了自然界的一种普遍规律，热力学第二定律正是对这一规律的概括，是在研究热机和制冷机的工作原理和效能的实际工作中总结出来的。

1. 开尔文表述

热力学第一定律的建立，说明在一切热力学过程中能量必须守恒，从而终止了人们对第一类永动机的神往和追求。然而，热力学第一定律只是指明效率 $\eta>100\%$ 的热机是不可能制成的，科学家们就自然期望设计成功 $\eta=100\%$ 的热机。

由热机的效率公式 $\eta=1-Q_2/Q_1$，若系统经历一个完整的循环过程，工作物质向低温热源放出的热量 Q_2 越少，热机效率就越高。可以设想，如果工作物质不向低温热源放出热量，即 $Q_2=0$，则热机效率可以达到 100%。也就是说，系统从一个热源吸取的热量全部用来对外做功了，如若可能，那么我们的热机就不需要燃料，可以直接从环境（如空气或水）中获取能量。这种情况没有违背热力学第一定律，但实际上从来没有发生过。生产实际告诉人们，任何热机都需要高、低温两个热源，从高温热源吸取的热量一部分用来对外做功，余下部分在低温热源处释放。在此基础上，1851 年英国物理学家开尔文（Kelvin）提出：**不可能从单一热源吸收热量，使之完全变成有用的功而不产生其他影响。**这就是热力学第二定律的**开尔文表述**。热机能将吸收热量中的一部分转化成功，同时在低温热源处放出剩余的热量，引起了其他变化，没有违背热力学第二定律；理想气体在等温膨胀过程中，能把吸收的热量全部转化成功，但没有违背热力学第二定律，因为对外界产生了影响——气体的体积膨胀了。

从一个热源吸取热量并将其全部转化为功的热机，称为单热源热机，也叫作第二类永动机。如果能制成第二类永动机，有人计算过，使它从海水中吸取热量而做功，那么海水的温度只要降低 0.01 K，所做的功就可供全世界所有工厂用一千多年！但热力学第二定律指出：第二类永动机是不可能实现的。

文档 克劳修斯

2. 克劳修斯表述

由制冷机的制冷系数 $e=Q_2/W'$，可以看出，从低温热源带走的热量 Q_2 相同的情况下，外界对系统做功 W' 越少，制冷系数 e 就越大。若取极限情况，外界不对系统做功，热量是否仍然可以不断地从低温热源传到高温热源呢？根据大量的实验事实，1850 年德国物理学家克劳修斯发现，热量传递也有一种特殊规律：**热量不能自动地从低温物体传向高温物体。**这一规律通常称为热力学第二定律的**克劳修斯表述**。克劳修斯表述也可表述为：**不可能把热量从低温物体传到高温物体而不产生其他影响。**我们日常使用的冰箱，它能将热量从冷冻室不断地传向温度较高的周围环境，从而达到制冷的目的。但这不是自动进行的，必须以消耗电能、外界对其做功为代价，因而并不违反热力学第二定律。

3. 两种表述的等价性及实质

热力学第二定律的开尔文表述和克劳修斯表述，表面看起来各自独立，然而，利用反证法，可以证明这两种表述是等价的。

(1) 克劳修斯表述不成立，开尔文表述必然不成立。

假如克劳修斯表述不成立，有一部违反克劳修斯表述的装置，如图 8-4-1(a) 所示，能自动将热量 Q_2 从低温热源 (T_2) 传到高温热源 (T_1)。我们在这两个热源之间安装一部卡诺热机，如图 8-4-1(b) 所示，使其从高温热源吸取热量 Q_1，在低温热源放出的热量恰为 Q_2，则对外做功 $W=Q_1-Q_2$。现在把两部机器视为一部复合机，一个循环后，其总效果为从高温热源吸收热量 Q_1-Q_2，全部用来对外做功了，如图 8-4-1 (c) 中所示，显然违反了开尔文表述。

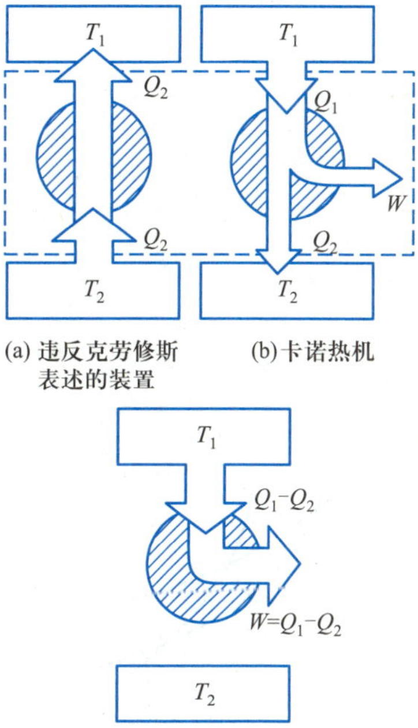

(a) 违反克劳修斯表述的装置 (b) 卡诺热机

(c) 复合机违反开尔文表述

图 8-4-1 违反克劳修斯表述必然违反开尔文表述

(2) 开尔文表述不成立，则克劳修斯表述必然不成立。

假如有一部违反开尔文表述的装置，如图 8 4-2(a) 所示，在不产生其他影响的情况下，它可以从高温热源吸收热量 Q_1，全部用来对外做功 ($W=Q_1$)。我们用这个功来驱动在高、低温两个热源之间工作的一部卡诺制冷机，如图 8-4-2 (b) 所示，使其从低温热源吸收热量 Q_2，向高温热源放热 $Q_2+W=Q_2+Q_1$。现在把两部机器视为一部复合机，一个循环后，其总效果为从低温热源吸收热量

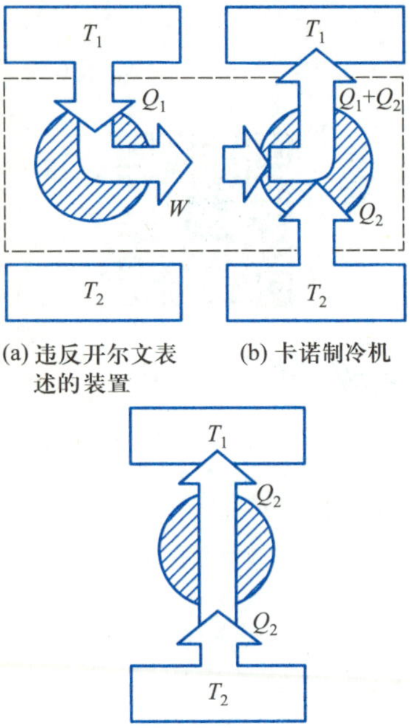

(a) 违反开尔文表述的装置 (b) 卡诺制冷机

(c) 复合机违反克劳修斯表述

图 8-4-2 违反开尔文表述必然违反克劳修斯表述

Q_2，放给高温热源的热量也为 Q_2，而在外界没有产生任何影响，如图 8-4-2 (c)所示，这就违反了克劳修斯表述。

由此可见，如果开尔文表述成立，则克劳修斯表述成立；反之，如果克劳修斯表述成立，则开尔文表述也成立。开尔文表述表明功热转化的不可逆性，克劳修斯表述表明热量传递的不可逆性，两种表述的内在实质是相同的——与热现象相关的自然过程是不可逆的。因此这两个表述实际上是同一个定律，只是表述的角度不同而已。

同样，我们可利用开尔文表述来证明气体是不可自动收缩的。所谓“气体的自动收缩”，是指在没有外界影响的情况下，气体自行减小原有的活动空间，或者说当体积减小后不引起外界的任何变化，即气体自由膨胀的逆过程。设气缸内的气体从气缸底部吸热，作等温膨胀对外做功，若气体能自动收缩回到膨胀前的体积而不引起其他变化，最终的总效果就是从单一热源吸热全部对外做功了，违背了开尔文表述。由此可见“气体不可自动收缩”或“气体自由膨胀不可逆”与开尔文表述也是等价的。

其实，自然界中的不可逆过程多种多样，但所有不可逆过程都是互相联系的，可以由一个过程的不可逆性证明另一个过程的不可逆性。故热力学第二定律可以有各种不同的表述，开尔文表述和克劳修斯表述只是其中具有代表性的两个表述。

热力学第二定律是反映自然过程进行的方向和条件的一个规律，它指出自然界中出现的过程是有方向性的，某些方向的过程可以实现，而另一方向的过程则不能实现。如开尔文表述指出功热转化有方向性，功可以自动转化为热，热不可以自动转化为功；克劳修斯表述指出热传导具有方向性，热量可以自动从高温物体传到低温物体，不可以自动从低温物体传到高温物体；气体可以自发膨胀而不可以自发收缩；墨水分子可以在清水中自发扩散而不可以自动聚集，等等。所有与热现象有关的自然过程都是不可逆过程，故自然过程都具有确定的方向性。

例 8-9 试证在 $p-V$ 图上两条绝热线不能相交。

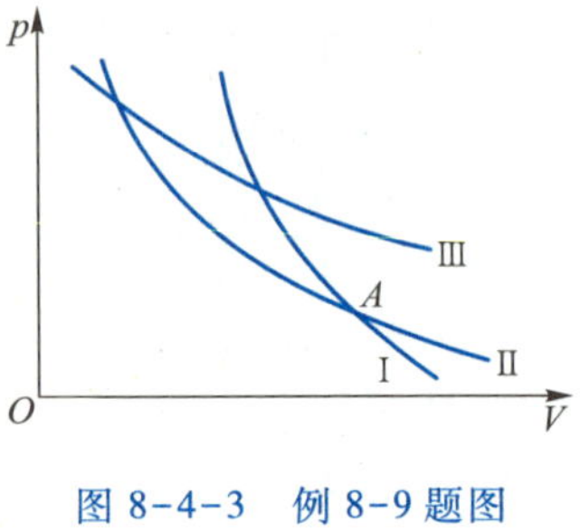

图 8-4-3 例 8-9 题图

证明： 假设两条绝热线 I 与 II 在 $p-V$ 图上相交于一点 A，如图 8-4-3 所示。现在图上画一条等温线 III，使它与两条绝热线组成一个循环。这个循环只有一个热源，工作物质把吸收的热量全部转化为功(即 $\eta=100\%$)，并没发生其他变化，显然违反热力学第二定律。因此两条绝热线不能相交。

例 8-10 用热力学第二定律证明：在相同的高温热源和相同的低温热源之间工作的一切可逆热机，其效率都相等，与工作物质种类无关；和不可逆热机相比，可逆热机的效率最高。(这是 1824 年法国工程师卡诺错误地用热质说导出的正确结论，我们称之为

卡诺定理）

证明：设有两部可逆热机 E 和 E′，在同一高温热源和低温热源之间工作。调节两热机的工作过程，使它们在一次循环过程中分别从高温热源吸热 Q_1 和 Q_1'，向低温热源放热 Q_2 和 Q_2'，而且两热机对外做的功 W 相等，以 η 和 η' 分别表示两热机的效率，则有

$$\eta=\frac{W}{Q_1},\quad \eta'=\frac{W}{Q_1'}$$

现我们证明 $\eta=\eta'$，为此采用反证法。

设 $\eta'>\eta$，假定可逆热机 E 是卡诺机，由于热机是可逆的，我们可以使 E 机倒转，进行卡诺逆循环。在一次循环中，E 机接收 E′机输入的功 W，从低温热源吸热 Q_2，向高温热源放热 Q_1（图 8-4-4）。由于假设 $\eta'>\eta$，所以

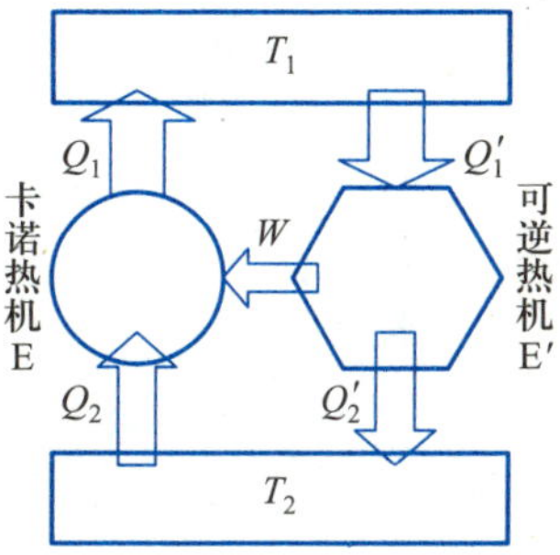

图 8-4-4　例 8-10 题图

$$Q_1>Q_1'$$

又因为

$$Q_2=Q_1-W,\quad Q_2'=Q_1'-W$$

所以

$$Q_2>Q_2'$$

两机联合动作进行一次循环后，工作状态都已复原，结果有 Q_2-Q_2'的热量（也等于 Q_1-Q_1'）由低温热源传到高温热源。这样，对于由两个热机和两个热源组成的系统来说，在未发生任何其他变化的情况下，热量就由低温热源传到了高温热源，直接违反了热力学第二定律的克劳修斯表述，因而是不可能的。因此 η'不能大于 η。

同理，可以证明 η 不能大于 η'。于是必然有 $\eta=\eta'$。注意这一结论并不涉及工质为何物，这正是要求证明的。由于卡诺机也是一种可逆机，既然在相同的高温热源和相同的低温热源之间工作的一切可逆热机的效率都相等，故其效率 $\eta_{\text{可逆}}=\eta_C=1-\frac{T_2}{T_1}$。

如果 E′是工作在相同热源之间的不可逆热机，则由于 E′不能逆向进行，故如上分析只能证明 η'不能大于 η，从而得出可逆机的效率最高的结论。

卡诺定理为我们指出了提高热机效率的途径：尽量提高两热源的温度差；使热机尽量接近可逆机。

三、热力学第二定律的微观意义

热力学第二定律从宏观上指明了与热力学有关的自然过程的方向性，而任何一个热力学过程都包含大量分子的无序运动状态的变化，这二者之间有没有联系？有什么样的联系呢？下面我们以几个典型的热力学过程为例，寻求答案。

首先分析功热转化。功转化为热是将机械能(或电能)转化为内能的过程。从微观上看,是大量分子的有序运动(宏观定向运动)向无序运动(热运动)转化的过程,这是可能的。而相反的过程,即无序运动自动地转化为有序运动,是不可能的。因此,在功热转化现象中,自然过程总是沿着使大量分子的运动从有序状态向无序状态的方向进行。

再较详细地分析一下气体的自由膨胀过程。例 8-1 中,如图 8-1-3所示,一容器被隔板分为 A、B 两室,A 室储有某种单一分子的气体,总分子数为 N,B 室是真空,今将隔板抽去,气体分子将由 A 室向 B 室扩散,这一过程就是气体的自由膨胀。抽去隔板后,由于分子处于杂乱无章的热运动中,就每一个分子而言,或者出现在 A 室或者出现在 B 室,出现在 A 室或 B 室的可能性与两室的体积成正比,如果 $V_A=V_B$,则分子出现在 A 室或 B 的概率相等,均为 1/2。

为了方便讨论,假设只有四个气体分子($N=4$)的情况。为了区别这四个分子,我们用 a、b、c、d 四个符号来标志不同的分子。抽去隔板以后,由于分子无规则运动,在任何一个瞬间,每个分子处在 A 室或 B 室的机会均等,可能出现的各种分布如表 8-4-1 所示。

表 8-4-1 四个分子的位置分布

微观态		宏观态		一种宏观态对应的微观态总数
左	右			
$abcd$		左 4	右 0	1
abc	d	左 3	右 1	4
bcd	a			
acd	b			
abd	c			
ab	cd	左 2	右 2	6
ac	bd			
ad	bc			
bc	ad			
bd	ac			
cd	ab			
a	bcd	左 1	右 3	4
b	acd			
c	abd			
d	abc			
	$abcd$	左 0	右 4	1

我们把在 A、B 两室中分子各种可能的分布状态称为**微观态**，从表中看出，四个分子在两室中的可能分布共有 16 种，即共有 16 种微观态。但对于实际气体而言，同种分子是无法区分的，A 室（或 B 室）中是哪几个分子的组合无法识别，我们只知道有多少个分子在 A 室，又有多少个分子在 B 室。对各分子不加区别，仅从 A、B 两室的分子数分布来确定的状态称为**宏观态**。

由表 8-4-1 看出，系统共有 5 种宏观态，不同宏观态对应的微观态数目不同。四个分子同时处于 A 室的宏观态所对应的微观态只有一个，这种宏观态出现的概率最小，为 $1/2^4=1/16$；而 A 室和 B 室各有两个分子的宏观态所对应的微观态数目最多，出现这种宏观态的概率最大，为 6/16。表 8-4-2 将分子数目扩大到 1 000，全部气体分子分布在 A 室的概率就更小了，为 $1/2^{1\,000}$；而均分在两室的概率更大了。一般来说，如果有 N 个气体分子，则它们在 A、B 两室中分布的微观态数目共有 2^N 个，在抽去隔板后全部分子仍集中在 A 室的可能性只有 $1/2^N$。由于一般系统所包含的分子数目非常多，1 mol 气体的分子数有 6.02×10^{23} 个，因此全体分子回到 A 室的情况几乎不可能出现。而 A、B 两室中分子数均匀分布或接近均匀分布的宏观态包含的微观态数目最多，特别是当总分子数 N 很大（量级为 10^{23}）时，分子数均匀分布或接近均匀分布的宏观态，就几乎占据了全部微观态，这种宏观态出现的概率最大（表 8-4-2）。

表 8-4-2 1 000 个双态分子系统的四个特殊宏观态和对应的微观态

宏观态	微观态
1 000 左、0 右	$1\,000!\ /(1\,000!\ 0!)=1$
900 左、100 右	$1\,000!\ /(900!\ 100!)=6.4\times10^{139}$
700 左、300 右	$1\,000!\ /(700!\ 300!)=5.4\times10^{263}$
500 左、500 右	$1\,000!\ /(500!\ 500!)=2.7\times10^{299}$

综上所述，可以得出如下普遍的结论：孤立系统内部发生的过程（自发进行的过程），总是由包含微观态数目较少的宏观态（初状态），向包含微观态数目较多的宏观态（末状态）方向变化。或叙述为：**自然过程由出现概率较小的宏观态向出现概率较大的宏观态方向进行**。这就是热力学第二定律的统计解释。

分子均匀分布的宏观态包含的微观态数目最多，出现的概率最大，这种宏观态就是我们实际观察到的所谓的平衡态。因此，平衡态就是包含微观态数目最多的宏观态，这是平衡态的统计意义。

文档 熵增加原理的提出

四、热力学概率 玻耳兹曼熵和熵增加原理

我们把系统宏观态所包含的微观态数目称为**热力学概率**，用

Ω表示。**热力学概率是分子运动无序性的一种量度**。Ω越大，表明在该宏观状态下系统可能的微观状态数越多，系统的微观状态变化的可能性更大，则系统的分子运动更加无序。宏观平衡态对应的是Ω为极大值的状态，也是在给定条件下系统内分子运动最无序的状态。

对于由大量分子构成的系统而言，宏观态包含的微观态数目往往很大，这不利于实际计算。玻耳兹曼将熵S和热力学概率Ω联系起来，给出了著名的**玻耳兹曼关系式**：

$$S=k\ln \Omega \tag{8-4-1}$$

其中k是玻耳兹曼常量；S是系统的熵，称为**玻耳兹曼熵**，也叫作微观熵，以区别宏观熵——热温熵（或称克劳修斯熵）。

系统的一个宏观态有确定的微观态数目，它的熵也就是确定的。因此熵与系统的内能一样，也是一个与系统状态相关的态函数。从式(8-4-1)，我们可以看到系统的熵越大微观态数目必然越大，系统的混乱程度也就越大。因此，熵的物理意义与热力学概率一样，是系统无序性（或混乱度）大小的量度。

熵具有叠加性。根据概率论的原理，如果某一系统由两个子系统组成，子系统的热力学概率分别为Ω_1、Ω_2，则该系统的热力学概率为$\Omega=\Omega_1\Omega_2$，代入式(8-4-1)可得系统的熵为

$$S=k\ln \Omega=k\ln \Omega_1+k\ln \Omega_2=S_1+S_2 \tag{8-4-2}$$

式中S_1和S_2分别是两个子系统的熵。

根据热力学第二定律，孤立系统内部发生的过程，总是朝着微观态数目增加的方向进行的，即朝着熵增加的方向进行的。因此，应用熵的概念，可以将热力学第二定律表示为：**孤立系统内部发生的过程，总是朝着熵增加的方向进行的**。这个结论称为**熵增加原理**，可以表示成

$$\Delta S\geqslant 0 \tag{8-4-3}$$

式中大于符号对应于不可逆过程，表示孤立系统中发生的一切不可逆过程将导致系统熵的增加；等号对应于可逆过程，表示在孤立系统中发生的一切可逆过程，系统的熵保持不变。由此可根据熵的变化来判断实际过程进行的方向（熵增加的方向）和限度（熵函数能够达到的最大值）。如果孤立系统的熵减少，熵变小于零，可以肯定这个过程是不可能进行的。孤立系统总是从非平衡态过渡到平衡态，系统熵达到最大值，故平衡态为实际过程的终点。

同时，大家也应该注意到熵增加原理只是表明了孤立系统的熵永不减少，对于开放系统而言，熵是可以增加或减少的。比如，水蒸气放热冷却凝结成水的过程，熵就是减少的，水再结成冰，熵继续减少。显然冰的分子排列整齐、混乱程度最小，熵也是最小

的。反之，冰溶解再蒸发成水蒸气的过程就是一个熵增加的过程。

热力学第二定律是一条统计规律，它只适用于包含大量分子的系统。由于宏观热力学过程总是涉及大量分子，对于它们来说，热力学第二定律总是正确的。但也应该注意，热力学第二定律是在时间与空间都有限的宏观系统中总结出来的，因而有它的局限性，不能把它任意地推广。19 世纪，一些物理学家未能正确地认识热力学第二定律的适用范围，错误地把它推广到无限的宇宙，提出了"热寂说"：整个宇宙是一个孤立系统，根据热力学第二定律，宇宙的熵在不断增加，总有一天，宇宙会达到平衡态，那时一切变化都将停止，从而宇宙也将死亡。"热寂说"的错误在于它把整个宇宙看成了热力学所说的孤立系统，忽视了引力在宇宙演化中的作用。由于存在万有引力，宇宙根本没有平衡态，它只能处于动态的演化过程之中。对于每一个静态体系，熵有可能达到固定的极大值；但对于膨胀着的宇宙，每一个瞬时熵可能达到的极大值也是与时俱增的。如果膨胀得足够快，系统不但不能每时每刻跟上进程达到新的平衡态，而且实际熵值的增长落后于熵的极大值的增长，二者的差距愈拉愈大，虽然系统的熵不断增加，但它与平衡态却相距愈来愈远。我们的宇宙发生的正是这种情况。宇宙的早期基本处于热平衡的高温高密度状态，从这个单调的混沌状态开始，由于引力的主导作用，一步步发展出愈来愈复杂的多样化结构，在宏观上演化出星系团、星系、太阳系、地球、生命，直到人类这样的智慧生物和愈来愈发达的人类社会。宇宙不但没有发生热寂，反而从早期的混沌状态发展得生机勃勃。

熵是 1865 年由克劳修斯最先提出，并用来量度热力学过程不可逆程度的；随后玻耳兹曼阐明了熵的统计意义，把熵作为物质系统内部无序程度的量度。但他们的熵的概念都仅限于热力学范畴。1948 年香农（Shannon）把熵的概念引入信息论中，作为随机事件不确定性的量度，他的这一发展使熵的概念超越了热力学的范畴，给熵注入了新的活力。到现在，熵经历了几代人一百多年的传播，其概念已经泛化，形成了庞大的熵的家族，在众多领域（自然、经济、人文等）被广泛地引用。

内容概要

一、热力学第一定律

1. 准静态过程（平衡过程）：每时刻系统状态都无限接近于平衡态的过程。

2. 热力学第一定律　$Q=\Delta E+W$

其中：Q 是系统从外界吸收的热量；W 是系统对外界所做的

功；ΔE 是系统内能的增量。

3. 一些准静态过程的计算公式

过程	特征	过程方程	吸收热量 Q	对外做功 W	内能增量 ΔE
等体	$\mathrm{d}V=0$	$\frac{p}{T}=c$	$\nu C_{V,\mathrm{m}}\Delta T=\Delta E$	0	$\nu\frac{i}{2}R\Delta T=$ $\nu C_{V,\mathrm{m}}\Delta T$
等压	$\mathrm{d}p=0$	$\frac{V}{T}=c$	$\nu C_{p,\mathrm{m}}\Delta T$	$p(V_2-V_1)=$ $\nu R(T_2-T_1)$	同上
等温	$\mathrm{d}T=0$	$pV=c$	$Q_T=W_T$	$\nu RT\ln\frac{V_2}{V_1}=\nu RT\ln\frac{p_1}{p_2}$	0
绝热	$\mathrm{d}Q=0$	$pV^{\gamma}=c$ $TV^{\gamma-1}=c$ $p^{\gamma-1}T^{-\gamma}=c$	0	$\frac{i}{2}(p_1V_1-p_2V_2)=$ $\frac{1}{\gamma-1}(p_1V_1-p_2V_2)=$ $-\Delta E$	$\nu\frac{i}{2}R\Delta T=$ $\nu C_{V,\mathrm{m}}\Delta T$
多方		$pV^n=c$	$\nu C_{\mathrm{m}}\Delta T$	$\frac{1}{n-1}(p_1V_1-p_2V_2)$	同上

二、循环过程

1. 正循环：系统从高温热源吸取热量，一部分用于对外做功，剩余热量向低温热源放出的循环过程。

热机效率 $$\eta=\frac{W}{Q_1}=1-\frac{Q_2}{Q_1}$$

2. 逆循环：外界对系统做功，系统从低温热源带走热量，向高温热源放热的循环过程。

制冷系数 $$e=\frac{Q_2}{W'}=\frac{Q_2}{Q_1-Q_2}$$

3. 卡诺循环：由两个准静态等温过程和两个准静态绝热过程组成的循环过程。

$$\eta_{\mathrm{C}}=1-\frac{T_2}{T_1},\quad e_{\mathrm{C}}=\frac{T_2}{T_1-T_2}$$

三、热力学第二定律

1. 可逆过程　不可逆过程

可逆过程：一过程的逆过程，能够使系统和外界同时完全复原，则原、逆过程互为可逆过程。

不可逆过程：逆过程不能使系统和外界同时完全复原的过程。

2. 两种表述

开尔文表述：不可能从单一热源吸收热量，使之完全变成有用的功而不产生其他影响。

克劳修斯表述：不可能把热量从低温物体传到高温物体而不

产生其他影响。

两种表述的实质相同——自然过程具有确定的方向。

3. 热力学第二定律的微观意义

热力学第二定律的统计解释：自然过程由出现概率较小的宏观态向出现概率较大的宏观态方向进行。

热力学概率 Ω：系统宏观态所包含的微观态数目，是分子运动无序性的一种量度。

玻耳兹曼熵：　　　　　　$S=k\ln\Omega$

熵增原理：$\Delta S\geqslant 0$（孤立系统，等号用于可逆过程）

阅读材料 7　复杂网络基础理论简介

当今时代，人们时刻处于各种复杂网络中。很多问题的发生和解决也都离不开复杂网络。思考一下，你是否在通过电子邮件或社交网络与朋友保持联系时，经历过互联网的崩溃？如果你在城市上下班，是否体验过交通拥堵？你是否在高温季节遭遇大停电？这其中涉及互联网、道路交通网、电力网。除此之外，还有许多其他网络，如移动通信网、新陈代谢网络、疾病传播网络、经济金融网络、神经网络、生态网络等。这些复杂的网络各不相同，他们有什么特点，网络的崩溃又是如何发生的，怎样预防和解决网络崩溃问题？要想知道答案，必须对复杂网络展开一定的研究。复杂网络主要研究网络的异同之处，探究网络的形成机理、演化方式、结构模式与动态行为、运动规律与调控策略，以及网络上各种行为等等。下面仅针对复杂网络的图表示、复杂网络模型、复杂网络结构特征量及几个应用实例进行简要介绍，旨在对复杂网络有一个初步的了解和认识。

1. 复杂网络的图表示

复杂网络是由点和边组成的系统，例如，我们将个人看成一个节点，人与人之间的社会关系看成边，则可以构成一个社会关系网。因此，一个具体的网络可以抽象为一个由点集 V 和边集 E 组成的图。节点数记为 $N=|V|$，边数记为 $M=|E|$，E 中每条边都有 V 中一对节点与之对应。如果任意点对 (i,j) 与 (j,i) 对应同一条边，则该网络称为无向网络，否则称为有向网络。如果给每条边都赋予相应的权值，那么该网络称为加权网络，否则为无权网络。当然，无权网络也可以看作是每条边的权值为 1 的等权网络。此外，一个网络还可能包含不同类型的节点，如，在社会关系网络中，可以用权值来表示两个人的熟悉程度，而不同类型的节点可以代表不同国籍、地区、年龄、性别、收入的人。图 1 给出了几个不同类型的网络。

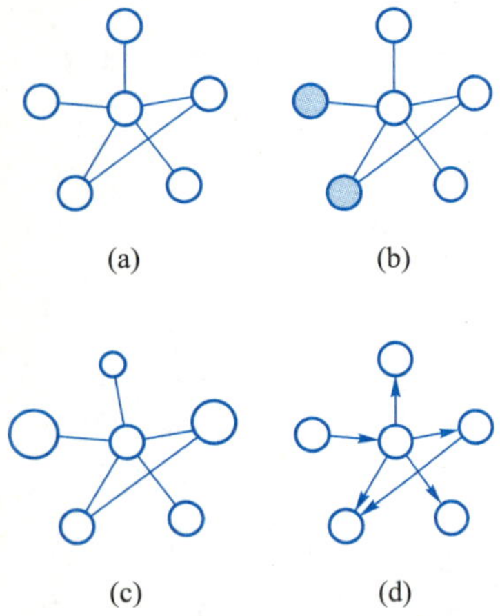

图 1 不同类型网络的例子
(a)单一类型节点和边的无向网络；(b)不同类型节点的无向网络；(c)节点和边的权重不同的无向网络；(d)有向网络

此外，在图论中，没有重边和自环(即任意两个节点之间至多只有一条边，且没有以一个节点为起点和终点的边)的图称为简单图。

2. 复杂网络模型

早在 20 世纪中叶，复杂网络的研究主要集中在规则网络和随机网络上。对大量实际网络进行实证研究后，人们发现真实的网络介于规则网络和随机网络之间。那么，位于规则与随机之间的实际复杂网络模型到底是什么样的？为了回答这个问题，科学家们发展了很多复杂网络模型。典型模型有如下三种：

(1) 小世界网络

1998 年，Watts 和 Strogtz 提出了小世界网络模型，其生成过程基于随机重连规则，生成规则为：从规则网模型开始，以概率 p 随机地“重连”每条边(任选此边的一个端点不变，断开另一端点，随机选择网络中另一节点为端点)，同时保证没有自连接和重复边(即保持为一个简单图)。这样(如图 2)，当 $p=0$ 时，每个节点都有 k 个邻点，呈现一个规则网络模型；而在 $0<p<1$ 时，随机重连边的期望值是 $pNk(N\to\infty)$，呈现一个位于规则与随机之间的模型；当 $p=1$ 时，所有边都随机重连，模型转化为一个 ER 随机网模型。

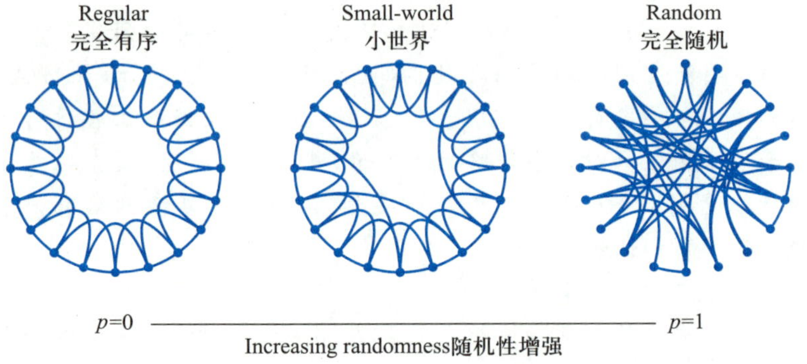

图 2 Watts 和 Strogtz 的小世界重连边模型(引自文献[1])

(2) BA 网络

美国物理学家 Barabási 和 Albert 于 1999 年在 Science 上发表了论文，提出无标度网络模型，该模型基于增长和优先连接机制生成，被称为 BA 网络。其规则是：①增长，从一个具有 m_0 个节点的连通网络开始，每次引入一个新的节点，并且连接到 m 个已存在的节点上，这里要求 $m\leqslant m_0$；②优先连接，一个新节点与一个已经存在的节点 i 相连的概率 Π_i 与节点 i 的度 k_i、已存在的节点 j 的度 k_j 之间满足关系：$\Pi_i=\dfrac{k_i}{\sum_j k_j}$。$t$ 步后，此规则生成的网络有 $N=t+m_0$

个节点,mt 条边,其度分布大体上是幂指数为 3 的幂函数,$p(k) \sim 2m^2k^{-3}$。图 3 为 BA 网络的演化过程。

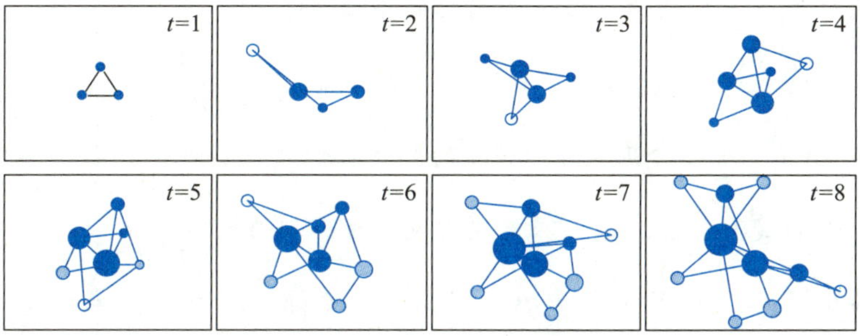

图 3　$m_0=3, m=2$ 时,BA 网络的演化过程

(3) 部分优选、部分随机选择模型

实际上,自然界中的大多数真实网络的生长机制结合了随机选择和优先连接机制,那么,描述许多实际网络的演化模型就应该采取部分优选、部分随机的生长机制。于是,刘宗华和来颖诚等人提出新的模型,该模型展示的度分布为幂律与指数函数的某种混合。模型可以简单地表述为:起始时考虑 m_0 个节点,然后每一个时间演化步增加一个新节点,每个新节点发出 m 条边连向已存在的节点,这些与 BA 模型完全一样。不同的是,在 BA 模型中,边的连接是按照概率 $\Pi_i \sim k_i$ 进行的,而此模型中的连接概率取如下形式:

$$\Pi_i = \frac{(1-p)k_i + p}{\sum_j [(1-p)k_j + p]}$$

其中 $0 \leqslant p \leqslant 1$ 为可调参数,刻画连接概率 Π_i 中确定性与随机性贡献的相对权重,求和对给定时间的所有节点进行。显然,p 为新节点随机连向节点 i 的概率,$1-p$ 则为新节点优选连向节点 i 的概率。当 p 取 0 时,该模型为 BA 模型;当 p 取 1 时,则为随机网模型。

该模型的度分布为 $p(k) \sim \left(\frac{b+k/m}{1+b}\right)^{-\gamma}$,其中 $\gamma = 3+b$, $b = \frac{p}{m(1-p)}$。最终,当 p 取 0 时,度分布为 $\gamma=3$ 的幂率分布,当 p 取 1 时,度分布为指数分布 $p(k) \sim e^{-k/m}$。

3. 复杂网络的结构特征量

描述网络结构特征的量有很多,例如度中心性,簇系数,核数,直径,平均最短距离,接近中心性,介数中心性等。假设一个网络的节点数为 N,边数 m,则各结构特征量有如下定义:

(1) 度中心性：节点的度中心性定义为与该节点连接的其他节点的数目。直观上看，一个节点的度中心性越大，节点越重要。网络中节点度的平均值 $\bar{k}$ 为网络的平均度。

(2) 簇系数：节点簇系数定义为 $NC(i)=\dfrac{E_i}{d_i(d_j-1)/2}$，其中 E_i 和 $d_i(d_j-1)/2$ 分别表示节点 i 的邻居之间实际存在的边数和可能存在的最大边数。边的簇系数定义为 $EC(i,j)=\dfrac{z_{i,j}}{min(d_i-1,d_j-1)}$，其中 $d_i d_j$ 为节点的度，$min(d_i-1,d_j-1)$ 为边 (i,j) 可能参与的最多的三角形数目。$z_{i,j}$ 为包含边 (i,j) 的实际三角形的数目。网络中节点簇系数的平均值为网络的簇系数 $cl(n)$。

(3) 核数：一个网络反复去掉度小于 k 的节点及其连边后，剩余的子图中节点的个数为该核的大小。若一个节点存在于 k 核，在 $k+1$ 核中被移去，则此节点核数为 $core(i)=k$。网络中节点核数最大值为网络的核数 $core(n)$。

(4) 平均最短距离，直径：网络中两个节点之间的距离 $d(ij)$ 定义为连接这两个节点的最短路径上的边数。网络中任意两点之间的距离的最大值 $D=max[d(ij)]$ 成为网络的直径。任意两点之间的距离的平均值成为网络的平均路径长度或网络的平均最短距离 $dm=mean[d(ij)]$。

(5) 接近中心性：节点接近性中心定义为 $close(i)=(N-1)/\sum\limits_{j=1,j\neq i}^{N} d_{ij}$，它是节点 i 连到其他所有节点的最短距离之和的倒数乘以其他节点个数。节点的接近性越大，节点越居于网络中心。网络的接近性中心性则定义为：$close(n)=\dfrac{2N-3}{(N-1)(N-2)}\sum\limits_{i=1}^{N}[(close(i_{\max})-close(i)]$，其中，$close(i_{\max})$ 表示节点接近中心性的最大值。当网络为星型网络时，$\sum\limits_{i=1}^{N}[(close(i_{\max})-close(i)]$ 有最大值 $(N-1)(N-2)/(2N-3)$。

(6) 介数中心性：节点 i 的介数中心性定义为 $BC(i)=\sum\limits_{s\neq i\neq t}(n_{st}^{i}/g_{st})$。$n_{st}^{i}$ 为从节点 s 到节点 t 的最短路径中经过节点 i 的最短路径的数目。g_{st} 为从节点 s 到节点 t 的最短路径的数目。它刻画了网络中节点 i 对于网络中节点对之间沿着最短路径传输信息的控制能力。介数越大，控制能力越强。网络的介数为 $BC(n)=\sum\limits_{i=1}^{N}[(BC(i_{\max})-BC(i)]/(N-1)$。其中，$BC(i_{\max})$ 表示节点介数的最大值。当网络为星型网络时，$\sum_{i=1}^{N}[(BC(i_{\max})-BC(i)]$ 有最大值 $N-1$。

(7) 子图中心性：基于节点在网络局部子图的参与程度来确定节点的重要性，定义为 $SC(i)=\sum_{l=0}^{\infty}[l(i)/l!]$，其中 $l(i)$ 为以节点 i 为起点经过 l 个连边回到节点 i 的路径数目，路径包含回路。

(8) 特征矢量中心性：节点 i 的特征矢量中心性是邻接矩阵 A 的主特征矢量（与最大特征值对应的特征矢量）的第 i 个元素的值。

(9) 信息中心性：信息中心性基于包含在节点对之间所有路径中的信息测量节点的重要性。定义为：$IC(i)=\frac{1}{n}\sum_{j}(1/q_{ij})$，其中 $q_{ij}=(r_{ii}+r_{jj}-2r_{ij})^{-1}$，$R=(r_{ij})=(D-A+F)^{-1}$，$D$ 为对角矩阵，对角元素为节点的度。A 为邻接矩阵，F 矩阵所有元素都为 1。

4. 复杂网络应用实例

(1) 重要节点挖掘

复杂网络的一个重要应用是网络中重要节点的挖掘。目前已经提出了很多重要节点挖掘方法，其方法已经应用到各个领域。如识别社会网络中有影响力的节点，预测重要的蛋白质，衡量科学家的影响力，探测金融风险等等。下面是一个预测重要蛋白质的例子。

文献[8]对 DIP 数据库得到的蛋白质相互作用网络进行重要蛋白质预测。该网络包含 4 746 个蛋白质，15 166 个相互作用。其中，有 1 130 个由实验认定为重要蛋白质。3 328 个非重要蛋白质，其余的 288 个蛋白质，既不是重要蛋白质也不是非重要蛋白质，被称为未知蛋白质。重要蛋白质的预测过程为：根据结构特征量或与结构特征量相关的量对节点重要性排序，取前 k 个节点或前百分之几的节点作为为预测的重要节点。当然使用的结构特征量不同会导致排序结果的不同。图 4 为不同结构特征量预测正确的重要蛋白质数量。其中 DC 为度中心性，BC 为介数中心性，CC 为接近中心性，SC 为子图中心性，EC 为特征矢量中心性，IC 为信息中心性，NC 为连接到节点的边的簇系数之和。结果表明，NC 预测准确的重要蛋白质最多，最为准确。BC 和 CC 对应结果最差，准确预测的重要蛋白质最少。

(2) 复杂网络上的疾病传播

网络上的传播动力学是复杂网络的研究热点之一。这些研究都以传染病模型为基础展开。接下来我们以 SIR 模型为例简要介

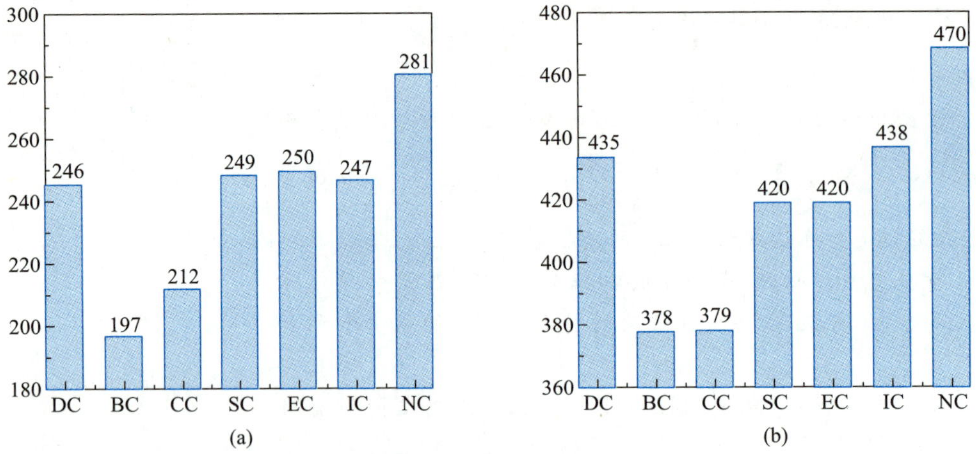

图4 预测正确的重要蛋白质数量

（a）取前10%的节点作为预测的重要蛋白质；（b）取前20%的节点作为预测的重要蛋白质

绍，使大家对网络上的传播动力学有所了解。

假设，在网络上出现了一个新的病毒，那么我们可以将节点分成三类。第一类是尚未被感染的节点（S 态）；第二类是接触到病毒被感染的节点（I 态）；第三类是被感染后，又恢复正常，且对病毒免疫的节点（R 态）。我们假设病毒的传播方式如下：如果某个节点被感染病毒，那么它就能立刻把这个病毒传出去。在传播过程中，它将随机地从邻居中选取一个节点，如果邻居先前没有被感染，那么它就以一定的概率 λ 使得邻居感染，邻居被感染后再进行下一轮的传播，成为新的传染源。被感染的节点自身又有一定的概率 μ 使得自身免疫。因此 SIR 模型的感染机制可以用下式表述：

$$S(i)+I(j)\xrightarrow{\lambda}I(i)+I(j)$$

$$I(i)\xrightarrow{\mu}R(i)$$

假设在一个有限大的网络中，所有的节点都是健康的（S 态）。在某一时刻，随机选取一个节点作为感染源，节点之间的连边就是病毒传播的路径。按照上面的规则，这个病毒将在网络中传播，直到最终网络中没有感染者（I 态）为止，我们称这个状态为终态。研究表明，在均匀网络中，如小世界网络，感染概率 λ 存在一个阈值 λ_c，只有当 $\lambda>\lambda_c$ 时，病毒才可以传播出去；当 $\lambda<\lambda_c$ 时，病毒传播不会大规模爆发，会自动消亡。而在 BA 网络中，如果当 BA 网络的节点趋于无穷时，则计算表明感染阈值 λ_c 会趋于零，即在无标度网络中，无论感染概率多么小，病毒都能持久存在。

除了以上这两方面，复杂网络还有许多其他应用，比如网络的同步与控制,网络搜索与推荐,网络上的博弈,网络中的社团结构,网络上的相继故障等等,每个话题都是一个重要的研究内容和方向。

本文仅仅通过几个方面简单介绍了复杂网络的基础理论,实际上,复杂网络的研究涉及各个领域,具有多学科交叉性的特点。特别是大数据科学的发展,人工智能的兴起,为复杂网络的发展提供了实证基础和应用领域的扩展。目前,复杂网络研究非常热门,但是很多相关的理论问题尚未解决,已有理论的实践验证也需进一步发展,实际应用问题更是需要加强和改进,因此需要更多的年轻人加入这个行列,并做出贡献。

参考文献

[1] 汪小帆,李翔,陈关荣.网络科学导论[M]. 北京:高等教育出版社,2012.

[2] 汪小帆,李翔,陈关荣.复杂网络理论及其应用[M].北京:清华大学出版社,2006.

[3] Newman M E J.网络科学引论[M]. 郭世泽,陈哲,译.北京:电子工业出版社,2014.

[4] LÜ L Y, CHEN D B, REN X L, et al. Vital nodes identification in complex networks[J]. Phys. Rep., 2016, 650: 1-63.

[5] Albert L, Barabási. Scale-Free Networks: A decade and beyond[J]. Science, 2009, 325: 412-413.

[6] Watts D J, Strogatz S H. Collective dynamics of "small-world" networks [J]. Nature, 1998, 393(6684): 440-442.

[7] Pastor-Satorras R, Vespignani A. Epidemic spreading in scale-free networks[J]. Phys. Rev. Lett., 2001(86): 3200-3203.

[8] Wang J, Li M, Wang H, Pan Y. Identification of essential proteins based on edge clustering coefficient[J]. Transactions on computational biology and bioinformatics, 2012, 9(4): 1070-1080.

思考题

8-1. 内能和热量的概念有何不同?下面两种说法是否正确?

(1) 物体的温度越高,则热量越多;

(2) 物体的温度越高,则内能越大。

8-2. 一定量的理想气体,开始时处于压强、体积、温度分别为 p_1、V_1、T_1 的平衡态,后来变到压强、体积、温度分别为 p_2、V_2、T_2 的终态。若已知 $V_2>V_1$,且 $T_2=T_1$,则以下各种说法中正确的是(　　)

A. 不论经历的是什么过程,气体对外净做的功一定为正值

B. 不论经历的是什么过程,气体从外界净吸的热一定为正值

C. 若气体从始态变到终态经历的是等温过程，则气体吸收的热量最少

D. 如果不给定气体所经历的是什么过程，则气体在过程中对外净做功和从外界净吸热的正负皆无法判断

8-3. 用公式 $\Delta E=\nu C_{V,\mathrm{m}}\Delta T$（式中 $C_{V,\mathrm{m}}$ 为摩尔定容热容，视为常量，ν 为气体的物质的量）计算理想气体内能增量时，此式（　　）

A. 只适用于准静态的等体过程

B. 只适用于一切等体过程

C. 只适用于一切准静态过程

D. 适用于一切始末态为平衡态的过程

8-4. 两个热容分别 C_1 和 C_2 的系统，接触后达到共同的温度 T_f，如系统1的初始温度为 T_1，问系统2的初始温度为多少？可以假定两个系统的总能量保持不变。

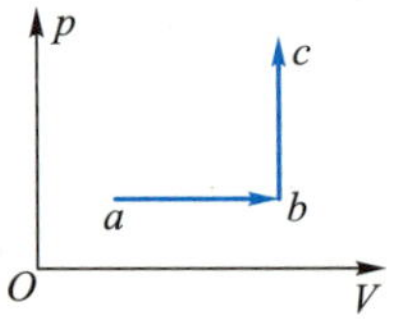

思考题 8-5 图

8-5. 如图所示，理想气体经历 abc 准静态过程，设系统对外做功 W，从外界吸收的热量 Q 和内能的增量 ΔE，则正负情况是（　　）。

A. $\Delta E>0,Q>0,W<0$　　B. $\Delta E>0,Q>0,W>0$

C. $\Delta E>0,Q<0,W<0$　　D. $\Delta E<0,Q<0,W<0$

8-6. 某理想气体按 $pV^2=$常量的规律膨胀，问此理想气体的温度是升高了，还是降低了？

8-7. $p-V$ 图上封闭曲线所包围的面积表示什么？如果该面积越大，是否热机效率越高？

8-8. 一卡诺机，将它作热机使用时，如果工作的两热源的温度差愈大，则对做功就愈有利；如将它当作制冷机使用时，如果两热源的温度差愈大，对于制冷机是否也愈有利？为什么？

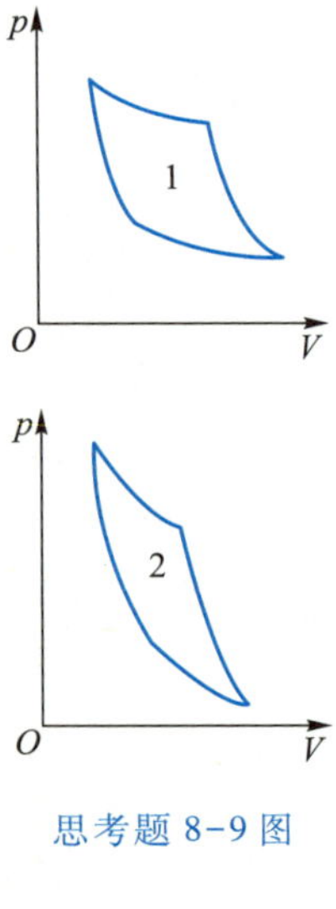

思考题 8-9 图

8-9. 卡诺循环1、2，如图所示，若包围面积相同，功、效率是否相同？

8-10. 在温度分别为327 ℃和27 ℃的高温热源和低温热源之间工作的热机，理论上的最大效率为（　　）

A. 25%　　B. 50%　　C. 75%　　D. 91.74%

8-11. 根据热力学第二定律可知（　　）

A. 功可以全部转化为热，但热不能全部转化为功

B. 热可以从高温物体传到低温物体，但不能从低温物体传到高温物体

C. 不可逆过程就是不能向相反方向进行的过程

D. 一切自发过程都是不可逆的

8-12. 一条等温线和一条绝热线有可能相交两次吗？为什么？

8-13. 一绝热容器被隔板分成两半，一半是真空，另一半是理想气体。若把隔板抽出，气体将进行自由膨胀，达到平衡后（　　）

A. 温度不变，熵增加　　B. 温度升高，熵增加

C. 温度降低，熵增加　　D. 温度不变，熵不变

习题

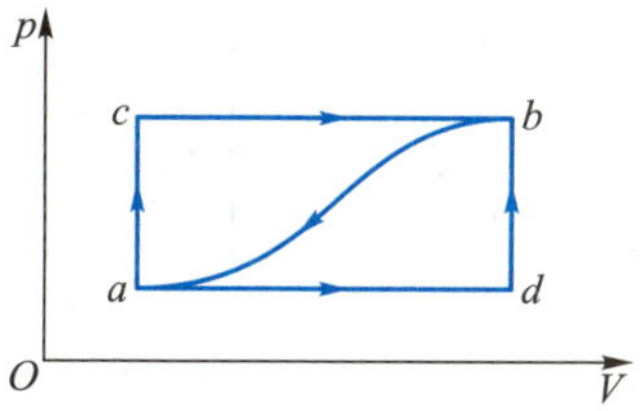

习题 8-1 图

8-1. 一系统由如图所示的 a 状态沿 acb 到达 b 状态，有334 J热量传入系统，系统做功 126 J。求：(1) 经 adb 过程，系统做功 42 J，问有多少热量传入系统？(2) 当系统由 b 状态沿曲线 ba 返回状态 a 时，外界对系统做功为 84 J，试问系统是吸热还是放热？热量传递了多少？

8-2. 1 mol 单原子理想气体从 300 K 加热到 350 K，(1) 保持体积不变；(2) 保持压强不变；问在这两个过程中各吸收了多少热量？增加了多少内能？对外做了多少功？

8-3. 温度为 25 ℃、压强为 101.325 kPa 的 1 mol 刚性双原子分子理想气体，经下列过程体积膨胀至原来的 3 倍，计算该过程中气体对外的功。(1) 等温过程；(2) 绝热过程。

8-4. 气缸内有 2 mol 氦气，初始温度为 27 ℃，体积为 20 L。先将氦气定压膨胀，直至体积加倍，然后绝热膨胀，直至回复初温为止。若把氦气视为理想气体，求：(1) 在该过程中氦气吸热多少？(2) 氦气的内能变化是多少？(3) 氦气所做的总功是多少？

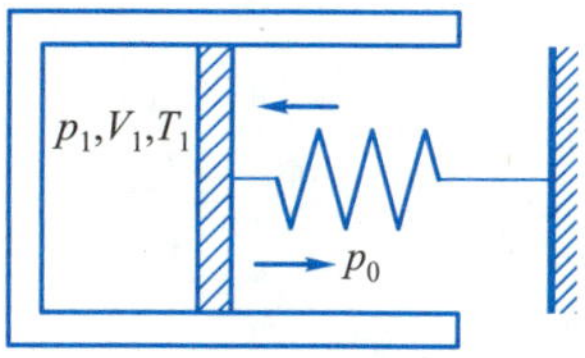

习题 8-5 图

8-5. 一气缸内盛有一定量的刚性双原子分子理想气体，气缸活塞的面积 $S=0.05\ m^2$，活塞与气缸壁之间不漏气，摩擦忽略不计。活塞右侧通大气，大气压强 $p_0=1.0\times10^5$ Pa。劲度系数 $k=5\times10^4$ N/m 的一根弹簧的两端分别固定于活塞和一固定板上，如图所示。开始时气缸内气体处于压强、体积分别为 $p_1=p_0=1.0\times10^5$ Pa，$V_1=0.015\ m^3$ 的初态。今缓慢加热气缸，缸内气体缓慢地膨胀到 $V_2=0.02\ m^3$。求在此过程中气体从外界吸收的热量。

8-6. 一定量的刚性双原子分子气体，开始时处于压强为 $p_0=1.0\times10^5$ Pa，体积为 $V_0=4\times10^{-3}\ m^3$，温度为 $T_0=300$ K 的初态，后经等压膨胀过程温度上升到 $T_1=450$ K，再经绝热过程温度回到 $T_2=300$ K，求整个过程中对外做的功。

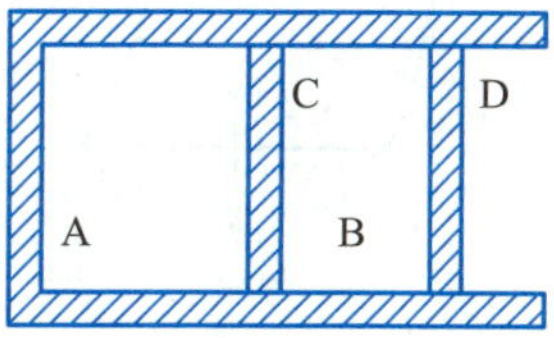

习题 8-7 图

8-7. 如图所示，C 是固定的绝热隔板，D 是可动活塞，C、D 将容器分成 A、B 两部分。开始时 A、B 两室中各装入同种类的理想气体，它们的温度 T、体积 V、压强 p 均相同，并与大气压强相平衡。现对 A、B 两部分气体缓慢地加热，当对 A 和 B 给予相等的热量 Q

以后,A 室中气体的温度升高度数与 B 室中气体的温度升高度数之比为 7 : 5。求:(1) 该气体的摩尔定容热容 $C_{V,m}$ 和摩尔定压热容 $C_{p,m}$;(2) B 室中气体吸收的热量有百分之几用于对外做功?

8-8. 物质的量为 ν 的某种理想气体,状态按 $V=a/\sqrt{p}$ 的规律变化(式中 a 为正的常量),当气体体积从 V_1 膨胀到 V_2 时,求气体所做的功及气体温度的变化 T_1-T_2 各为多少?

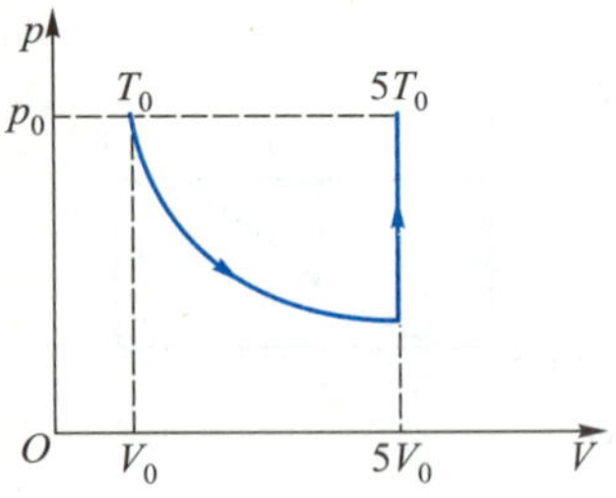

习题 8-9 图

8-9. 如图所示,3 mol 温度为 $T_0=273$ K 的理想气体,先经等温过程体积膨胀到原来的 5 倍,然后等体加热,使其末态的压强刚好等于初始压强,整个过程传给气体的热量为 $Q=8\times10^4$ J。试求这种气体的摩尔热容比 $\gamma=C_{p,m}/C_{V,m}$ 值。(摩尔气体常量 $R=8.31\ \mathrm{J\cdot mol^{-1}\cdot K^{-1}}$.)

8-10. 有 1 mol 刚性多原子分子的理想气体,原来的压强为 1.013×10^5 Pa,温度为 27 ℃,若经过一绝热过程,使其压强增加到原来的 16 倍。试求:(1) 气体内能的增量;(2) 在该过程中气体所做的功;(3) 终态时气体的分子数密度。

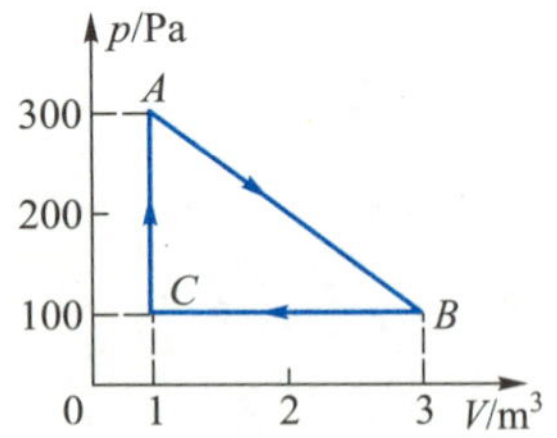

习题 8-11 图

8-11. 一定量的某种理想气体进行如图所示的循环过程.已知气体在状态 A 的温度为 $T_A=300$ K,求:

(1) 气体在状态 B、C 的温度;

(2) 各过程中气体对外所做的功;

(3) 经过整个循环过程,气体从外界吸收的总热量(各过程吸热的代数和)。

8-12. 在标准状态下的 0.016 kg 的氧气,分别经过下列过程从外界吸收了 3.35×10^2 J 的热量(设氧气可作为理想气体且 $C_{V,m}=\dfrac{5}{2}R$)

(1) 若为等温过程,求终态体积;

(2) 若为等体过程,求终态压强;

(3) 若为等压过程,求气体内能的变化。

8-13. 1 mol 理想气体在 $T_1=400$ K 的高温热源与 $T_2=300$ K 的低温热源间作卡诺循环(可逆的),在 400 K 的等温线上起始体积为 $V_1=0.001\ \mathrm{m^3}$,终止体积为 $V_2=0.005\ \mathrm{m^3}$,试求此气体在每一循环中(摩尔气体常量 $R=8.31\ \mathrm{J\cdot mol^{-1}\cdot K^{-1}}$;$\ln 5\approx1.6$)

(1) 从高温热源吸收的热量 Q_1;

(2) 气体所做的净功 W;

(3) 气体传给低温热源的热量 Q_2。

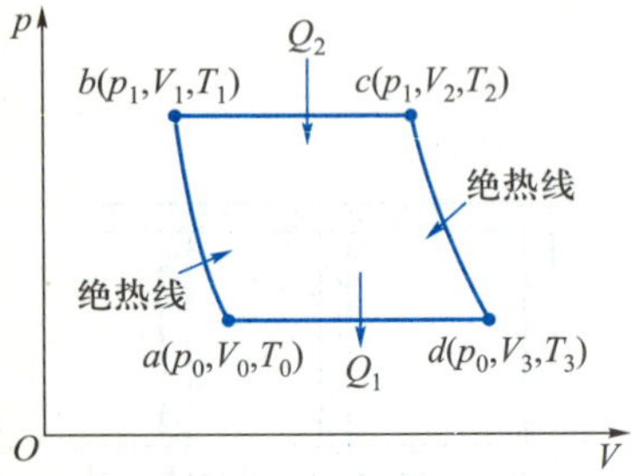

习题 8-14 图

8-14. 如图所示,喷气发动机的循环可近似地用两条绝热线和两条等压线构成的 a-b-c-d 循环来表示,试求其效率。

8-15. 一卡诺制冷机，从 0 ℃的水中吸取热量，向 27 ℃的房间放热。假定将 50 kg 的 0 ℃的水变成了 0 ℃的冰，试问：(1) 放于房间的热量有多少？使制冷机运转所需的机械功是多少？(2) 如用此机从 −10 ℃的冷藏库中吸取相等的一份热量，需多做多少机械功？

8-16. 设一动力暖气装置由一台卡诺热机和一台卡诺制冷机组合而成。热机靠燃料燃烧时释放的热量工作并向暖气系统中的水放热，同时，热机带动制冷机。制冷机自天然蓄水池中吸热，也向暖气系统放热。假定热机锅炉的温度为 $t_1=210$ ℃，天然蓄水池中水的温度为 $t_2=15$ ℃，暖气系统的温度为 $t_3=60$ ℃，热机从燃料燃烧时获得热量 $Q_1=2.1\times10^7$ J，计算暖气系统所得的热量。

8-17. 一可逆卡诺机的高温热源温度为 127 ℃，低温热源温度为 27 ℃，其每次循环对外做的净功为 8 000 J。今维持低温热源温度不变，提高高温热源的温度，使其每次循环对外做的净功为 10 000 J，若两个卡诺循环都工作在相同的两条绝热线之间。求：(1) 第二个循环热机的效率；(2) 第二个循环高温热源的温度。

8-18. 如图所示的循环中 $a\to b$，$c\to d$，$e\to f$ 为等温过程，其温度分别为 $3T_0$，T_0，$2T_0$；$b\to c$，$d\to e$，$f\to a$ 为绝热过程。设 $c\to d$ 过程曲线下的面积为 A_1，$abcdefa$ 循环过程曲线所包围的面积为 A_2。求该循环的效率。

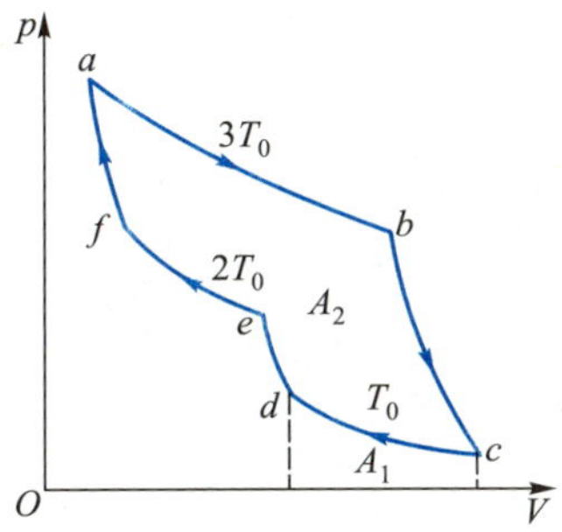

习题 8-18 图

思考题及习题参考答案

专业班级__________ 学号__________ 姓名__________ 序号__________

第一单元 质点运动学

一、选择题

1. 某质点做直线运动的运动学方程为 $x=3t-5t^3+6$（SI 单位），则该质点做（　　）。

（A）匀加速直线运动，加速度沿 x 轴正方向

（B）匀加速直线运动，加速度沿 x 轴负方向

（C）变加速直线运动，加速度沿 x 轴负方向

（D）变加速直线运动，加速度沿 x 轴正方向

2. 质点做曲线运动，$\boldsymbol{r}$ 表示位置矢量，$\boldsymbol{v}$ 表示速度，$\boldsymbol{a}$ 表示加速度，s 表示路程，a_t 表示切向加速度，下列表达式中（　　）。

（1）$\mathrm{d}v/\mathrm{d}t=a$　　（2）$\mathrm{d}r/\mathrm{d}t=v$　　（3）$\mathrm{d}s/\mathrm{d}t=v$　　（4）$|\mathrm{d}\boldsymbol{v}/\mathrm{d}t|=a_t$

（A）只有（1）、（4）是对的　　（B）只有（2）、（4）是对的

（C）只有（3）是对的　　（D）只有（2）是对的

3. 一质点在平面上运动，已知质点位置矢量的表示式为 $\boldsymbol{r}=at^2\boldsymbol{i}+bt^2\boldsymbol{j}$（其中 a、b 为常量），则该质点做（　　）。

（A）匀速直线运动　　（B）一般曲线运动

（C）抛物线运动　　（D）变速直线运动

4. 一小球沿斜面向上运动，其运动方程为 $s=5+4t-t^2$（SI 单位），则小球运动到最高点的时刻是（　　）。

（A）$t=4$ s　　（B）$t=5$ s

（C）$t=8$ s　　（D）$t=2$ s

5. 一质点在 xy 平面内运动，其位置矢量为 $\boldsymbol{r}=4t\boldsymbol{i}+(10-2t^2)\boldsymbol{j}$（SI 单位），则该质点的位置矢量与速度矢量恰好垂直的时刻为（　　）。

（A）$t=2$ s　　（B）$t=\sqrt{5}$ s

（C）$t=\sqrt{3}$ s　　（D）$t=4$ s

6. 某物体的运动规律为 $\mathrm{d}v/\mathrm{d}t=-kv^2t$，式中的 k 为大于零的常量。当 $t=0$ 时，初速为 v_0，则速度 v 与时间 t 的函数关系是（　　）。

（A）$v=\dfrac{1}{2}kt^2+v_0$　　（B）$v=-\dfrac{1}{2}kt^2+v_0$

（C）$\dfrac{1}{v}=-\dfrac{kt^2}{2}+\dfrac{1}{v_0}$　　（D）$\dfrac{1}{v}=\dfrac{kt^2}{2}+\dfrac{1}{v_0}$

7. 一质点在 $t=0$ 时刻从原点出发，以速度 v_0 沿 x 轴运动，其加速度与速度的关系为 $a=-kv^2$，k 为正常量，则质点的速度 v 与所经路程 x 的关系是（　　）。

（A）$v=v_0k\mathrm{e}^{-kx}$　　（B）$v=v_0\mathrm{e}^{-kx}$

（C）$v=\dfrac{v_0}{k}\mathrm{e}^{-kx}$　　（D）条件不足不能确定

8. 一质点按规律 $s=t^3+2t^2$ 在圆形轨道上做变速圆周运动，s 为沿圆形轨道的自然坐标。如果当 $t=2$ s 时的总加速度大小为 $16\sqrt{2}$ m/s^2，则此圆形轨道的半径为(　　)。

(A) 10 m　　(B) 15 m　　(C) 20 m　　(D) 25 m

9. 一质点在 Oxy 平面内运动，其运动方程为 $x=at$，$y=b+ct^2$，式中 a、b、c 均为常量。当运动质点的运动方向与 x 轴成 45°角时，它的速率为(　　)。

(A) a　　(B) $2c$　　(C) $\sqrt{2}a$　　(D) $\sqrt{a^2+4c^2}$

10. 在相对地面静止的坐标系内，A、B 二船都以 2 m/s 速率匀速行驶，A 船沿 x 轴正向，B 船沿 y 轴正向。今在 A 船上设置与静止坐标系方向相同的坐标系(x、y 方向单位矢量用 $\boldsymbol{i}$、$\boldsymbol{j}$ 表示)，那么在 A 船上的坐标系中，B 船的速度(以 m/s 为单位)为(　　)。

(A) $2\boldsymbol{i}+2\boldsymbol{j}$　　(B) $-2\boldsymbol{i}-2\boldsymbol{j}$　　(C) $-2\boldsymbol{i}+2\boldsymbol{j}$　　(D) $2\boldsymbol{i}-2\boldsymbol{j}$

二、填空题

11. 灯距地面高度为 h_1，一个人身高为 h_2，在灯下以匀速率 v 沿水平直线行走，如图 1 所示。他的头顶在地上的影子 M 点沿地面移动的速率为 $v_M=$____________。

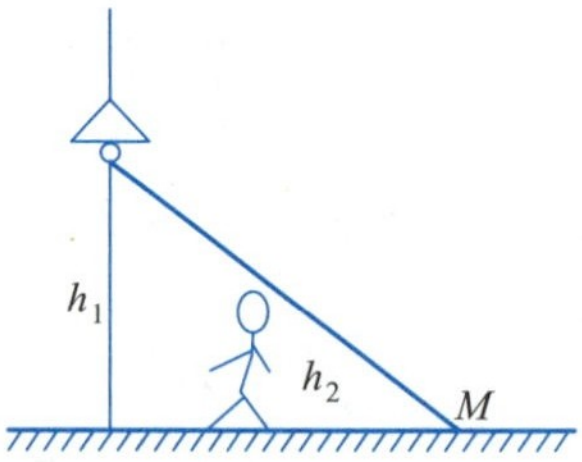

图 1

12. 一质点沿 x 方向运动，其加速度随时间变化关系为 $a=3+2t$(SI 单位)如果初始时质点的速率 v_0 为 5 m/s，则当 t 为 3 s 时，质点的速度 $v=$____________。

13. 一质点沿半径为 R 的圆周运动，其路程 s 随时间 t 变化的规律为 $s=bt-\frac{1}{2}ct^2$(SI 单位)，式中 b、c 为大于零的常量。则此质点运动的切向加速度 $a_t=$____________；法向加速度 $a_n=$____________。

14. 一质点沿半径为 0.10 m 的圆周运动，其角坐标 $\theta=2+4t^3$(SI 单位)。当 $t=2$ s 时，切向加速度 $a_t=$____________，法向加速度 $a_n=$____________。

15. 一物体做斜抛运动，如图 2 所示，测得在轨道的 P 点处物体的速度方向与水平方向的夹角为 30°，则该物体在 P 点处的切向加速度大小为__________。

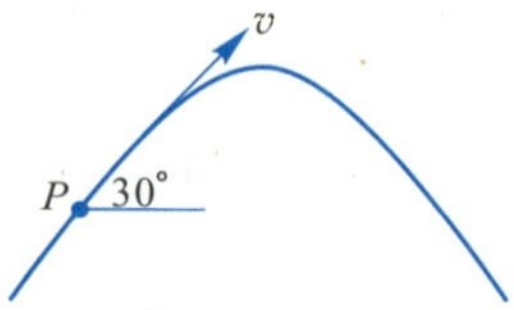

图 2

专业班级____________ 学号____________ 姓名____________ 序号____________

三、计算题

16. 已知质点位矢随时间变化的函数形式为 $\boldsymbol{r}=R\cos\omega t\boldsymbol{i}+R\sin\omega t\boldsymbol{j}$,其中 R、ω 为大于零的常量。求:(1)质点的轨迹;(2)速度和加速度;(3)切向加速度和法向加速度。

17. 一质点沿 x 轴运动,(1)已知加速度为 $a=4t$(SI 单位),且 $t=0$ 时,质点静止于 $x_0=10\ \text{m}$ 处,试求其位置和时间的关系式。(2)若其加速度为 $a=2-3x$(SI 单位),且质点在原点处的速度为零,试求其在任意位置处的速度。

18. 如图 3 所示，质点 P 在水平面内沿一半径为 $R=2\ \text{m}$ 的圆轨道转动。转动的角速度 ω 与时间 t 的函数关系为 $\omega=kt^2$（k 为常量）。已知 $t=2\ \text{s}$ 时，质点 P 的速度值为 $32\ \text{m/s}$。试求 $t=1\ \text{s}$ 时，质点 P 的速度与加速度的大小。

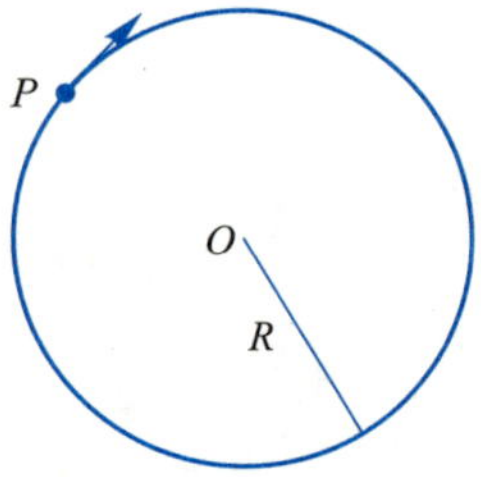

图 3

19. 从大楼窗口以水平初速度 $\boldsymbol{v}_0$ 射出一发子弹，子弹做平抛运动，取枪口为原点，沿 $\boldsymbol{v}_0$ 方向为 x 轴，竖直向下为 y 轴，并取发射时刻 t 为 0，试求：

（1）子弹在任一时刻 t 的位置坐标及轨道方程；

（2）子弹在 t 时刻的速度，切向加速度和法向加速度。

第二单元 牛顿运动定律 功和能

一、选择题

1. 质量为 m 的物体自空中下落，它除了受到重力作用外，还受到一个与速度的平方成正比、与速度方向相反的阻力作用，比例系数为 k，k 为正值常量，则该下落物体的收尾速度(即最后物体做匀速运动时的速度)的大小为(　　)。

(A) $\sqrt{\dfrac{2mg}{k}}$　(B) $\sqrt{\dfrac{mg}{k}}$　(C) $\dfrac{2mg}{k}$　(D) $\dfrac{mg}{k}$

2. 质量为 0.25 kg 的质点，受力 $\boldsymbol{F}=t\boldsymbol{i}$ 的作用，$t=0$ 时该质点以 $2\boldsymbol{j}$ m/s 的速度通过坐标原点，则该质点任意时刻的位置矢量是(　　)。

(A) $(2t^2\boldsymbol{i}+2\boldsymbol{j})$ m　(B) $\left(\dfrac{3}{4}t^4\boldsymbol{i}+2t\boldsymbol{j}\right)$ m

(C) $\left(\dfrac{3}{4}t^4\boldsymbol{i}+\dfrac{2}{3}t^3\boldsymbol{j}\right)$ m　(D) $\left(\dfrac{2}{3}t^3\boldsymbol{i}+2t\boldsymbol{j}\right)$ m

3. 质量为 m 的质点，在外力 $F=F_0-\dfrac{F_0}{L}x$ 的作用下沿 x 轴运动，已知 $t=0$ 时，质点位于原点，且初速度为零，则质点在 $x=L$ 处的速率为(　　)。

(A) $v=\sqrt{\dfrac{F_0}{2m}L}$　(B) $v=\sqrt{\dfrac{F_0}{m}L}$　(C) $v=\dfrac{F_0}{m}-\dfrac{F_0}{2m}L$　(D) $v=\dfrac{2F_0}{m}-\dfrac{F_0}{m}L$

4. 下列说法中正确的是(　　)。

(A) 作用力的功与反作用力的功必须等值异号

(B) 作用于一个物体的摩擦力只能做负功

(C) 内力不改变系统的总机械能

(D) 一对作用力和反作用力做功之和与参考系的选取无关

5. 如图 1，在光滑水平地面上放着一辆小车，车上左端放着一只箱子，今用同样的水平恒力 $\boldsymbol{F}$ 拉箱子，使它由小车的左端达到右端，一次小车被固定在水平地面上，另一次小车没有固定。试以水平地面为参考系，判断下列结论中正确的是(　　)。

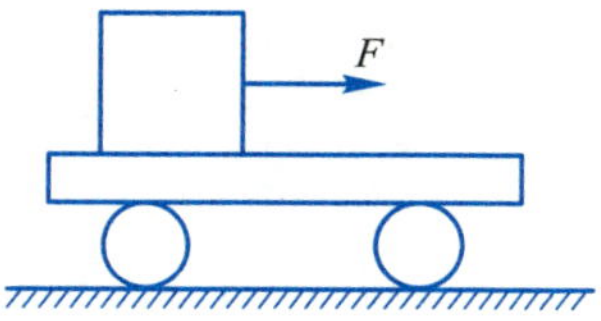

图 1

(A) 在两种情况下，$\boldsymbol{F}$ 做的功相等

(B) 在两种情况下，摩擦力对箱子做的功相等

(C) 在两种情况下，由于摩擦而产生的热量相等

(D) 在两种情况下，箱子获得的动能相等

6. 一质点由坐标原点处从静止出发在水平面内沿 x 轴运动，其所受合力方向与运动方向相同，合力大小为 $F=3+2x$(SI 单位)，那么，物体在开始运动的 3 m 内，合力所做的功为(　　)。

(A) 20 J　(B) 18 J　(C) 16 J　(D) 10 J

7. 速度为 v 的子弹，打穿一块木板后速度为零，设木板对子弹的阻力是恒定的。那么当子弹射入木板的深度等于其厚度的一半时，子弹的速度是（　　）。

（A）$v/2$　　（B）$v/\sqrt{2}$　　（C）$v/3$　　（D）$v/4$

8. 质量为 m 的一艘宇宙飞船关闭发动机返回地球时，可认为该飞船只在地球的引力场中运动。已知地球质量为 m'，引力常量为 G，则当它从距地球中心 R_1 处下降到 R_2 处时，飞船增加的动能应等于（　　）。

（A）$Gm'm\dfrac{R_1-R_2}{R_1^2R_2^2}$　　（B）$Gm'm\dfrac{R_1-R_2}{R_1R_2}$　　（C）$Gm'm\dfrac{R_1-R_2}{R_2^2}$　　（D）$Gm'm\dfrac{R_1-R_2}{R_1^2}$

二、填空题

9. 质点从原点出发沿直线运动到 $\boldsymbol{r}=5\boldsymbol{i}-5\boldsymbol{j}+16\boldsymbol{k}$（m）的过程中，力 $\boldsymbol{F}=5\boldsymbol{i}-3\boldsymbol{j}$（N）所做的功为________________。

10. 质点从原点出发沿直线运动到点（3 m，3 m）的过程中，力 $\boldsymbol{F}=(2+6x)\boldsymbol{i}+(6+2y)\boldsymbol{j}$（SI 单位）所做的功为________________。

11. 已知地球质量为 m'，半径为 R，一质量为 m 的火箭从地面上升到距地面高度为 $2R$ 处。在此过程中，地球引力对火箭做的功为________________。

12. 如图 2 所示，一劲度系数为 k 的轻质弹簧，下悬挂一质量为 m 的物体而处于静止状态，此时弹簧伸长了 x_0。今以该平衡位置为坐标原点，并作为系统弹性势能的零点位置，那么当 m 偏离平衡位置的位移为 x 时，系统的弹性势能为________________。

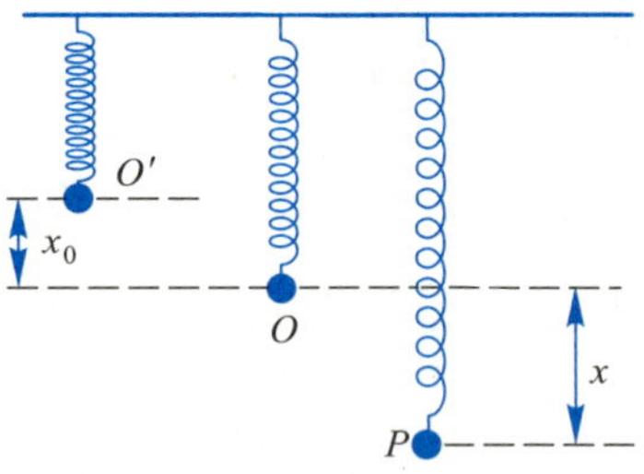

图 2

13. 质量为 10 kg 的质点，在外力作用下做平面曲线运动，该质点的速度为 $\boldsymbol{v}=4t^2\boldsymbol{i}+16\boldsymbol{j}$，求：该质点从 $t=1$ s 到 $t=2$ s 的过程中外力做的功为________。

14. 质量 $m=2$ kg 的物体沿 x 轴做直线运动，所受合外力 $F=10+6x^2$（SI 单位）。如果在 $x=0$ 处时速度 $v_0=0$；试求该物体运动到 $x=4$ m 处时速度的大小为________________。

三、计算题

15. 质量为 m，速度为 v_0 的摩托车，在关闭发动机以后沿直线滑行，它所受到的阻力 $F=-kv$，式中 k 为常量。求：（1）关闭发动机后 t 时刻的速度；（2）关闭发动机后 t 时间内所走的路程。

专业班级____________　　学号____________　　姓名____________　　序号____________

16. 已知一质量为 m 的质点在 x 轴上运动，质点只受到指向原点的引力的作用，引力大小与质点离原点的距离 x 的平方成反比，即 $F=-k/x^2$，k 是比例常量。设质点在 $x=A$ 时的速度为零，求质点在 $x=A/4$ 处的速度的大小。

17. 一质点在 xy 平面上沿着抛物线 $y=x^2$ 从点 $(0,0)$ 运动到点 $(2,4)$，求在此过程中外力 $\boldsymbol{F}=(5y^2-3x^2)\boldsymbol{i}+3x^2y\boldsymbol{j}$（SI 单位），对该质点所做的功。

18. 质量 $m=2$ kg 的质点在力 $\boldsymbol{F}=12\cos t\boldsymbol{i}$(SI 单位)的作用下,从静止出发沿 x 轴正向做直线运动,求从 0 至 $\pi/2$ 秒内该力所做的功。

19. 一人从 10 m 深的井中提水。起始时桶中装有 10 kg 的水,桶的质量为 1 kg,由于水桶漏水,每升高 1 m 要漏去 0.2 kg 的水。求水桶匀速地从井中提到井口,人所做的功。

专业班级__________　学号__________　姓名__________　序号__________

第三单元　动量和角动量

一、选择题

1. 质量为 m 的质点，以不变速率 v 沿图中正三角形 ABC 的水平光滑轨道运动（见图 1）。质点越过 A 角时，轨道作用于质点的冲量的大小为（　　）。

(A) mv　(B) $\sqrt{2}mv$　(C) $2mv$　(D) $\sqrt{3}mv$

2. 质量为 m' 弹簧谐振子处于水平静止状态，如图 2 所示。一质量为 m 的子弹以水平速度 v 射入振子中并随之一起振动，此后弹簧的最大势能为（　　）。

(A) $\frac{1}{2}mv^2$　(B) $\frac{1}{2}(m'+m)\frac{m}{m'}v$

(C) $\frac{m^2v^2}{2(m'+m)}$　(D) 条件不足不能判定

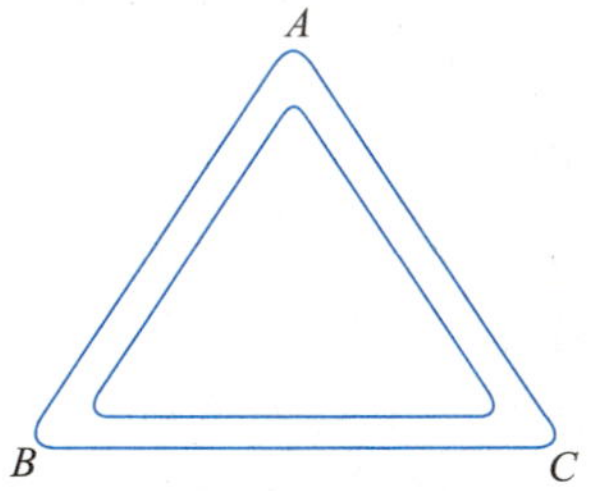

图 1

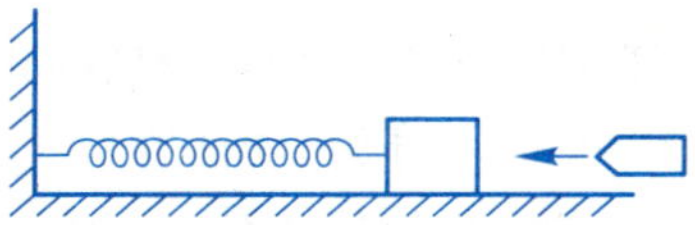
图 2

3. 粒子 B 的质量是粒子 A 的质量的 4 倍，开始时粒子 A 的速度为 $3\boldsymbol{i}+4\boldsymbol{j}$，粒子 B 的速度为 $2\boldsymbol{i}-7\boldsymbol{j}$，由于两者的相互作用，粒子 A 的速度变为 $7\boldsymbol{i}-4\boldsymbol{j}$，此时粒子 B 的速度等于（　　）。

(A) $2\boldsymbol{i}-7\boldsymbol{j}$　(B) $\boldsymbol{i}-5\boldsymbol{j}$　(C) 0　(D) $5\boldsymbol{i}-3\boldsymbol{j}$

4. 一小船质量为 100 kg，船头到船尾共长 3.6 m，现有一质量为 50 kg 的人从船尾走到船头时，船头移动的距离是（假定水的阻力不计）（　　）。

(A) 0.6 m　(B) 1.2 m　(C) 2.4 m　(D) 3.6 m

5. 一质量为 $m=1$ kg 的质点在 xy 平面内沿 x 轴正方向运动，某一时刻该质点的速度为 1 m/s，位于如图 3 所示的位置，则此时该质点相对于原点 O 的角动量大小为（　　）。

(A) 12 kg·m²/s　(B) 10 kg·m²/s　(C) 8 kg·m²/s　(D) 6 kg·m²/s

6. 质量为 20 g 的子弹，以 400 m/s 的速率沿图 4 所示方向射入一原来静止的质量为 980 g 的摆球中，摆线长度不可伸缩。子弹射入后开始与摆球一起运动的速率为（　　）。

(A) 2 m/s　(B) 3 m/s　(C) 4 m/s　(D) 8 m/s

7. 有两个力作用在一个有固定转轴的圆柱体上。

(1) 这两个力都平行于轴作用时，它们对轴的合力矩一定是零，

(2) 这两个力都垂直于轴作用时，它们对轴的合力矩可能是零，

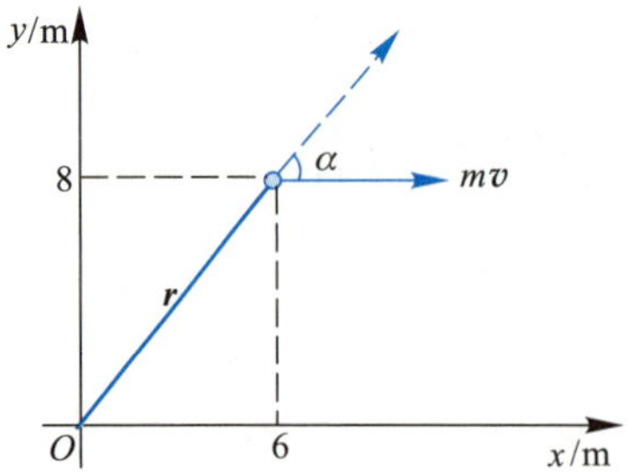

图 3

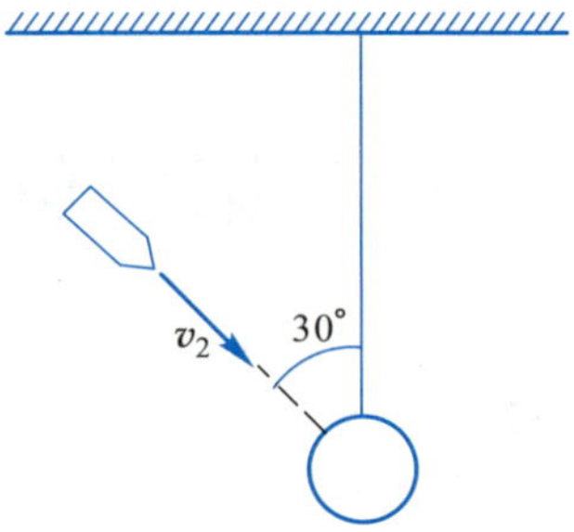

图 4

(3) 当这两个力的合力为零时,它们对轴的合力矩也一定是零,

(4) 当这两个力对轴的合力矩为零时,它们的合力也一定是零。在上述说法中,(　　)。

(A) 只有(1)是正确的　　(B) (1)、(2)、(3)、(4)都正确

(C) (1)、(2)、(3)都正确,(4)错误　　(D) (1)、(2)正确,(3)、(4)错误

8. 力 $\boldsymbol{F}=(3\boldsymbol{i}+5\boldsymbol{j})$ kN,其作用点的矢径 $\boldsymbol{r}=(4\boldsymbol{i}-3\boldsymbol{j})$ m,则该力对坐标原点的力矩大小为(　　)。

(A) −3 kN · m　(B) 3 kN · m　(C) 19 kN · m　(D) 29 kN · m

9. 物体的质量为 3 kg,$t=0$ 时物体位于 $\boldsymbol{r}=4\boldsymbol{i}$ m 处,速度为 $\boldsymbol{v}=5\boldsymbol{j}$ m/s,若一恒力矩 $\boldsymbol{M}=5\boldsymbol{k}$ N · m 作用在物体上,$t=3$ s 时,物体对 z 轴的角动量大小是(　　)。

(A) 75 kg · m²/s　(B) 60 kg · m²/s　(C) 45 kg · m²/s　(D) 15 kg · m²/s

10. 人造地球卫星,绕地球做椭圆轨道运动,地球在椭圆的一个焦点上,则卫星的(　　)。

(A) 动量不守恒,动能守恒　　(B) 动量守恒,动能不守恒

(C) 对地心的角动量不守恒,动能守恒　(D) 对地心的角动量守恒,动能不守恒

二、填空题

11. 一物体质量 $m'=2$ kg,在合外力 $\boldsymbol{F}=(3+2t)\boldsymbol{i}$(SI 单位)的作用下,从静止开始运动,式中 $\boldsymbol{i}$ 为方向一定的单位矢量,则当 $t=1$ s 时物体的速度 $\boldsymbol{v}_1=$______。

12. 一质量为 m 的物体,原来以速率 v 向北运动,它突然受到外力打击,变为向西运动,速率仍为 v,则外力的冲量大小为______,方向为______。

13. 速度大小为 v_0 的小球与以速度大小 v(v 与 v_0 方向相同,并且 $v<v_0$)滑行中的车发生完全弹性碰撞,车的质量远大于小球的质量,则碰撞后小球的速度为______。

14. 将一质量为 m 的小球,系于轻绳的一端,绳的另一端穿过光滑水平桌面上的小孔用手拉住,先使小球以角速度 ω_1 在桌面上做半径为 r_1 的圆周运动,然后缓慢将绳下拉,使半径缩小为 r_2,在此过程中小球的动能是______。

15. 在光滑的水平面上,一根长 $L=2$ m 的绳子,一端固定于 O 点,另一端系一质量 $m=0.5$ kg 的物体。开始时,物体位于位置 A,OA 间距离 $d=0.5$ m,绳子处于松弛状态。现在使物体以初速度 $v_A=4\ \text{m}\cdot\text{s}^{-1}$ 垂直于 OA 向右滑动,如图 5 所示。设以后的运动中物体到达位置 B,此时物体速度的方向与绳垂直。则此时刻物体对 O 点的角动量的大小 $L_B=$______,物体速度的大小 $v=$______。

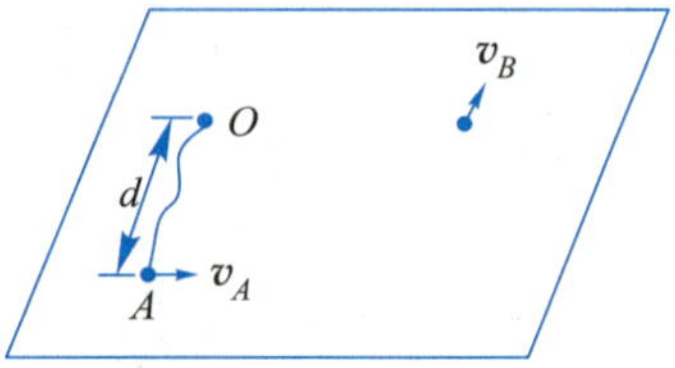

图 5

三、计算题

16. 如图 6 所示，在水平面内，水流通过一个固定的四分之一圆弧状的障碍物改变流向，水流流过障碍物前后的速率都等于 v，每单位时间流向障碍物的水的质量保持不变且等于 Q，求：水作用于障碍物的冲击力的大小及方向。

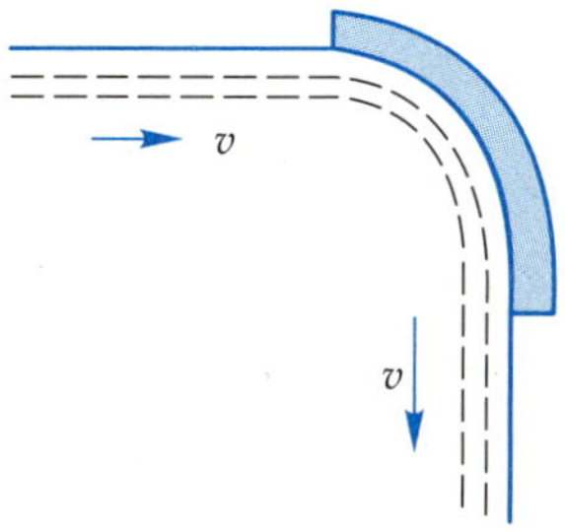

图 6

17. 如图 7 所示，质量为 $m'=2.0$ kg 的物体（不考虑体积），用一根长为 $l=1.0$ m 的细绳悬挂在天花板上。今有一质量为 $m=20$ g 的子弹以 $v_0=600$ m/s 的水平速度射穿物体。刚射出物体时子弹的速度大小 $v=30$ m/s，设穿透时间极短。求：

（1）子弹刚穿出时绳中张力的大小；

（2）子弹在穿透过程中所受的冲量。

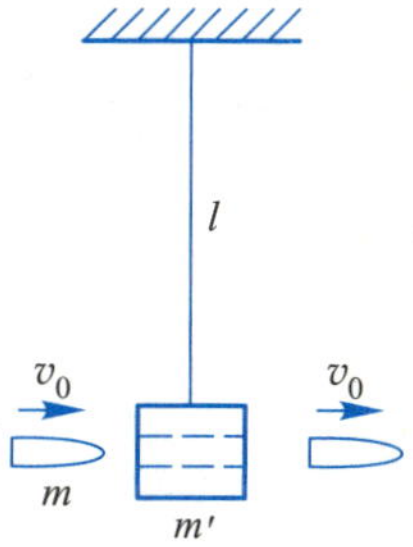

图 7

18. 如图 8 所示，圆锥摆球在水平面内匀速转动，摆球的质量为 m，速度大小为 v，半径为 R，分别计算对固定点 O 点，小球受的张力矩，重力矩和角动量的大小及方向。

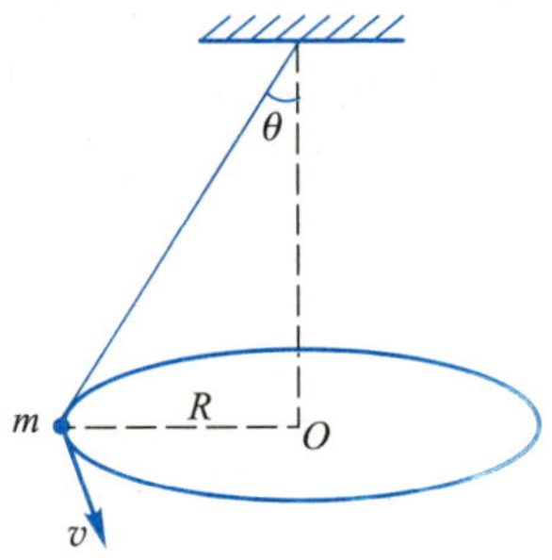

图 8

19. 一质量为 m 的质点沿着一条空间曲线运动，该曲线在直角坐标下的矢径为 $\boldsymbol{r}=a\cos\omega t\boldsymbol{i}+b\sin\omega t\boldsymbol{j}$，其中 a、b、ω 皆为常量，求该质点对原点的角动量。

第四单元　刚体的定轴转动

一、选择题

1. 几个力同时作用在一个具有固定转轴的刚体上，如果这几个力的矢量和为零，则此刚体（　　）。

（A）必然不会转动　　　　（B）转速必然不变

（C）转速可能改变，也可能不变　　（D）转速必然改变

2. 两个匀质圆盘 A 和 B 的密度分别为 ρ_A 和 ρ_B，若 $\rho_A<\rho_B$，但两圆盘的质量与厚度相同，如两盘对通过盘心垂直于盘面轴的转动惯量各为 J_A 和 J_B，则（　　）。

（A）$J_A>J_B$　　（B）$J_A<J_B$

（C）$J_A=J_B$　　（D）J_A、J_B 哪个大，不能确定

3. 如图 1 所示，A、B 为两个相同的绕着轻绳的定滑轮。A 滑轮挂一质量为 m 的物体，B 滑轮受拉力 F，而且 $F=mg$。设 A、B 两滑轮的角加速度分别为 β_A 和 β_B，不计滑轮轴的摩擦，则有（　　）。

（A）$\beta_A<\beta_B$　　（B）$\beta_A>\beta_B$

（C）$\beta_A=\beta_B$　　（D）不能确定

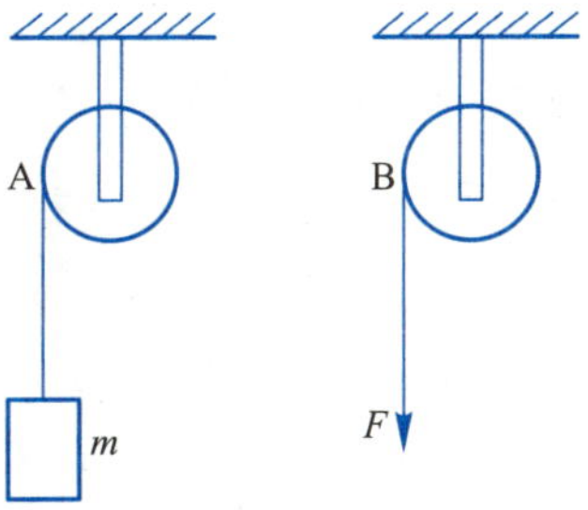

图 1

4. 均匀细棒 OA 可绕通过其一端 O 而与棒垂直的水平固定光滑轴转动，如图 2 所示。今使棒从水平位置由静止开始自由下落，在棒摆动到竖直位置的过程中，下述说法哪一种是正确的？（　　）。

（A）角速度从小到大，角加速度从小到大

（B）角速度从小到大，角加速度从大到小

（C）角速度从大到小，角加速度从小到大

（D）角速度从大到小，角加速度从大到小

5. 如图 3 所示，一水平刚性轻杆，质量不计，杆长 $l=20$ cm，其上穿有两个小球。初始时，两小球相对杆中心 O 对称放置，与 O 的距离 $d=5$ cm，两者之间用细线拉紧。现在让细杆绕通过中心 O 的竖直固定轴做匀角速的转动，转速为 ω_0，再烧断细线让两个球向杆的两端滑动。不考虑转轴的和空气的摩擦，当两球都滑至杆端时，杆的角速度为（　　）。

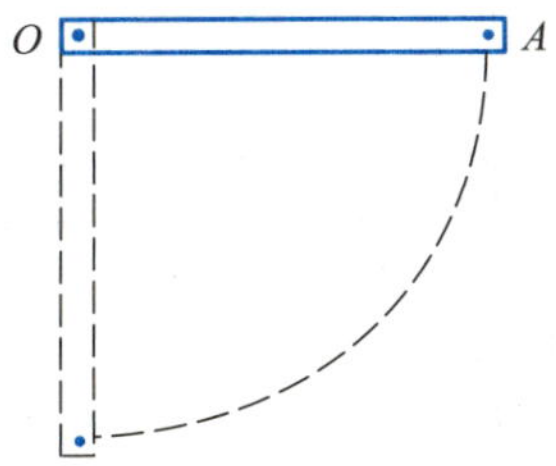

图 2

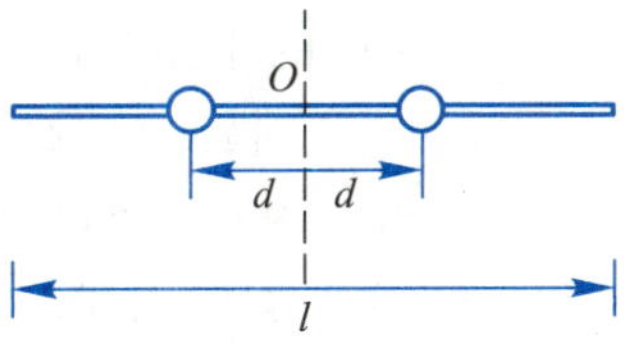

图 3

(A) $2\omega_0$　　(B) ω_0　　(C) $\frac{1}{4}\omega_0$　　(D) $\frac{1}{2}\omega_0$

6. 一半径为 R 的匀质圆盘放置在光滑水平桌面上，可绕过盘心的竖直轴自由转动，圆盘对该轴的转动惯量为 J，当圆盘以角速度 ω 转动时，有一质量为 m 的质点垂直向下落到圆盘上，并粘在距轴为 $\frac{R}{2}$ 处，则粘上该质点后，圆盘转动的角速度大小为(　　)。

(A) $\frac{J}{J+mR^2}\omega$　　(B) $\frac{2J}{2J+mR^2}\omega$　　(C) $\frac{4J}{4J+mR^2}\omega$　　(D) ω

7. 一匀质圆盘状飞轮质量为 20 kg，半径为 30 cm，当它以 60 r/min 的速率旋转时，其动能为(　　)。

(A) $16.2\pi^2$ J　　(B) $8.1\pi^2$ J　　(C) $1.8\pi^2$ J　　(D) 8.1 J

8. 如图 4 所示，质量为 m、半径为 R 的均匀球体从高为 h 的斜面的顶端由静止开始做无相对滑动的滚动，则当球体滚动到斜面的底端时，球体的速度大小为(　　)。(球体对过直径轴的转动惯量为 $J=\frac{2}{5}mR^2$。)

(A) $\sqrt{2gh}$　　(B) $\sqrt{\frac{10}{7}gh}$　　(C) $\sqrt{\frac{17}{9}gh}$　　(D) $\sqrt{\frac{15}{11}gh}$

9. 如图 5 所示，一匀质细杆可绕通过上端与杆垂直的水平光滑固定轴 O 旋转，初始状态为静止悬挂。现有一个小球自左方水平打击细杆。设小球与细杆之间为非弹性碰撞，则在碰撞过程中对细杆与小球这一系统(　　)。

(A) 只有机械能守恒　　(B) 只有动量守恒

(C) 机械能、动量和角动量均守恒　　(D) 只有对转轴 O 的角动量守恒

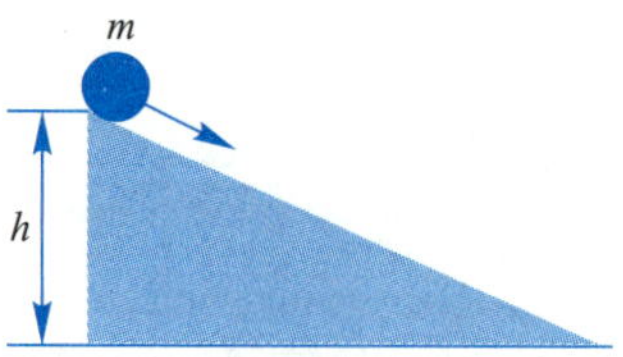

图 4

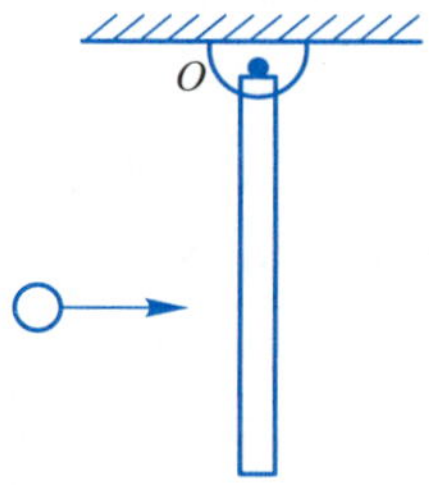

图 5

二、填空题

10. 如图 6 所示，P、Q、R 和 S 是附于刚性轻质细杆上的质量分别为 $4m$、$3m$、$2m$ 和 m 的四个质点，$PQ=QR=RS=l$，则系统对 OO' 轴的转动惯量为________。

11. 一个质量为 m 的小虫，在有光滑竖直固定中心轴的水平圆盘边缘上，沿逆时针方向爬行，它相对于地面的速率为 v，此时圆盘正沿顺时针方向转动，相对于地面的角速度为 ω_0。设圆盘的半径为 R、对中心轴的转动惯量为 J。若小虫停止爬行，则圆盘的角速度为________。

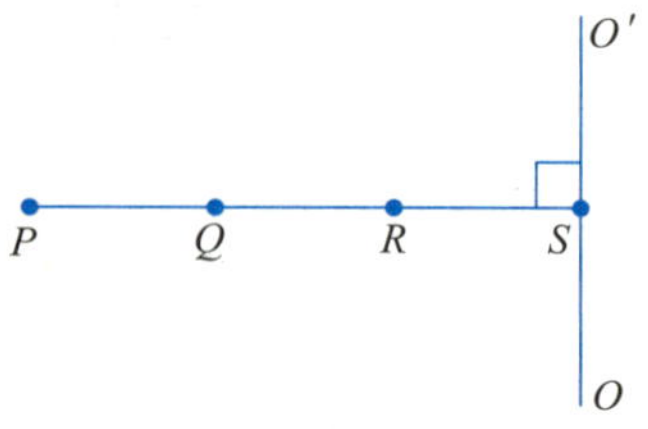

图 6

12. 如图 7 所示，一静止的均匀细棒，长为 L、质量为 m'，可绕通过棒的端点且垂直于棒长的光滑固定轴 O 在水平面内转动，转动惯量为 $m'L^2/3$。一质量为 m、速率为 v 的子弹在水平面内沿与棒垂直的方向射入并穿出棒的自由端，设穿过棒后子弹的速率为 $v/2$，则此时棒的角速度应为______________。

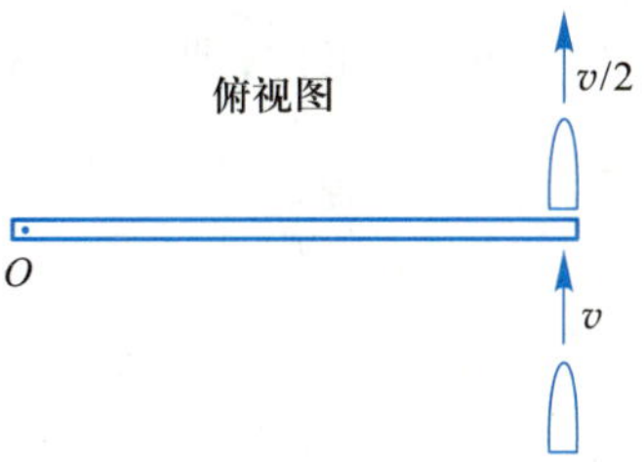

图 7

13. 电风扇电机的电磁动力矩和摩擦阻力矩分别为 M 和 M_f 均为常量，开启电源后，经过 $t_1=$______________时间风扇达到额定转速 ω_0。关闭电源后经过 $t_2=$______________时间风扇停止转动（风扇转子的转动惯量为 J）。

三、计算题

14. 如图 8 所示，圆盘形滑轮半径为 R、质量为 m，两物体质量分别为 m_1、m_2，m_2 与桌面间的动摩擦因数为 μ，轻质绳与滑轮之间无相对滑动，轮与轴之间摩擦可以忽略，求物体下落的加速度。（$m_1g>\mu_0m_2g$ 且滑轮的转动惯量为 $J=\dfrac{1}{2}mR^2$。）

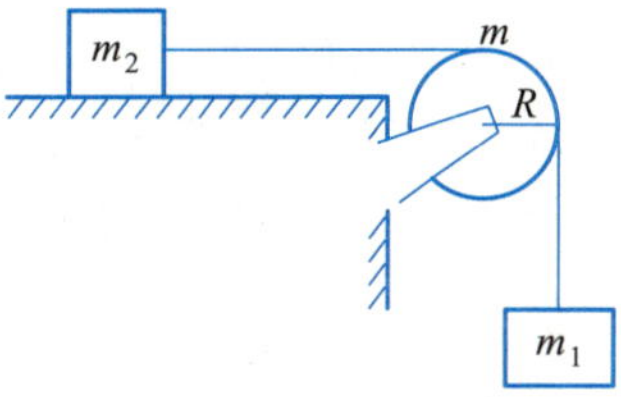

图 8

15. 如图 9 所示，质量为 m，长为 l 的均匀细杆，可绕通过其一端 O 的水平轴转动，当细杆从水平位置由静止转到竖直位置时，求：(1) 此过程中重力矩所做的功；(2) 杆的角速度大小。

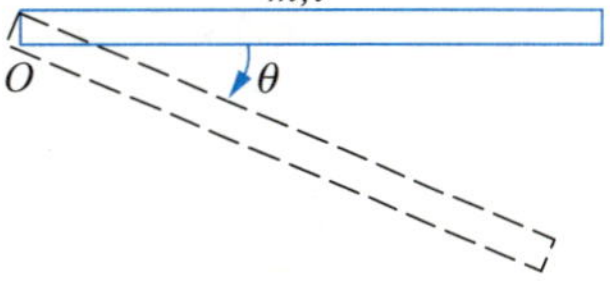

图 9

16. 一转动惯量为 J 的圆盘绕一固定轴转动，起初角速度为 ω_0。设它所受阻力矩与转动角速度成正比，即 $M=-k\omega$（k 为正的常量），求圆盘的角速度从 ω_0 变为 $\frac{1}{2}\omega_0$ 时所需的时间。

17. 如图 10 所示，一长为 L、质量为 m' 的匀质细杆，可绕光滑轴 O 在竖直面内摆动。当杆在竖直位置静止时，一颗质量为 $m=\frac{m'}{9}$ 的子弹沿着与水平方向成 θ 角的方向射入杆端，并嵌在杆中，使杆恰好能摆到水平位置，求子弹初速度 v_0。（细杆的转动惯量为 $J=\frac{1}{3}m'L^2$。）

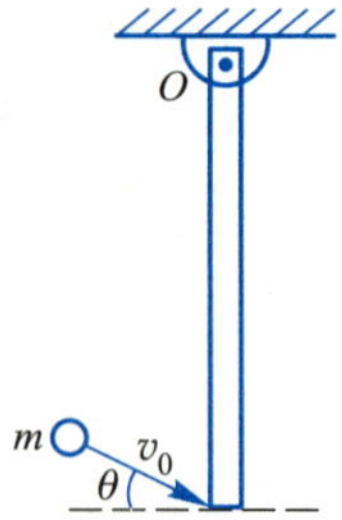

图 10

专业班级__________ 学号__________ 姓名__________ 序号__________

第五单元 相 对 论

一、选择题

1. 有下列几种说法：

(1) 所有惯性系对物理基本规律都是等价的。

(2) 在真空中，光的速度与光的频率、光源的运动状态无关。

(3) 在任何惯性系中，光在真空中沿任何方向的传播速率都相同。

其中正确的说法是(　　)。

(A) 只有(1)、(2)是正确的　　(B) 只有(1)、(3)是正确的

(C) 只有(2)、(3)是正确的　　(D) 三种说法都是正确的

2. 匀质细棒静止时的质量为 m_0，长度为 l_0，当它沿着棒长方向做高速的匀速直线运动时，测得它的长度为 l，则该棒所具有的动能为(　　)。

(A) $m_0c^2\left(\frac{l}{l_0}-1\right)$　　(B) $m_0c^2\left(\frac{l_0}{l}-1\right)$　　(C) $m_0c^2\left(1-\frac{l_0}{l}\right)$　　(D) $m_0c^2\left(1-\frac{l}{l_0}\right)$

3. 一宇航员要到离地球为 5 l.y.的星球去旅行。如果宇航员希望把这路程缩短为 3 l.y.，则他所乘的火箭相对于地球的速度应是(c 表示真空中光速)(　　)。

(A) $v=(1/2)c$　　(B) $v=(4/5)c$　　(C) $v=(3/5)c$　　(D) $v=(9/10)c$

4. 关于同时性的以下结论中，正确的是(　　)。

(A) 在一惯性系同时发生的两个事件，在另一惯性系一定不同时发生

(B) 在一惯性系不同地点同时发生的两个事件，在另一惯性系一定同时发生

(C) 在一惯性系同一地点同时发生的两个事件，在另一惯性系一定同时发生

(D) 在一惯性系不同地点不同时发生的两个事件，在另一惯性系一定不同时发生

5. 在某地发生两件事，静止位于该地的甲测得时间间隔为 4 s，若相对于甲做匀速直线运动的乙测得时间间隔为 5 s，则乙相对于甲的运动速度是(　　)。

(A) $(3/5)c$　　(B) $(4/5)c$　　(C) $(2/5)c$　　(D) $(1/5)c$

6. 牛郎星距离地球约 16 l. y.，宇宙飞船从地球匀速飞往牛郎星，飞船上的宇航员测得用 12 a 时间抵达了牛郎星(飞船上的钟指示的时间)，则飞船的飞行速度为(　　)。

(A) $\frac{2}{3}c$　　(B) $\frac{4}{5}c$　　(C) $\frac{3}{4}c$　　(D) $\frac{3}{5}c$

7. 坐标轴相互平行的两个惯性系 S、S′中，S′相对 S 以速度 v 沿 Ox 轴正方向匀速运动，在 S′系中有一根静止的刚性尺，测得它与 Ox'轴成 30°角，与 Ox 轴的夹角为 45°角，则 S′相对

S 的运动速度 v 为(　　)。

(A) $\frac{\sqrt{2}}{3}c$　　(B) $\frac{\sqrt{3}}{3}c$　　(C) $\frac{\sqrt{6}}{3}c$　　(D) $\frac{\sqrt{5}}{3}c$

8. 两个惯性系 S 和 S′,沿 $x(x')$ 轴方向做匀速相对运动。设在 S′系中某点先后发生两个事件,用静止于该系的钟测出两事件的时间间隔为 τ_0,而用固定在 S 系的钟测出这两个事件的时间间隔为 τ。又在 S′系 x'轴上放置一静止于是该系,长度为 l_0的细杆,从 S 系测得此杆的长度为 l,则(　　)。

(A) $\tau<\tau_0;l<l_0$　　(B) $\tau<\tau_0;l>l_0$　　(C) $\tau>\tau_0;l>l_0$　　(D) $\tau>\tau_0;l<l_0$

9. 质子在加速器中被加速,当其动能为静止能量的 2 倍时,则该质子的运动速度为(　　)。

(A) $\frac{\sqrt{2}}{3}c$　　(B) $\frac{2\sqrt{2}}{3}c$　　(C) $\frac{\sqrt{3}}{3}c$　　(D) $\frac{\sqrt{5}}{3}c$

二、填空题

10. 狭义相对论确认,时间和空间的测量值都是____________,它们与观察者的____________密切相关。

11. 根据天体物理学的观察和推算,宇宙正在膨胀,太空中的天体都离开我们的星球而去,假定在地球上观察到一颗脉冲星(看来发出周期性脉冲无线电波的星)的脉冲周期为 0.5 s,且这颗星正以运行速度 $0.8c$ 的速度离我们而去,那么这颗星的固有脉冲周期是____________。

12. π^+介子是不稳定的粒子,在它自己的参考系中测得平均寿命是 2.6×10^{-8} s,如果它相对于实验室以 $0.8c$ 的速率运动,那么实验室坐标系中测得的 π^+介子的寿命是______s。

13. 边长为 l 的正方形,沿着一棱边方向以高速 v 运动,则该正方形的面积 $S=$______。

14. 从加速器中以速度 $v=0.8c$ 飞出的离子在它的运动方向上又发射出光子,则这光子相对于加速器的速度是__________。

15. 设电子静止质量为 m_e,将一个电子从静止加速到速率为 $0.6c$,需做功____________。

16. 已知一粒子的动能等于其静止能量的 n 倍,则该粒子的质量为其静止质量的________倍。

17. 已知一静止质量为 m_0 的粒子,实验室测得的该粒子的寿命是其固有寿命的 n 倍,则此粒子的动能为__________。

*18. 一列高速火车以速度 u 驶过车站时,固定在站台上的两只机械手在车厢上同时划出两个痕迹,静止在站台上的观察者同时测出两痕迹之间的距离为 1 m,则车厢上的观察者测出这两个痕迹之间的距离为______________。

专业班级__________ 学号__________ 姓名__________ 序号__________

三、计算题

19. 一艘宇宙飞船的船身固有长度为 $L_0 = 90\ \text{m}$，相对于地面以 $v = 0.8c$ 的匀速度在地面观测站的上空飞过。

（1）观测站测得飞船的船身通过观测站的时间间隔是多少？

（2）宇航员测得船身通过观测站的时间间隔是多少？

20. 一隧道长为 L,宽为 d,高为 h,拱顶为半圆,如图 1 所示。设想一列车以极高的速度 v 沿隧道长度方向通过隧道,若从列车上观测,

(1) 隧道的尺寸如何?

(2) 设列车的长度为 l_0,它全部通过隧道的时间是多少?

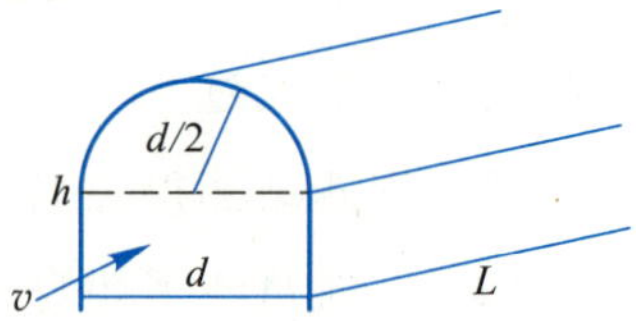

图 1

第六单元 机 械 振 动

一、选择题

1. 一个质点做简谐振动，振幅为 A，在起始时刻质点的位移为$\frac{1}{2}A$，且向 x 轴的正方向运动，代表此简谐振动的旋转矢量图为图 1 中的(　　)。

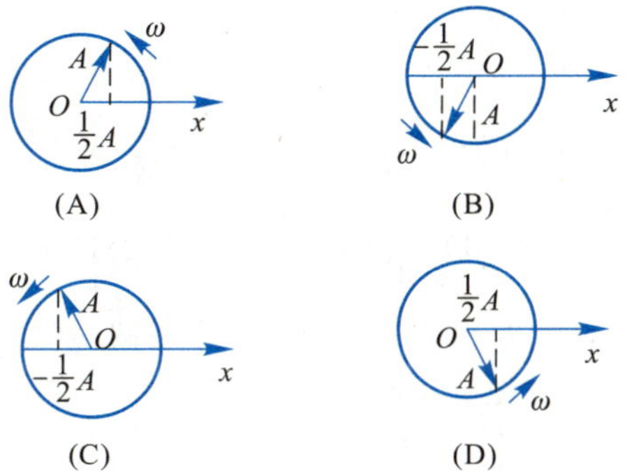

图 1

2. 一长为 l 的均匀细棒悬于通过其一端的光滑水平固定轴上(如图 2 所示)，做成一复摆。已知细棒绕通过其一端的轴的转动惯量 $J=\frac{1}{3}ml^2$，此摆做微小振动的周期为(　　)。

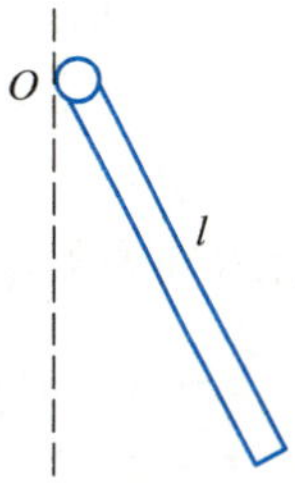

图 2

(A) $2\pi\sqrt{\frac{2l}{3g}}$　　(B) $2\pi\sqrt{\frac{l}{2g}}$

(C) $2\pi\sqrt{\frac{l}{g}}$　　(D) $\pi\sqrt{\frac{l}{3g}}$

3. 一质量为 m 的物体挂在劲度系数为 k 的轻弹簧下面，振动角频率为 ω。若把此弹簧分割成二等份，将物体 m 挂在分割后的一根弹簧上，则振动角频率是(　　)。

(A) 2ω　　(B) $\omega/\sqrt{2}$　　(C) $\sqrt{2}\omega$　　(D) $\omega/2$

4. 一质点在 x 轴上做简谐振动，振辐 $A=4$ cm，周期 $T=2$ s，其平衡位置取作坐标原点。若 $t=0$ 时刻质点第一次通过 $x=-2$ cm 处，且向 x 轴负方向运动，则质点第二次通过 $x=-2$ cm 处的时刻为(　　)。

(A) 1 s　　(B) (2/3) s　　(C) (4/3) s　　(D) 2 s

5. 一简谐振动曲线如图 3 所示，则振动周期是(　　)。

(A) 2.00 s　　(B) 2.20 s　　(C) 2.60 s　　(D) 2.40 s

6. 已知某简谐振动的振动曲线如图 4 所示，位移的单位为 cm，时间单位为 s，则此简谐振动的振动方程为(　　)。

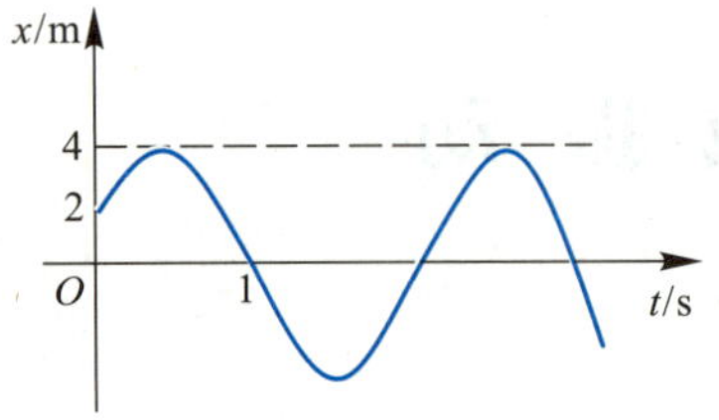

图 3

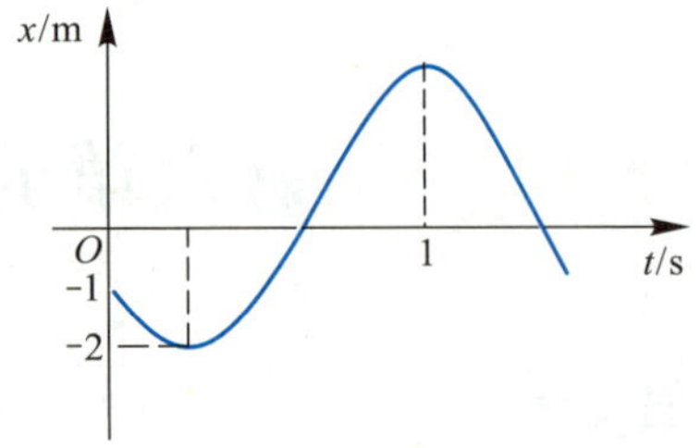

图 4

(A) $x=2\cos\left(\frac{4}{3}\pi t+\frac{2}{3}\pi\right)$　　(B) $x=2\cos\left(\frac{2}{3}\pi t-\frac{2}{3}\pi\right)$

(C) $x=2\cos\left(\frac{2}{3}\pi t+\frac{2}{3}\pi\right)$　　(D) $x=2\cos\left(\frac{4}{3}\pi t-\frac{2}{3}\pi\right)$

7. 当质点以频率 ν 做简谐振动时,它的动能的变化频率为(　　)。

(A) 4ν　　(B) $\frac{1}{2}\nu$　　(C) ν　　(D) 2ν

8. 图 5 中所画的是两个简谐振动的振动曲线,若这两个简谐振动可叠加,则合成的余弦振动的初相为(　　)。

(A) $\frac{3}{2}\pi$　　(B) $\frac{1}{2}\pi$

(C) π　　(D) 0

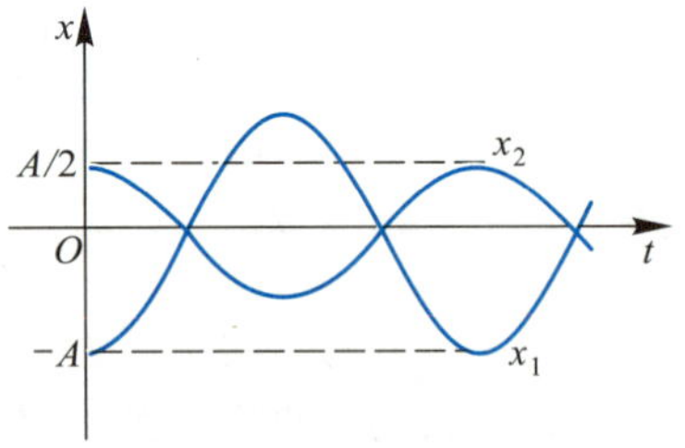

图 5

9. 一质点同时参与三个同方向同频率的简谐振动,这三个简谐振动的振动方程分别为 $x_1=0.8\cos(20t+\pi/6)$、$x_2=0.8\cos(20t+\pi/2)$、$x_3=0.8\cos(20t+5\pi/6)$ (SI 单位),则合振动的振动方程为(　　)。

(A) $x=1.2\cos\left(20t+\frac{\pi}{2}\right)$　　(B) $x=1.6\cos\left(20t+\frac{2\pi}{3}\right)$

(C) $x=1.2\cos\left(20t+\frac{4}{3}\pi\right)$　　(D) $x=1.6\cos\left(20t+\frac{\pi}{2}\right)$

二、填空题

10. 一弹簧振子做简谐振动,振幅为 A,周期为 T,其运动方程用余弦函数表示。若 $t=0$ 时,

(1) 振子在负的最大位移处,则初相为__________;

(2) 振子在平衡位置向正方向运动,则初相为__________;

(3) 振子在位移为 $A/2$ 处,且向负方向运动,则初相为__________。

11. 在 $t=0$ 时,周期为 T、振幅为 A 的单摆分别处于图 6(a)、(b)、(c) 三种状态。若选单摆的平衡位置为坐标的原点,坐标指向正右方,则单摆做小角度摆动的振动表达式(用余弦函数表示)分别为

(a) __________;

(b) __________;

(c) __________。

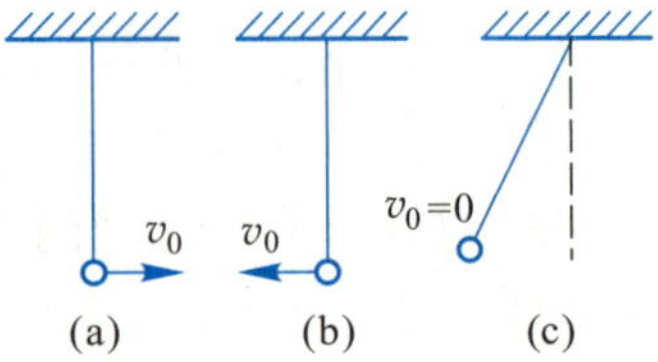

图 6

12. 两个同方向同频率的简谐振动，其合振动的振幅为 20 cm，与第一个简谐振动的相位差为 $\varphi-\varphi_1=\pi/6$，若第一个简谐振动的振幅为 $10\sqrt{3}$ cm，则第二个简谐振动的振幅为＿＿ cm；第一、第二两个简谐振动的相位差 $\varphi_1-\varphi_2$ 为＿＿＿＿＿＿＿＿。

三、计算题

13. 一物体沿 x 轴做简谐振动。其振幅 $A=10$ cm，周期 $T=2$ s，$t=0$ 时物体的位移为 $x_0=-5$ cm，且向 x 轴负方向运动。试求：

（1）$t=0.5$ s 时物体的位移

（2）何时物体第一次运动到 $x=5$ cm 处

（3）再经过多少时间物体第二次运动到 $x=5$ cm 处。

14. 一质点做简谐振动，其振动方程为 $x=0.24\cos\left(\frac{1}{2}\pi t+\frac{1}{3}\pi\right)$（SI 单位），试用旋转矢量法求出质点由初始状态（$t=0$ 的状态）运动到 $x=-0.12$ m，$v<0$ 的状态所需最短时间 Δt。

15. 一质点做简谐振动,其振动方程为

$$x=6.0\times10^{-2}\cos\left(\frac{1}{3}\pi t-\frac{1}{4}\pi\right)\quad \text{(SI 单位)}$$

问:当 x 值为多大时,系统的势能为总能量的一半?

16. 一质点同时参与两个同方向的简谐振动,其振动方程分别为

$$x_1=5\times10^{-2}\cos(4t+\pi/3),\quad x_2=3\times10^{-2}\sin(4t-\pi/6)\quad \text{(SI 单位)}$$

画出两振动的旋转矢量图,并求合振动的振动方程。

专业班级____________　　学号____________　　姓名____________　　序号____________

第七单元　机　械　波

一、选择题

1. 频率为 100 Hz，传播速度为 300 m/s 的平面简谐波，波线上距离小于波长的两点振动的相位差为$\frac{1}{3}\pi$，则此两点相距(　　)。

(A) 1.50 m　　(B) 0.50 m　　(C) 2.00 m　　(D) 0.25 m

2. 已知一平面简谐波的表达式为 $y=A\cos(at-bx)$ (a、b 为正值常量)，则(　　)。

(A) 波的频率为 a　　(B) 波的传播速度为 b

(C) 波的周期为$\frac{2a\pi}{b}$　　(D) 波长为$\frac{2\pi}{b}$

3. 一平面简谐波沿 x 轴负方向传播，已知 $x=b(b>0)$ 处质点的振动方程为 $y=A\cos(\omega t+\phi_0)$，波速为 u，则波动方程为(　　)。

(A) $y=A\cos[\omega t+(b+x)/u+\phi_0]$　　(B) $y=A\cos\{\omega[t+(x-b)/u]+\phi_0\}$

(C) $y=A\cos\{\omega[t-(b+x)/u]+\phi_0\}$　　(D) $y=A\cos\{\omega[t+(b-x)/u]+\phi_0\}$

4. 一平面简谐波在弹性介质中传播，在某一瞬时，介质中某质元正好处于平衡位置，此时它的能量是(　　)。

(A) 动能最大，势能最大　　(B) 动能为零，势能为零

(C) 动能为零，势能最大　　(D) 动能最大，势能为零

5. S_1 和 S_2 是波长均为 λ 的两个相干波的波源，相距 $3\lambda/4$，S_1 的相位比 S_2 超前$\frac{1}{2}\pi$。若两波单独传播时，在过 S_1 和 S_2 的直线上各点的强度相同，不随距离变化，且两波的强度都是 I_0，则在 S_1、S_2 连线上 S_1 外侧和 S_2 外侧各点，合成波的强度分别是(　　)。

(A) $4I_0, 4I_0$　　(B) 0,0　　(C) $4I_0$,0　　(D) 0,$4I_0$

6. 当一平面简谐机械波在弹性介质中传播时，下述各结论哪一个是正确的？(　　)。

(A) 介质质元在其平衡位置处弹性势能最大

(B) 介质质元的振动动能和弹性势能都作周期变化，但两者的位相不相同

(C) 介质质元的振动动能和弹性势能的位相在任一时刻都相同，但两者的数值不相等

(D) 介质质元的振动动能增大时，其弹性势能减少，总机械能守恒

7. 在波长为 λ 的驻波中，两个相邻波节之间的距离为(　　)。

(A) 2λ　　(B) $\frac{\lambda}{2}$

(C) λ　　(D) $\frac{\lambda}{4}$

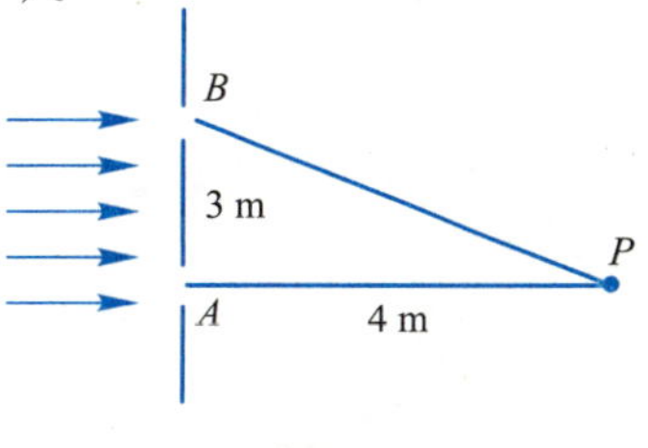

图 1

8. 有一平面简谐波传到隔板上的两个小孔 A、B 上，A、B 相距 3 m，$PA=4$ m，PA 垂直于 AB，如图 1 所示，若从 A、B 传

出的子波到达 P 点时恰好相消，则该平面简谐波的最大波长为(　　)。

(A) 4 m　　(B) 2 m　　(C) 6 m　　(D) 1 m

9. 已知一声源，其振动频率为 1 600 Hz，则当该声源以 20 m/s 的速度向着观察者靠近时，观察者接收到的声波频率为(已知空气中的声波速度为 340 m/s)(　　)。

(A) 1 400 Hz　　(B) 1 500 Hz　　(C) 1 700 Hz　　(D) 1 600 Hz

10. 一警报器发射频率为 3 400 Hz 的声波，空气中的声速为 340 m/s，若观察者以 10 m/s 的速度向着警报器靠拢，则观察者听到从警报器传来的声音频率为(　　)。

(A) 3 700 Hz　　(B) 3 600 Hz　　(C) 3 500 Hz　　(D) 3 800 Hz

二、填空题

11. 已知波源的振动周期为 4.00×10^{-2} s，波的传播速度为 300 m/s，波沿 x 轴正方向传播，则位于 $x_1=10.0$ m 和 $x_2=16.0$ m 的两质点振动相位差为__________。

12. 一平面简谐波的表达式为 $y=0.025\cos(125t-0.37x)$(SI 单位)，其角频率 $\omega=$__________________，波速 $u=$__________________，波长 $\lambda=$__________________。

13. 已知一驻波的方程为 $y=0.2\cos2\pi x\cos4\pi t$(SI 单位)，则该驻波相邻的波节与波腹之间的距离为________ m。

14. 在同一介质中两列频率相同的平面简谐波的强度之比 $\dfrac{I_1}{I_2}=16$，则这两列波的振幅之比 $\dfrac{A_1}{A_2}=$________。

15. 在简谐波动中，尽管各质量元都做简谐振动，但波动中质量元的势能并不由其位移来决定，而是由____________________决定的。

三、计算题

16. 一列平面简谐波在介质中以波速 $u=5$ m/s 沿 x 轴正向传播，原点 O 处质元的振动曲线如图 2 所示。

(1) 求波的表达式；

(2) $x=25$ m 处质元的振动方程；

(3) $t=3$ s 时的波形曲线方程。

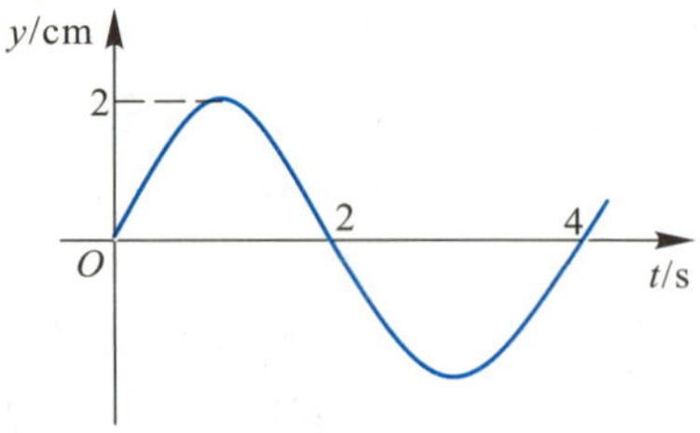

图 2

专业班级____________　　学号____________　　姓名____________　　序号____________

17. 如图 3 所示，一平面波在介质中以波速 $u=20\ \text{m/s}$ 沿 x 轴负方向传播，已知 A 点的振动方程为

$$y=3\times10^{-2}\cos 4\pi t \quad (\text{SI 单位})。$$

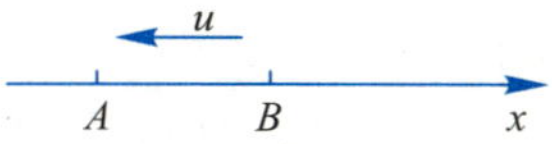

图 3

（1）以 A 点为坐标原点写出波的表达式；

（2）以距 A 点 5 m 处的 B 点为坐标原点，写出波的表达式。

18. 已知一沿 x 轴正方向传播的平面简谐波，已知 $t=0$ 时刻的波形图如图 4 所示，且周期 T 为 2 s。

（1）写出原点 O 的振动方程；

（2）写出该平面简谐波的表达式。

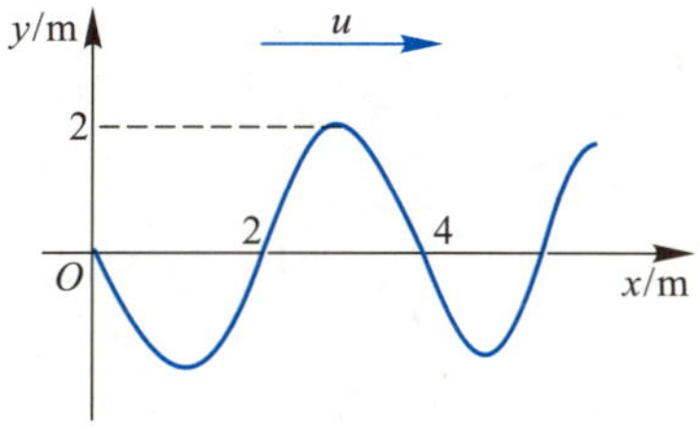

图 4

19. 已知一沿 x 轴正方向传播的平面简谐波，在 $t=\frac{1}{3}$ s 时刻的波形图如图 5 所示，且周期 T 为 2 s。

（1）写出原点 O 的振动方程；

（2）写出该平面简谐波的表达式。

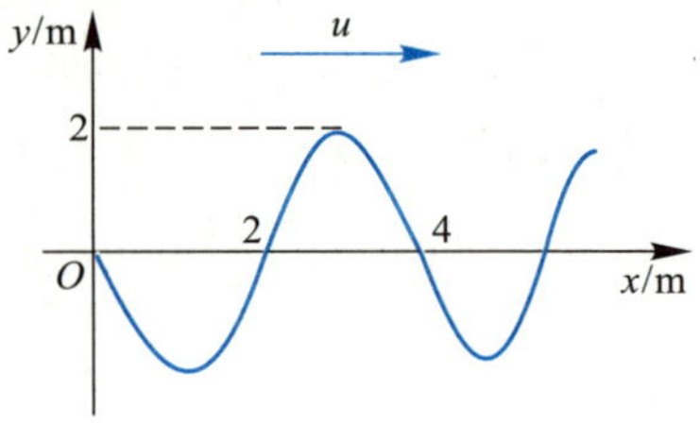

图 5

三、计算题

17. 有 N 个粒子，其速率分布函数为

$$\begin{cases} f(v)=c & (0\leqslant v\leqslant v_0) \\ f(v)=0 & (v>v_0) \end{cases}$$

试求其速率分布函数中的常量 c 和粒子的平均速率（均用 v_0 表示）。

18. 导体中自由电子的运动可以看作类似气体分子的运动,故常常把导体中的自由电子称为“电子气”。设导体中共有 N 个自由电子,其中电子的最大速率为 v_F,称为费米速率,已知其速率分布函数为

$$f(v)=\begin{cases} Av^2 & 0\leqslant v\leqslant v_F \\ 0 & v>v_F \end{cases}$$

(1) 确定常量 A;

(2) 求出电子的最概然速率、平均速率和方均根速率。

第九单元　热力学基础

一、选择题

1. 某理想气体状态变化时，内能随体积的变化关系，如图 1 中 AB 直线所示，则 $A\to B$ 表示的过程是(　　)。

(A) 等体过程　　(B) 等压过程　　(C) 等温过程　　(D) 绝热过程

2. 如图 2 所示，一定量理想气体从体积 V_1，膨胀到体积 V_2 分别经历的过程是：$A\to B$ 等压过程，$A\to C$ 等温过程，$A\to D$ 绝热过程，其中吸热量最多的过程(　　)。

(A) 是 $A\to D$　　(B) 是 $A\to C$

(C) 是 $A\to B$　　(D) 是 $A\to B$ 和 $A\to C$，两过程吸热一样多

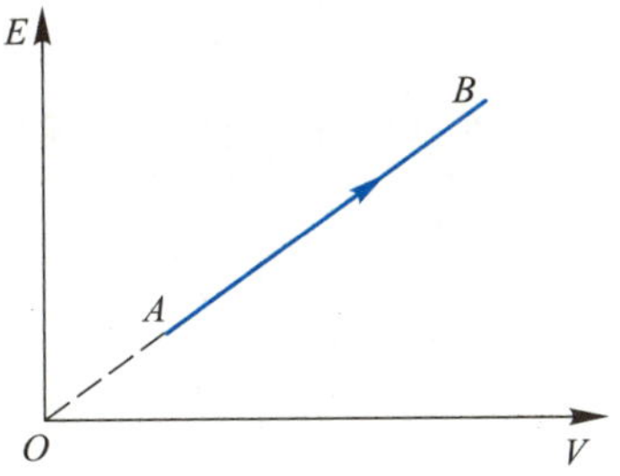

图 1

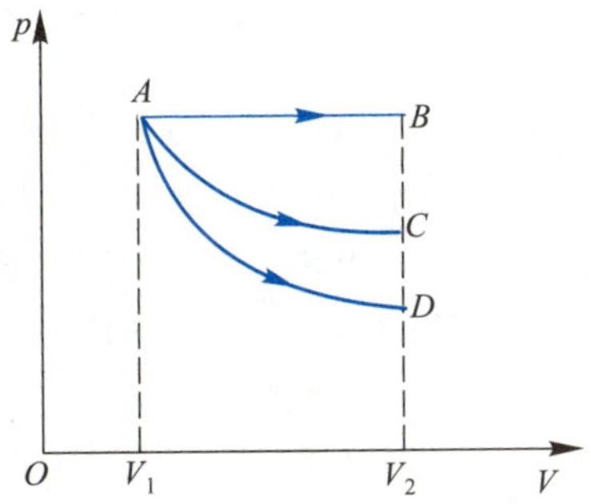

图 2

3. 对于理想气体系统来说，在下列过程中，哪个过程系统所吸收的热量、内能的增量和对外做的功三者均为负值？(　　)。

(A) 等体降压过程　　(B) 等压压缩过程

(C) 绝热膨胀过程　　(D) 等温膨胀过程

4. 对于室温下的双原子分子理想气体，在等压膨胀的情况下，系统对外所做的功与从外界吸收的热量之比 W/Q 等于(　　)。

(A) 2/3　　(B) 1/2　　(C) 2/7　　(D) 2/5

5. 如图 3 所示，一定量的理想气体，沿着图中直线从状态 a(压强 $p_1=4\times10^5$ Pa，体积 $V_1=2$ L)变到状态 b(压强 $p_2=2\times10^5$ Pa，体积 $V_2=4$ L)。则在此过程中(　　)。

(A) 气体对外做正功，向外界放出热量

(B) 气体对外做负功，向外界放出热量

(C) 气体对外做正功，从外界吸热

(D) 气体对外做正功，内能减少

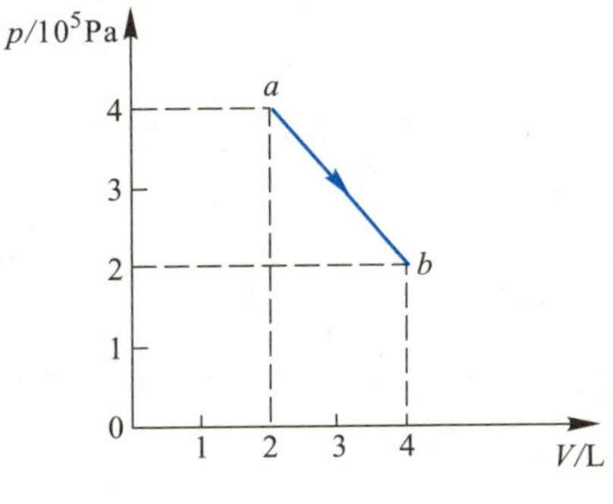

图 3

6. 一定量的理想气体的初态温度为 T_0，体积为 V_0，

先绝热膨胀使体积变为 $2V_0$，再等容吸热使温度恢复为 T_0，最后等温压缩为初态，则在整个过程中气体将(　　)。

(A) 吸热　　(B) 对外界做功

(C) 放热　　(D) 内能增加

(E) 内能减少

7. 一定质量的单原子分子理想气体在等压膨胀过程中所吸收的热量与其内能改变量之比为(　　)。

(A) 5∶2　　(B) 5∶3　　(C) 7∶5　　(D) 7∶2

8. 你认为以下哪个循环过程是不可能的(　　)。

(A) 绝热线、等温线、等压线组成的循环

(B) 绝热线、等温线、等容线组成的循环

(C) 两条绝热线和一条等温线组成的循环

(D) 等容线、等压线、绝热线组成的循环

9. 在温度分别为 327 ℃和 27 ℃的高温热源和低温热源之间工作的热机，理论上的最大效率为(　　)。

(A) 25%　　(B) 50%　　(C) 75%　　(D) 91.74%

10. 一卡诺热机从温度为 227 ℃的高温热源吸热，向温度为 127 ℃的低温热源放热。若该热机每一循环吸热 2 000 J，则此热机每一循环做功为(　　)。

(A) 1 000 J　　(B) 800 J　　(C) 600 J　　(D) 400 J

11. 下列说法中正确的是(　　)。

(A) 不可逆过程就是不能逆向进行的过程

(B) 一个孤立系统，其内部发生的过程总是由包含微观状态数少的宏观状态向包含微观状态数多的宏观状态进行

(C) 一个孤立系统，其内部发生的过程总是向着有序化程度逐渐提高的方向进行

(D) 一个孤立系统，其内部发生的过程总是由概率大的状态向概率小的状态进行

二、填空题

12. 假如有一定质量的理想气体做如图 4 所示的循环过程，则该气体在完成一个循环的过程中所做的净功为________。

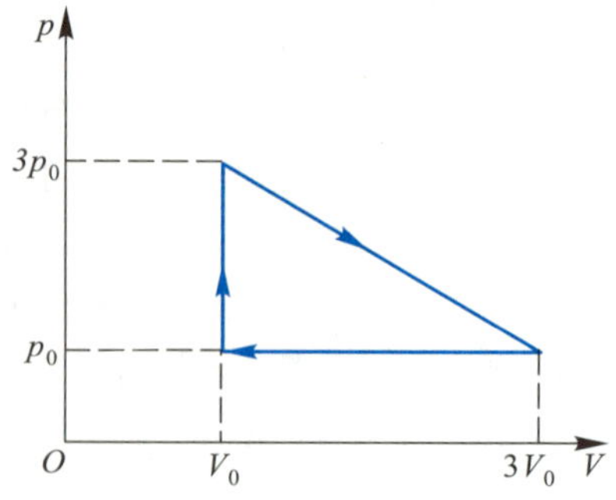

图 4

13. 设一台电冰箱的工作循环为卡诺循环，在夏天工作时，环境温度在 27 °C，冰箱内的温度为 −3 °C，则这台电冰箱的理想制冷系数为________。按照这个理想制冷系数，如果每个循环要从冰箱内吸取 900 J 的热量，则压缩机需要做功________J。

14. 一热机从温度为 727 ℃的高温热源吸热，向温度为 527 ℃的低温热源放热。若热机在最大效率下工作，且每一循环吸热 2 000 J，则此热机每一循环放出的热量为________J。

三、计算题

15. 一定质量的单原子分子理想气体，其体积和压强按照 $pV^2=a$ 的规律变化，其中 a 为已知的正值常量。当气体从体积 V_1 膨胀到体积 V_2 时，求：

（1）在此膨胀过程中气体所做的功；

（2）在此膨胀过程中气体内能的变化量；

（3）在此膨胀过程中气体所吸收的热量。

16. 一定质量的双原子理想气体进行如图 5 所示的由两个等体过程和两个绝热过程组成的循环过程 $a\to b\to c\to d\to a$，已知 $V=7V_0$，求：该循环过程的效率。

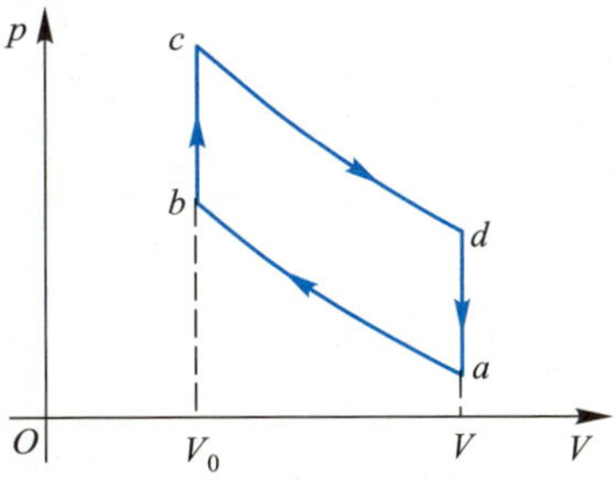

图 5

17. 1 mol 单原子分子理想气体的循环过程如 $T-V$ 图 6 所示，其中 c 点的温度为 $T_c = 600\ \mathrm{K}$。试求：

（1）ab、bc、ca 各个过程系统吸收的热量；

（2）经过一个循环系统所做的净功；

（3）循环的效率。

（注：循环效率 $\eta = W/Q_1$，W 为循环过程系统对外做的净功，Q_1 为循环过程系统从外界吸收的热量 $\ln 2 = 0.693$。）

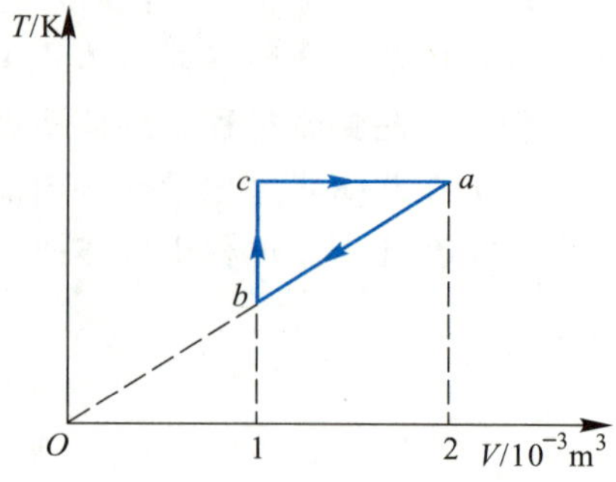

图 6

18. 1 mol 的氧气（视为双原子分子理想气体）做如图 7 所示的斯特林循环 $a \to b \to c \to d \to a$，其中的 $a \to b$ 和 $c \to d$ 均为等温过程，温度分别为 $T_1 = 300\ \mathrm{K}$ 和 $T_2 = 200\ \mathrm{K}$，$b \to c$ 和 $d \to a$ 均为等体过程，体积分别为 $2V$ 和 V，求此循环过程的效率。

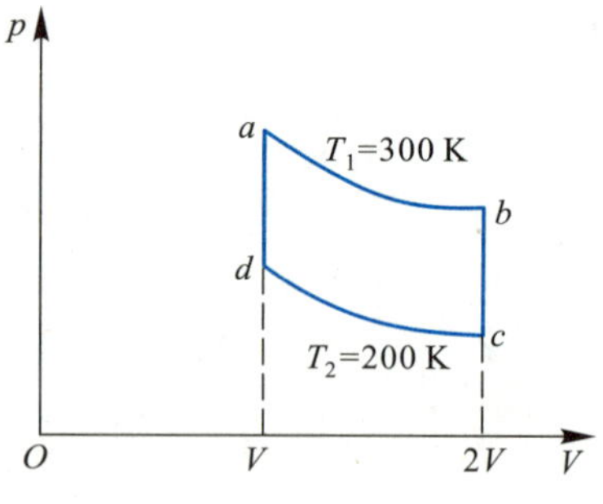

图 7